高等职业院校精品教材系列・机电一体化技术专业

工厂供配电技术

（第4版）

张　莹　主　编

张焕丽
严　俊　副主编

汪晓凌　主　审

電子工業出版社
Publishing House of Electronics Industry
北京・BEIJING

内 容 简 介

全书主要内容有：供电系统概述，工厂变配电所及供配电设备的功能和使用，工厂变配电所电气主接线方案，工厂电力网络的构成和特点，工厂电力负荷和短路计算，供电线路的导线和电缆的使用及选择，工厂供配电系统的保护功能，工厂供配电系统二次回路和自动装置的功能，工厂电气照明，工厂供配电故障诊断等。各章均附有习题。

本书在论述工厂供配电系统的构成和功能、强调运用维护的同时，特别注重加强系统的实用性，较多地关注供配电系统运行故障的处理和诊断检测，提供设备检修的案例作为参考，并介绍相关仪器仪表的使用。在内容的选择上参考职业技能鉴定标准，力图使教材内容与职业教育的要求相吻合。

本书除可作为高职高专教材用书外，也可供从事电力系统运行管理方面的技术人员参考。

图书在版编目（CIP）数据

工厂供配电技术/张莹主编．—4版．—北京：电子工业出版社，2015.9（2025.1重印）
ISBN 978-7-121-26860-1

Ⅰ．①工… Ⅱ．①张… Ⅲ．①工厂-供电系统-高等职业教育-教材 ②工厂-配电系统-高等职业教育-教材 Ⅳ．①TM727.3

中国版本图书馆 CIP 数据核字（2015）第 180762 号

策　　划：陈晓明
责任编辑：郭乃明　　特约编辑：范　丽
印　　刷：三河市君旺印务有限公司
装　　订：三河市君旺印务有限公司
出版发行：电子工业出版社
　　　　　北京市海淀区万寿路 173 信箱　邮编 100036
开　　本：787×1092　1/16　印张：17.5　字数：448 千字
版　　次：2003 年 9 月第 1 版
　　　　　2015 年 9 月第 4 版
印　　次：2025 年 1 月第 20 次印刷
定　　价：39.00 元

凡所购买电子工业出版社图书有缺损问题，请向购买书店调换。若书店售缺，请与本社发行部联系，联系及邮购电话：（010）88254888，88258888。

质量投诉请发邮件至 zlts@phei.com.cn，盗版侵权举报请发邮件至 dbqq@phei.com.cn。

本书咨询联系方式：chenjd@phei.com.cn。

前　言

近年来，我国对高等职业教育培养的各类人才有相当大的需求，要求培养出实际动手能力强，岗位技能水平高，具有现场实践能力的高等技术应用性人才。且伴随供电技术水平的更新变化，为更好地适应高等职业教育的需要，并为保证职业教育教材满足职业人员学习的需要，我们在本书前三版的基础上进行了修订。

新版教材参考了职业技能鉴定规范及技术工人等级考核标准，除体现"淡化理论，够用为度，培养技能，重在应用"的编写原则外，还注重强化职业技能的应用，帮助学生提高自学水平，提供自学渠道。本书涉及的领域主要是工程应用领域，习题设计时更注重实用性，主要使用客观题和技能题，以强化学生对供电常识的认识和基本操作的应用。实验（实训）指导环节内容为将来从事供配电职业的人员提供实践参考，提醒读者如何进行电力电气设备的检修和诊断，帮助读者近距离了解电力系统运行方式，对企业内从事相关技术的人员也有一定的参考意义。

本书重点论述工厂供配电系统接线方案、常用电气设备、保护类型及设置，除让读者熟悉掌握工厂供配电系统的构成、功能、保护方式以外，还介绍了系统的运行维护，使读者掌握供配电系统操作、运行、检修、维护等技术要求和技术标准。

本书介绍了供配电系统分析和测试常用的仪器仪表的外观、结构和使用方法，使读者能尽快掌握实际系统维护所需要的仪器仪表知识，也满足电类其他专业知识对仪器仪表使用要求。

本书提供了工厂供配电系统的常用实验（实训）指导，以具体电路的形式指导读者熟练掌握供配电系统的构成，通过实验（实训），熟悉仪器仪表的使用操作技能，熟悉供配电回路的构成，掌握电路分析方法和排除故障方法，对技能培养大有帮助。

新版教材修订了上一版的部分错误，增加了部分习题，增加了关于供配电高压直流输电、供配电综合自动化等新技术的介绍，增加了现场调查的实训项目。本书继续配有电子教案，方便读者使用。

本书由湖南铁道职业技术学院张莹担任主编，四川绵阳职业技术学院张焕丽、湖南铁道职业技术学院严俊担任副主编。其中，张莹编写了第1、2、3、4、5、7章，张焕丽编写了第6、8、9章，严俊编写了10、11章；由张莹统编全稿，汪晓凌主审全书。

在本书的编写过程中，柳树林、舒振均、唐建国、邓久山、谢凤生教授和朱洪求硕士对本书提出了宝贵建议并审阅了部分章节，杨瀛瑜、李新文高级工程师提供了部分资料，谨在此表示衷心的感谢！

由于编者水平有限，书中难免存在一些缺点和错误，殷切希望广大读者及同行批评指正。

编　者

2015年4月

目　　录

第1章 供电系统概述

内容提要

本章概述工厂供配电技术的一些基本知识和基本问题。首先介绍供配电系统的基本情况，主要介绍工厂内供电系统的构成，各主要构成环节的作用及名称；其次介绍典型的各类工厂供配电系统及相关知识，主要介绍电力系统中性点运行方式；最后介绍工厂供配电电压等级和电网及用电设备、变压器的额定电压等级。

1.1 绪论

电能在日常生活中扮演着越来越重的角色，社会的各行各业都离不开电能。电能有很多优点，它能够转换为其他能量（机械能、热能、光能、化学能等）。电能的输配易于实现。电能可以做到比较精确的控制、计算和测量，应用灵活。因此，电能在工农业、交通运输业以及人民的日常生活中得到越来越多的应用。作为一名工业电气技术人员应该掌握安全、可靠、经济、合理地供配电能和使用电能的技术。

在工厂里，电能虽然是工业生产的主要能源和动力，但是它在产品成本中所占的比重一般很小（除电化工业外）。例如，在机械工业中，电费开支仅占产品成本的5%左右。从投资额来看，一般机械类工厂在供电设备上的投资，也仅占总投资的5%左右。电能在工业生产中的重要性，并不在于它在产品成本中或投资额中所占比重的多少，而在于工业生产实现电气化以后可以大大增加产量，提高产品质量，提高劳动生产率，降低劳动成本，减轻工人的劳动强度，改善工人的劳动条件，有利于实现生产过程自动化。从另一方面说，如果工厂的电能供应突然中断，则对工业生产可能造成严重的后果。例如，某些对供电可靠性要求很高的工厂，即使是极短时间的停电，也会引起重大设备损坏，或引起大量产品报废，甚至可能发生重大的人身事故，给国家和人民带来经济上甚至政治上的重大损失。

因此，工厂供配电工作对于发展工业生产，实现工业现代化，具有十分重要的意义。由于能源节约是工厂供配电工作的一个重要方面，而能源节约对于国家经济建设具有十分重要的战略意义，因此必须做好工厂供配电工作。

工厂供配电工作要很好地为工业生产服务，切实保证工厂生产和生活用电的需要，并做好节能工作，就必须达到以下基本要求：

（1）安全。在电能的供应、分配和使用中，不应发生人身事故和设备事故。

（2）可靠。应满足电能用户对供电可靠性的要求。

（3）优质。应满足电能用户对电压和频率等质量的要求。

（4）经济。供电系统的投资要少，运行费用要低，并尽可能地节约电能和减少有色金属消耗量。

此外，在供电工作中，应合理地处理局部和全局、当前和长远等关系，既要照顾局部和当前利益，又要有全局观点，能顾全大局，适应发展。例如，计划供用电的问题，就不能只考虑一个单位的局部利益，更要有全局观点。

本课程的任务，主要是讲述中小型机械类工厂内部的电能供应和分配问题，并讲述电气照明，使学生初步掌握中小型工厂供配电系统的基本知识和供配电技术的基本操作技能，为今后从事工厂供配电技术工作奠定一定的基础。

1.2 工厂供配电系统的基本概念

电能是由发电厂生产的，但发电厂往往距离城市和工业中心很远，这就需要将电能经过线路输送到城市或工业企业。为了减少输电时的电能损耗，输送电能时要升压，采用高压输电线路将电能输送给用户，同时为了满足用户对电压的要求，输送到用户之后还要经过降压，而且还要合理地将电能分配到用户或生产车间的各个用电设备。

为了提高供电的可靠性和经济性，将各发电厂通过电力网连接起来并联运行，组成庞大的联合动力系统。将各种类型发电厂中的发电机、升压降压变压器、输电线路以及各种用电设备组联系在一起构成的统一的整体就是电力系统，用以实现完整的发电、输电、变电、配电和用电，图 1.1 为从发电到供电的示意图，图 1.2 为电力系统的示意图（本书 380/220V 即为 380V/220V）。

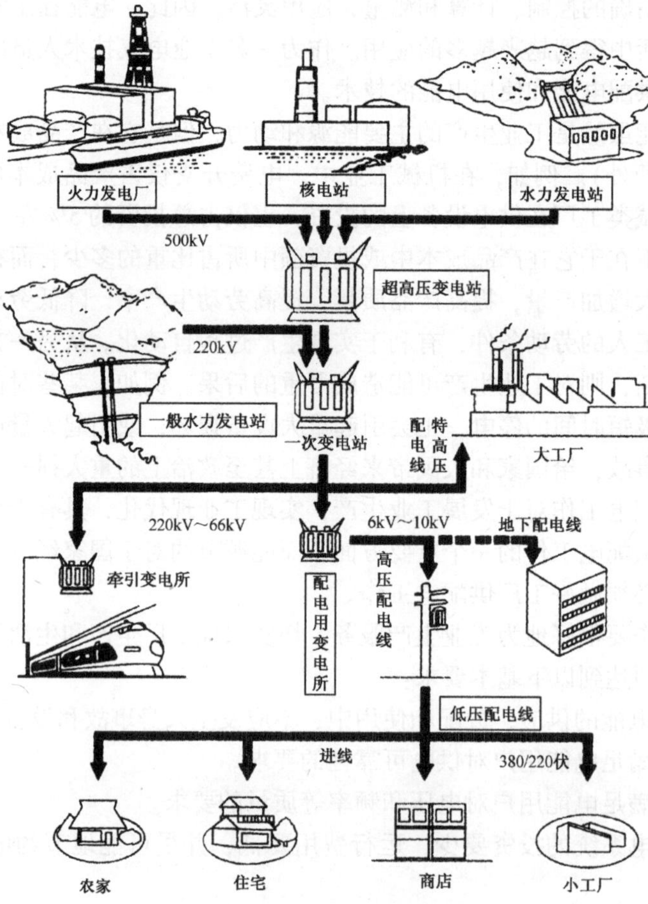

图 1.1 从发电到供电的示意图

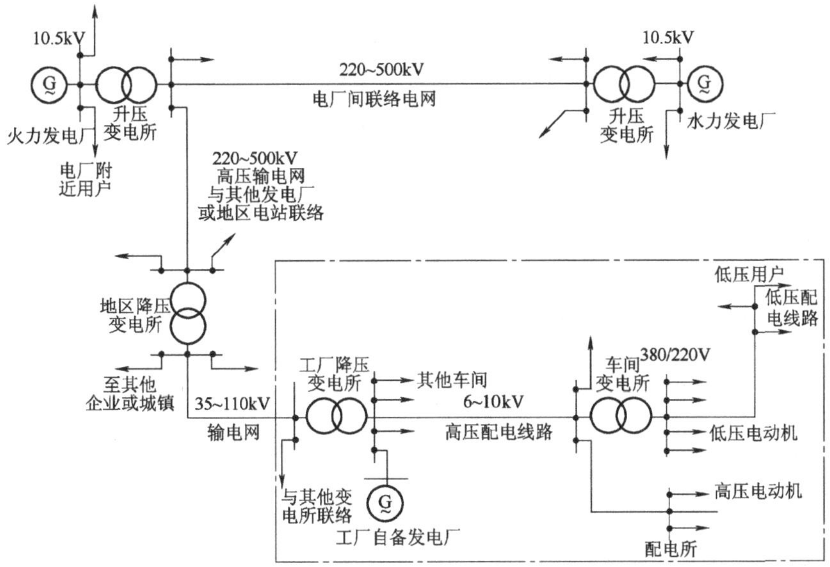

图 1.2　电力系统示意图

发电机生产的电能受发电机制造电压的限制，不能远距离输送。因此，通常使发电机的电压经过升压达 220 ~ 500kV，再通过超高压远距离输电网送往远离发电厂的城市或工业集中地区，通过那里的区域降压变电所将电压降到 35 ~ 110kV，然后再用 35 ~ 110kV 的高压输电线路将电能送至工厂降压变电所降至 6 ~ 10kV 配电或终端变电所，如图 1.3 所示。

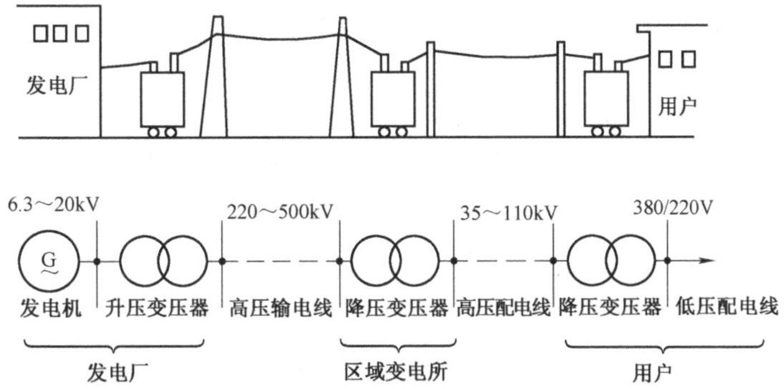

图 1.3　从发电厂到用户的送电过程示意图

下面简要介绍一下电能的生产、变压、输配和使用等几个环节。

1.2.1　发电厂

发电厂是生产电能的工厂。它把其他形式的能源，如煤炭、石油、天然气、水能、原子核能、风能、太阳能、地热、潮汐能等，通过发电设备转换为电能。我国以火力发电为主，其次是水力发电和原子能发电。

1. 火力发电厂

火力发电厂，简称火电站或火电厂，是指用煤、油、天然气等为燃料的发电厂。我国的火电厂以燃煤为主。为了提高燃料的效率，现代火电厂都将煤块粉碎成煤粉燃烧。煤粉在锅炉的炉膛内充分燃烧，将锅炉内的水烧成高温高压的水蒸气，推动汽轮机转动，带动与它联轴的发电机发电。其能量转换过程是：燃料的化学能→热能→机械能→电能。现代火电厂一般都考虑了“三废”（废水、废气、废渣）的综合利用，并且不仅发电，而且供热。这类兼供热能的火电厂称为热电厂或热电站。

2. 水力发电厂

水力发电厂，简称水电厂或水电站，它是把水的位能和动能转变成电能的发电厂，主要分为堤坝式水力发电厂和引水道式水力发电厂。图 1.4 即为这两种水电厂工作示意图。

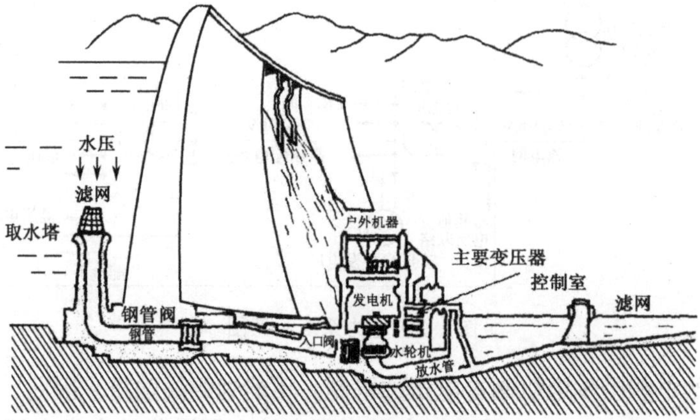

（a）堤坝式水力发电厂

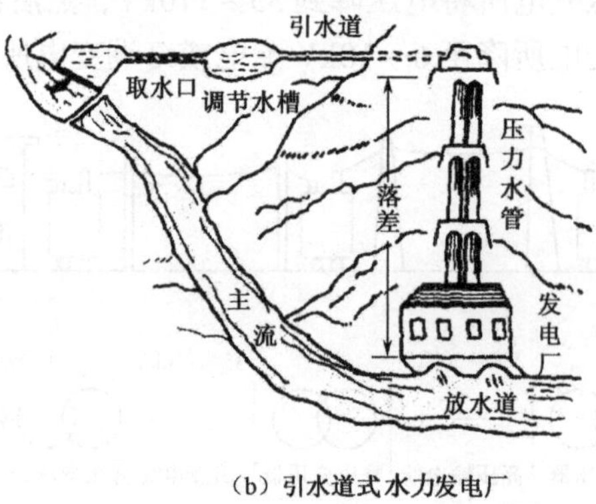

（b）引水道式水力发电厂

图 1.4　堤坝式水电站和引水道式水电站的工作示意图

当控制水流的闸门打开时，水流沿进水管进入水轮机蜗壳室，冲动水轮机，带动发电机发电。其能量转换过程是：水流位能→机械能→电能。由于水电厂的发电容量与水电厂所在地点上下游水位差及流过水轮机水量的乘积成正比，所以建造水电厂必须用人工的方法来提高水位。最常用的方法是在河流上建筑一个很高的拦河坝，形成水库，提高上游水位，使坝的上下游形成尽可能大的落差，电厂就建在堤坝的后面。这类水电厂即为堤坝式水电厂。我国一些大型水电厂包括三峡水电站都属于这种类型。三峡水电站建成后坝高 185m，水位 175m，总装机容量为 1 820 万千瓦，年发电量可达 847 亿千瓦时（度），居世界首位。另一种提高水位的方法，是在具有相当坡度的弯曲河段上游筑一低坝，拦住河水，然后利用沟渠或隧道，将上游水流直接引至建在河段末端的水电厂。这类水电厂就是引水道式水电厂。还有一类水电厂是上述两种方式的综合，由高坝和引水渠道分别提高一部分水位。这类水电厂称为混合式水电厂。

3. 原子能发电厂

原子能发电厂又称核电站，如我国秦山、大亚湾核电站，是利用核裂变能量转化为热能，再按火力发电厂方式发电的，只是它的“锅炉”为原子能反应堆，以少量的核燃料代替了大量的煤炭。其能量转换过程是：核裂变能→热能→机械能→电能。由于核能是巨大的能源，而且核电站的建设具有重要的经济和科研价值，所以世界上很多国家都很重视核电建设，核电占整个发电量的比重逐年增长。

1.2.2 变配电所

变电所起着变换电能电压、接受电能与分配电能的作用，是联系发电厂和用户的中间环节。如果变电所只用以接受电能和分配电能，则称为配电所。图 1.5 是一大型变电所的结构示意图。

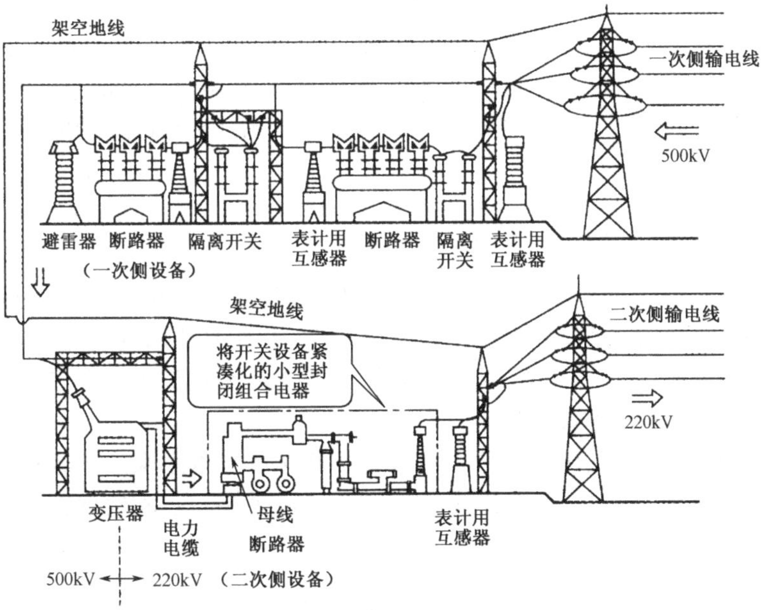

图 1.5　变电所的结构示意图

变电所有升压和降压之分。升压变电所多建在发电厂内，把电能电压升高后，再进行长距离输送。降压变电所多设在用电区域，将高压电能适当降低电压后，对某地区或用户供电。降压变电所又可分为以下三类。

1. 地区降压变电所

地区降压变电所又称为一次变电站，位于一个大用电区或一个大城市附近，从 220 ~ 500kV 的超高压输电网或发电厂直接受电，通过变压器把电压降为 35 ~ 110kV，供给该区域的用户或大型工厂用电。其供电范围较大，若全地区降压变电所停电，将使该地区中断供电。

2. 终端变电所

终端变电所又称二次变电站，多位于用电的负荷中心，高压侧从地区降压变电所受电，经变压器降到 6 ~ 10kV，对某个市区或农村城镇用户供电。其供电范围较小，若全终端变电所停电，则只是该部分用户中断供电。

3. 工厂降压变电所及车间变电所

工厂降压变电所又称工厂总降压变电所，与终端变电所类似，它是对企业内部输送电能的中心枢纽。车间变电所接受工厂降压变电所提供的电能，将电压降为220/380V，对车间各用电设备直接供电。

（1）工厂降压变电所。一般大型工业企业均设工厂降压变电所，把35～110kV电压降为6～10kV电压向车间变电所供电。为了保证供电的可靠性，工厂降压变电所大多设置两台变压器，由单条或多条进线供电，每台变压器容量可从几千伏安到几万千伏安。供电范围由供电容量决定，一般在几千米以内。

（2）车间变电所。车间变电所将6～10kV的高压配电电压降为380/220V，对低压用电设备供电。供电范围一般只在500m以内。

在一个生产厂房或车间内，根据生产规模、用电设备的布局设立一个或几个车间变电所。几个相邻且用电量都不大的车间，可以共同设立一个车间变电所。车间变电所的位置可以选择在这几个车间的负荷中心附近，也可以选择在其中用电量最大的车间内。车间变电所一般设置1或2台变压器，单台变压器的容量通常为1000kVA及以下，最大不宜超过2000kVA。

1.2.3 工厂供配电系统示意图

一般中型工厂的电源进线电压为6～10kV。电能先经高压配电所集中，再由高压配电线路将电能分送到各车间变电所，或由高压配电线路直接供给高压用电设备。车间变电所内装设有电力变压器，将6～10kV的高压降为一般低压用电设备所需的电压（380/220V），然后由低压配电线路分送给各用电设备使用。

图1.6是一个比较典型的中型工厂供电系统的系统图。本图未绘出各种开关电器（除母线和低压联络线上装设的开关外），而且只用一根线来表示三相线路，即绘成单线图的形式。

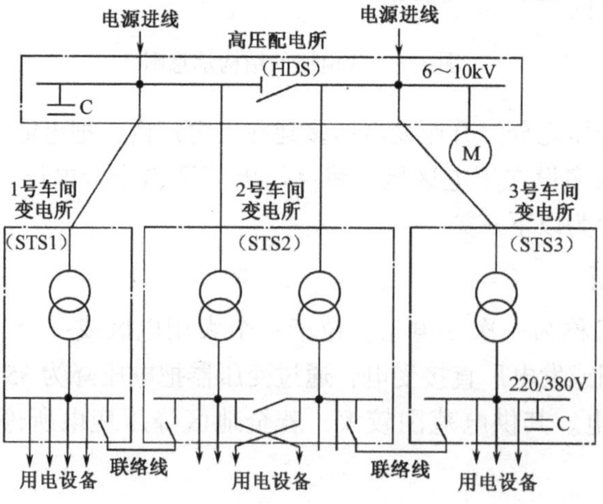

图1.6　中型工厂供电系统的系统图

从图1.6可看出，该厂的高压配电所有两条6～10kV的电源进线，分别接在高压配电所的两段母线上。这两段母线间装设有一个分段隔离开关，形成所谓“单母线分段制”。在任一电源进线发生故障或进行检修而被切除后，可以利用分段隔离开关来恢复对整个配电所的供电，即分段隔离开关闭合后由另一条电源进线供电给整个配电所。这类接线的配电所通常的运行方式是：分段隔离开关闭合，整个配电所由一条电源进线供电，其电源通常来自公共电网（电力系统），而另一条电源进线作为备用，通常由邻近单位取得备用电源。

这个高压配电所有四条高压配电线，供电给三个车间变电所，其中 1 号车间变电所和 3 号车间变电所都只装有一台配电变压器，而 2 号车间变电所装有两台配电变压器，并分别由两段母线供电，其低压侧又采用单母线分段制，因此对重要的用电设备可由两段母线交叉供电。车间变电所的低压侧设有低压联络线相互连接，以提高供电系统运行的可靠性和灵活性。此外，该高压配电所还有一条高压配电线，直接供电给一组电动机；另有一条高压线，直接与一组并联电容器相连。3 号车间变电所低压母线上也连接有一组并联电容器。这些并联电容器都是用来补偿无功功率以提高功率因数。

对于大型工厂及某些电源进线电压为 35kV 及以上的中型工厂，一般经过两次降压。也就是电源进厂以后，先经总降压变电所，其中装有较大容量的电力变压器，将 35kV 及以上的电源电压降为 6～10kV 的配电电压，然后通过高压配电线将电能送到各个车间变电所。也有的经高压配电所再送到车间变电所。最后经配电变压器降为一般低压用电设备所需的电压，其系统图如图 1.7 所示。

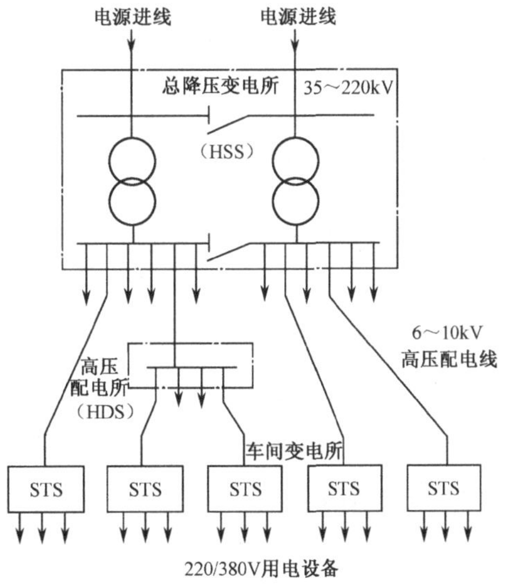

图 1.7　具有总降压变电所的工厂供配电系统图

有的 35kV 进线的工厂，只经一次降压，即 35kV 线路直接引入靠近负荷中心的车间变电所，经车间变电所的配电变压器直接降为低压用电设备所需的电压，如图 1.8 所示。这种供电方式称为高压深入负荷中心的直配方式。这种直配方式可以省去一级中间变压，从而简化了供电系统，节约有色金属，降低电能损耗和电压损耗，提高供电质量。然而这要根据厂区的环境条件是否满足 35kV 架空线路深入负荷中心的“安全走廊”要求而定，否则不宜采用，以确保供电安全。

对于小型工厂，由于所需容量一般不大于 1000kVA 或稍多，因此通常只设一个降压变电所，将 6～10kV 电压降为用电设备所需的电压，如图 1.9 所示。

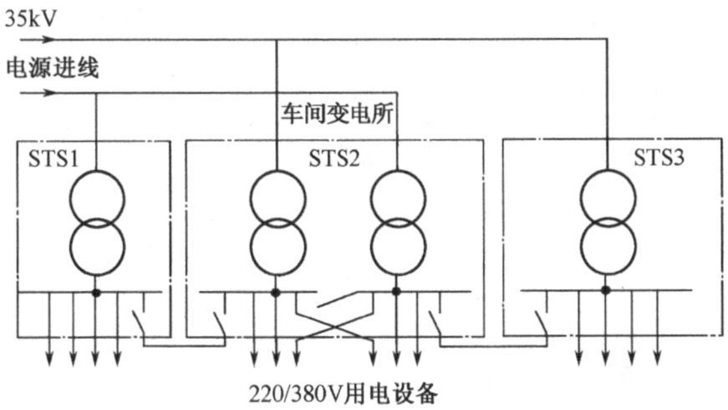

图 1.8　高压引入负荷中心的工厂供配电系统

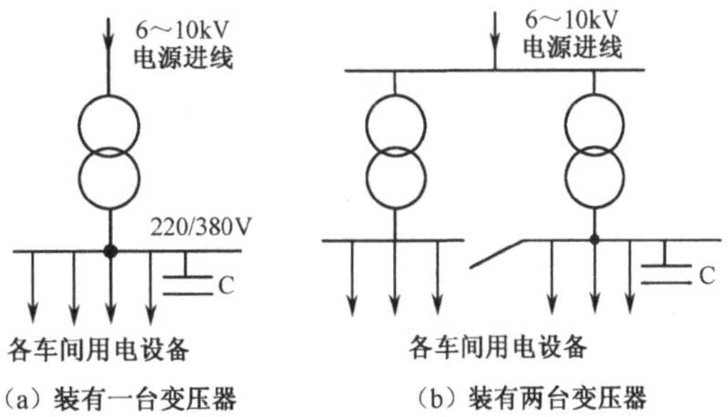

图 1.9　只设一个降压变电所的工厂供配电系统

如果工厂所需容量不大于160kVA时，一般采用低压电源进线，因此工厂只需设一低压配电间，如图1.10所示。

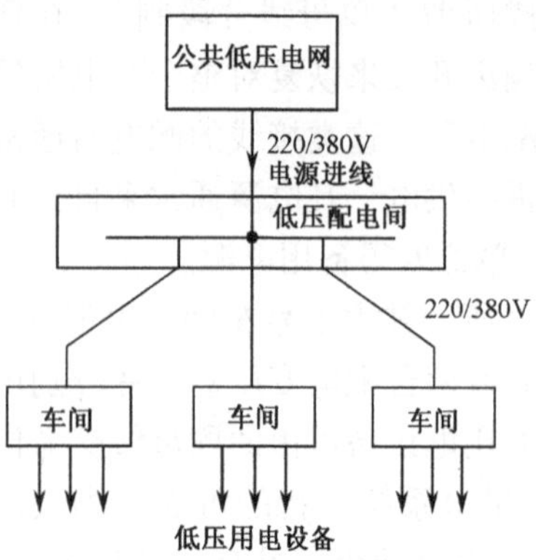

图1.10 低压进线的小型工厂供配电系统

1.2.4 输送电网

电力系统中各级电压的电力线路及与其连接的变电所总称为电力网，简称电网。电力网是电力系统的一部分，是输电线路和配电线路的统称，是输送电能和分配电能的通道。电力网是把发电厂、变电所和电能用户联系起来的纽带。

电网由各种不同电压等级和不同结构类型的线路组成，按电压的高低可将电力网分为低压网、中压网、高压网和超高压网等。电压在1kV以下的称低压网，1～10kV的称中压网，高于10kV低于330kV的称高压网，330kV及以上的称超高压网。电网按电压高低和供电范围大小可分为区域电网和地方电网。区域电网的供电范围大，电压一般在220kV及以上；地方电网的供电范围小，电压一般为35～110kV。电网也往往按电压等级来称呼，如说10kV电网或10kV系统，就是指相互连接的整个10kV电压的电力线路。根据供电地区的不同，有时也将电网称为城市电网和农村电网等。

电力线路按功能的不同，可分为输电线路、配电线路及用电线路等三类。

1. 输电线路

输电线路用于远距离输送较大的电功率，其电压等级为110～500kV。

2. 配电线路

配电线路用于向用户或者各负荷中心分配电能，其电压等级为3～110kV的，称为高压配电线路。低压配电变压器低压侧引出的0.4kV配电线路，称为低压配电线路。

3. 用电线路

用电线路是指低压接户线、进户线及户外配线。对工厂供配电系统来说，指设备用电线路。

电力线路按照线路结构或所用器材不同，可分为架空线路、电缆线路及地埋线路等三种。室内外配电线路又有明敷和暗敷两种敷设方式。

电能的输送方式有交流和直流两种，高压直流输电（HVDC）作为新型输电方式，造价相对经济，我国在远距离或超远距离输电方面开始应用。

高压直流输电是将三相交流电通过换流站整流变成直流电，然后通过直流输电线路送往另一个换流站逆变成三相交流电。它基本上由两个换流站和直流输电线组成，两个换流站与两端的交流系统相连接。如图1.11所示。

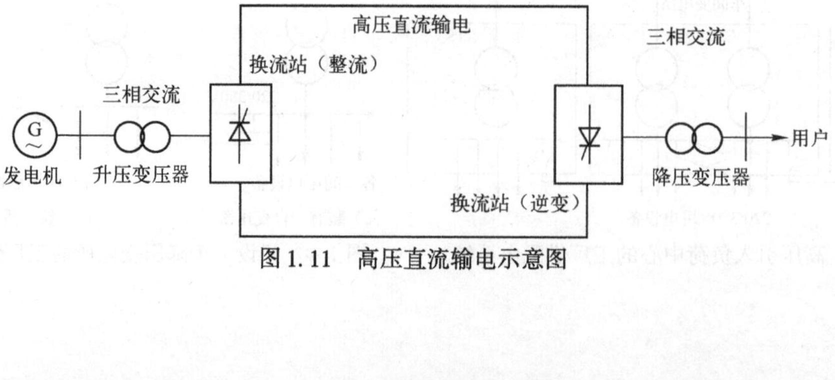

图1.11 高压直流输电示意图

在一个高压直流输电系统中，电能从三相交流电网的一点导出，在换流站转换成直流，通过架空线或电缆传送到接收点；直流在另一侧换流站转化成交流后，再进入接收方的交流电网。高压直流输电电压等级一般为 ±500kV、±660kV，以及特高压 ±800kV。直流输电的额定功率通常大于 100 兆瓦，许多在 1000～3000 兆瓦之间。

一般认为架空线路长度超过 600～800km，电缆线路长度超过 40～60km 时，直流输电较交流输电经济。随着高电压大容量晶闸管及控制保护技术的发展，换流设备造价逐渐降低，直流输电近年来发展较快。我国葛洲坝至上海 1100km、±500kV 输送容量的直流输电工程，已经建成并投入运行。此外，全长超过 2000 千米的向家坝至上海直流输电工程也已于 2010 年 7 月 8 日投入运行。

应用高压直流输电系统，电能等级和方向均能得到快速精确的控制，这种性能可提高它所连接的交流电网性能和效率，直流输电系统已经被普遍应用。直流输电主要用于下列几个方面。

（1）远距离输电及跨海输电。跨海输电及远距离输电容量大，如果采用交流输电，由于距离长，线路感抗也将增大，从而限制了输送容量，而且造成运行不稳定。另外，由于交流线路存在分布电抗和对地分布电容，会引起线路电压在很大范围内发生变化，必须投入无功补偿设备，投资增加。若采用直流输电，则不存在此类问题。

（2）连接两个不同频率的电网，并可实现定电流控制，限制短路电流。直流输电一般由整流站、直流线路和逆变站三部分组成。在输送电能的过程中，整流站把送端系统的三相交流电变为直流电，通过直流电路送到用户，再通过逆变站把直流电转变为交流电，供给用户。

（3）限制短路电流。交流电力系统互联或配电网增容时，直流输电可以作为限制短路电流的措施。这是由于它的控制系统具有调节快、控制性能好的特点，可以有效地限制短路电流，使其基本保持稳定。

（4）向长距离的大城市供电。向用电密集的大城市供电，在供电距离达到一定程度时，用高压直流电缆更为经济，同时直流输电还可以作为限制城市供电电网短路电流增大的措施。

直流系统存在换流装置昂贵、产生高次谐波及直流开关制造困难等缺点。

1.2.5 工厂配电线路

工厂内高压配电线路主要作为工厂内输送、分配电能之用，通过它把电能送到各个生产厂房和车间。为减少投资，便于维护与检修，工厂高压配电线路以前多采用架空线路。但架空敷设的各种管线在有些地方纵横交错，并受潮湿气体及腐蚀性气体的影响，可靠性大大下降。另外由于电缆制造技术的迅速发展，电缆质量不断提高且成本不断下降，同时为了美化厂区环境，工厂内高压配电线路已逐渐向电缆化方向发展。

工厂内低压配电线路主要用以向低压用电设备供电。在户外敷设的低压配电线路目前多采用架空线路，且尽可能与高压线路同杆架设，以节省建设费用。在厂房或车间内部则应根据具体情况确定，或采用明线配电线路，或采用电缆配电线路。在厂房或车间内，由动力配电箱到电动机的配电线路一律采用绝缘导线穿管敷设或采用电缆线路。

车间内电气照明线路和动力线路通常是分开的，一般由一台配电用变压器分别进行照明和动力供电，如采用 380/220V 三相四线制线路供电，动力设备由 380V 三相线供电，而照明负荷由220V相线和零线供电，但各相所供应的照明负荷应尽量平衡。如果动力设备冲击负荷使电压波动较大时，则应使照明负荷由单独的变压器供电。事故照明必须由可靠的独立电源供电。工厂内配电线路距离不长，但用电设备多，支路多；设备的功率不大，电压也较低，但电流较大。

1.2.6 电力系统的中性点运行方式

在电力系统中，当变压器或发电机的三相绕组为星形连接时，其中性点可有两种运行方式：中性点接地和中性点不接地。中性点直接接地系统常称为大电流接地系统，中性点不接地和中性点经消弧线圈（或电阻）接地的系统称为小电流接地系统。

目前，在我国电力系统中，110kV以上高压系统，为降低设备绝缘要求，多采用中性点直接接地运行方式；3～66kV，特别是3～10kV系统，为提高供电可靠性，首选中性点不接地运行方式。当接地电流不满足要求时，可采用中性点经消弧线圈或电阻接地的运行方式。

我国220/380V低压配电系统，广泛采用中性点直接接地的运行方式，而且引出有中性线（代号N）、保护线（代号PE）或保护中性线（代号PEN）。

中性线（N线），一是用来提供额定电压为相电压的单相用电设备电能，二是用来传导三相系统中的不平衡电流和单相电流，三是减小负荷中性点的电位偏移。

保护线（PE线），是为保障人身安全，防止发生触电事故用的接地线。系统中所有设备的外露可导电部分（指正常不带电压但故障情况下能带电压的易被触及的导电部分，如金属外壳、金属构架等）通过保护线（PE线）接地，可在设备发生接地故障时减小触电危险。

保护中性线（PEN线）兼有中性线（N线）和保护线（PE线）的功能。这种保护中性线在我国通称为“零线”，俗称“地线”。

中性点运行方式的选择主要取决于单相接地时电气设备绝缘要求及供电可靠性。图1.12列出了常用的中性点运行方式，图中电容C为输电线路对地分布电容。

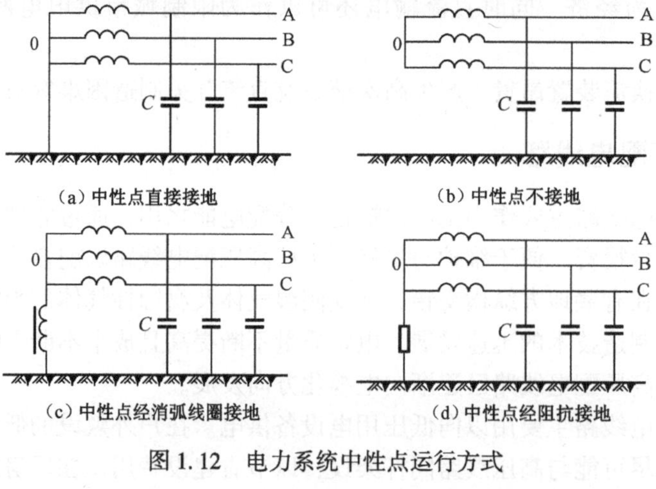

图1.12 电力系统中性点运行方式

1. 中性点直接接地方式

中性点直接接地方式发生一相对地绝缘破坏时，就构成单相短路，供电中断，可靠性会降低。但是，这种方式下的非故障相对地电压不变，电气设备绝缘按相电压考虑，降低设备要求。此外，在中性点直接接地的低压配电系统中，如为三相四线制供电，可提供380V或220V两种电压，供电方式更为灵活。中性点直接接地系统主要有以下几个特点：

（1）当发生单相接地故障时，形成单相短路，由于短路电流较大，保护装置动作，立即切断电源，使系统中非故障部位迅速恢复正常运行。

为了减少单相接地故障引起停电次数，在高压系统中普遍采用的是自动合闸装置。当发生单相接地故障时，在保护装置下跳闸，经过一段时间后自动合闸送电，若为瞬间单相接地故障，则用户供电即可得到恢复；若为永久性单相接地故障，则保护动作再次跳闸停电并被锁住。

（2）中性点直接接地后，中性点经常保持零电位。在发生单相接地时，其他非故障两相电压不会升高，因此用电设备的相对地绝缘可只需要按照相电压考虑，从而降低设备和电网造价，网络电压越高，其经济效益越显著。

（3）单相接地时，短路电流很大，这将引起电压降低，以至于影响整个系统的稳定，这在高压系统比较明显。

根据以上特点，我国110kV及其以上电网多采用中性点直接接地的运行方式。

低电压供电系统采用中性点直接接地后，当发生一相接地故障时，由于能限制非故障相对地电压的升高，从而可保证单相用电设备安全。中性点直接接地后，一相接地故障电流较大，一般可使漏电保护或过电流保护装置动作，切断电源，造成停电；发生人身一相对地触电时，危险也较大。此外，在中性点直接接地的低压电网中可接入单相负荷。

2. 中性点不接地方式

图1.13是电源中性点不接地的电力系统在正常运行时的电路图和向量图。

系统正常运行时，三个相的相电压$\dot{U}_A$、$\dot{U}_B$、$\dot{U}_C$是对称的，三个相的对地电容电流$\dot{I}_{C0}$也是平衡的，因此三个相的电容电流的向量和为零，没有电流在地中流动。各相对地的电压，就等于各相的相电压。

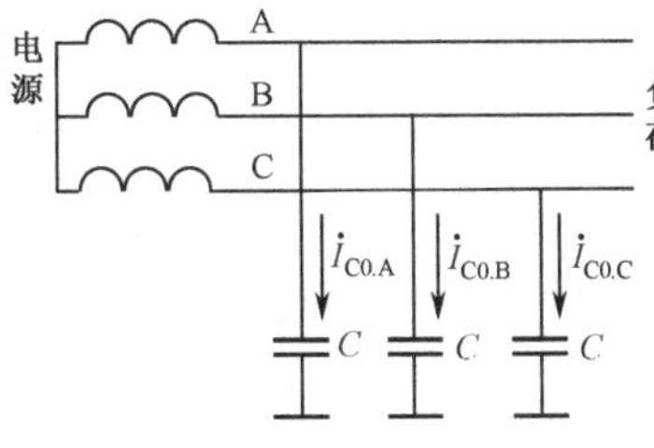

（a）电路图

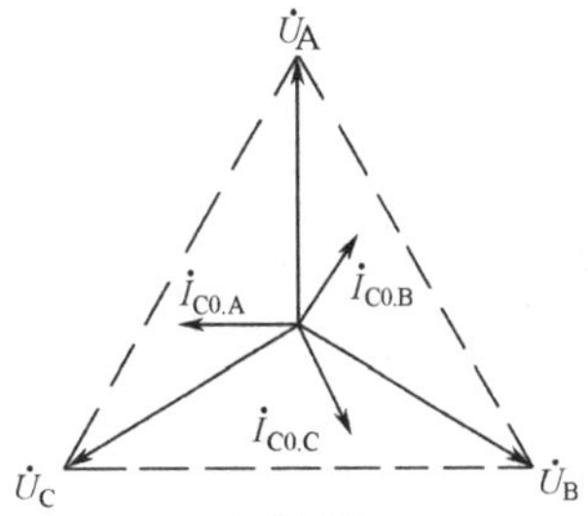

（b）向量图

图1.13　正常运行时中性点不接地的电力系统

系统发生单相接地时，例如C相接地，如图1.14所示。这时C相对地电压为零，而A相对地电压$\dot{U}'_A = \dot{U}_A + (-\dot{U}_C) = \dot{U}_{AB}$，B相对地电压$\dot{U}'_B = \dot{U}_B + (-\dot{U}_C) = \dot{U}_{BC}$。由向量图可见，C相接地时，完好的A、B两相对地电压都由原来的相电压升高到线电压，即升高为原对地电压的$\sqrt{3}$倍。

C相接地时，系统的接地电流（电容电流）$\dot{I}_C$应为A、B两相对地电容电流之和。由于一般习惯将从电源到负荷的方向及从相线到大地的方向取为电流的正方向，因此

$$\dot{I}_C = -(\dot{I}_{CA} + \dot{I}_{CB})$$

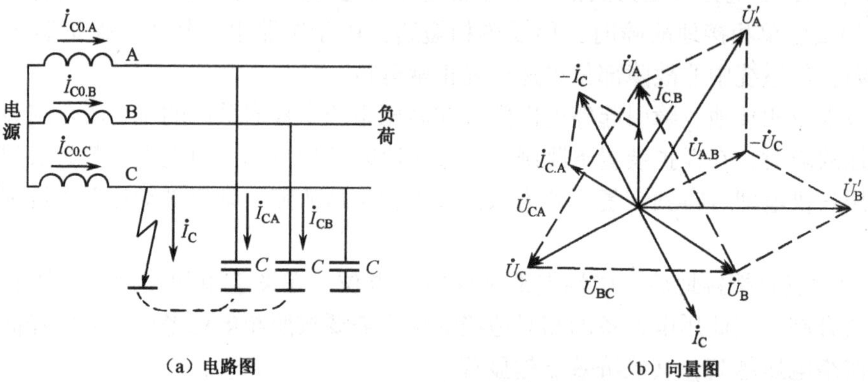

图 1.14　一相接地的中性点不接地系统

由图 1.14 的向量图可知，$\dot{I}_C$ 在相位上正好超前 $\dot{U}_C 90°$；而在数值上，由于 $I_C = \sqrt{3} I_{CA}$，而 $I_{CA} = U'_A/X_C = \sqrt{3} U_A/X_C = \sqrt{3} I_{C0}$，因此

$$I_C = 3I_{C0}$$

即一相接地的电容电流为正常运行时每相对地电容电流的 3 倍。

因此我们知道，在正常运行时，各相对地分布电容相同，三相对地电容电流对称且其和为零，各相对地电压为相电压。这种系统中发生一相接地故障时，线间电压不变，非故障相对地电压升高到原来相电压的$\sqrt{3}$倍，故障相电容电流增大到原来的 3 倍。因此，当中性点不接地的电力系统中发生单相接地时，三相用电设备的正常工作并未受到影响，因为线路的线电压无论相位还是数值均未发生变化，因此三相设备仍能正常运行。但是这种线路不允许在单相接地故障下长期运行，一般要求不超过两个小时。因为如果再有一相又发生接地故障时，就形成两相短路，短路电流很大，这是不能允许的。因此对中性点不接地的电力系统，注意电气设备的绝缘要按照线电压来选择。而且应该装设专门的单相接地保护或绝缘监视装置，在系统发生单相接地故障时给予报警信号，提醒值班人员注意，及时处理。

3. 低压配电系统的中性点运行方式

低压配电系统，按保护接地形式，分为 TN 系统、TT 系统和 IT 系统。

TN 系统中的所有设备的外露可导电部分均接公共保护线（PE 线）或公共的保护中性线（PEN 线）。这种接公共 PE 线或 PEN 线的方式就是前面所称的“接零”。如果系统中的 N 线与 PE 线全部合为 PEN 线，则称此系统为 TN－C 系统，如图 1.15（a）所示。如果系统中的 N 线与 PE 线全部分开，则此系统称为 TN－S 系统，如图 1.15（b）所示。如果系统的前一部分，其 N 线与 PE 线合为 PEN 线，而后一部分线路，N 线与 PE 线则全部或部分地分开，则此系统称为 TN－C－S 系统，如图 1.15（c）所示。

TT 系统中所有设备的外露可导电部分均各自经 PE 线单独接地，如图 1.16 所示。

IT 系统中的所有设备的外露可导电部分也都各自经 PE 线单独接地，如图 1.17 所示。它与 TT 系统不同的是，其电源中性点不接地或经 1000Ω 阻抗接地，且通常不引出中性线。

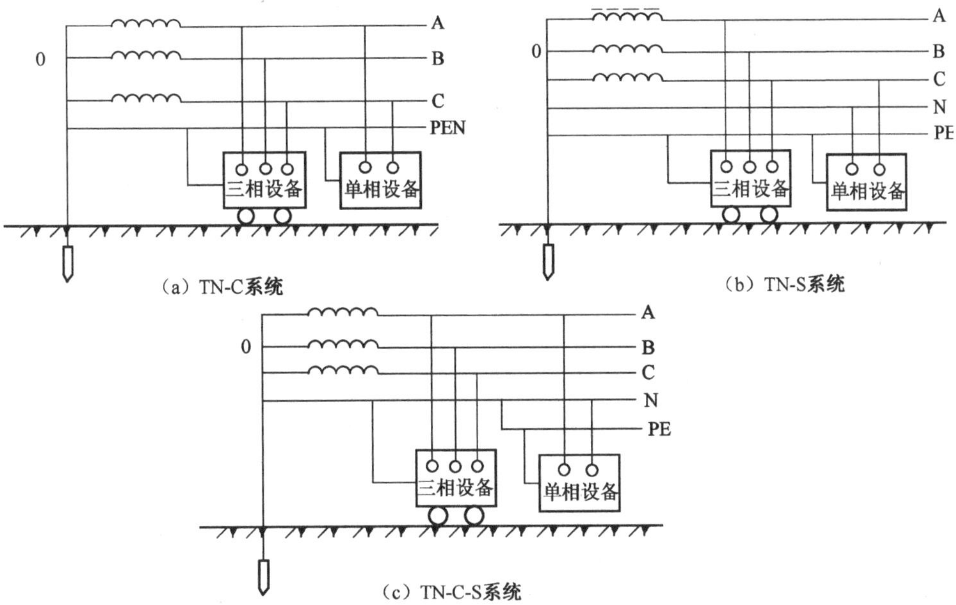

图 1.15　TN 系统

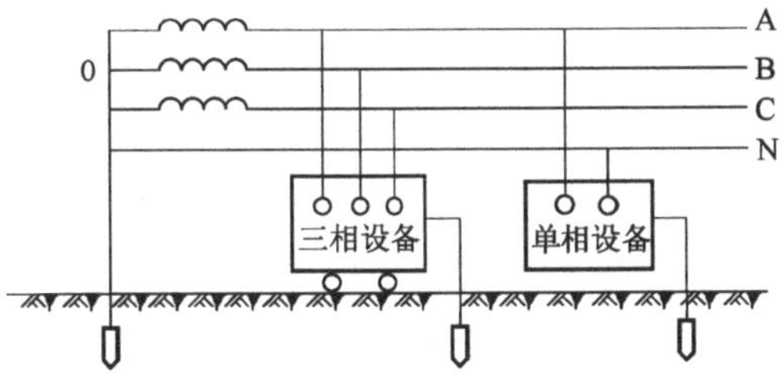

图 1.16　TT 系统

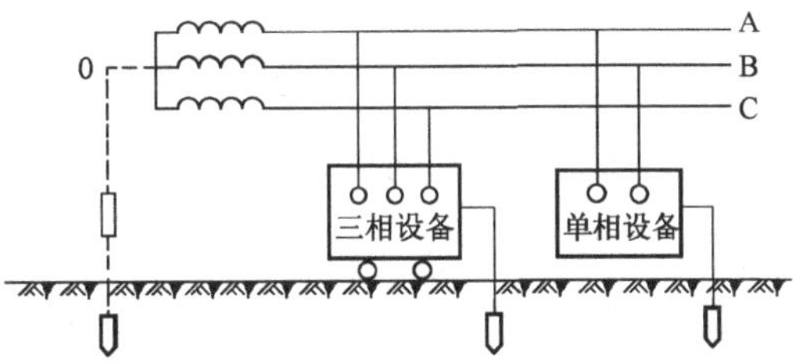

图 1.17　IT 系统

凡引出有中性线的三相系统，包括 TN 系统、TT 系统，属于三相四线制系统。没有中性线的三相系统，如 IT 系统，属于三相三线制系统。

1.2.7　电能用户

所有的用电单位均称为电能用户，其中主要是工业企业。我国工业企业用电占全年总发电量的 60% 以上，是最大的电能用户。

工业企业的电力负荷种类多，容量相差悬殊，运行特征也各种各样。用电设备的这些不同特征关系到供电技术措施的确定。

工厂内广泛使用的空压机、通风机、水泵、破碎机、球磨机、搅拌机、制氧机以及润滑油泵等机械的拖动电动机，不论其功率大小（从不足一千瓦到几千千瓦）及电压高低（从 380V 到 10kV），一律为三相交流电动机，它们都是恒速持续运行工作的用电设备。这些设备在正常运行时，负荷基本上均匀而且三相对称，功率因数也很稳定，一般可达0.8 ~ 0.85。

有一些生产机械，如烧结机、连续铸管机、卷取机、回转窑等，它们的拖动电机也是持续运行的，负荷性质基本上稳定。但是这些机械在运转中要求调速，多采用易调速的直流电机拖动系统，因此这些设备要增加变流环节，而且功率因数也会降低。

提升机、高炉卷扬机、各种轧钢机以及工厂大量使用的各类吊车、起重机等的拖动电机，工作运转时间与停转或空转时间交互更替，这类设备呈周期性工作，其负荷时刻在变化，是供电系统的不稳定负荷，经常处于低负载状态，功率因数也偏低，一般在0.5~0.6以下。这类用电设备属于供电系统的不良用户。

工业用电炉分为电弧炉、电阻炉和感应电炉。电弧炼钢炉是工厂常用的一种大容量用电设备，单台容量可达10000~20000kW。在精炼期间，三相负荷均匀对称。在起始熔炼期间，由于受炉内原料堆积不均匀及熔融差别等因素的影响，每相负荷波动很大，电流可达其额定值的3.0~3.5倍，以致引起很大的网路电压波动。电弧炉的负荷性质基本上接近于阻性，功率因数也很高，一般可达0.85以上。

电解设备是提炼有色金属的主要设备，容量可达数万千瓦，是工业中耗用电能最大的用户。工作时负荷均匀稳定，功率因数较高（0.8~0.9），且不允许停电。

电焊设备分为交流电焊和直流电焊两种，交流电焊有单相和三相之分，常用的交流电焊设备是工频单相电焊机，它主要用做弧焊和点焊。交流电焊设备的供电电压为380V或220V，工作时负荷情况不匀称，功率因数很低。电焊设备为移动性设备，使用时皆为临时接线供电。

工厂的照明设备有固定式和移动式之分，但均为单相而恒定的负荷。照明负荷的功率因数很高，通常为0.95~1.0。照明负荷虽然属于稳定负荷，但整个地区或企业的照明设备同时集中接电也会造成系统出现尖峰负荷，故应重视节约照明用电。

1.2.8 用电负荷的分类

在工业企业中，各类负荷的运行特点和重要性不一样，它们对供电的可靠性和电能品质的要求不同。为了合理地选择供电电源及设计供电系统，以适应不同的要求，我国将工业企业的电力负荷按其对可靠性要求的不同划分为一级负荷、二级负荷和三级负荷。

1. 一级负荷

一级负荷在供电突然中断时将造成人身伤亡的危险，或造成重大设备损坏且难以修复，或给国民经济带来极大损失。因此一级负荷应要求由两个独立电源供电。而对特别重要的一级负荷，应由两个独立电源点供电。

两个独立电源是指当采用两个电源向工厂供电时，如果任一电源因故障而停止供电，另一电源不受影响，能继续供电，那么这两个电源的每一个都称为独立电源。凡同时具备下列两个条件的发电厂、变电站的不同母线均属独立电源：

（1）每段母线的电源来自不同的发电机。

（2）母线段之间无联系，或虽有联系，但当其中一段母线发生故障时，能自动断开联系，不影响其余母线段继续供电。

所谓独立电源点主要是强调几个独立电源来自不同的地点，并且当其中任一独立电源点因故障而停止供电时，不影响其他电源点继续供电。例如，两个发电厂，一个发电厂和一个地区电力网，或者电力系统中的两个地区变电所等都属于两个独立电源点。

特别重要的一级负荷通常又叫做保安负荷。对保安负荷必须备有应急使用的可靠电源，以便当工作电源突然中断时，保证工厂安全停产。这种为安全停产而应急使用的电源称为保安电源。例如，为保证炼铁厂高炉安全停产的炉体冷却水泵，就必须备有保安电源。保安电源取自工厂自备发电厂或其他总降压变电所，它实际上也是一个独立电源点。保安负荷的大小和工厂的规模、工艺设备的类型以及车间电力装备的组成和性质有关。在进行供电设计时，必须考虑保安电源的取得方案和措施。

2. 二级负荷

二级负荷如果突然断电，将造成生产设备局部破坏，或生产流程紊乱且难以恢复，工厂内部运输停顿，出现大量废品或大量减产，因而在经济上造成一定损失。这类负荷允许短时停电几分钟。它在工业企业内部占的比例最大。

二级负荷应由两个回路供电，两个回路应尽可能引自不同的变压器或母线段。当取得两个回路确实有困难时，允许由一回专用架空线路供电。

3. 三级负荷

所有不属于一级和二级负荷的电能用户均属于三级负荷。三级负荷对供电无特殊要求，允许较长时间停电，可采用单回路供电。

在工厂中，一、二级负荷点的比例较大（占60%～80%），因此即便短时停电造成的经济损失一般也都很可观。掌握了工厂的负荷分级及其对供电可靠性的要求后，在设计新建或改造工厂的供电系统时可以按照实际情况进行方案的拟定和分析比较，使确定的供电方案在技术、经济上最合理。

1.3 电力系统的电压

1.3.1 供电质量的主要指标

对工厂用户而言，衡量供电质量的主要指标是指交流电的电压和频率。

1. 电压

交流电的电压质量包括电压数值与波形两个方面。电压质量对各类用电设备的工作性能、使用寿命、安全及经济运行都有直接的影响。用电设备在其额定电压下工作，既能保证设备运行正常，又能获得最大的经济效益。

电网的电压偏差过大时，不仅影响电力系统的正常运行，而且对用电设备的危害很大。以照明用的白炽灯为例，当加在灯泡上的电压低于其额定电压时，发光效率降低，使人的身体健康受影响，降低劳动生产率。白炽灯的端电压降低10%，发光效率下降30%以上，灯光明显变暗；端电压升高10%时，发光效率将提高1/3，但使用寿命将只有原来的1/3。例如，某车间由于夜间电压比额定电压高5%～10%，致使灯泡损坏率达30%以上。电压偏差对荧光灯等气体放电灯的影响不像白炽灯那么明显，但也会影响起燃，同样影响照度和寿命。

感应电动机的最大转矩与端电压的平方成正比，当电压降低时，转矩急剧减小，以致转差增大，从而使定子、转子电流都显著增大，引起温升增加，绝缘迅速老化，甚至烧毁电动机。例如，当电压降低20%，转矩将降低到额定值的64%，电流增加30%～35%，温度升高12%～15%。由于转矩减小，使电动机转速降低，甚至停转，导致工厂产生废品，甚至导致重大事故。

电热装置的功率与电压平方成正比，电压过高将损伤设备，电压过低又达不到所需温度。

对于三相系统来说，三相电压与电流的不对称也影响电能质量。这种不对称运行对发电设备、用电设备、自动控制及保护系统、通信信号等都会产生不良影响。低压供电系统发生三相不对称会造成中性点偏移，甚至危及人身及设备安全。

电力系统的供电电压（或电流）的波形畸变，使电能质量下降，产生高次谐波，谐波电流增加了电网的能量损耗，降低旋转电机、变压器、电缆等电气元件的寿命，还将影响电子设备的正常工作，使自动化、远动、通信都受到干扰。

2. 频率

我国工业标准电流频率为50Hz，有些工业企业有时采用较高的频率，以提高生产效率。如汽车制造或其他大型流水作业的装配车间采用频率为175～180Hz 的高频设备，某些机床采用400Hz 的电动机以提高切削速度，锻压、热处理及熔炼利用高频加热等。

电网低频率运行时，所有用户的交流电动机转速都将相应降低，因而许多工厂的产量和质量都将不同程度地受到影响。例如频率降至48Hz 时，电动机转速降低4%，冶金、化工、机械、纺织、造纸等工业的产量相应降低。有些工业产品的质量也受到影响，如纺织品出现断线、毛疵，纸张厚薄不匀，印刷品深浅不规律，计算机出错等。

频率的变化对电力系统运行的稳定性影响很大，因而对频率的要求比对电压的要求严格得多，一般不得超过±0.5Hz，电网容量在300 万千瓦及以上者不得超过±0.2Hz。频率的调整主要依靠发电厂。

1.3.2 额定电压的国家标准

工厂电网和电气设备的额定电压可以是不同的电压等级，但均应符合国家关于额定电压的规定。根据我国国民经济发展的需要和技术经济上的合理性，为使电气设备实现标准化和系列化，国家规定了交流电网和电力设备的额定电压等级，如表1.1 所示。

表1.1 我国交流电网和电力设备的额定电压（kV）

电网和用电设备额定电压	交流发电机额定线电压	变压器额定电压	
		一次电压	二次电压
0.22	0.23	0.22	0.23
0.38	0.40	0.38	0.40
3	3.15	3 及3.15	3.15 及3.3
6	6.3	6 及6.3	6.3 及6.6
10	10.5	10 及10.5	10.5 及11
—	15.75	15.75	—
35	—	35	38.5
60	—	60	66
110	—	110	121
154	—	154	169
220	—	220	242
330	—	330	363
500	—	500	525

从表 1.1 中可以看出下列特点：

（1）用电设备的额定电压和电网的额定电压是一致的。由于用电设备运行时要在线路中产生电压损耗，造成线路上各点的电压略有不同，如图 1.18 所示。但是成批生产的用电设备，其额定电压只能按照线路首端与末端的平均电压即电网的额定电压来制造。所以用电设备额定电压规定与电网的额定电压相同。

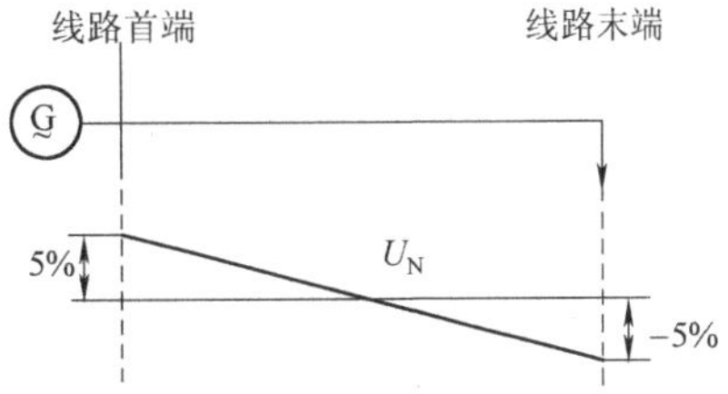

图 1.18　用电设备和发电机的额定电压说明

（2）由于同一电压的线路一般允许的电压偏差是 ±5%，即整个线路允许有 10% 的电压损耗。因此为了保证线路首端与末端的平均电压在额定值，线路首端应比电网的额定电压高 5%，如图 1.19 所示。而发电机接在线路首端，所以规定发电机的额定电压高于所供电网额定电压 5%，用以补偿线路电压损失。

（3）变压器的一次线圈连接在某一级额定电压线路的末端，可将变压器看做是线路上的用电设备，因此其一次侧额定电压与用电设备（或该电网）的额定电压相同，如图 1.19 中的变压器 T_2。但如果变压器直接与发电机相连时，其一次侧额定电压就应与发电机额定电压相同，即比电网的额定电压要高 5%，如图 1.19 中的变压器 T_1。

（4）变压器的二次线圈向负荷供电，相当于一个供电电源，其二次绕组额定电压也应高出线路额定电压 5%。又由于变压器二次绕组额定电压规定为变压器的空载电压，而变压器通过额定负荷电流时，其内部绕组会有 5% 的电压损失。因此如果变压器二次侧供电线路较长（如为大容量的高压电网），则变压器二次绕组的额定电压，一方面要考虑补偿变压器内部 5% 的电压损失，另一方面要考虑变压器满载时输出的二次电压还要高于线路额定电压的 5%，以补偿线路上的电压损耗，所以它要比线路额定电压高出 10%，如图 1.19 中的变压器 T_1。如果变压器二次侧线路不太长（如为低压电网），则变压器二次侧额定电压只需高于线路额定电压的 5%，仅考虑补偿变压器内部电压降，如图 1.19 中的变压器 T_2。

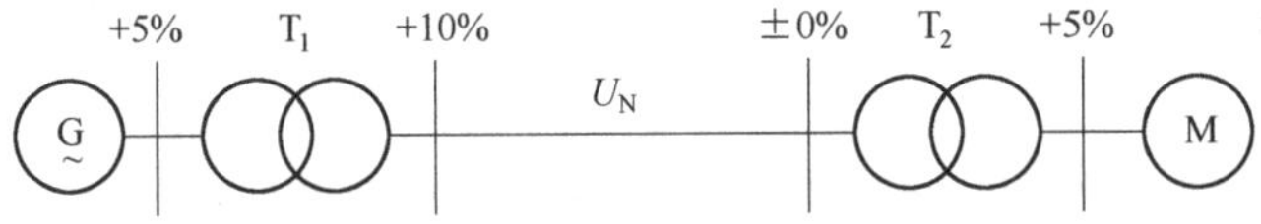

图 1.19　电力变压器的额定电压

1.3.3　工厂供配电电压的选择

1. 工厂供电电压的选择

地区变电所向工厂供电的电压及工厂内部的供配电电压的选择与很多因素有关，但主要取决于地区电力网的电压、工厂用电设备的容量和输送距离等。提高送电电压可以减少电能损耗，提高电压质量，节约有色金属，但却增加了线路及设备投资，所以对应一个电压等级要有一个合理的输送容量与输送距离。常用各级电压的经济输送容量与输送距离的关系如表 1.2 所示。

表 1.2　常用各级电压的经济输送容量与输送距离

线路电压（kV）	输送功率（kW）	输送距离（km）
0.38	100 以下	0.6
3	100 ~ 1 000	1 ~ 3
6	100 ~ 1 200	4 ~ 15
10	200 ~ 2 000	6 ~ 20
35	2 000 ~ 10 000	20 ~ 50
110	10 000 ~ 50 000	50 ~ 150
220	100 000 ~ 500 000	100 ~ 300

工厂供电电压基本上只能选择地区原有电压，自己另选电压等级的可能性不大，具体选择时参考表 1.2，即：

（1）对于一般没有高压用电设备的小型工厂，设备容量在 100kW 以下，输送距离在 600m 以内，可选用 380/220V 电压供电。

（2）对于中、小型工厂，设备容量在 100 ~ 2000kW，输送距离在 4 ~ 20km 以内的，可采用 6 ~ 10kV 电压供电。

（3）对于大型工厂，设备容量在 2000 ~ 50000kW，输送距离在 20 ~ 150km 以内的，可采用 35 ~ 110kV 电压供电。

2. 工厂配电电压的选择

工厂的高压配电电压一般选用 6 ~ 10kV。6kV 与 10kV 比较，变压器、开关设备投资差不多，传输相同功率情况下，10kV 线路可以减少投资，节约有色金属，减少线路电能损耗和电压损耗，更适应发展，所以工厂内一般选用 10kV 作为高压配电电压。但如果工厂供电电源的电压就是 6kV，或工厂使用的 6kV 电动机多而且分散，可以采用 6kV 的配电电压。3kV 的电压等级太低，作为配电电压不经济。

工厂的低压配电电压，除因安全所规定的特殊电压外，一般采用 380/220V。380V 为三相配电电压，供电给三相用电设备及 380V 单相用电设备，220V 作为单相配电电压，供电给一般照明灯具及 220V 单相用电设备。对矿山及化工等部门，因其负荷中心离变电所较远，为了减少线路电压损耗和电能损耗，提高负荷端的电压水平，也有采用 660V 配电电压的。

本章小结

供电系统是发电、输电、变电、配电和用电的统一整体。

发电厂把其他形式的能源通过发电设备转换为电能。我国以火力发电为主，其次是水力发电和原子能发电。

变配电所是联系发电厂和用户的中间环节，变电所用以变换电能电压、接受电能与分配电能，配电所用以接受电能和分配电能。

电力网是电力系统的一部分，是输电线路和配电线路的统称，是输送电能和分配电能的通道。

直流输电线路架设方便，能耗小，绝缘强度高，更适宜于远距离大容量输电。

我国电力系统中，110kV 以上高压系统多采用中性点直接接地运行方式；6 ~ 35kV 中压系统中首选中性点不接地运行方式。当接地电流不满足要求时，可采用中性点经消弧线圈或电阻接地的运行方式；低于 1kV 的低压配电系统中通常均为中性点直接接地的运行方式。低压配电系统的中性点运行方式有 TN 系统、TT 系统和 IT 系统三种，其中 TN 系统又包括 TN－C、TN－S 和 TN－C－S 系统三种。

工厂供电系统由工厂降压变电所、高压配电线路、车间变电所、低压配电线路及用电设备组成。一般大型工业企业均设工厂降压变电所，把 35 ~ 110kV 电压降为 6 ~ 10kV 电压向车间变电所供电。车间变电所将 6 ~ 10kV 的高压配电电压降为 380/220V，对低压用电设备供电。

工厂内高压配电线路主要作为工厂内输送、分配电能之用，通过它把电能送到各个生产厂房和车间。工厂高压配电线路以前多采用架空线路，现已逐渐向电缆化方向发展。工厂内低压配电线路主要用以向低压用电设备供电。在户外敷设的低压配电线路目前多采用架空线路。在厂房或车间内部采用明线配电线路或电缆配电线路。

为使电气设备实现标准化和系列化，国家规定了交流电网和电力设备的额定电压等级。用电设备的额定电压和电网的额定电压一致。发电机接在线路首端，其额定电压高于所供电网额定电压 5%，用以补偿线路电压损失。变压器直接与发电机相连时，其一次侧额定电压与发电机额定电压相同，即比电网的额定电压要高 5%；变压器二次侧供电线路较长时，变压器二次绕组的额定电压，一方面要考虑补偿变压器内部 5% 的电压损失，另一方面要考虑变压器满载时输出的二次电压还要高于线路额定电压的 5%，以补偿线路上的电压损耗，所以它要比线路额定电压高出 10%。变压器接在某一级额定电压线路的末端，其一次侧额定电压与线路的额定电压相同；二次侧线路不太长时，其二次侧额定电压需高于线路额定电压 5%，用以补偿线路电压损失。

一般没有高压用电设备的小型工厂，可选用 380/220V 电压供电。中、小型工厂可采用 6 ~ 10kV 电压供电。大型工厂，可采用 35 ~ 110kV 电压供电。工厂的高压配电电压一般选用 6 ~ 10kV，工厂的低压配电电压一般采用 380/220V。

影响供电质量的主要指标为交流电的电压、频率和供电的可靠性。我国将工业企业的电力负荷按其对可靠性的要求不同划分为一级负荷、二级负荷和三级负荷。

习　题　1

一、填空题

1.1　一般 110kV 以上电力系统均采用中性点__________的运行方式。6 ~ 10kV 电力系统一般采用中性点_________的运行方式。

1.2　水力发电厂主要分为__________式水力发电厂和____________式水力发电厂。

1.3　_________用以变换电能电压、接受电能与分配电能，_________用以接受电能和分配电能。

1.4　低压配电网采用三种中性点运行方式，即_______系统、_______系统和_______系统。

1.5　工厂供电的 TN 系统是指中性点______________的系统，TT 系统是指中性点的系统，TS 系统是指中性点______________的系统。

1.6　低压配电 TN 系统又分为三种方式，即____________、____________和__________。

1.7　N 线称为_______线，PE 线称为_______线，PEN 线称为_______线。

1.8　一般工厂的高压配电电压选择为____________V，低压配电电压选择为____________V。

1.9　车间变电所是将__________的电压降为__________，用以对低压用电设备供电。

1.10　大型工厂一般采用__________电压供电，中、小型工厂可采用__________电压供电，一般的小型工厂可选用__________电压供电。

1.11　_________负荷要求由两个独立电源供电，_______负荷要求由两个回路供电。

1.12　影响电能质量的两个主要因素是__________和__________。对照明影响最大的电能质量问题是_______________________________________。

二、判断题（正确的打√，错误的打 ×）

1.13　电力系统就是电网。(　　)

1.14　发电厂与变电所距离较远，一个是电源，一个是负荷中心，所以频率不同。(　　)

1.15　火力发电是将燃料的热能转变为电能的能量转换方式。(　　)

1.16　中性点不接地的电力系统在发生单相接地故障时，可允许继续运行 2 小时。(　　)

1.17　三级负荷对供电无特殊要求。(　　)

1.18　我国采用的中性点工作方式有：中性点直接接地、中性点经消弧线圈接地和中性点不接地。(　　)

1.19　我国 110kV 及其以上电网多采用中性点不接地的运行方式。(　　)

1.20　我国低压配电系统常采用 TT 的中性点连接方式。(　　)

1.21　原子能发电厂的发电过程是核裂变能 - 机械能 - 电能。(　　)

1.22　车间变电必须要设置 2 台变压器。(　　)

1.23　车间内电气照明线路和动力线路可以合并使用。(　　)

1.24　事故照明必须由可靠的独立电源供电。(　　)

1.25 在工厂中，一、二级负荷所占的比例较大。(　　)

1.26 变压器二次侧额定电压要高于后面所带电网额定电压的5%。(　　)

1.27 工厂的配电电压常用10kV。(　　)

三、选择题（选择正确的答案填入括号内）

1.28 我国低压配电系统常用的中性点连接方式是（　　）

A. TT系统　　B. TN系统　　C. IT系统

1.29 工厂低压三相配电压一般选择（　　）

A. 380V　　B. 220V　　C. 660V

1.30 图1.20所示的电力系统，变压器T_3一次侧额定电压为（　　），二次侧额定电压为（　　）。

A. 110kV　　B. 121kV　　C. 10.5kV　　D. 11kV

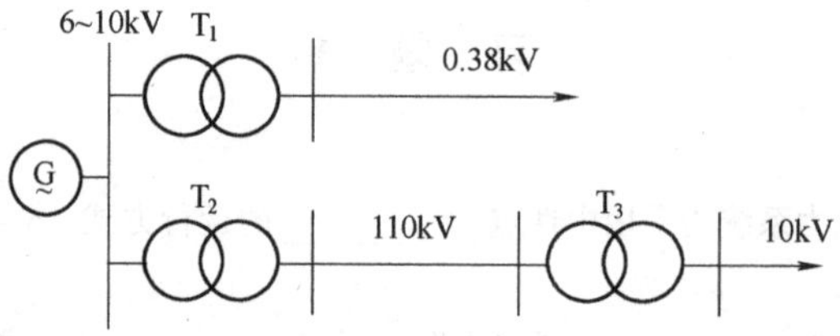

图1.20

1.31 车间变电所的电压变换等级一般为（　　）。

A. 把220～550 kV降为35～110kV

B. 把35～110 kV降为6～10kV

C. 把6～10 kV降为220/380V

1.32 单台变压器容量一般不超过（　　）。

A. 500kVA　　B. 1000kVA　　C. 2000kVA

1.33 6～10kV系统中，如果发生单相接地事故，可（　　）。

A. 不停电，一直运行　　B. 不停电，只能运行2个小时　　C. 马上停电

1.34 选择正确的表示符号填入括号内。中性线（　　），保护线（　　），保护中性线（　　）。

A. N　　B. PE　　C. PEN

1.35 请选择下列设备可能的电压等级：发电机（　　），高压输电线路（　　），电气设备（　　），变压器二次侧（　　）。

A. 10kV　　B. 10.5kV　　C. 380V　　D. 220kV　　E. 11kV

1.36 对于中、小型工厂，设备容量在100～2000kW，输送距离在4～20km以内的，可采用（　　）电压供电。

A. 380/220V　　B. 6～10kV　　C. 35kV　　D. 110kV及以上

第2章　工厂变配电所及供配电设备

内容提要

工厂变配电所是工厂供配电系统的枢纽。本章首先简介工厂变配电所的作用、类型，变配电所位置的确定原则，然后分别介绍工厂变配电所中常用的高、低压电器和变压器的功能、结构特点及运行维护，讲述了工厂变配电所各种主接线，最后介绍成套配电装置的分类与特点，以及工厂变配电所的布置要求和基本结构。

2.1　工厂变配电所的作用、类型和位置

1. 变配电所的作用

工厂变配电所是工厂供配电系统的核心，在工厂中占有特别重要的地位。工厂变配电所按其作用可分为工厂变电所和工厂配电所。变电所的作用是：从电力系统接受电能，经过变压器降压（通常降为0.4kV)，然后按要求把电能分配到各车间供给各类用电设备。配电所的作用是：接受电能，然后按要求分配电能。两者所不同的是：变电所中有配电变压器，而配电所中没有配电变压器。

2. 变配电所的类型

工厂变配电所以它在工厂供配电系统中的地位，可分为总降压变电所和车间变电所。一般中、小型工厂通常都是采用10kV城市配电网供电，不设总降压变电所，设高压配电室和车间变电所或者只设立车间变电所。有的小型工厂甚至采用公共低压电网供电，即0.4kV低压线路进线，在工厂中只设立低压配电室。

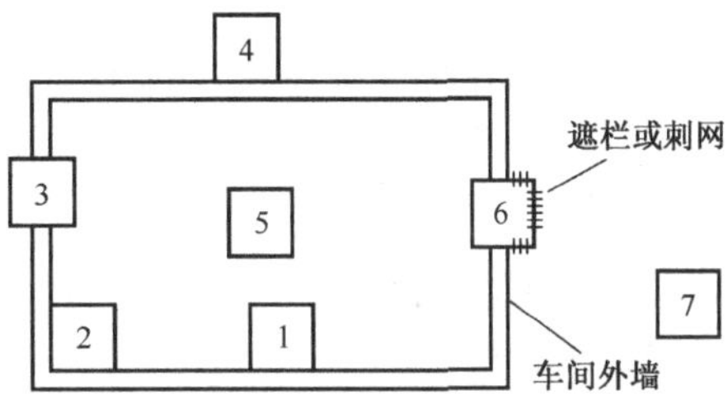

1、2—内附式；3、4—外附式；5—车间内式；6—露天（半露天）式；7—独立式

图2.1　车间变电所的类型

工厂的车间变电所按主变压器的安装位置主要有车间附设式变电所、车间内式变电所、独立式变电所、露天式变电所、箱式变电所等几种类型，如图2.1所示。通常，独立式变电所的建筑费用高，一次性投资较大，适用于电力系统中的大型变电站、大型工厂的总降压变电站及需要远离有危险或腐蚀性物质场所的变电所。中、小型工厂中一般不设独立变电所。箱式变电站（成套变电站）利用技术性能优越的高、低压电器和少油或无油化的变压器，把高、低压设备（包括高、低压断路器等开关电器、电压互感器、避雷器等）和变压器分间隔组合在一个箱体中，结构紧凑，占地少，美观，安装方便，安全可靠性高，运行维护工作量少，适宜于各类供电场所。附设式变电所在中、小型工厂中普遍采用。露天变电所比较简单，经济，通风散热好，只要周围环境条件正常都可以采用，在一些要求不高的小厂和生活小区中较为常见。

3. 变配电所所址的选择

工厂变配电所位置的选择应考虑如下的原则：

（1）尽量接近负荷中心，以缩短低压配电线路距离，减少有色金属消耗量，降低配电系统的电压损耗、电能损耗，保证电压质量。

（2）接近电源侧。

（3）进线、出线方便。

（4）设备运输、安装方便。

（5）避开剧烈震动、高温场所，避开多尘、有腐蚀性气体的场所，避开有爆炸、火灾危险的场所。

（6）尽量使高压配电所与车间变电所合建。

（7）为工厂的发展和负荷的增加留有扩建的余地。

2.2 工厂变配电所常用的高、低压电气设备

为了实现工厂变配电所的受电、变电和配电的功能，在工厂变配电所中，必须把各种电气设备按一定的接线方案连接起来，组成一个完整的供配电系统。在这个系统中担负输送、变换和分配电能任务的电路称为主电路，也叫一次电路；用来控制、指示、监测和保护主电路（一次电路）及其主电路中设备运行的电路称为二次电路（二次回路）。相应地，工厂变配电所中的电气设备也分成两大类：一次电路中的所有电气设备，称为一次设备或一次元件；二次电路中的所有电气设备，称为二次设备或二次元件。下面，我们先了解一次设备中常用的高、低压电器。

2.2.1 工厂变配电所常用的高压电气设备

1. 高压隔离开关

高压隔离开关（文字符号为 QS）具有明显的分断间隙，因此它主要用来隔离高压电源，保证安全检修，并能通断一定的小电流（如 2A 以下的空载变压器励磁电流、电压互感器回路电流、5A 以下的空载线路的充电电流）。它没有专门的灭弧装置，因此不允许切断正常的负荷电流，更不能用来切断短路电流。因隔离开关具有明显的分断间隙，因此它通常与断路器配合使用。

根据隔离开关的使用场所，可以把高压隔离开关分成户内和户外两大类。按有无接地开关可分为不接地、单接地和双接地三类。

隔离开关全型号的表示和含义如下：

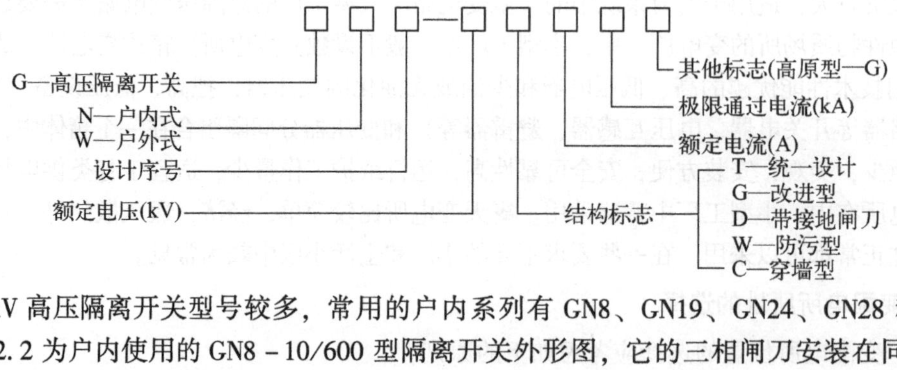

10kV 高压隔离开关型号较多，常用的户内系列有 GN8、GN19、GN24、GN28 和 GN30 等。图 2.2 为户内使用的 GN8－10/600 型隔离开关外形图，它的三相闸刀安装在同一底座

上，闸刀均采用垂直回转运动方式。GN 型高压隔离开关一般采用手动操作机构进行操作。

户外高压隔离开关常用的有 GW4、GW5 和 GW1 系列。图 2.3 为户外 GW4－35 型高压隔离开关的外形图。为了熄灭小电流电弧，该隔离开关安装有灭弧角条，采用的是三柱式结构。

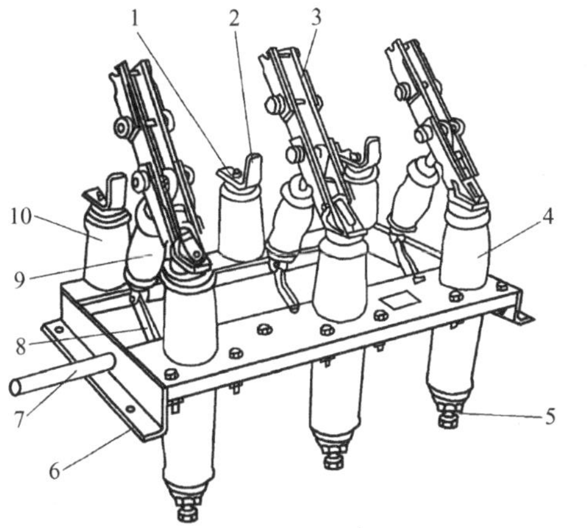

1—上接线端子；2—静触头；3—闸刀；4—套管绝缘子；
5—下接线端子；6—框架；7—转轴；8—拐臂；
9—升降绝缘子；10—支柱绝缘子

图 2.2　GN8－10/600 型高压隔离开关

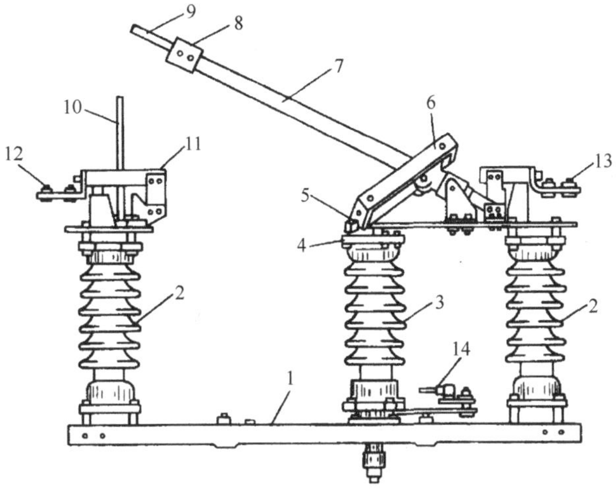

1—角钢架；2—支柱瓷瓶；3—旋转瓷瓶；4—曲柄；5—轴套；
6—传动装置；7—管形闸刀；8—工作动触头；9、10—灭弧角条；
11—插座；12、13—接线端子；14—曲柄传动机构

图 2.3　GW4－35 型户外隔离开关

带有接地开关的隔离开关称接地隔离开关，可将电气设备进行短接、连锁和隔离，一般是用隔离开关将退出运行的电气设备和成套设备部分接地和短接。而接地开关是用于将回路接地的一种机械式开关装置。在异常条件下（如短路下），可在规定时间内承载规定的异常电流；在正常回路条件下，不要求承载电流。大多与隔离开关构成一个整体，并且在接地开关和隔离开关之间有相互连锁装置。

在操作隔离开关时应注意操作顺序，停电时先拉线路侧隔离开关，送电时先合母线侧隔离开关。而且在操作隔离开关前，先注意检查断路器确实在断开位置后，才能操作隔离开关。

（1）合上隔离开关时的操作。

① 无论用手动传动装置或用绝缘操作杆操作，均必须迅速而果断，但在合闸终了时用力不可过猛，以免损坏设备，导致机构变形，瓷瓶破裂等。

② 隔离开关操作完毕后，应检查是否合上。合好后应使隔离开关完全进入固定触头，并检查接触的严密性。

（2）拉开隔离开关时操作。

① 开始时应慢而谨慎，当刀片刚要离开固定触头时应迅速。特别是切断变压器的空载电流、架空线路和电缆的充电电流、架空线路小负荷电流以及环路电流时，拉开隔离开关时更应迅速果断，以便能迅速消弧。

② 拉开隔离开关后，应检查隔离开关每相确实已在断开位置并应使刀片尽量拉到头。

（3）在操作中误拉、误合隔离开关时。

① 误合隔离开关时。即使合错，甚至在合闸时发生电弧，也不准将隔离开关再拉开。因为带负荷拉开隔离开关，将造成三相弧光短路事故。

② 误拉隔离开关时。在刀片刚要离开固定触头时，便发生电弧，这时应立即合上，可以

消灭电弧，避免事故。如果隔离开关已经全部拉开，则绝不允许将误拉的隔离开关再合上。

如果是单极隔离开关，操作一相后发现误拉，对其他两相则不允许继续操作。

2. 高压负荷开关

高压负荷开关（文字符号为 QL）能通断正常的负荷电流和过负荷电流，隔离高压电源。高压负荷开关只有简单的灭弧装置，因此它不能切断或接通短路电流。高压负荷开关使用时通常与高压熔断器配合使用，利用熔断器来切断短路故障。根据高压负荷开关的简单灭弧装置中所采用的灭弧介质的不同，高压负荷开关可分为：固体产气式、压气式、油管式、真空式、SF_6式等。按安装场所分类，也有户内式和户外式两种。

高压负荷开关全型号的表示和含义如下：

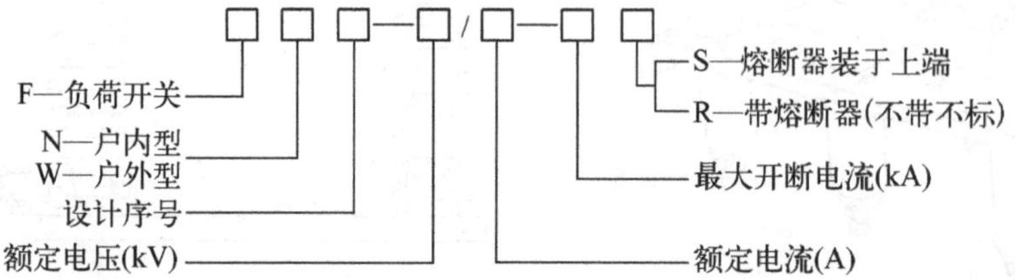

图 2.4 为 FN3－10RT 型高压负荷开关的结构示意图。负荷开关上端的绝缘子是一个简单的灭弧室，它不仅起到支持绝缘子的作用，而且其内部是一个汽缸，装有操动机构主轴传动的活塞，绝缘子上部装有绝缘喷嘴和弧静触头。当负荷开关分闸时，闸刀一端的弧动触头与弧静触头之间产生电弧，同时分闸时主轴转动而带动活塞，压缩汽缸内的空气，从喷嘴向外吹弧，使电弧迅速熄灭。其外形与户内式隔离开关相似，也具有明显的断开间隙，故它同时具有隔离开关的作用。

图 2.5 为西门子公司 12kV 的真空负荷开关的剖面图。它是利用真空灭弧原理来工作的，

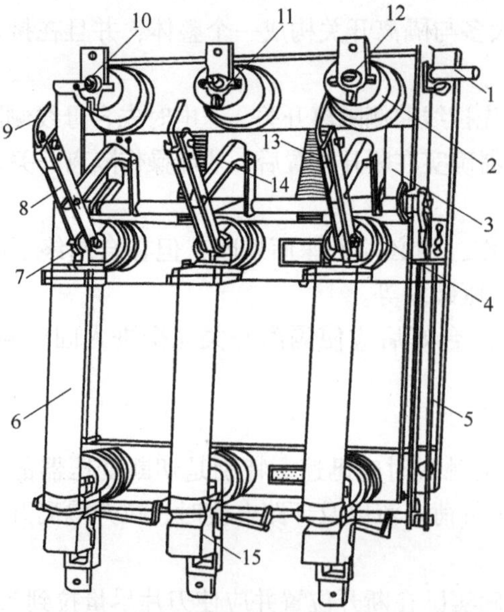

1—主轴；2—上绝缘子兼汽缸；3—连杆；4—下绝缘子；5—框架；6—RN1 型高压熔断器；7—下触座；8—闸刀；9—弧动触头；10—绝缘喷嘴；11—弧静触头；12—上触座；13—分闸弹簧；14—绝缘拉杆；15—热脱扣器

图 2.4　FN 3－10RT 型高压负荷开关

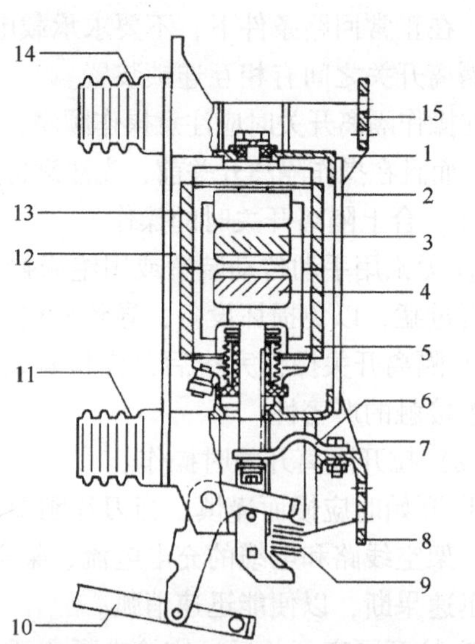

1—上支架；2—前支撑杆；3—静触头；4—动触头；5—波纹管；6—软联结；7—下支架；8—下接线端子；9—接触压力弹簧和分闸弹簧；10—操作杆；11—下支持绝缘子；12—后支撑杆；13—陶瓷外壳；14—上支持端子；15—上接线端子

图 2.5　西门子公司 12kV 的真空负荷开关的剖面图

因而能可靠完成开断工作。其特点是可频繁操作，配用手动操作机构或电动操作机构，灭弧性能好，使用寿命长。但必须和 HH－熔断器相配合，才能开断短路电流，而且开断时，不形成隔离间隙，不能作隔离开关用。它一般用于 220kV 及以下电网中。

六氟化硫（SF_6）负荷开关（如 FW11－10 型）、油浸式负荷开关（如 FW2、FW4 型）的基本结构都为三相共箱式，其中六氟化硫负荷开关利用 SF_6 气体作为灭弧和绝缘介质，而油浸式负荷开关是利用绝缘油作为灭弧和绝缘介质，它们的灭弧能力强，容量大，但都必须与熔断器串联使用才能断开短路电流，而且断开后无可见间隙，不能作隔离开关用。适用于 35kV 及以下的户外电网。

3. 高压断路器

高压断路器（文字符号为 QF）是高压输配电线路中最为重要的电气设备。它具有可靠的灭弧装置。因此，它不仅能通断正常的负荷电流，而且能接通和承担一定时间的短路电流，并能在保护装置作用下自动跳闸，切除短路故障。

高压断路器的形式可按使用场合分为户内和户外两种，也可以按断路器采用的灭弧介质分为压缩空气断路器、油断路器、真空断路器、SF_6 断路器等多种形式。目前，压缩空气断路器已基本不使用，油断路器也属于淘汰产品，真空断路器和 SF_6 断路器得到广泛使用。但由于少油断路器成本低，在输配电系统中还占据着比较重要的地位。

高压断路器的全型号表示和含义如下：

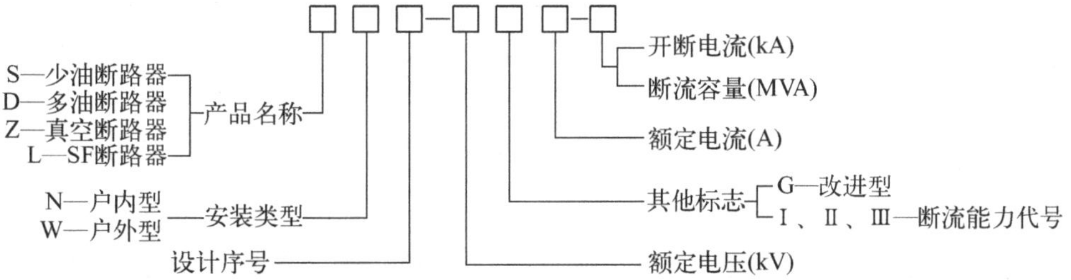

（1）高压油断路器。采用变压器油作灭弧介质的断路器称为油断路器。油断路器又可分为多油断路器和少油断路器。

图 2.6 是 SN10－10 型少油断路器的外形图。图 2.7 是该型断路器内部剖面图。该断路器的特点是：开关触头在绝缘油中闭合和断开；油只作为灭弧介质，油量少；结构简单，体积小，重量轻；外壳带电，必须与大地绝缘，人体不能触及；燃烧和爆炸危险少。

SN10－10 型断路器可配用 CS2 型手动操作机构、CD 型电磁操动机构或 CT 型弹簧操动机构。CD 型和 CT 型操动机构都有跳闸和合闸线圈，通过断路器的传动机构使断路器动作。电磁操动机构需用直流电源操作，也可以手动，远距离跳、合闸。弹簧储能操动机构可交、直流操作电源两用，可以手动，也可以远距离跳、合闸。

少油断路器的主要缺点是：检修周期短，在户外使用受大气条件影响大，配套性差。

（2）高压真空断路器。高压真空断路器是利用“真空”灭弧的一种断路器，是一种新型断路器，我国已成批生产 ZN 系列真空断路器。

真空断路器的结构特点为：灭弧室作为独立的元件，安装调试简单、方便；触头开距短，故灭弧室小巧，操作功率小，动作快；灭弧能力强，燃弧时间短，一般只需半个周期，电磨损少，使用寿命长；防火、防爆，操作噪声小；适用于频繁操作，特别是适用于开断容性负荷电流；开断能力强，目前开断短路电流已达 50kA；具有多次重合闸功能，适合配电网要求。

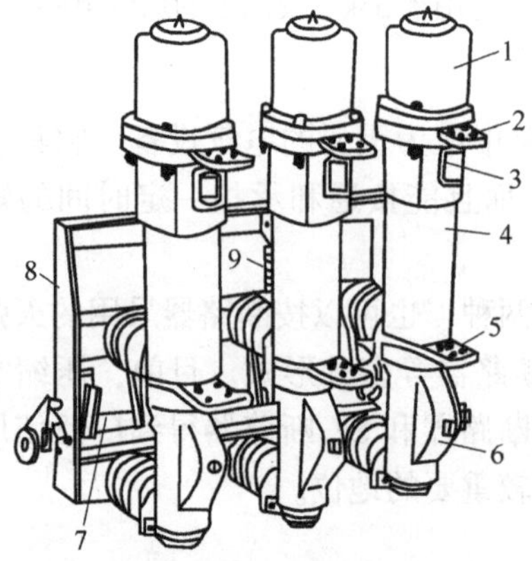

1—铝帽；2—上接线端；3—油标；
4—绝缘箱(内装灭弧室及触头)；
5—下接线端；6—基座；7—主轴；
8—框架；9—分闸弹簧

图 2.6　SN10－10 型高压少油断路器外形

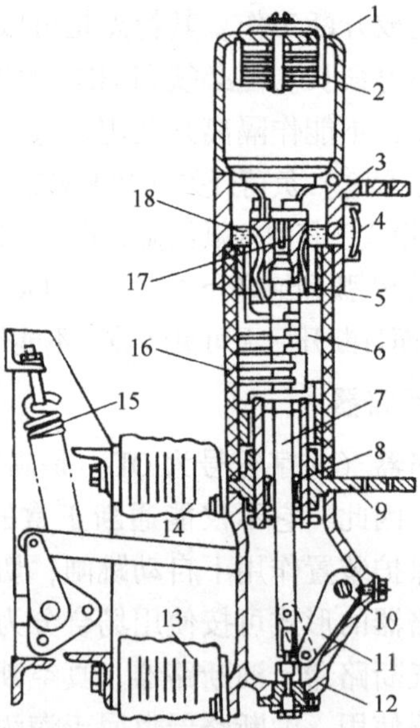

1—铝帽；2—油气分离器；3—上接线端子；
4—油标；5—静触头；6—灭弧室；
7—动触头；8—中间滚动触头；9—下接线端子；
10—转轴；11—拐臂；12—基座；
13—下支柱瓷瓶；14—上支柱瓷瓶；15—断路器簧；
16—绝缘筒；17—逆止阀；18—绝缘油

图 2.7　少油断路器内部剖面图

图 2.8 是 ZN3－10 型高压真空断路器的外形图。它主要由真空灭弧室、操动机构、绝缘体传动件、底座等组成。真空灭弧室由圆盘状的动静触头、屏蔽罩、波纹管屏蔽罩、绝缘外壳（陶瓷或玻璃制成外壳）等组成，其结构如图 2.9 所示。

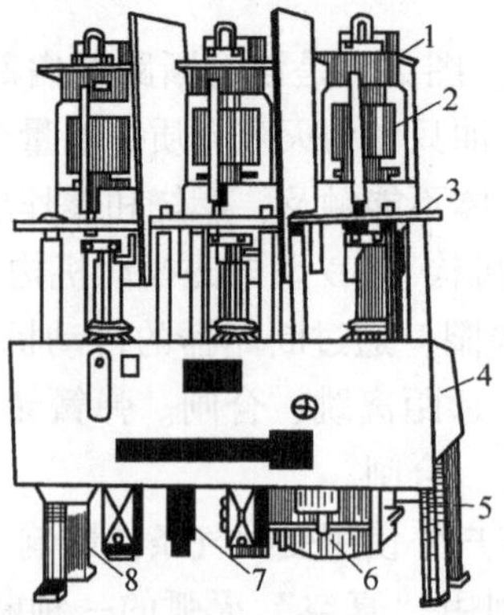

1—上接线端；2—真空灭弧室；3—下接线端；
4—操作机构箱；5—合闸电磁铁；6—分闸电磁铁；
7—分闸弹簧；8—底座

图 2.8　ZN3－10 型高压真空断路器外形

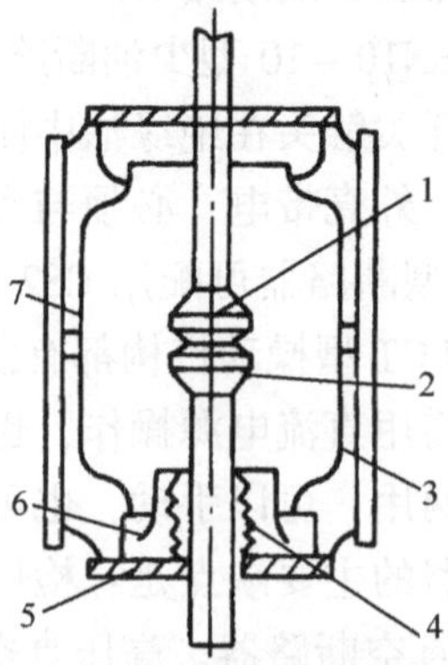

1－静触头；2－动触头；3－屏蔽罩；
4－波纹管；5－与外壳封接的金属法兰盘；
6－波纹管屏蔽罩；7－绝缘外壳

图 2.9　真空断路器灭弧室结构

ZN3－10 型系列真空断路器可配用 CD 系列电磁操动机构或 CT 系列弹簧操动机构。

（3）高压六氟化硫（SF_6）断路器。六氟化硫（SF_6）断路器是利用 SF_6 气体作为灭弧和绝缘介质的断路器。SF_6气体是一种无色、无臭、不燃烧的惰性气体，具有优异的绝缘及灭弧能力。在150℃以下时，其化学性能相当稳定。它的绝缘能力约高出普通空气的2.5～3倍，灭弧能力则高近100倍。高压六氟化硫（SF_6）断路器就是采用SF_6作为断路器的绝缘介质和灭弧介质的一种断路器。这种断路器的外形尺寸小，占地面积少，开断能力很强，此外，电弧在SF_6中燃烧时，电弧电压特别低，燃弧时间也短，因而SF_6断路器触头烧损很轻微，适于频繁操作，检修周期长。由于这些优点，SF_6断路器发展速度很快，电压等级也在不断提高。图2.10是LN2－10型SF_6断路器的外形图。

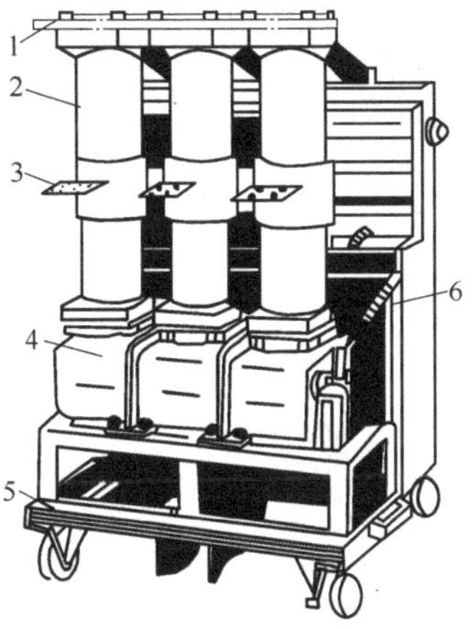

1—上接线端；2—绝缘筒(内为汽缸及触头系统)；
3—下接线端；4—操作机构；5—小车；6—分闸弹簧

图2.10　LN2－10型SF_6断路器外形

断路器的静触头和灭弧室中的压气活塞是相对固定的。当跳闸时，装有动触头和绝缘喷嘴的汽缸由断路器的操动机构通过连杆带动离开静触头，使汽缸和活塞产生相对运动来压缩SF_6气体并使之通过喷嘴吹出，用吹弧法来迅速熄灭电弧。

SF_6断路器的缺点是：电气性能受电场均匀程度及水分等杂质影响特别大，故对SF_6断路器的密封结构、元件结构及SF_6气体本身质量的要求相当严格。

SF_6断路器的结构特点为：开关触头在SF_6气体中闭合和断开；SF_6气体具有灭弧和绝缘功能；灭弧能力强，属于高速断路器；结构简单，无燃烧、爆炸危险；SF_6气体本身无毒，但在电弧的高温作用下，会产生氟化氢等有强烈腐蚀性的剧毒物质，检修时应注意防毒。

SF_6断路器的操动机构主要采用弹簧、液压操动机构。

4. 高压熔断器

熔断器是（文字符号为FU）一种结构最简单、应用最广泛的保护电器。一般由熔管、熔体、灭弧填充物、指示器、静触座等构成。

熔断器分限流式和不限流式两种。限流式熔断器的灭弧能力强，可以在短路电流上升到最大值之前灭弧。

工厂供配电系统中，对容量小而且不太重要的负载，广泛使用高压熔断器作为输、配电线路及电力变压器（包括电压互感器）的短路及过载保护，它既经济又能满足一定的可靠性。高压熔断器户内广泛采用RN1、RN2型高压管式熔断器，户外则广泛采用RW4、RW10型等跌落式熔断器。

高压熔断器全型号的表示和含义如下：

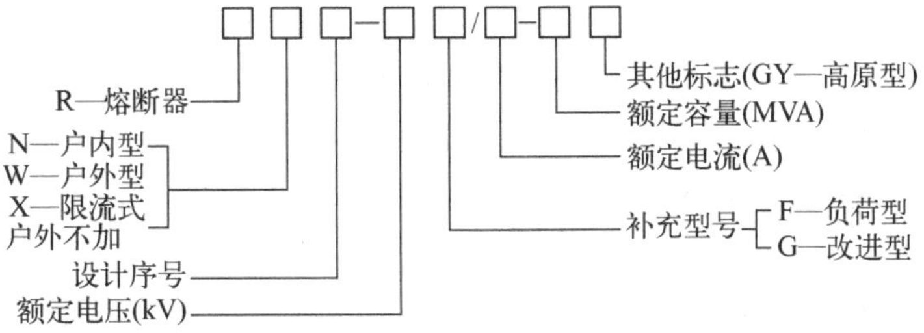

（1）RN1 和 RN2 型户内式熔断器。RN1 型和 RN2 型熔断器的结构基本相同，都是瓷质熔管内充填石英砂填料的密封管式熔断器。图 2. 11 所示为 RN1 – 10 型熔断器外形。图 2. 12 为其熔管内部结构剖面图。其主要组成部分是：熔管、触座、动作指示器、绝缘子和底座。熔管一般为瓷质管，熔丝由单根或多根镀银的细铜丝并联绕成螺旋状，熔丝上焊有小锡球。

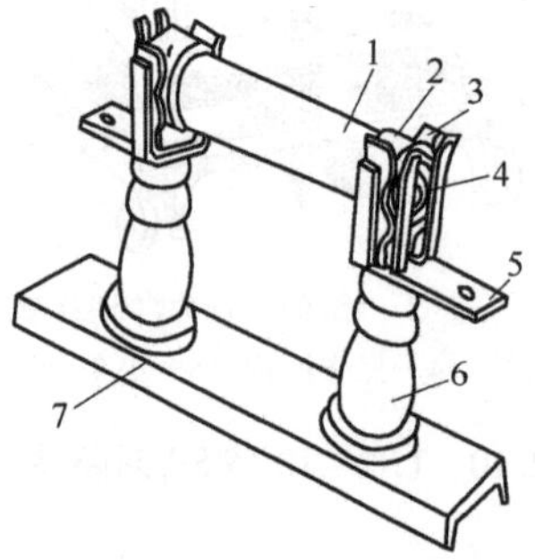

1—瓷熔管；2—金属管帽；3—弹性触座；
4—熔断指示器；5—接线端子；6—瓷绝缘支柱；7—底座

图 2. 11　RN1 – 10 型熔断器外形

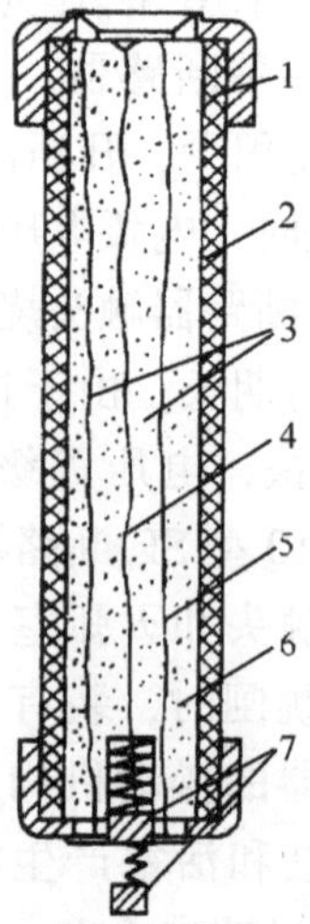

1—金属管帽；2—瓷熔管；3—工作熔体；4—指示熔体；
5—锡球；6—石英砂填料；7—熔断指示器（熔断后弹出状态）

图 2. 12　熔管内部结构剖面图

当短路电流或过负荷电流通过熔体使工作熔体熔断后，接着指示熔体熔断的红色熔断指示器弹出，表示熔体已熔断。这种熔断器熔体熔断所产生的电弧是在填充石英砂的密闭瓷管内燃烧，因此这种熔断器灭弧能力很强，能在短路电流未达到其冲击值之前将电弧熄灭，为“限流式”熔断器。RN1 型主要作为高压线路和变压器的短路保护和过负荷保护，结构尺寸较大。RN2 型只用做电压互感器一次侧的短路保护，其熔体电流一般为 0. 5A，结构尺寸较小。

RN2 型与 RN1 型熔断器的区别主要是：它由三种不同截面的康铜丝绕在陶瓷芯上，并且无熔断指示器，由电压互感器二次侧仪表的读数来判断其熔体的熔断情况；由于电压互感器的二次侧近乎于开路状态，RN2 型的额定电流一般为 0. 5A，而 RN1 型的额定电流从 2 ~ 300A 不等。

（2）RW 系列户外式熔断器。RW 系列跌开式熔断器又称跌落式熔断器，被广泛用于环境正常的户外场所，作高压线路和设备的短路保护用。

① 一般户外跌开式熔断器（文字符号为 FD）。图 2. 13 为 RW4 – 10 型高压跌落式熔断器外形结构图。它串接在线路中，可利用绝缘钩棒（俗称令克棒）直接操作熔管的分、合，此功能相当于隔离开关。

RW4 型熔断器没有带负荷灭弧装置，因此不容许带负荷操作；它的灭弧能力不强，速度不快，不能在短路电流达到冲击电流值前熄灭电弧，属于“非限流式熔断器”。常用于额定电压 10kV，额定容量 315kVA 及以下电力变压器的过流保护，尤其以居民区、街道等场合居多。

② 负荷型跌开式熔断器（文字符号为 FDL）。图 2. 14 为 RW10 – 10 负荷型跌开式熔断

器外形结构图。

RW10－10 跌开式熔断器是在一般跌开式熔断器的上静触头上加装了简单的灭弧室，因而能带负荷操作。但该类型熔断器的灭弧能力不是很强，灭弧速度也不快，不能在短路电流达到冲击电流值前熄灭电弧，因此也属于“非限流式熔断器”。

③ 限流式户外高压熔断器（文字符号为 FU）。图 2.15 所示的是 RW10－35 型户外限流式熔断器的外形结构。

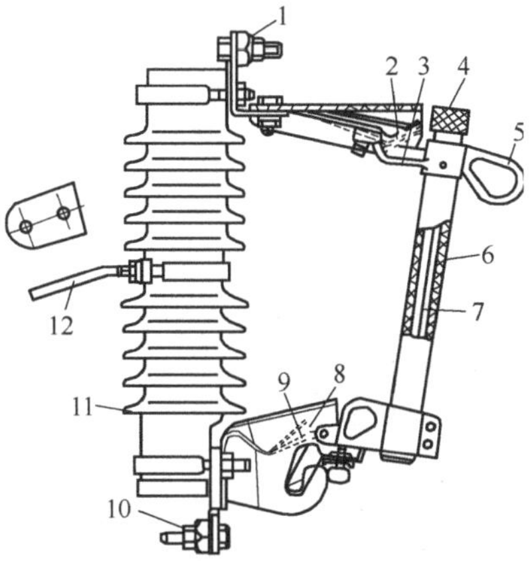

1—接线端子；2—上静触头；3—上动触头；4—管帽(带薄膜)；5—操作环；6—熔管(外层为酚醛纸管或环氧玻璃布管,内衬纤维质消弧管；7—铜熔丝；8—下动触头；9—下静触头；10—下接线端子；11—绝缘子；12—固定安装板

图 2.13 RW4－10 型高压跌落式熔断器外形

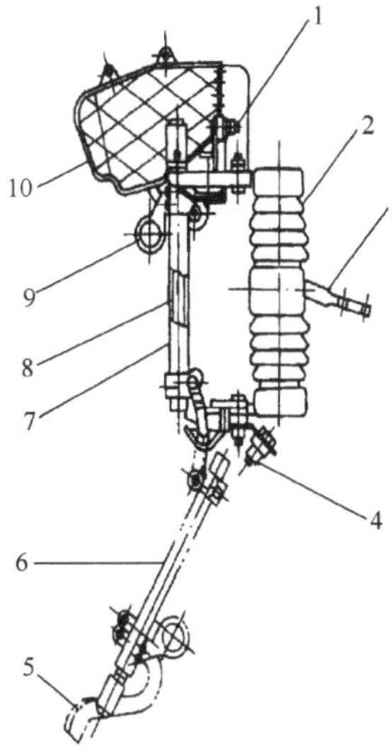

1－上接线端子；2－绝缘瓷瓶；3－固定安装板；4－下接线端子；5－灭弧触头；6－熔丝管(打开位置)；7－熔丝管(闭合位置)；8－熔丝；9－操作环；10－灭弧罩

图 2.14 RW10－10 负荷型跌开式熔断器

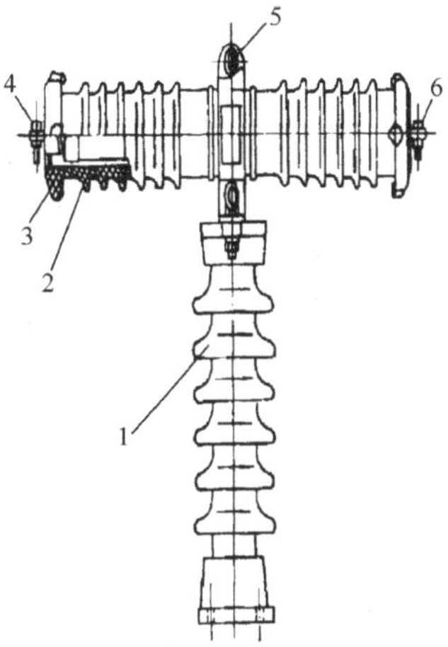

1－棒形支柱绝缘子；2－资质熔管(内装特制熔体及石英砂)；3－钢管帽；4、6－接线端子；5－固定抱箍

图 2.15 RW10－35 型限流式户外高压熔断器

该熔断器的瓷质熔管内充有石英砂，熔体结构和 RN 型的户内高压熔断器相似，因此，它的短路和过负荷保护功能与户内高压熔断器相同。这种熔断器的熔管是固定在棒形支柱绝缘子上的，因此，熔体熔断后不能自动跌开，无明显可见的断开间隙，不能作“隔离开关”用。

④ RW－B 系列的高压爆炸式跌开熔断器。其结构和 RW 系列基本相似，有 B 型和 BZ 型两种。B 型为自爆跌开式，BZ 型是爆炸重合跌开式。区别为 BZ 型熔断器每相有两根熔管，若为瞬时性故障，可投入重合熔管来保证系统继续工作；如果是永久性故障，则重合熔管会再动作一次，将故障切除，以保护系统。

⑤ HH－熔断器是一种高压高分断能力的熔断器，它能在短路电流产生的瞬间就将其开断，有效地保护电气设备和电气线路免受巨大的短路电流造成的危害。

2.2.2 电流互感器和电压互感器

电流互感器和电压互感器统称为互感器，它们其实就是一种特殊的变压器。在变配电系统中具有极其重要的作用。

（1）变换功能——把高电压和大电流变换为低电压和小电流，便于连接测量仪表和继电器。

（2）隔离作用——使仪表、继电器等二次设备与主电路绝缘。

（3）扩大仪表、继电器等二次设备应用的电流范围，使仪表、继电器等二次设备的规格统一，利于批量生产。

1. 电流互感器

（1）电流互感器（文字符号为TA）的结构和原理。电流互感器的类型很多，如按一次绕组的匝数分类，可分为单匝式和多匝式；按用途分类，可分成测量用和保护用；按绝缘介质分类，可分为油浸式和干式等。常用的电流互感器外形结构如图 2. 16 和图 2. 17 所示。

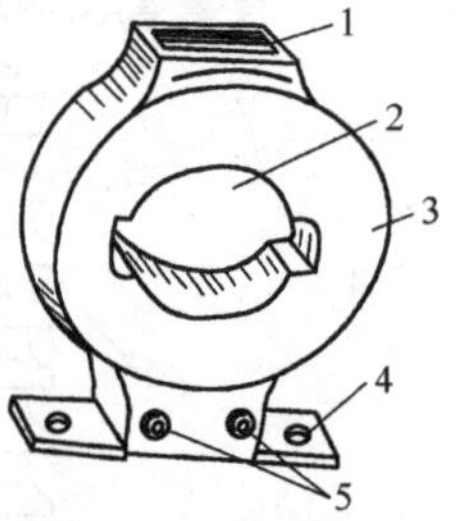

1—铭牌；2—一次母线穿孔；
3—铁芯(外绕二次绕组,环氧树脂浇注)；
4—安装板；5—二次接线端子

图 2. 16　LMZJ1 – 0. 5 型电流互感器

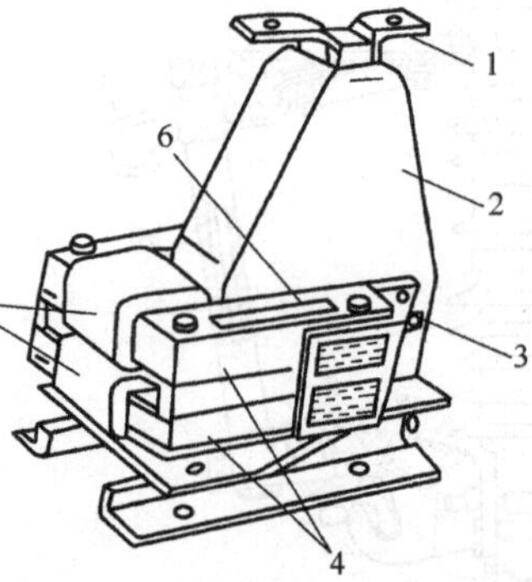

1—一次接线端子；2—一次绕组(环氧树脂浇注)；
3—二次接线端子；4—铁芯(两个)；5—二次绕组(两个)；
6—警告牌(上写“二次侧不得开路”等字样)

图 2. 17　LQJ – 10 型电流互感器

电流互感器的基本结构、原理接线如图 2. 18 所示。

电流互感器的一次电流 I_1 与其二次电流 I_2 之间有下列关系：

$$I_1 \approx (N_2/N_1) I_2 \approx K_i I_2 \qquad (2-1)$$

式中，K_i——电流互感器的变流比。

变流比通常又表示为额定一次电流和二次电流之比，即 $K_i = I_{N1}/I_{N2}$，例如 100A/5A。

不同类型的电流互感器的结构特点不同，但归纳起来有下列共同点：

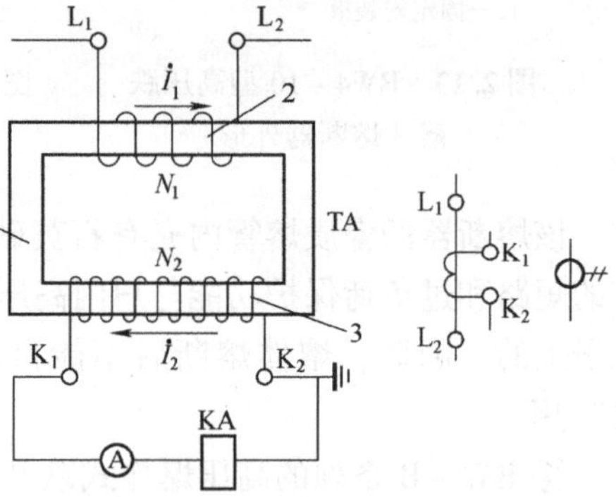

1—铁芯；2—一次绕组；3—二次绕组

图 2. 18　电流互感器

① 电流互感器的一次绕组匝数很少，二次绕组匝数很多。如芯柱式的电流互感器一次绕组为一穿过铁芯的直导体；母线式和套管式电流互感器本身没有一次绕组，使用时穿入母线和套管，利用母线或套管中的导体作为一次绕组。

② 一次绕组导体粗，二次绕组导体细，二次绕组的额定电流一般为 5A（有的为 1A）。

③ 工作时，一次绕组串联在一次电路中，二次绕组串联在仪表、继电器的电流线圈回路中。二次回路阻抗很小，二次回路接近于短路状态。

（2）电流互感器的接线方案。电流互感器在三相电路中常见有四种接线方案，如图 2. 19 所示。

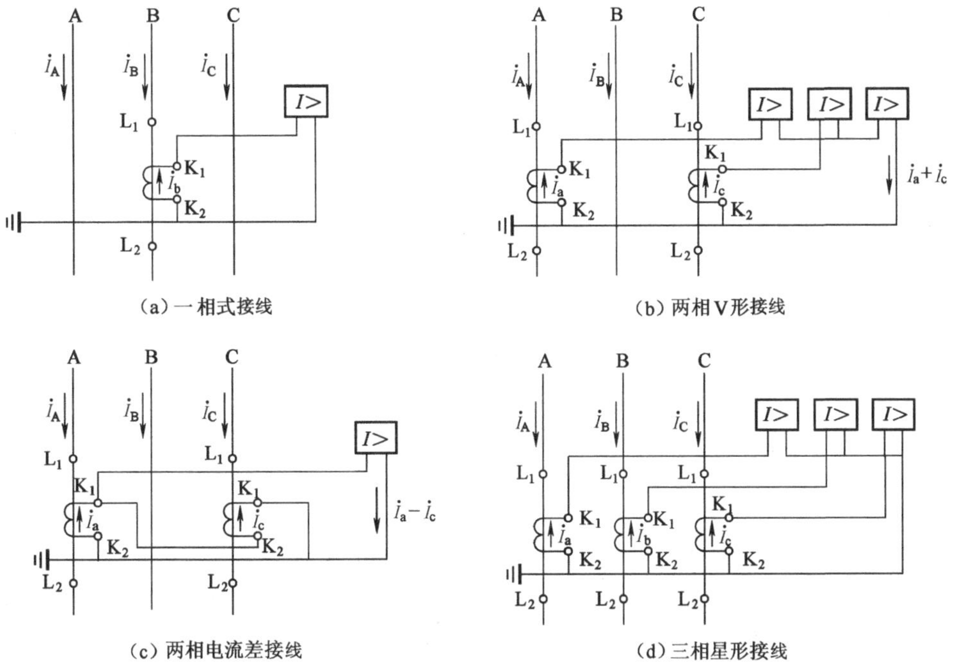

(a) 一相式接线　(b) 两相V形接线

(c) 两相电流差接线　(d) 三相星形接线

图 2.19　电流互感器四种常用接线方案

① 一相式接线。如图 2.19（a）所示，这种接线在二次侧电流线圈中通过的电流，反映一次电路对应相的电流。这种接线通常用于负荷平衡的三相电路，供测量电流和接过负荷保护装置用。

② 两相电流和接线（两相 V 形接线）。如图 2.19（b）所示，这种接线也叫两相不完全星形接线，电流互感器通常接于 A、C 相上，流过二次侧电流线圈的电流，反映一次电路对应相的电流，而流过公共电流线圈的电流为 $\dot{I}_a+\dot{I}_c=-\dot{I}_b$，它反映了一次电路 B 相的电流。这种接线广泛应用于 6～10kV 高压线路中，测量三相电能、电流和作过负荷保护用。

③ 两相电流差接线。如图 2.19（c）所示，这种接线也常把电流互感器接于 A、C 相，在三相短路对称时流过二次侧电流线圈的电流为 $\dot{I}=\dot{I}_a-\dot{I}_c$，其值为相电流的 $\sqrt{3}$ 倍。这种接线在不同短路故障下，反映到二次侧电流线圈的电流各自不同，因此对不同的短路故障具有不同的灵敏度。这种接线主要用于 6～10kV 高压电路中的过电流保护。

④ 三相星形接线。如图 2.19（d）所示，这种接线流过二次侧电流线圈的电流分别对应主电路的三相电流，它广泛用于负荷不平衡的三相四线制系统和三相三线制系统中，用做电能、电流的测量及过电流保护。

电流互感器全型号的表示和含义如下：

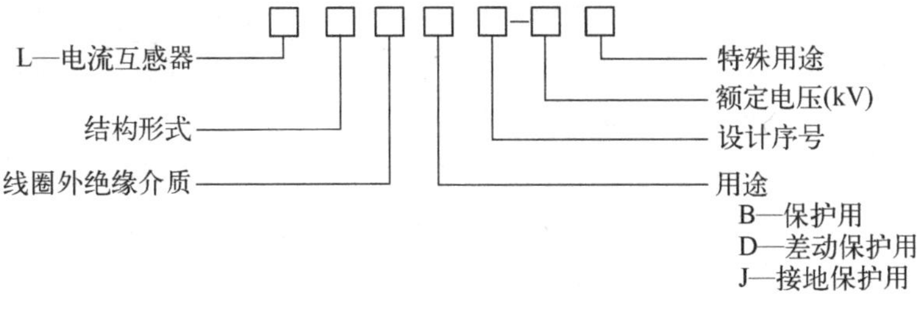

其中结构形式的字母含义如下：

R—套管式；Z—支柱式；Q—线圈式；F—贯穿式（复匝）；D—贯穿式（单匝）；M—母线式；B—支持式；A—穿墙式

线圈外绝缘介质的字母含义：

Z—浇注绝缘；C—瓷绝缘；J—树脂浇注；K—塑料外壳；W—户外式；M—母线式；G—改进式；Q—加强式

（3）电流互感器使用注意事项及处理方法。

① 电流互感器在工作时二次侧不能开路。如果开路，二次侧会出现危险的高电压，危及设备及人身安全。而且铁芯会由于二次开路磁通剧增而过热，并产生剩磁，使得互感器准确度降低。因此，电流互感器安装时，二次侧接线要牢固，且二次回路中不允许接入开关和熔断器。

实际工作中，往往发现电流互感器二次侧开路后，并没有什么异常现象。这主要是因为一次电路中没有负载电流或负载很轻，铁芯没有磁饱和的缘故。

在带电检修和更换二次仪表、继电器时，必须先将电流互感器二次侧短路，才能拆卸二次元件。运行中，如果发现电流互感器二次开路，应及时将一次电路电流减小或降至零，将所带的继电保护装置停用，并采用绝缘工具进行处理。

② 电流互感器的二次侧必须有一端接地，以防止其一、二次绕组间绝缘击穿时，一次侧的高压窜入二次侧，危及人身安全和测量仪表、继电器等设备的安全。电流互感器在运行中，二次绕组应与铁芯同时接地运行。

③ 电流互感器在连接时必须注意端子极性，防止接错线。例如，在两相电流和接线中，如果电流互感器的 K_1、K_2 端子接错，则公共线中的电流就不是相电流，而是相电流的 $\sqrt{3}$ 倍，可能使电流表损坏。

（4）电流互感器的操作和维护。电流互感器的运行和停用，通常是在被测量电路的断路器断开后进行的，以防止电流互感器的二次线圈开路。但在被测电路中断路器不允许断开时，只能在带电情况下进行。

在停电时，停用电流互感器应将纵向连接端子板取下，将标有“进”侧的端子横向短接。在启用电流互感器时，应将横向短接端子板取下，并用取下的端子板将电流互感器纵向端子接通。

在运行中，停用电流互感器时，应将标有“进”侧的端子先用备用端子板横向短接，然后取下纵向端子板。在启用电流互感器时，应使用备用端子板将纵向端子接通，然后取下横向端子板。

在电流互感器启、停用时，应注意在取下端子板时是否出现火花。如果发现火花，应立即把端子板装上并拧紧，然后查明原因。工作中，操作员应站在绝缘垫上，身体不得碰到接地物体。

电流互感器在运行中，值班人员应定期检查下列项目：互感器是否有异声及焦味；互感器接头是否有过热现象；互感器油位是否正常，有无漏油、渗油现象；互感器瓷质部分是否清洁，有无裂痕、放电现象；互感器的绝缘状况。

电流互感器的二次侧开路是最主要的事故。在运行中造成开路的原因有：端子排上导线端子的螺丝因受震动而脱扣；保护屏上的压板未与铜片接触而压在胶木上，造成保护回路开路；可读三相电流值的电流表的切换开关经切换而接触不良；机械外力使互感器二次线断线等。

在运行中，如果电流互感器二次开路，则会引起电流保护的不正确动作，铁芯发出异声，在二次绕组的端子处会出现放电火花。此时，应先将一次电流减少或降至零，然后将电流互感器所带保护退出运行。采取安全措施后，将故障互感器的端子短路，如果电流互感器有焦味或冒烟，应立即停用互感器。

2. 电压互感器

（1）电压互感器（文字符号为 TV）的功能、类型和结构特点。电压互感器的种类也较多，按相数分类，有单相电压互感器和三相电压互感器；按绝缘方式和冷却方式分类，有油浸式和干式；按用途分类，有测量用和保护用；按结构原理分类，有电磁感应式和电容分压式等。典型的电压互感器外形结构如图 2. 20 所示。

电压互感器的基本结构、原理接线如图 2. 21 所示，它的结构特点是：

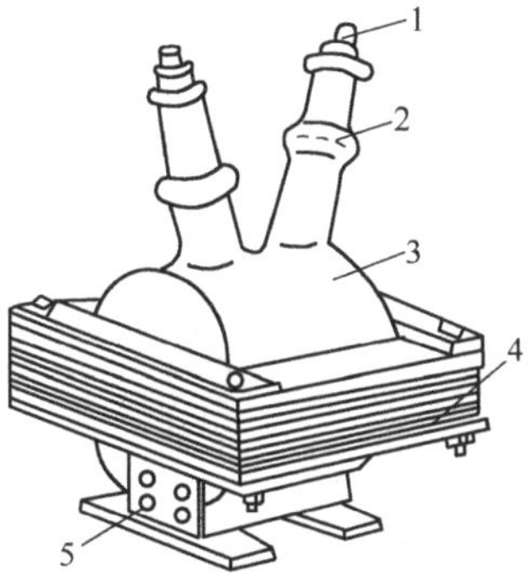

1— 一次接线端子；2—高压绝缘套管；
3—二次绕组；4—铁芯；5—二次接线端子

图 2. 20　JDZJ－10 型电压互感器

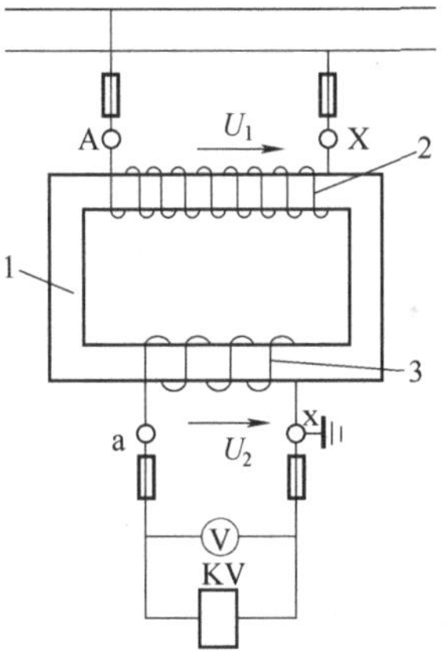

1—铁芯；2— 一次绕组；3—二次绕组

图 2. 21　电压互感器原理接线图

① 一次绕组匝数很多，二次绕组匝数很少，相当于一个降压变压器。

② 工作时一次绕组并联在一次电路中，二次绕组并连接仪表、继电器的电压线圈回路，二次绕组负载阻抗很大，接近于开路状态。

③ 一次绕组导线细，二次绕组导线较粗，二次侧额定电压一般为 100V，用于接地保护的电压互感器的二次侧额定电压为 $100/\sqrt{3}$ V，开口三角形侧为 100/3 V。

（2）电压互感器的接线方案。电压互感器的接线方案也有四种常见的形式，如图 2. 22 所示。

① 一个单相电压互感器的接线。如图 2. 22（a）所示，这种接线方式常用于供仪表、继电器接于三相电路的一个线电压。

② 两个单相电压互感器接成 V/V 形。如图 2. 22（b）所示，这种接线方式常用于供仪表、继电器接于三相三线制电路的各个线电压，广泛应用于工厂变配电所 10kV 高压配电装置中。

③ 三个单相电压互感器或一个三相双绕组电压互感器接成 Y_0/Y_0形。如图 2. 22（c）所示，这种接线方式常用于三相三线制和三相四线制线路，用于供电给要求接线电压的仪表、继电器，同时也可供电给要求接相电压的绝缘监察用电压表。

④ 三个单相三绕组电压互感器或一个三相五芯柱式三绕组电压互感器接成 $Y_0/Y_0/\triangle$形（开口三角形）。如图 2.22（d）所示，这种接线方式常用于三相三线制线路。其接成 Y_0形的二次绕组供电给要求线电压的仪表、继电器以及要求相电压的绝缘监察用电压表；接成开口三角形的辅助二次绕组，接作为绝缘监察用的电压继电器。

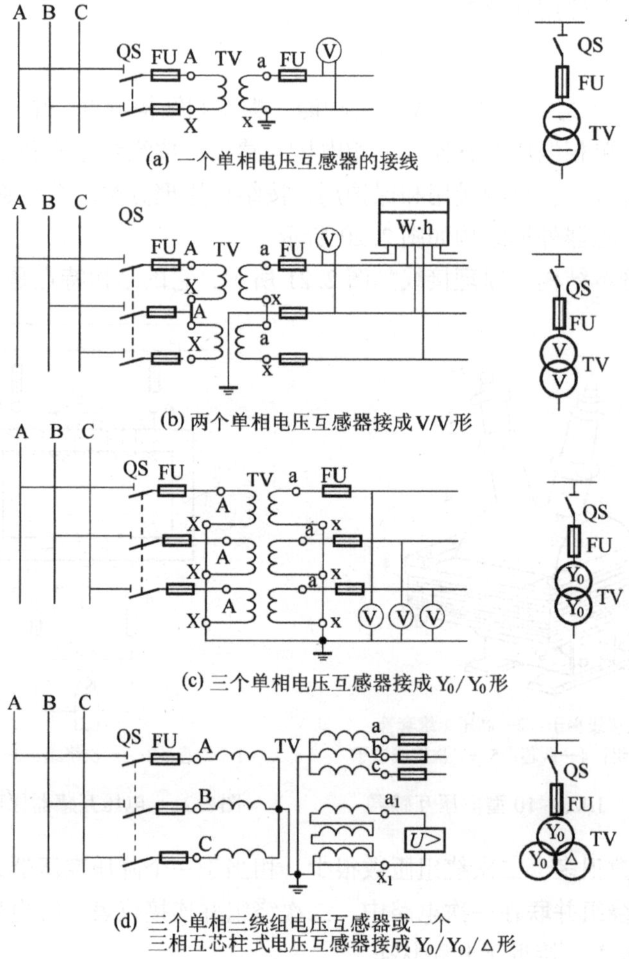

图 2.22 电压互感器四种常用接线方案

电压互感器全型号的表示和含义如下：

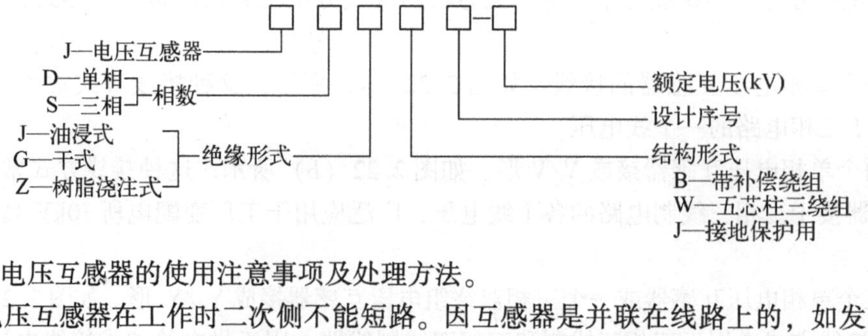

（3）电压互感器的使用注意事项及处理方法。

① 电压互感器在工作时二次侧不能短路。因互感器是并联在线路上的，如发生短路将产生很大的短路电流，有可能烧毁电压互感器，甚至危及一次系统的安全运行。所以电压互

感器的一、二次侧都必须实施短路保护，装设熔断器。

当发现电压互感器的一次侧熔丝熔断后，首先应将电压互感器的隔离开关拉开，并取下二次侧熔丝，检查是否熔断。在排除电压互感器本身的故障后，可重新更换合格熔丝后将电压互感器投入运行。若二次侧熔断器一相熔断时，应立即更换。若再次熔断，则不应再次更换，待查明原因后处理。

② 电压互感器二次侧有一端必须接地，以防止电压互感器一、二次绕组绝缘击穿时，一次侧的高压窜入二次侧，危及人身和设备安全。

③ 电压互感器接线时必须注意极性，防止因接错线而引起事故。单相电压互感器分别标 A、X 和 a、x。三相电压互感器分别标 A、B、C、N 和 a、b、c、n。

④ 电压互感器的运行和维护。电压互感器在额定容量下允许长期运行，但不允许超过最大容量运行。电压互感器在运行中不能短路。在运行中，值班员必须注意检查二次回路是否有短路现象，并及时消除。当电压互感器二次回路短路时，一般情况下高压熔断器不会熔断，但此时电压互感器内部有异声，将二次熔断器取下后异声停止，其他现象与断线情况相同。

3. 互感器的极性及其测试

（1）减极性与加极性。与变压器一样，互感器在运行中，其一次绕组与二次绕组的感应电动势 $\dot{E}_1$、$\dot{E}_2$ 的瞬时极性是不断变化的，但它们之间有一定的对应关系。一、二次侧绕组的首端要么同为正极性（末端为负极性），要么一正一负。当绕组的首、末端规定后，绕组间的这种极性对应关系就取决于绕组的绕向。我们把在电磁感应过程中，一、二次绕组感应出相同极性的两端称为同名端，感应出相反极性的两端称为异名端。

在一次绕组的同名端通入一个正在增大的电流，则该端将感应出正极性，二次绕组的同名端亦感应出正极性。如果二次回路是闭合的，则将有感应电流从该端流出。根据电流的这一对应关系，可以判别绕组的同名端。此外，还可以采取这样的方法，按图 2.23 所示接线，把一、二次绕组的两个末端短接，在一侧加交流电压 U_1，另一侧感应出电压 U_2，测量两个绕组首端间的电压 U_3。若 $U_3 = |U_1 - U_2|$，则两个首端（或末端）为同名端；若 $U_3 = |U_1 + U_2|$，则两个首端（或末端）为异名端。

互感器若按照同名端来标记一、二次绕组对应的首尾端，这样的标记称为“减极性”标记法（L_1 与 K_1 为同名端），反之则称为“加极性”标记法（L_1 与 K_1 为异名端）。在电工技术中通常采用“减极性”标记法。

（2）互感器同名端的测定。

① 直流法。直流法接线如图 2. 23 所示。在电流互感器的一次线圈（或二次线圈）上，通过按钮开关 SB 接入 1. 5 ~3V 的干电池 E，L_1 接电池正极，L_2 接电池的负极。在二次绕组两端接以低量程直流电压表或电流表。仪表的正极接 K_1，负极接 K_2，按下 SB 接通电路时，若直流电流表或直流电压表指针正偏为减极性（L_1 与 K_1 为同名端），反偏为加极性（L_1 与 K_1 为异名端）；若 SB 打开切断电路时，指针反偏为减极性，正偏为加极性。

直流法测定极性简便易行，结果准确，是现场常用的一种方法。

② 交流法。交流法接线如图 2. 24 所示。将电流互感器一、二次侧绕组的尾端 L_2、K_2 连在一起。在匝数较多的二次绕组上通以 1 ~5V 的交流电压 U_1，再用 10V 以下的小量程交流电压表分别测量 U_2 及 U_3 的数值。若 $U_3 = U_1 - U_2$ 则为减极性，若 $U_3 = U_1 + U_2$ 则为

加极性。

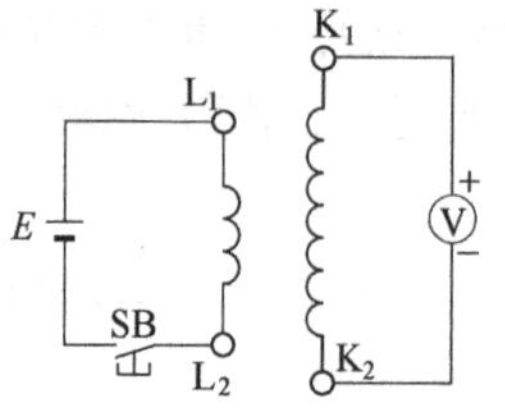

图 2.23　直流法测定绕组极性接线图

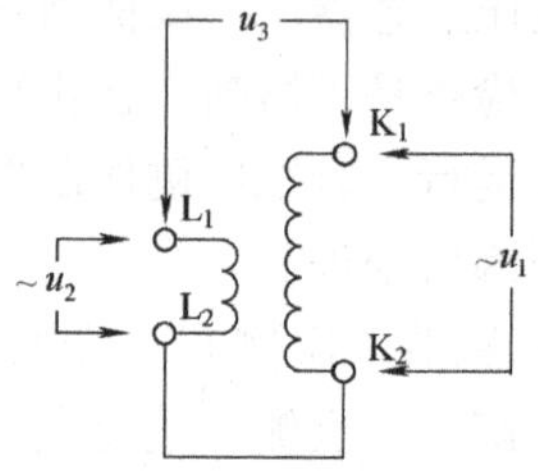

图 2.24　交流法测定绕组同名端

在测定中应注意通入的电压 U_1 尽量低，只要电压表的读数能看清楚即可，以免电流太大损坏线圈。为读数清楚，电压表的量程应尽量小些。当电流互感器的电流比在 5 倍及以下时，用交流法测定极性既简单又准确；当电流互感器的电流比较大（10 倍以上）时，因 U_2 的数值较小，U_1 与 U_3 的数值很接近，电压表的读数不易区别大小，故不宜采用此测定方法。

③ 仪表法。一般的互感器校验仪都带有极性指示器，因此在测定电流互感器误差之前，便可以预先检查极性。若极性指示器没有指示，则说明被测电流互感器极性正确（减极性）。

2.2.3　工厂变配电所常用的低压电气设备

低压电器在供配电系统中广泛用于低压线路上，起着开关、保护、调节和控制作用。低压电器按功能分类，常分为开关电器、控制电器、调节电器、测量电器、成套电器。下面主要介绍低压开关电器。

1. 低压刀开关

低压刀开关（文字符号为 QK）是最普通的一种低压电器，适用于交流 50Hz、额定交流电压 380V，直流电压 440V、额定电流 1500A 及以下的配电系统中，做不频繁手动接通和分断电路或用来隔离电源以保证安全检修之用。

为了能在短路或过电流时自动切断电路，刀开关必须与熔断器串联配合使用。刀开关的种类很多，按其灭弧结构分，有不带灭弧罩和带灭弧罩两种；按极数分，有单极、双极和三极三种；按操作方式分，有直接手柄操作和连杆操作两种；按用途分，有单投和双投两种。其额定电流等级最大为 1500A。

低压刀开关全型号的表示和含义如下：

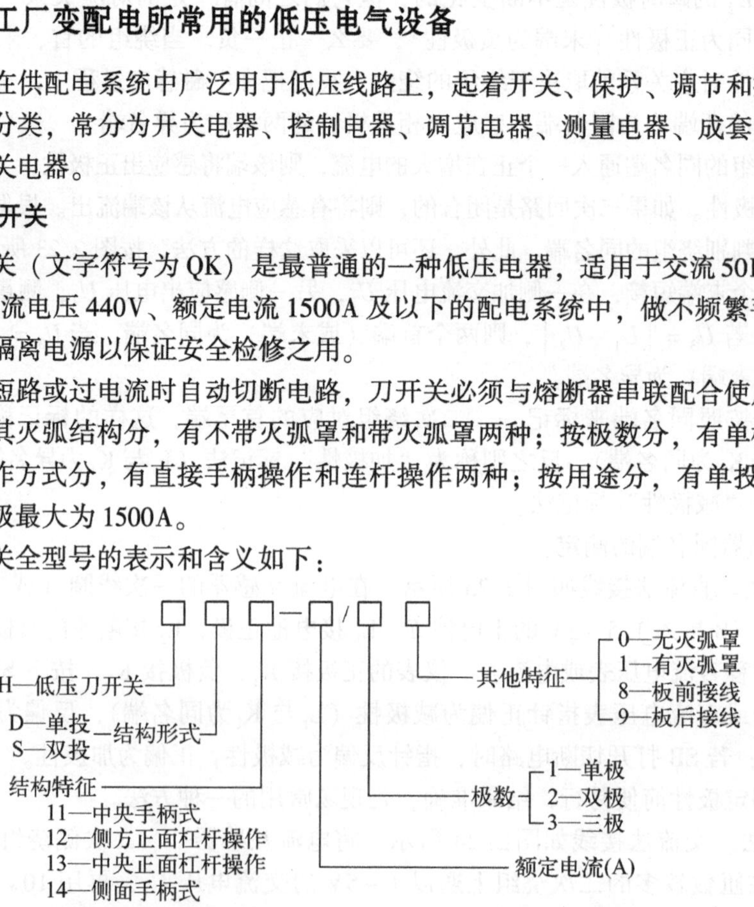

图 2. 25 为 HD13 型低压刀开关外形结构图。

2. 刀熔开关

低压刀熔开关（文字符号为 QKF 或 FU - QK），又称熔断器式刀开关，是一种由低压刀开关和低压熔断器组合的开关电器。它具有刀开关和熔断器的双重功能。最常见的刀熔开关是 HR13 型刀开关，它将 HD 型刀开关的闸刀换以 RT0 型熔断器的具有刀形触头的熔管。采用这种组合型的开关电器，简化了配电装置结构，经济实用，广泛用于低压配电屏上。最常见的刀熔开关 HR3 型的结构如图 2. 26 所示，它是将 HD 刀开关的闸刀换成 RT0 型熔断器的具有刀形触头的熔管。

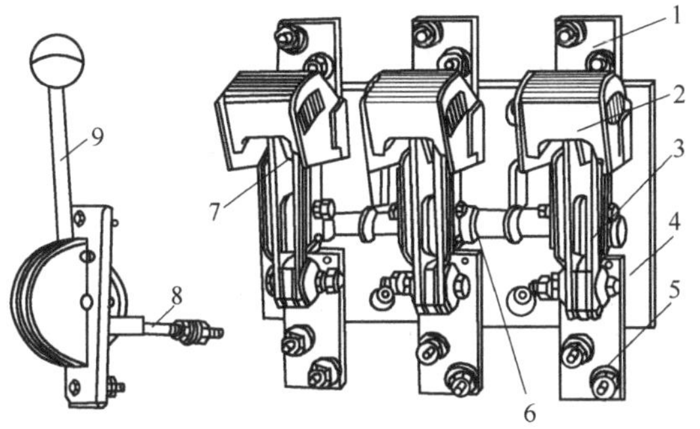

1—上接线端子；2—灭弧栅(灭弧罩)；3—闸刀；4—底座
5—下接线端子；6—主轴；7—静触头；8—连杆；9—操作手柄

图 2. 25　HD13 型低压刀开关外形结构

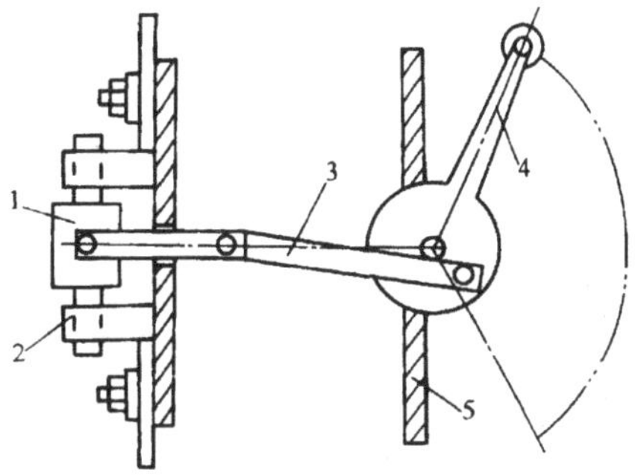

1—RT0 型熔断器的熔体；2—弹性触座；
3—连杆；4—操作手柄；5—配电屏面

图 2. 26　刀熔开关的结构示意图

目前越来越多采用的是一种新型刀熔开关 HR5 型系列。它与 HR3 型的主要区别是用 NT 型低压高分断熔断器取代了 RT0 型熔断器作短路保护用，在各项电气技术指标上更加完好，同时也具有结构紧凑、使用维护方便、操作安全可靠等优点，而且它还能进行单相熔断的监测，从而能有效防止因断路器熔断所造成的缺相运行故障。

低压刀熔开关全型号的表示含义如下：

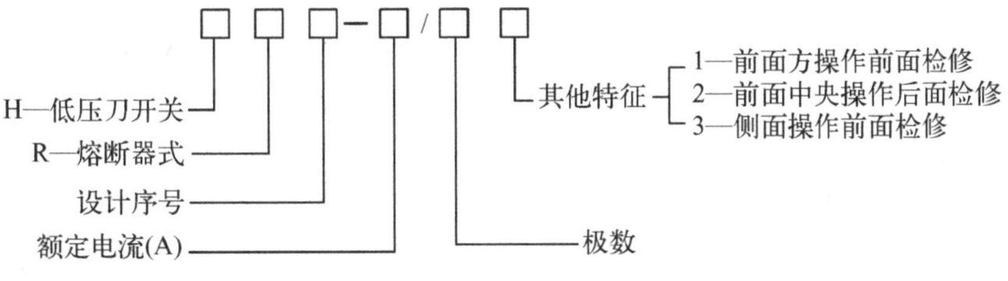

3. 低压负荷开关

低压负荷开关（文字符号为 QL）是由带灭弧装置的刀开关与熔断器串联而成，外形呈封闭式铁壳或开启式胶盖，又称“开关熔断器组”。

低压负荷开关具有带灭弧罩的刀开关和熔断器的双重功能，既可带负荷操作，也能进行短路保护，但一般不能频繁操作，短路熔断后需重新更换熔体才能恢复正常供电。

低压负荷开关根据结构不同，有封闭式负荷开关（HH 系列）和开启式负荷开关（HK 系列）。其中，封闭式负荷开关是将刀开关和熔断器的串联组合安装在金属盒内，因此又称“铁壳开关”，一般用于粉尘多、不需要频繁操作的场合，作为电源开关和小型电动机直接启动的开关，兼作短路保护用。而开启式负荷开关是采用瓷质胶盖，可用于照明和电热电路中作不频繁通断电路和短路保护用。

4. 低压断路器

低压断路器（文字符号为 QF）又称低压自动开关、自动空气开关或空气开关等，它既能带负荷接通和切断电路，又能在短路、过负荷和低电压（失压）时自动跳闸，保护电力线路和电气设备免受破坏。它被广泛用于发电厂和变电所，以及配电线路的交、直流低压电气装置中，适用于正常情况下不频繁操作的电路。

低压断路器的工作原理结构示意图如图 2. 27 所示。主触头用于通断主电路，它由带弹簧的跳钩控制通断动作，而跳钩由锁扣锁住或释放。当线路出现短路故障时，其过电流脱扣器动作，将锁扣顶开，从而释放跳钩使主触头断开。同理，如果线路出现过负荷或失电压情况，通过热脱扣器或失电压脱扣器的动作，也使主触头断开。如果按下按钮 6 或 7，使失电压脱扣器或者分励脱扣器动作，则可以实现开关的远距离跳闸。

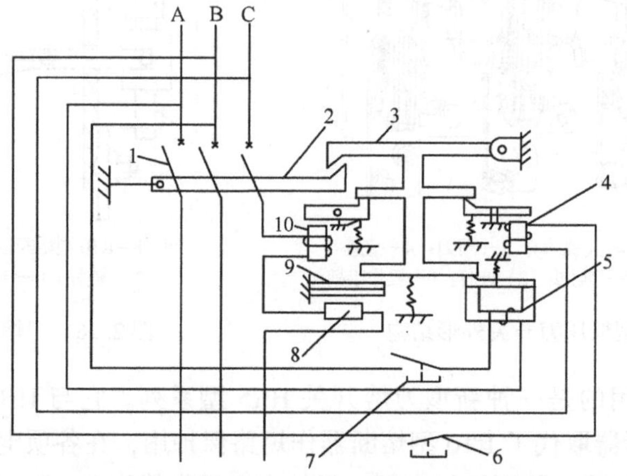

1—主触头；2— 跳钩；3— 锁扣；4— 分励脱扣器；5—失压脱扣器；
6、7— 脱扣按钮；8—电阻；9— 热脱扣器；10—过电流脱扣器

图 2. 27 低压断路器工作原理示意图

低压断路器种类很多。按用途分，有配电用、电动机用、照明用和漏电保护用等；按灭弧介质分，有空气断路器和真空断路器；按极数分，有单极、双极、三极和四极断路器。小型断路器可经拼装由几个单极的组合成多极的。

配电用断路器按结构分，有塑料外壳式（装置式）和框架式（万能式）。

配电用断路器按保护性能分，有非选择型、选择型和智能型。非选择型断路器一般为瞬时动作，只作短路保护用；也有长延时动作，只作过负荷保护用。选择型断路器有两段保护和三段保护两种动作特性组合。两段保护有瞬时和长延时的两段组合或长延时和短延时的两段组合两种。三段保护有瞬时、短延时和长延时三段组合。智能型断路器的脱扣器动作由微机控制，保护功能更多，选择性更好。

自动开关带有多种脱扣器，能够起到过电流、过载、失压、欠压保护等作用。按断路器中安装的脱扣器种类分有如下五种：

① 分励脱扣器。它用于远距离跳闸（远距离合闸操作可采用电磁铁或电动储能合闸）。

② 欠电压或失电压脱扣器。它用于欠电压或失电压（零压）保护，当电源电压低于定值时自动断开断路器。

③ 热脱扣器。它用于线路或设备长时间过负荷保护，当线路电流出现较长时间过载时，金属片受热变形，使断路器跳闸。

④ 过电流脱扣器。它用于短路、过负荷保护，当电流大于动作电流时自动断开断路器。分瞬时短路脱扣器和过电流脱扣器（又分长延时和短延时两种）。

⑤ 复式脱扣器。它既有过电流脱扣器又有热脱扣器的功能。

低压断路器全型号和含义如下：

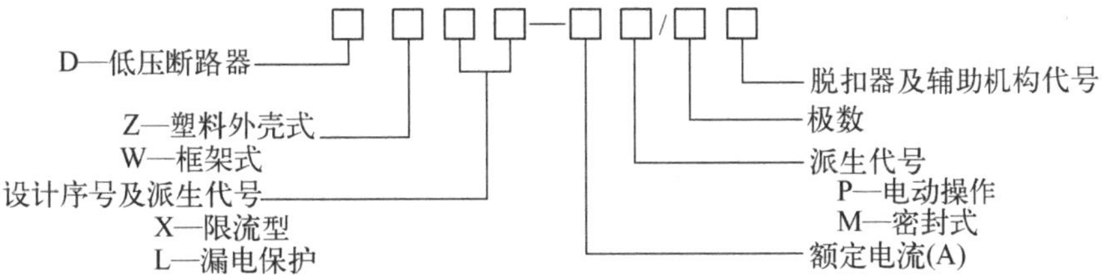

（1）DZ 系列（塑料外壳式）低压断路器。DZ 系列（塑料外壳式）低压断路器为封闭式结构，常称为塑料外壳式自动开关。目前使用较多的 DZ 系列低压断路器有 DZ10、DZ15，推广应用的有 DZ20、DZX10 及 C45N、DZ40 等。

塑料外壳式低压断路器的保护方案少（主要保护方案有热脱扣器和过电流脱扣器保护两种），操作方法少（手动操作和电动操作），其电流容量和断流容量较小，但分断速度较快（断路时间一般不大于 0.02s），结构紧凑，体积小，重量轻，操作简便，封闭式外壳的安全性好，因此，被广泛用作容量较小的配电支线的负荷端开关、不频繁启动的电动机开关、照明控制开关和漏电保护开关等。

图 2.28 为 DZ20 系列塑料外壳式低压断路器的结构图。

DZ20 型属我国生产的第二代产品，目前的应用较为广泛。它具有较高的分断能力，外壳的机械强度和电气绝缘性能也较好，而且所带的脱扣器、操动机构等附件较多。

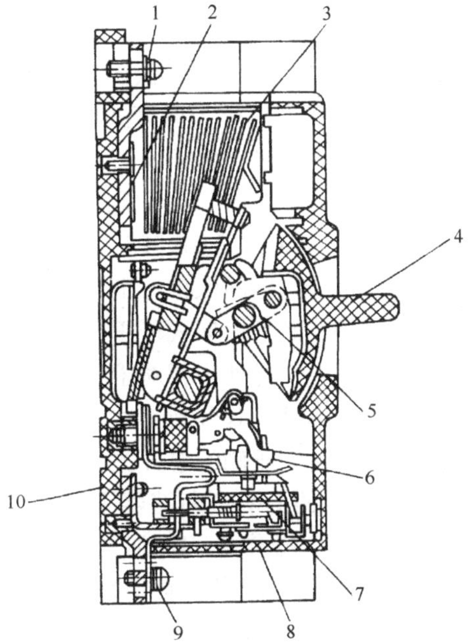

1—引入线接线端；2—主触头；3—灭弧室；4—操作手柄；5—跳钩；6—锁扣；7—过电流脱扣器；8—塑料壳盖；9—引出线接线端；10—塑料底座

图 2.28　DZ20 型塑料外壳式低压断路器

其操作手柄有三个位置，如图 2.29 所示。在壳面中央有分合位置指示。

① 合闸位置见图 2.29（a）所示，手柄扳向上方，跳钩被锁扣扣住，断路器处于合闸状态。

② 自由脱扣位置见图 2.29（b）所示，手柄位于中间位置，是当断路器因故障自动跳闸，跳钩被锁扣脱扣，主触头断开的位置。

③ 分闸和再扣位置见图 2.29（c）所示，手柄扳向下方，这时，主触头依然断开，但跳钩被锁扣扣住，为下次合闸做好准备。断路器自动跳闸后，必须把手柄扳到此位置，才能

将断路器重新进行合闸，否则是合不上的。不仅塑料外壳式低压断路器的手柄操作如此，框架式断路器同样如此。

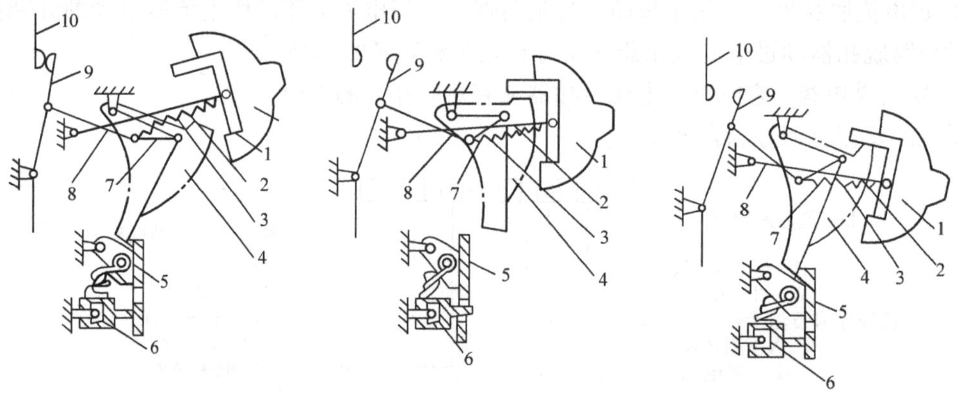

（a）合闸位置　　（b）自由脱扣位置　　（c）分闸和再扣位置

1—操作手柄；2—操作杆；3—弹簧；4—跳钩；5—锁扣；
6—索引杆；7—上连杆；8—下连杆；9—动触头；10—静触头

图 2.29　低压断路器操作手柄位置示意图

（2）DW 系列（框架式）低压断路器。图 2.30 为 DW 系列低压断路器外形图。DW 系列（框架式）低压断路器为敞开式结构，其保护方案和操作方式都较多，因此又称为万能式自动开关。其灭弧能力较强，断流容量较大，但断路时间较长，在一个周期（0.02s）以上。目前使用较多的 DW 系列低压断路器有 DW10、DW15，推广应用的低压断路器有 DW15X、DW16、DW17（ME 开关）、DW914（AH）等。

框架式低压断路器的保护方案和操作方式较多，既有手柄操作，又有杠杆操作、电磁操作和电动操作等。而且框架式低压断路器的安装地点也很灵活，既可装在配电装置中，又可安在墙上或支架上。另外，相对于塑料外壳式低压断路器，框架式低压断路器的电流容量和断流能力较大，不过，其分断速度较慢（断路时间一般大于 0.02s）。框架式低压断路器主要用于配电变压器低压侧的总开关、低压母线的分段开关和低压出线的主开关。

图 2.30 所示的 DW 型断路器主要结构由触头系统、操作机构和脱扣器系统组成。其触头系统安装在绝缘底板上，由静触头、动触头和弹簧、连杆、支架等组成。灭弧室里采用钢纸板材料和数十片铁片作灭弧栅来加强电弧的熄灭。操作机构由操作手柄和电磁铁操作机构及强力弹簧组成。脱扣系统有过负荷长延时脱扣器、短路瞬时脱扣器、欠电压脱扣器和分励脱扣器等。带有电子脱扣器的万能式断路器还可以把过负荷长延时、短路瞬时、短路短延时、欠电压瞬时和延时脱扣器的保护功能汇集在一个部件中，

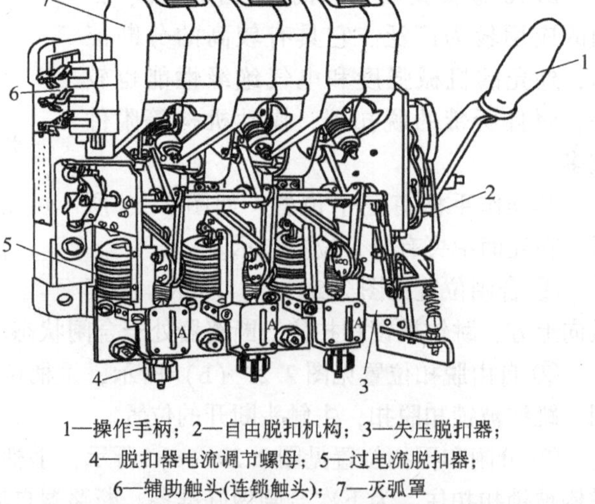

1—操作手柄；2—自由脱扣机构；3—失压脱扣器；
4—脱扣器电流调节螺母；5—过电流脱扣器；
6—辅助触头(连锁触头)；7—灭弧罩

图 2.30　DW 型万能式低压断路器外形

并利用分励脱扣器来使断路器断开。

(3) 低压断路器的检修。低压断路器常见故障及原因如下：

① 手动操作断路器时触头不能闭合。主要原因有：欠压脱扣器无电压和线圈损坏；机构不能复位再扣；储能弹簧变形，闭合力减少；反作用弹簧拉力过大。

② 启动电动机时断路器立即分断。原因是过电流脱扣器的整定电流太小，可调整脱扣器的瞬时整定弹簧。若为空气阻尼的脱扣器，则可能是闭门失灵或橡皮膜破裂。

③ 断路器闭合后一段时间又自行分断。主要是过电流长延时整定值不对或热元件等精确度发生变化。

④ 断路器温度过高。主要原因有：触头压力过分降低；触头表面过分磨损或接触不良；导电零件的连接螺丝松动。

⑤ 分励脱扣器不能使断路器分断电路。主要原因有：线圈损坏；电源电压低；电路螺丝松动；再扣接触面过大。

⑥ 欠压脱扣器不能使断路器分断电路。主要原因有：反力弹簧作用力变小；储能释放弹簧作用力变小；机构被卡住。

⑦ 欠压脱扣器有噪声。主要原因有：反力弹簧作用力太大；铁芯工作面上有油污；短路环断裂。

5. 低压熔断器

低压熔断器（文字符号为 FU）主要实现低压配电系统的短路保护和过负荷保护。它的主要缺点是熔体熔断后必须更换，会引起短时停电，保护特性和可靠性较差，在一般情况下，必须与其他电器配合使用。

低压熔断器的类型很多，按结构形式分为 RM 系列无填料密闭管式熔断器，RT 系列有填料密闭管式熔断器，RC 系列瓷插式熔断器，RL 系列螺旋式熔断器，NT 系列高分断能力熔断器等。

国产低压熔断器的全型号的表示和含义如下：

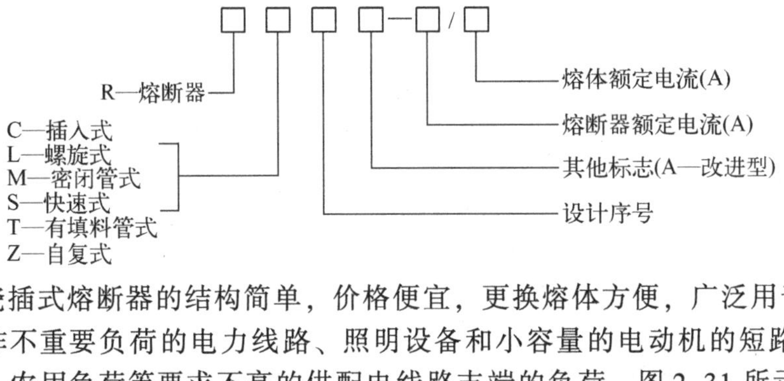

RC1 型瓷插式熔断器的结构简单，价格便宜，更换熔体方便，广泛用于 500V 以下的电路中，作不重要负荷的电力线路、照明设备和小容量的电动机的短路保护用。例如，居民区、农用负荷等要求不高的供配电线路末端的负荷。图 2. 31 所示为 RC1A 型的结构。

RL1 型螺旋式熔断器的体积小，重量轻，安装面积小，价格低，更换熔体方便，运行安全可靠，而且因熔管内充有石英砂，灭弧能力较强，属“限流式熔断器”。广泛用于 500V 以下的低压动力干线和支线上，用于保护线路、照明设备和小容量电动机。图 2. 32 所示为 RL 系列螺旋式熔断器的结构。

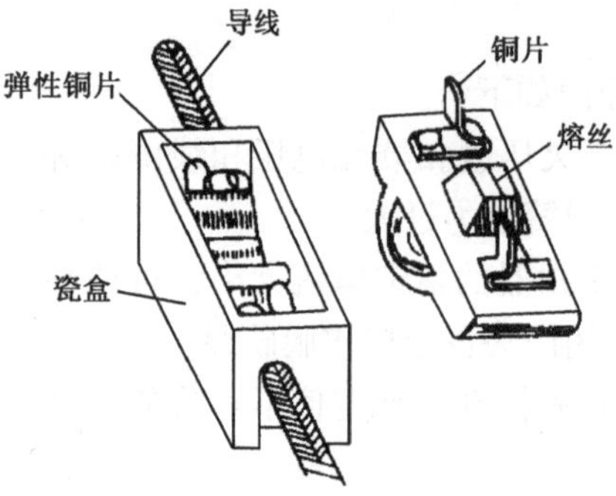

图 2.31　RC1 系列瓷插式熔断器

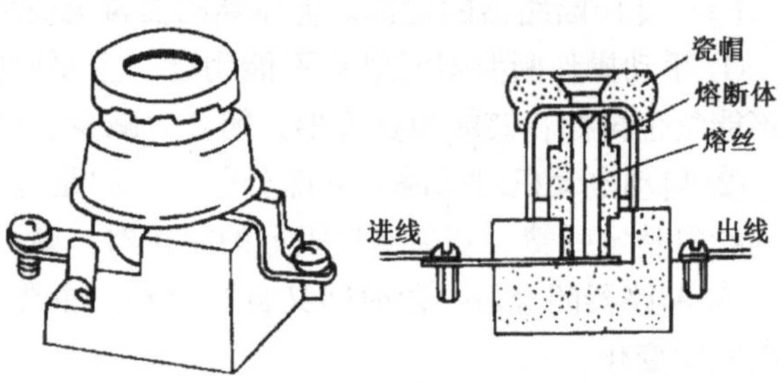

图 2.32　RL 系列螺旋式熔断器

RM 型熔断器的熔体用锌片冲制成变截面形状。图 2.33 所示为 RM10 系列低压熔断器。它由纤维熔管、变截面锌片和触刀、管帽、管夹等组成。当短路电流通过时，熔片窄部由于截面小电阻大而首先熔断，并将产生的电弧分成几段而易于熄灭；在过负荷电流通过时，由于电流加热时间较长，而窄部的散热条件好，这时往往在宽窄之间的斜部熔断。由此，可根据熔片熔断的部位来判断过电流的性质。RM 系列的熔断器不能在短路到达冲击值前灭弧，因此是“非限流式”熔断器。广泛用于发电厂和变电所中，作为电动机的保护和断路器合闸控制回路的保护。

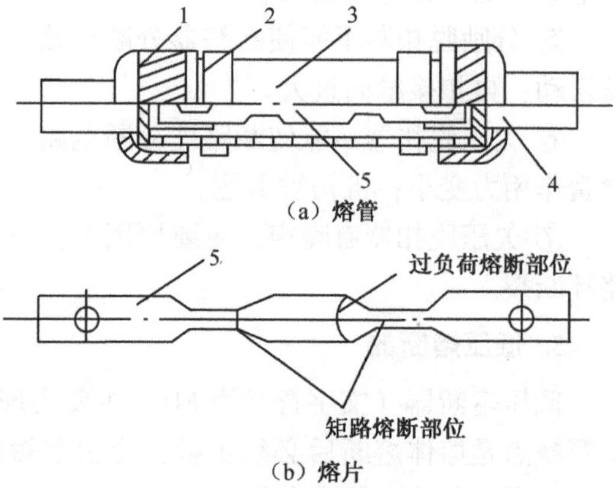

1—铜管帽；2—管夹；3—纤维熔管；4—熔片；5—触刀

图 2.33　RM10 系列低压断路器

RT0 型有填料封闭管式熔断器如图 2.34 所示，主要由瓷熔管、铜熔体（栅状）和底座

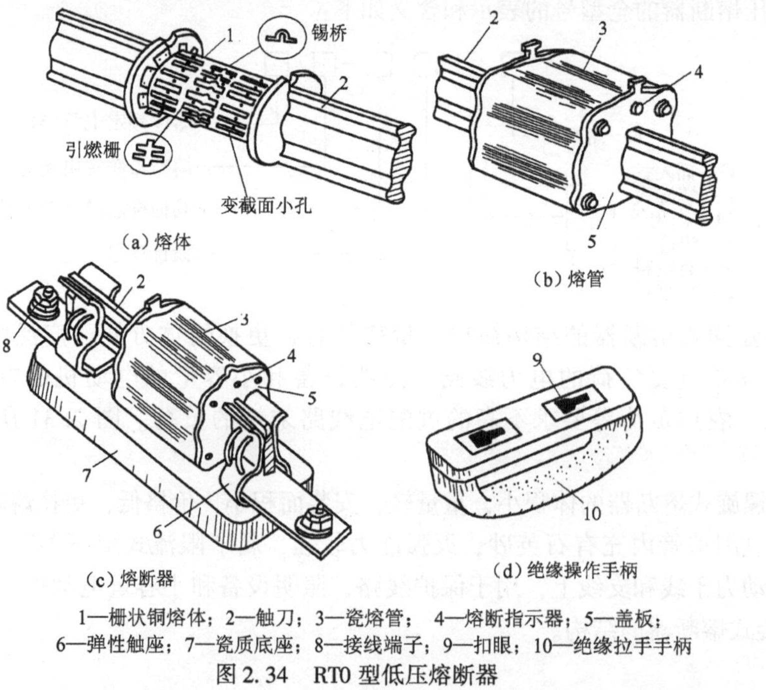

1—栅状铜熔体；2—触刀；3—瓷熔管；　4—熔断指示器；5—盖板；
6—弹性触座；7—瓷质底座；8—接线端子；9—扣眼；10—绝缘拉手手柄

图 2.34　RT0 型低压熔断器

三部分组成。熔管内装石英砂。熔体由多条冲有网孔和变截面的紫铜片并联组成，中部焊有“锡桥”，指示器熔体为康铜丝，与工作熔体并联。熔管上盖板装有明显的红色熔断指示器。这种熔断器具有较强的灭弧能力，因而属于“限流式”熔断器。熔体熔断后，其熔断指示器（红色）弹出，以方便工作人员识别故障线路和进行处理。熔断后的熔体不能再用，须重新更换，更换时应采用绝缘操作手柄进行操作。

RT0 型熔断器具有很强的分断能力和良好的安秒特性，在低压电网保护中与其他保护电器配合，能组成具有一定选择性的保护，广泛用于短路电流较大的低压网络和配电装置中，作输电线路和电气设备的短路保护，特别适用于重要的供电线路（如电力变压器的低压侧主回路及靠近变压器场所出线端的供电线路）。

NT 系列熔断器是引进技术生产的一种高分断能力熔断器，现广泛应用于低压开关柜中，适用于 660V 及以下电力网络及配电装置作过载和保护用。该系列熔断器由熔管、熔体和底座组成，外形结构与 RT0 型相似。熔管为高强度陶瓷管，内装优质石英砂，熔体采用优质材料制成。它的主要特点是体积小，重量轻，功耗小，分断能力高，限流特性好。

gF、aM 系列圆柱形管状有填料熔断器也属引进技术生产的熔断器，具有体积小，密封好，分断能力高，指示灵敏，动作可靠，安装方便等优点，适用于低压配电系统。其中，gF 系列用于线路的短路和过负荷保护，aM 系列用于电动机的短路保护。

2.3 电力变压器

2.3.1 工厂变电所常用电力变压器的结构和类型

电力变压器（文字符号为 T 或 TM）是供配电系统中实现电能输送、电压变换，满足不同电压等级负荷要求的核心器件，使用最多的是三相油浸式电力变压器和环氧树脂浇注干式变压器。工厂变电所中的电力变压器属于直接向用电设备供电的配电变压器，容量等级现均采用 R10 系列，电力变压器的绕组导体材质有铜绕组和铝绕组，低损耗的铜绕组变压器现在得到了广泛使用。

电力变压器按调压方式可分为无载调压和有载调压两大类，工厂变电所中大多采用无载调压方式的变压器。

变压器按绕组绝缘方式及冷却方式可分为油浸式、干式和充气式等。工厂变电所中大多采用油浸自冷式变压器。

变压器按用途可分为普通式、全封闭式、防雷式，工厂变电所中大多采用普通式变压器。图 2.35 为一般三相油浸式电力变压器的结构图。

1. 油箱

油箱由箱体、箱盖、散热装置、放油阀组成，其主要作用是把变压器连成一个整体及进行散热。内部是绕组、铁芯和变压器油。变压器油既有循环冷却和散热作用，又有绝缘作用。绕组与箱体（箱壁、箱底）有一定的距离，通过油箱内的油进行绝缘。油箱一般采用散热管油箱。散热管的管内两端与箱体内相通，油受热后，经散热管上端口流入管体，冷却后经下端口又流回箱内，形成循环，用于 1600kVA 及以下的变压器。还有带有散热器的油箱，用于 2000kVA 以上的变压器。

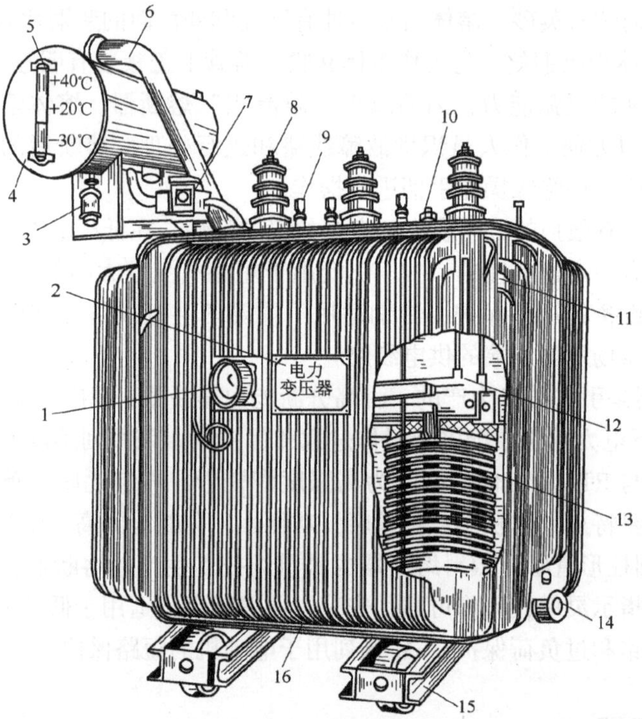

1—信号温度计；2—铭牌；3—吸湿器；4—油枕；5—油标；6—安全气道；
7—气体继电器；8—高压套管；9—低压套管；10—分接开关；11—油箱；
12—铁芯；13—绕组；14—放油阀；15—小车；16—接地端子

图 2.35　油浸式三相电力变压器

2. 铁芯和绕组

变压器是用导磁性能很好的硅钢片叠压组成的闭合磁路，变压器的一次绕组和二次绕组是铜或铝线绕成圆筒形的多层线圈，放在铁芯柱上，导体外面采用绝缘处理。

3. 油枕

当变压器油的体积随着油的温度膨胀或缩小时，油枕起着储油及补油的作用，从而保证油箱内充满油。同时由于装了油枕，使变压器缩小了与空气的接触面，减小了油的劣化速度。油枕的侧面还装有一个油位计（油标管），从油位计中可以监视油位的变化。

4. 吸湿器

由一根铁管和玻璃容器组成，内装干燥剂（如硅胶）。当油枕内的空气随变压器油的体积膨胀或缩小时，排出或吸入的空气都经过吸湿器，吸湿器内的干燥剂吸收空气中的水分，对空气起过滤作用，从而保持油的清洁。

5. 高、低压套管

套管为瓷质绝缘管，内有导体，用于变压器一、二次绕组接入和引出端的固定和绝缘。

6. 气体继电器

容量在 800kVA 及以上的油浸式变压器才安装，用于在变压器内部发生故障时进行瓦斯保护。

7. 防爆管

其作用是防止油箱发生爆炸事故。当油箱内部发生严重的短路故障时，变压器油箱内的油急剧分解成大量的瓦斯气体，使油箱内部压力剧增，这时，防爆管的出口处玻璃会自行破裂，释放压力，并使油流喷出。

8. 分接开关

用于改变变压器的绕组匝数以调节变压器的输出电压。图 2.36 为环氧树脂浇注绝缘的三相干式变压器的结构图。这种变压器又称树脂绝缘干式变压器，它的高低压绕组各自用环氧树脂浇注，并同轴套在铁芯柱上；高低压绕组间有冷却气道，使绕组散热；三相绕组间的连线也由环氧树脂浇注而成，因此其所有带电部分都不暴露在外。其容量从 30kVA 到几千 kVA，最高可达上万 kVA，高压侧电压有 6kV、10kV、35kV，低压侧电压为 400/230V。目前我国生产的干式变压器有 SC 系列和 SG 系列。

一般工厂变电所采用的中、小型变压器多为油浸自冷式，干式变压器常用在宾馆、楼宇、大厦等场所，一般安装在地下变配电所内和箱式变电所内。随着高层楼宇的兴建，干式变压器应用越来越广泛。

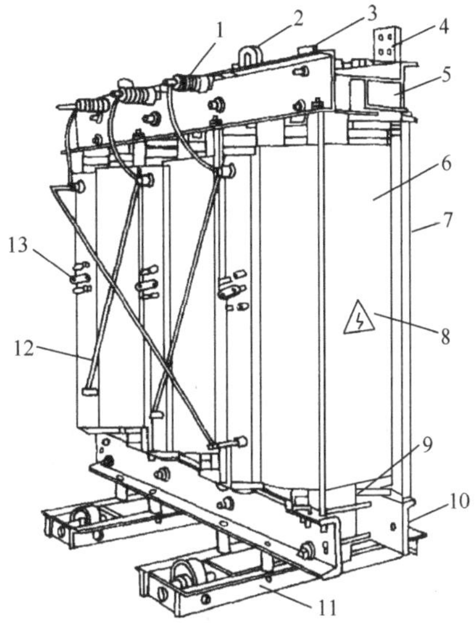

1—高压出线套管和接线端子；2—吊环；3—上夹件；4—低压出线接线端子；5—铭牌；6—环氧树脂浇注绝缘绕组；7—上下夹件拉杆；8—警示标牌；9—铁芯；10—下夹件；11—小车；12—三相高压绕组间的连接导体；13—高压分接头连接片

图 2.36　环氧树脂浇注绝缘的三相干式电力变压器

2.3.2　三相电力变压器的连接组别

三相变压器的连接组别是指变压器一、二次侧绕组所采用的连接方式的类型及相应的一、二次侧对应线电压的相位关系。常用的连接组别有 Yyn0、Dyn11、Yzn11、Yd11、YNd11 等。下面分析变压器的某些常见连接组别的特点和应用。

1. 配电变压器的连接组别

6～10kV 配电变压器（二次侧电压为 380/220V）有 Yyn0、Dyn11 两种常用的连接组别。

Yyn0 连接组别的示意图如图 2.37 所示。其一次线电压和对应二次线电压的相位关系如同时钟在零点（12 点）时分针与时针的位置一样（图中一、二次绕组上标有“·”的端子为对应“同名端”）。

Yyn0 连接组别的一次绕组采用星形连接，二次绕组为带中性线的星形连接，其线路中可能有的 $3n$（$n=1$、2、3，…）次谐波会注入公共的电网中；而且，其中性线的电流规定不可能超过相线电流的 25%。因此，负荷严重不平衡或 $3n$ 次谐波比较突出的场合不宜采用这种连接，但该连接组别的变压器一次绕组的绝缘强度要求较低（与 Dyn11 比较），因而造价比 Dyn11 型的稍低。在 TN 和 TT 系统中由单相不平衡电流引起的中性线电流不超过二次绕组额定电流的 25%，且任一相的电流在满载都不超过额定电流时可选用 Yyn0 连接组别的变压器。

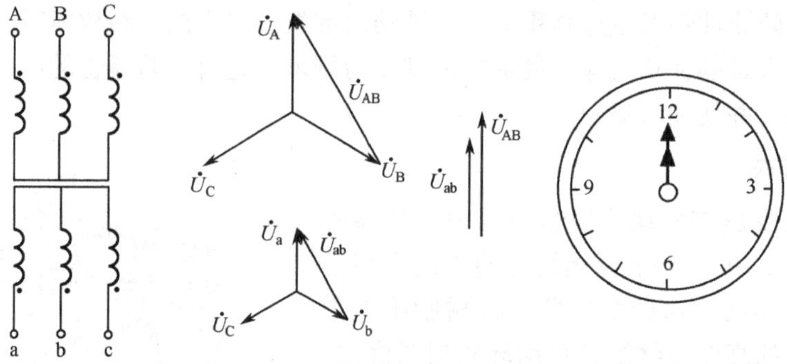

（a）一、二次绕组接线　（b）一、二次电压向量　（c）钟表表示

图 2.37　变压器 Yyn0 连接组别

Dyn11 连接组别的示意图如图 2.38 所示。其一次线电压和对应二次线电压的相位关系如同 12 点的分针与 11 点的时针的位置一样。

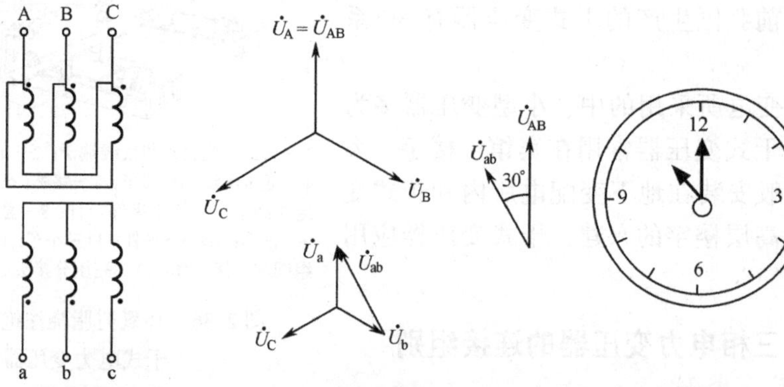

（a）一、二次绕组接线　（b）一、二次电压向量　（c）钟表表示

图 2.38　变压器 Dyn11 连接组别

其一次绕组为三角形接线，3*n* 次谐波电流在其三角形的一次绕组中形成环流，不致注入公共电网，有抑制高次谐波的作用；其二次绕组为带中性线的星形连接，按规定，中性线电流容许达到相电流的 75%，因此其承受单相不平衡电流的能力远远大于 Yyn0 连接组别的变压器。对于现代供电系统中单相负荷急剧增加的情况，尤其在 TN 和 TT 系统中，Dyn11 连接的变压器得到大力的推广和应用。

2. 防雷变压器的连接组别

防雷变压器通常采用 Yzn11 连接组别，如图 2.39 所示。其一次绕组采用星形连接，二次绕组分成两个匝数相同的绕组，并采用曲折形（Z）连接，在同一铁芯柱上的两半个绕组的电流正好相反，使磁动势相互抵消。因此如果雷电压沿二次侧线路侵入，二次侧也不会出现过电压。由此可见，Yzn11 连接的变压器有利于防雷，但这种变压器二次绕组的用材量比 Yyn0 型的增加 15% 以上。

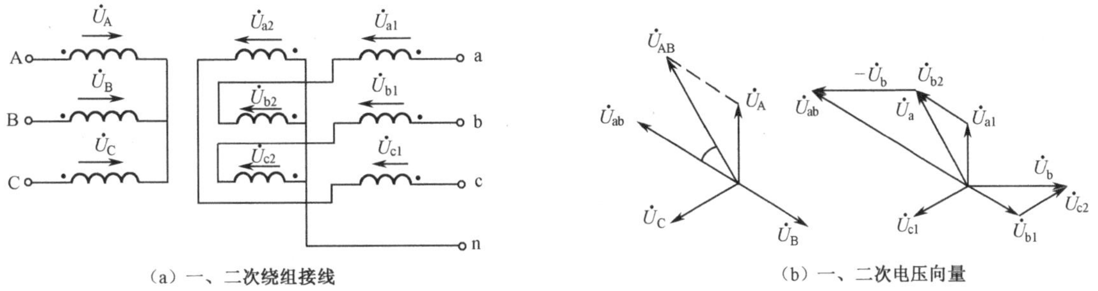

图 2.39　防雷变压器 Yzn11 连接组别

2.3.3　工厂变电所中变压器的过负荷能力

选择变压器时，必须对负载的大小、性质做深入的了解，然后按照设备功率的确定方法选择适当的容量。为了降低电能损耗，变压器应该首选低损耗节能型。当厂区配电母线电压偏差不能满足要求时，总降压变电所可选用有载调压变压器。车间变电所一般采用普通变压器。变压器容量的确定除考虑正常负荷外，还应考虑到变压器的过负荷能力和经济运行条件。

1. 电力变压器的过负荷能力

变压器在正常运行时，负荷不应超过其额定容量。但是，变压器并非总在最大负荷下运行，在许多时间内变压器的实际负荷远小于额定容量，因此，变压器在不降低规定使用寿命的条件下具有一定的短期过负荷能力。变压器的过负荷能力，分正常过负荷能力和事故过负荷能力两种。

正常过负荷能力。变压器在正常运行时带额定负荷可连续运行 20 年。由于昼夜负荷变化和季节性负荷差异而允许的变压器过负荷，称为正常过负荷。这种过负荷系数的总数，对室外变压器不超过 30%，对室内变压器不超过 20%。

变压器的正常过负荷时间是指在不影响其寿命、不损坏变压器的各部分绝缘的情况下允许过负荷的持续时间。允许变压器正常过负荷倍数及允许过负荷的持续时间参见表 2.1。

表 2.1　自然冷却或吹风冷却油浸式电力变压器的过负荷允许时间

过负荷倍数 ＼ 过负荷允许时间(h:min) ＼ 过负荷前上层油温升(℃)	18	24	30	36	42	48
1.05	5：50	5：25	4：50	4：00	3：00	1：30
1.1	3：50	3：25	2：50	2：10	1：25	0：10
1.15	2：50	2：25	1：50	1：20	0：35	
1.20	2：05	1：40	1：15	0：45		
1.25	1：35	1：15	0：50	0：25		
1.30	1：10	0：50	0：30			
1.35	0：55	0：35	0：15			
1.40	0：40	0：25				
1.45	0：25	0：10				
1.50	0：15					

（2）事故过负荷能力。当电力系统或工厂变电所发生事故时，为了保证对重要设备连

续供电，故允许变压器短时间的过负荷，这种过负荷即事故过负荷。

变压器事故过负荷倍数及允许时间，可参照表 2.2 执行。若过负荷的倍数和时间超过允许值时，则应按规定减少变压器的负荷。

表 2.2　变压器允许的事故过负荷倍数及时间

过负荷倍数	1.30	1.45	1.6	1.75	2.0	2.4	3.0
允许持续时间（min）	120	80	30	15	7.5	3.5	1.5

2. 主变压器台数的选择原则

工厂变电所中的主变压器台数应根据下列原则选择：

（1）应满足用电负荷对供电可靠性的要求。对供有大量一、二级负荷的变电所应采用两台变压器，对只有二级负荷，而无一级负荷的变电所，也可只采用一台变压器，并在低压侧架设与其他变电所的联络线。

（2）对季节性负荷或昼夜负荷变动较大的工厂变电所，可考虑采用两台主变压器。

（3）一般的三级负荷只采用一台主变压器。

（4）考虑负荷的发展，应留有安装第二台主变压器的空间。

3. 主变压器容量的选择

（1）只安装一台主变压器时，主变压器的额定容量 $S_{N.T}$ 应满足全部用电设备总的计算负荷 S_{30} 的需要：

$$S_{N.T} \geqslant S_{30} \tag{2-2}$$

（2）装有两台变压器时，每台主变压器的额定容量 $S_{N.T}$ 应同时满足以下两个条件：

任一台变压器单独运行时，宜满足总计算负荷 S_{30} 的需要，即

$$S_{N.T} \geqslant 0.7S_{30} \tag{2-3}$$

任一台变压器单独运行时，应满足全部一、二级负荷的需要，即

$$S_{N.T} \geqslant S_{30(\text{I}+\text{II})} \tag{2-4}$$

式中，$S_{30(\text{I}+\text{II})}$——计算负荷中的全部一、二级负荷。

（3）单台主变压器的容量上限。工厂车间变电所单台主变压器容量一般不宜大于1250kVA。这一方面是受以往低压开关电器断流能力和短路稳定度要求的限制；另一方面也是考虑到可以使变压器更接近于车间负荷中心，以减少低压配电的电能损耗、电压损耗和有色金属消耗量。现在我国已能生产一些断流能力更大和短路稳定度更好的新型低压开关电器，如 DW15、ME 等型低压断路器及其他电器，因此如车间负荷容量较大、负荷集中且运行合理时，也可以选用单台容量为 1600～2500kVA 的配电变压器，这样可以减少变压器的台数及高压开关电器和电缆等。这时变压器低压侧的断路器必须配套选用。

对装设在二层以上的电力变压器，应考虑其垂直与水平运输对通道及楼板荷载的影响。如果采用干式变压器，其容量不宜大于 630kVA。

对居住小区变电所内的油浸式变压器单台容量，不宜大于 630kVA。这是因为油浸式变压器容量大于 630kVA 时，按规定应装设瓦斯保护，而这些变压器电源侧的断路器往往不在变压器附近，因此瓦斯保护很难实施，而且如果变压器容量增大，供电半径相应增大，往往造成供配电线路末端的电压偏低，给居民生活带来不便，例如，荧光灯启辉困难、电冰箱不能启动等。

(4) 适当考虑负荷的发展。应适当考虑今后 5 ~ 10 年电力负荷的增长，留有一定的余地。干式变压器的过负荷能力较小，更宜留有较大的裕量。

变电所主变压器台数和容量的最后确定，应结合主接线方案，经技术经济比较择优而定。

例 2.1 某 10/0.4kV 车间变电所，总计算负荷为 1 400kVA，其中一、二级负荷为 750kVA，试初步确定主变压器台数和单台容量。

解：由于变电所有一、二级负荷，所以变电所应选用两台变压器。

根据式（2-3）和式（2-4）得：

$$S_{N.T} \geqslant 0.7S_{30} = 0.7 \times 1\,400 = 980\text{kVA}$$

$$S_{N.T} \geqslant S_{(\text{I}+\text{II})} = 750\text{kVA}$$

因此单台变压器容量选为 1000kVA。

2.3.4 变压器的并列运行

变压器的并列运行是指两台及以上的变压器，将其一、二次绕组的接线端分别并联连接投入运行。在电力系统中广泛采用两台或两台以上变压器的并列运行方式。因为变压器的并列运行可以保证电力系统中供电的连续性及可靠性，也可以保证足够的负荷容量，可以通过投切多台变压器来调整供电容量，实现变压器的经济运行。

为保证并列运行的变压器一次侧与二次侧电势相同、电压相位相同、变压器内阻相同，并列运行的变压器，应该在空载时并联回路中没有环流，在带负载时，各变压器的电流按其容量比分配，无严重的负荷不均现象发生，使并列变压器的容量能得到充分的利用。因此，并列运行的变压器必须满足以下条件：

(1) 所有并列变压器的电压比必须相同，即额定一次电压和额定二次电压必须对应相等，容许差值不得超过 ±5%。否则将在并列变压器的二次绕组内产生环流，即二次电压较高的绕组将向二次电压较低的绕组供给电流，引起电能损耗，导致绕组过热甚至烧毁。

(2) 并列变压器的连接组别必须相同，也就是一次电压和二次电压的相序和相位分别对应相等。否则，不同连接组别的变压器之间存在相位差，进行并列运行时会产生环流，可能导致变压器绕组烧坏。

(3) 并列变压器的短路电压（阻抗电压）须相等或接近相等。并列变压器的短路电压（阻抗电压）容许差值不能超过 ±10%。因为并列运行的变压器的实际负载分配和它们的阻抗电压值成反比，如果阻抗电压相差过大，可能导致阻抗电压小的变压器发生过负荷现象。

(4) 并列变压器的容量应尽可能相同或相近。并列变压器的容量应尽量相同或相近，其最大容量和最小容量之比不易超过 3:1。如果容量相差悬殊，不仅可能造成运行不方便，而且当并列变压器的性能不同时，可能导致变压器间的环流增加，还很容易造成小容量的变压器发生过负荷情况。

另外，并列运行变压器时还应注意：

(1) 新投入运行和大修后的变压器并列前，应进行核相，并列变压器空载运行正常后，方可正式并列负荷运行。

(2) 并列运行的变压器，必须考虑经济性，不应频繁操作。

(3) 变压器并、解列运行操作时，不允许使用隔离开关和跌落式熔断器，应使用断路器，不允许通过变压器并列送电。

（4）变压器在并列运行前，应根据实际情况，预计变压器的负荷分配情况，并列运行后检查其负荷电流分配是否合理，防止因负荷分配不合理造成的变压器过载或过分欠载。解列前，应根据实际情况，预计解列后各变压器都不会过载，并且在解列后应立即检查各变压器的负荷电流都不应超过其额定电流。

2.3.5 变压器的操作及维护

1. 变压器运行前的检查事项

在变压器投运前，应进行下列项目的检查：

（1）检查试验合格证。如果此试验合格证签发日期超过3个月，应重新测试绝缘电阻，其阻值应大于允许值且不小于原试验值的70%。

（2）套管完整，无损坏裂纹现象，外壳无漏油、渗油现象。

（3）高、低压引线完整可靠，各处接点符合要求。

（4）一、二次熔断器熔体符合要求。

（5）引线与外壳及电杆的距离符合要求，油位正常。

（6）防雷保护齐全，接地电阻合格。

2. 变压器停、送电操作顺序

变压器停、送电的操作顺序是：停电时先停负荷侧，后停电源侧；送电时先接通电源侧，再依次接通负荷侧。这是因为：

（1）从电源侧逐级向负荷侧送电，如有故障，便于确定故障范围，及时作出判断和处理，以免故障蔓延扩大。

（2）多电源的情况下，若先停负荷，则可以防止变压器反向充电；若先停电源侧，遇有故障可能会造成保护装置的误动作或拒动，延长故障切除时间，并可能扩大故障范围。

（3）当负荷侧母线电压互感器带有低周减载装置，而未装电流闭锁时，一旦先停电源侧开关，由于大型同步电动机的反馈，可能使低周减载装置误动作。

3. 变压器的常见故障分析

变压器在运行中，由于其内部或外部的原因会发生一些异常情况，影响变压器正常工作，造成事故。按变压器发生故障的原因，一般可分为磁路故障和电路故障。磁路故障一般指铁芯、轭铁及夹件间发生的故障。常见的有硅钢片短路、穿心螺栓及铁轭夹紧件与铁芯之间的绝缘损坏以及铁芯接地不良引起的放电等。电路故障主要指绕组和引线故障等，常见的有线圈的绝缘老化、受潮，切换器接触不良，材料质量及制造工艺不良，过电压冲击及二次系统短路引起的故障等。

（1）变压器故障的分析方法。

① 直观法。变压器的控制屏上一般都装有监测仪表，容量在560kVA以上的都装有保护装置，如气体继电器、差动保护继电器和过电流保护装置等。通过这些仪表和保护装置可以准确地反映变压器的工作状态，及时发现故障。

② 试验法。许多故障不能完全靠外部直观法来判断。例如，匝间短路、内部绕组放电或击穿、绕组与绕组之间的绝缘被击穿等，其外表的特征不明显，所以必须结合直观法进行试验测量，以正确判断故障的性质和部位。变压器故障的试验方法有：

a. 测绝缘电阻。用2500V的绝缘电阻表测量绕组之间和绕组对地的绝缘电阻，若其值为零，则绕组之间和绕组对地可能有击穿现象。

b. 绕组的直流电阻试验。如果分接开关置于不同分接位置时，测得的直流电阻值相差很大，可能是分接开关接触不良或触点有污垢等；测得的低压侧的相电阻与三相电阻平均值之比超过4%，或者线电阻与三线电阻平均值之比超过2%，则可能是匝间短路或引线与套管的导管间接触不良；测得一次侧电阻极大，则为高压绕组断路或分接开关损坏；二次侧三相电阻误差很大，则可能是引线铜皮与绝缘子导管断开或接触不良。

（2）变压器的常见故障。常见故障的现象、原因和处理方法列于表2.3。

表2.3　变压器常见故障现象、原因和处理方法

故障现象	产生原因	检查处理方法
铁芯片局部短路或熔毁	1. 铁芯片间绝缘严重损坏 2. 铁芯或铁轭螺栓绝缘损坏 3. 接地方法不当	1. 用直流伏安法测片间绝缘电阻，找出故障点并进行修理 2. 调换损坏的绝缘胶纸管 3. 改正接地错误
运行中有异常响声	1. 铁芯片间绝缘损坏 2. 铁芯的紧固件松动 3. 外加电压过高 4. 过载运行	1. 吊出铁芯检查片间绝缘电阻，进行涂漆处理 2. 紧固松动的螺栓 3. 调整外加电压 4. 减轻负载
绕组匝间短路、层间短路或相间短路	1. 绕组绝缘损坏 2. 长期过载运行或发生短路故障 3. 铁芯有毛刺，使绕组绝缘受损 4. 引线间或套管间短路	1. 吊出铁芯，修理或调换线圈 2. 减小负载或排除短路故障后修理绕组 3. 修理铁芯，修复绕组绝缘 4. 用绝缘电阻表测试并排除故障
高、低压绕组间或对地击穿	1. 变压器受大气过电压的作用 2. 绝缘油受潮 3. 主绝缘因老化而有破裂、折断等缺陷	1. 调换绕组 2. 干燥处理绝缘油 3. 用绝缘电阻表测试绝缘电阻，必要时更换
变压器漏油	1. 变压器油箱的焊接有裂纹 2. 密封垫老化或损坏 3. 密封垫不正，压力不均 4. 密封填料处理不好，硬化或断裂	1. 吊出铁芯，将油放掉，进行补焊 2. 调换密封垫 3. 放正垫圈，重新紧固 4. 调换填料
油温突然升高	1. 过负载运行 2. 接头螺钉松动 3. 线圈短路 4. 缺油或油质不好	1. 减小负载 2. 停止运行，检查各接头，加以紧固 3. 停止运行，吊出铁芯，检修绕组 4. 加油或调换全部油
油色变黑、油面过低	1. 长期过载，油温过高 2. 有水漏入或有潮气侵入 3. 油箱漏油	1. 减小负载 2. 找出漏水处或检查吸潮剂是否生效 3. 修补漏油处，加入新油
气体继电器动作	1. 信号指示未跳闸 2. 信号指示开关未跳闸	1. 变压器内进入空气，造成气体继电器误动作，查出原因加以排除 2. 变压器内部发生故障，查出故障加以处理
变压器着火	1. 高、低压绕组层间短路 2. 严重过载 3. 铁芯绝缘损坏或穿心螺栓绝缘损坏 4. 套管破裂，油在闪络时流出来，引起盖顶着火	1. 吊出铁芯，局部处理或重绕线圈 2. 减小负载 3. 吊出铁芯，重新涂漆或调换穿心螺栓 4. 调换套管
分接开关触头灼伤	1. 弹簧压力不够，接触不可靠 2. 动静触头不对位，接触不严 3. 短路使触点过热	测量直流电阻，吊出器身检查处理

2.4 成套配电装置

成套配电装置是按电气主接线的要求，把开关设备、保护测量电器、母线和必要的辅助设备组合在一起构成的用来接受、分配和控制电能的总体装置。

2.4.1 成套配电装置分类与特点

配电装置可分为装配式配电装置和成套配电装置。电气设备在现场组装的配电装置称为装配式配电装置，在制造厂预先把电器组装成柜再运到现场安装的称为成套配电装置。工厂变配电所多采用成套配电装置。

成套配电装置是制造厂成套供应的设备。同一个回路的开关电器、测量仪表、保护电器和辅助设备都装配在一个或两个全封闭或半封闭的金属柜中。制造厂可生产各种不同一次线路方案的开关柜供用户选用。

一般中、小型工厂变配电所中常用到的成套配电装置有高压成套配电装置（也称高压开关柜）和低压成套配电装置。低压成套配电装置只有屋内式一种，高压开关柜则有屋内式和屋外式两种。另外还有一些成套配电装置，如高、低压无功功率补偿成套装置，高压综合启动柜，低压动力配电箱及照明配电箱等在工厂也常使用。

2.4.2 高压成套配电装置（高压开关柜）

高压成套配电装置就是按不同用途的接线方案，将所需的高压设备和相关一、二次设备按一定的线路方案组装而成的一种高压成套配电装置，在发电厂和变配电所中作为控制和保护发电机、变压器和高压线路之用，也可作为大型高压交流电动机的启动和保护之用，对供配电系统进行控制、监测和保护。其中安装有开关设备、保护电器、监测仪表和母线、绝缘子等。

固定式高压开关柜柜内所有电器部件都固定在不能移动的台架上，构造简单，也较为经济，一般在中、小型工厂大多采用。

高压开关柜有固定式和手车式（移开式）两大类型。在一般中、小型工厂中普遍采用较为经济的固定式高压开关柜。我国现在大量生产和广泛应用的固定式高压开关柜主要为GG－1A（F）型。这种防误操作型开关柜装设了防止电器误操作和保障人身安全的闭锁装置，即所谓“五防”：

（1）防止误分、误合断路器。

（2）防止带负荷误拉、误合隔离开关。

（3）防止带电误挂地线。

（4）防止带接地线误合隔离开关。

（5）防止人员误入带电间隔。

固定式高压开关柜外形示意图如图 2.40 所示。

手车式（或移开式）高压开关柜是一部分电器部件固定在可移动的手车上，另一部分电器部件装置在固定的台架上。当高压断路器出现故障需要检修时，可随时将其手车拉出，然后推入同类备用小车，即可恢复供电。因此采用手车式开关柜检修方便安全，恢复供电快，可靠性高，但价格较贵。

图 2.41 为 GC－10(F)型手车式高压开关柜的外形结构图。

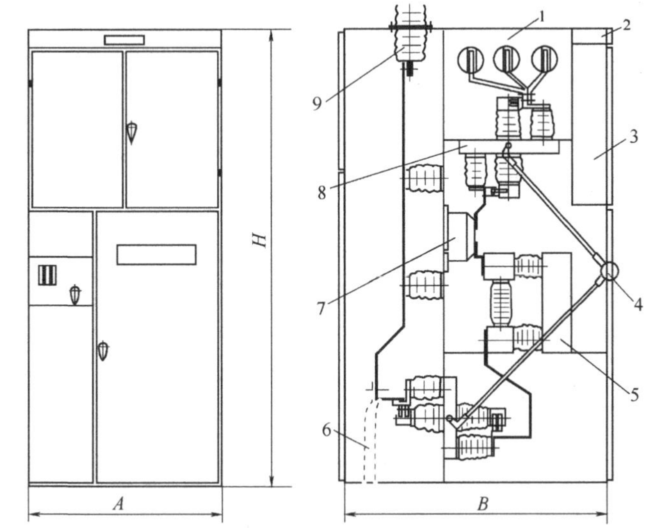

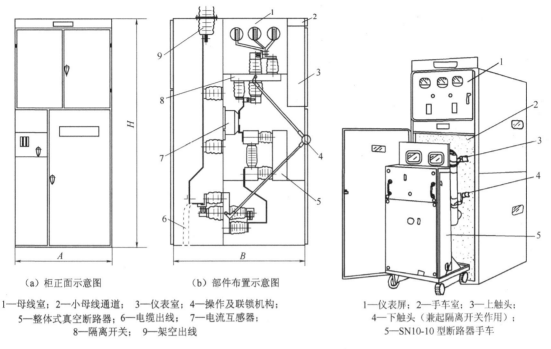

（a）柜正面示意图　　　　（b）部件布置示意图

1—母线室；2—小母线通道；3—仪表室；4—操作及联锁机构；
5—整体式真空断路器；6—电缆出线；7—电流互感器；
8—隔离开关；9—架空出线

图 2.40　GG－1FQ 箱式固定柜外形示意图

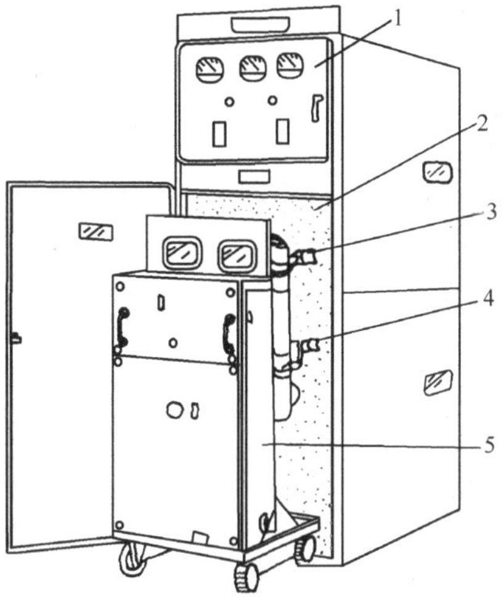

1—仪表屏；2—手车室；3—上触头；
4—下触头（兼起隔离开关作用）；
5—SN10-10 型断路器手车

图 2.41　GC－10（F）型高压开关柜

高压开关柜在 6～10kV 电压等级的工厂变配电所户内配电装置中应用很广泛，35kV 高压开关柜目前国内仅生产户内式的。

新系列高压开关柜的全型号表示和含义如下：

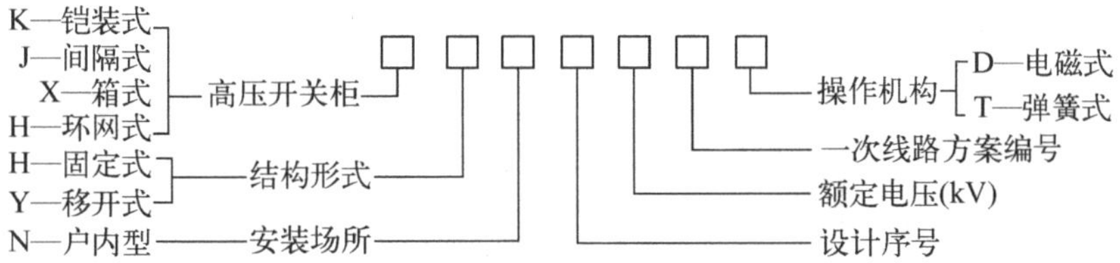

2.4.3　低压成套配电装置

低压成套配电装置一般称为低压配电屏，包括低压配电柜和配电箱，是按一定的线路方案将有关一、二次设备组装而成的低压成套设备，在低压系统中可作为控制、保护和计量装置。

低压成套配电装置按其结构形式分为固定式和抽屉式两种。

目前使用较广的固定式低压配电柜有 PGL、GGL、GGD 等形式，其中 GGD 是国内较新产品，全部采用新型电器部件，具有分断能力强、热稳定性好、接线方案灵活、组合方便、结构新颖及外壳防护等级高等优点。固定式低压开关柜适用于动力和照明配电。

抽屉式低压开关柜的安装方式为抽出式，每个抽屉为一个功能单元，按一、二次线路方案要求将有关功能单元的抽屉叠装安装在封闭的金属柜体内，这种开关柜适用于三相交流系统中，可作为电动机控制中心的配电和控制装置。图 2.42（单位：mm）为 GCK 型抽屉式低压配电柜结构示意图。

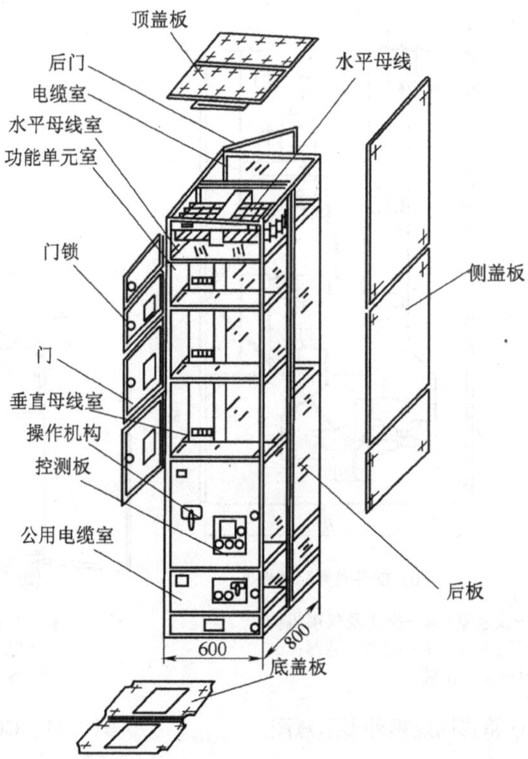

图 2.42　GCK 型抽屉式低压配电柜结构示意图

2.4.4　动力配电箱和照明配电箱

1. 动力配电箱

从车间低压配电屏柜引出的供电线路，一般须经低压动力配电箱后才接至用电负荷。动力配电箱是车间供电系统中对用电设备的最后一级控制和保护设备。

新系列低压配电屏的全型号表示和含义如下：

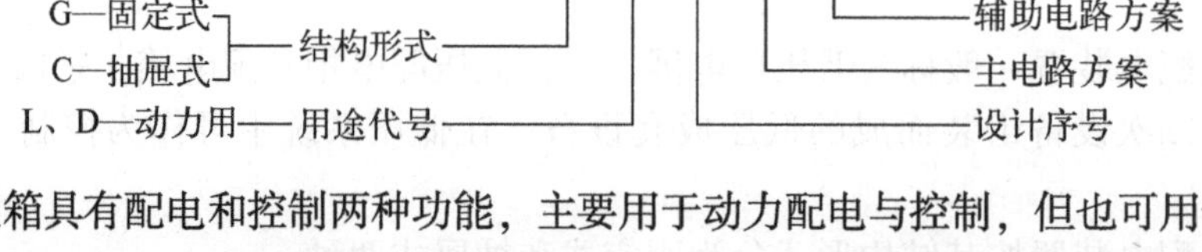

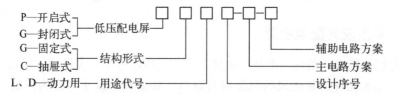

动力配电箱具有配电和控制两种功能，主要用于动力配电与控制，但也可用于照明配电与控制。常用的动力配电箱有 XL 型、XLL2 型、XF－10 型、XLCK 型、BGL－1 型、GBM－1 型等，其中 BGL－1、GBM－1 型多用于高层住宅建筑的照明和动力配电。

2. 照明配电箱

照明配电箱主要用于照明配电，但也能对一些小容量的动力设备配电。照明配电箱品种很多，按安装方式可分为靠墙式、悬挂式、嵌入式。

XM 系列照明配电箱适用于工业或民用建筑的照明配电，也可作为小容量动力线路的漏电、过负荷和短路保护之用。

2.4.5 变配电所配电装置图的读图

配电装置图与电气接线图不同，它实质上是一种简化了的机械装置图，在现场施工和运行维护中具有相当重要的作用。配电装置图一般包括配电装置式主接线图、配电装置的平面布置图、配电装置断面图。图 2.43（单位：mm）为某小型变电所（10kV）的主接线图和屋内配电装置图。

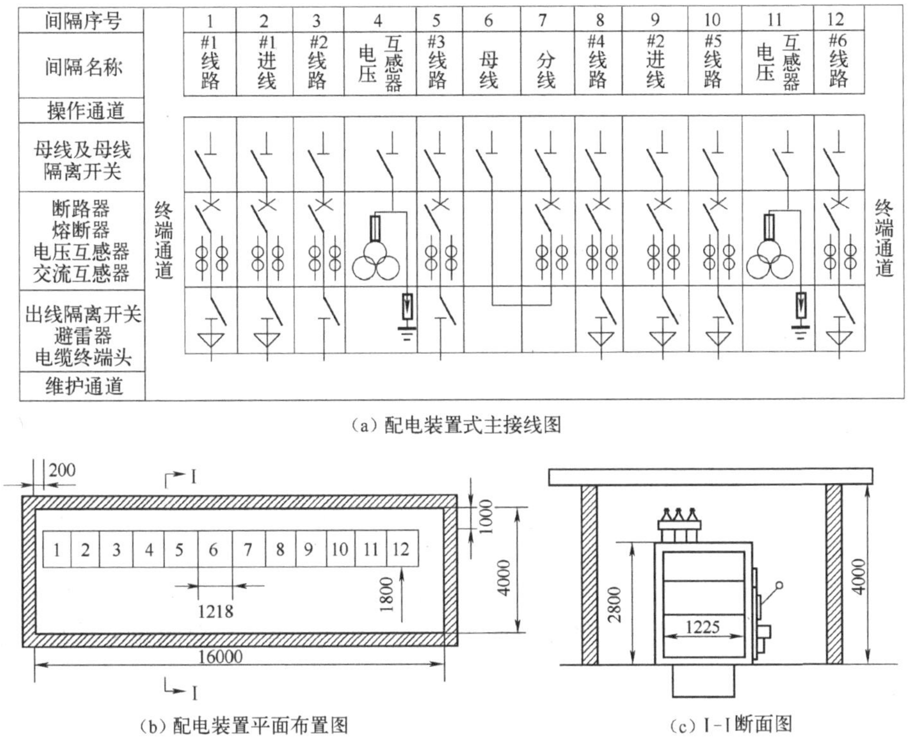

图 2.43 小型变电所（10kV）屋内配电装置图

下面简单介绍变配电所配电装置图的一般读图步骤。

（1）了解变配电所的基本情况。了解变配电所的作用、类型和地理位置，当地气象条件，变配电所位置的土壤电阻率和土质等。

（2）熟悉变配电所的电气主接线和设备配置情况。熟悉变配电所各个电压等级的主接线方式，掌握电源进线、变压器、母线、各路出线的开关电器、互感器、避雷器等设备的配置情况。

（3）了解变配电所配电装置的总体布置情况。先阅读配电装置式主接线图，并仔细阅读配电装置的平面图，把两种图对照阅读，就能弄清配电装置的总体布置情况。

（4）明确配电装置的类型。阅读配电装置图中的断面图，明确该配电装置是屋内的、屋外的，还是成套的。如果是成套配电装置，要明确是高压开关柜、低压开关柜，还是其他组合电器。如果是屋内配电装置，要明确是单层、双层，还是三层，有几条走廊，各条走廊的用途是什么；如果是屋外配电装置，要明确是中型、半高型，还是高型。

（5）查看所有电气设备。在断面图上查看电气设备，认出变压器、母线、隔离开关、断路器、电流互感器、电压互感器、电容器、避雷器、接地开关等，判断它们各自的类型；掌握各个电气设备的安装方法，所用构架和支架都用什么材料；如果有母线，要弄清是单母线还是双母线，是不分段的还是分段的。

（6）查看电气设备之间的连接。根据断面图、配电装置式主接线图、平面图，查看各个电气设备之间的连接情况。查看时，按电能输送方向顺序进行。

（7）查核有关的安全距离。配电装置的断面图上都标有水平距离和垂直高度，有些地方还标有弧形距离。要根据这些距离和标高，参照有关设计手册的规程，查核安全距离是否符合要求。查核的重点有：带电部分与接地部分之间；不同相的带电部分之间；平行的、不同时检修的无遮栏裸导体之间；设备运输时，其外廓至无遮栏带电部分之间。

（8）综合评价。对配电装置图的综合评价包括以下几个方面：

安全性——安全距离是否足够，安装方式是否合理，防火措施是否齐全。

可靠性——主接线方式是否合理，电气设备安装质量是否达标。

经济性——满足安全、可靠性的基础上，投资要少。

方便性——操作是否方便，维护是否方便。

2.5 工厂变配电所的电气主接线

2.5.1 对电气主接线的基本要求

工厂变配电所的电气主接线，是指按照一定的工作顺序和规程要求连接变配电一次设备的一种电路形式。主电路图又称为一次电路图、主接线图、一次接线图。由于电力系统为三相对称系统，所以电气主接线图通常以单线图来表示，使其简单清晰。它直观地表示了变电所的结构特点、运行性能、使用电气设备的多少及其前后安排等，对变配电所安全运行、电气设备选择、配电装置布置和电能质量等都起着决定性作用。

工厂变配电所主接线方案的确定必须综合考虑安全性、可靠性、灵活性、经济性等多方面的要求。

保证供电的安全性。电气主接线应符合国家标准和有关技术规范的要求，能充分保证人身和设备的安全。

（1）保证供电的可靠性。电气主接线应根据负荷的等级，满足负荷在各种运行方式下对负荷供电连续性的要求。例如对一、二级负荷，其主接线方案应考虑两台主变压器，双电源供电。

（2）具有一定的灵活性和方便性。电气主接线应能适应各种运行方式，并能灵活地进行运行方式的转换，以保证正常运行时能安全可靠供电，在系统故障或设备检修时，保证非故障和非检修回路继续供电。

（3）具有经济性。确定电气主接线必须综合考虑技术和经济两者之间的关系，保证在满足供电可靠性、运行灵活方便的前提下，尽量减少设备投资费用和运行费用。

（4）具有发展和扩建的可能性。确定电气主接线时应留有发展余地，要考虑最终接线的实现以及在场地和施工等方面的可行性。

此外，对主接线的选择，还应考虑受电容量和受电地点短路容量的大小、用电负荷的重要程度、对电能计量（如高压侧还是低压侧计量、动力及照明分别计费等）及运行操作技术的需要等因素。若需要高压侧计量电能的，则应配置高压侧电压互感器和电流互感器（或计量柜）；受电容量大或用电负荷重要的，或对运行操作要求快速的用户，则应配置自动开关及相应的电气操作系统装置；受电容量虽小，但受电地点短路容量大的，则应考虑保护设备开、断短路电流的能力，如采用真空断路器等；一般容量小且不重要的用电负荷，可以配置跌落式熔断器控制和保护。

主接线图常用的图形符号如表 2.4 所示。

表 2.4　常用的电气设备图形符号和文字符号

电气设备名称	文字符号	图形符号	电气设备名称	文字符号	图形符号
刀开关	QK		母线	W	
			导线、线路	W	
断路器（自动开关）	QF		三相导线		
隔离开关	QS		端子	X	
负荷开关	QL		电缆及其终端头		
熔断器	FU		交流发电机	G	
熔断器式开关	S		交流电动机	M	
阀式避雷器	F		单相变压器	T	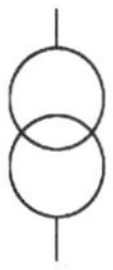
三相变压器	T	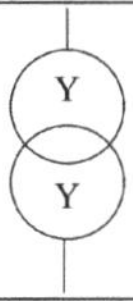	电压互感器	TV	
三相变压器	T	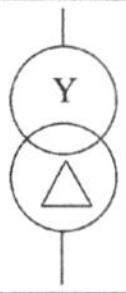	三绕组变压器	T	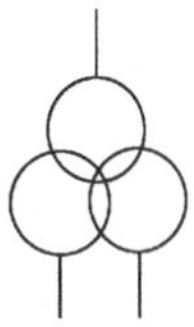
电流互感器（具有一个二次绕组）	TA		三绕组电压互感器	TV	
电流互感器（具有两个铁芯和两个二次绕组）	TA	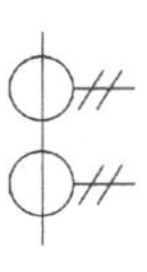	电抗器	L	
			电容器	C	

2.5.2 主接线的基本接线方式

1. 单母线接线

母线也称汇流排，即汇集和分配电能的硬导线。设置母线可以方便地把电源进线和多路引出线通过开关电器连接在一起，以保证供电的可靠性和灵活性。

单母线的接线方式如图2.44所示，每路进线和出线中都配置有一组开关电器。断路器用于切断和关合正常的负荷电流，并能切断短路电流。隔离开关有两种作用：靠近母线侧的称母线隔离开关，用于隔离母线电源和检修断路器；靠近线路侧的称线路侧隔离开关，用于防止在检修断路器时从用户侧反向送电，防止雷电过电压沿线路侵入，保证维修人员安全。

单母线接线简单，使用设备少，配电装置投资少，但可靠性、灵活性较差。当母线或母线隔离开关故障或检修时，必须断开所有回路，造成全部用户停电。

这种接线适用于单电源进线的一般中、小型容量的用户，电压为6～10kV级。

2. 单母线分段接线

单母线分段的接线方式如图2.45所示。这种接线方式引入线有两条回路，母线分成二段，即Ⅰ段和Ⅱ段。每一回路连到一段母线上，并把引出线均分到每段母线上。两段母线用隔离开关、断路器等开关电器连接形成单母线分段接线。

单母线分段便于分段检修母线，减小母线故障影响范围，提高了供电的可靠性和灵活性。

母线可分段运行，也可不分段运行。这种接线适用于双电源进线的比较重要的负荷，电压为6～10kV级。

3. 单母线带旁路接线

单母线带旁路接线方式如图2.46所示，增加了一条母线和一组联络用开关电器，增加了多个线路侧隔离开关。

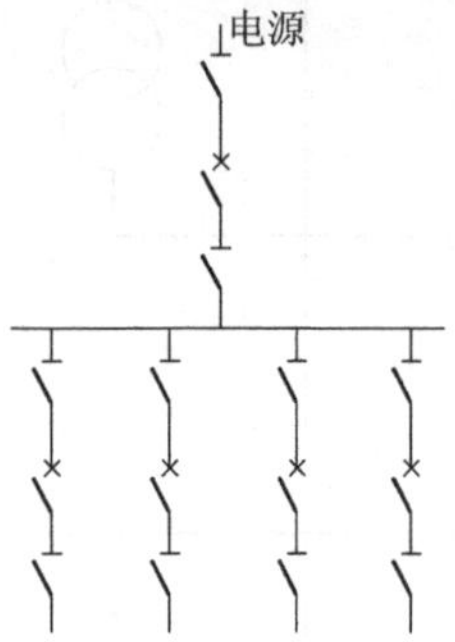

图2.44 单母线接线

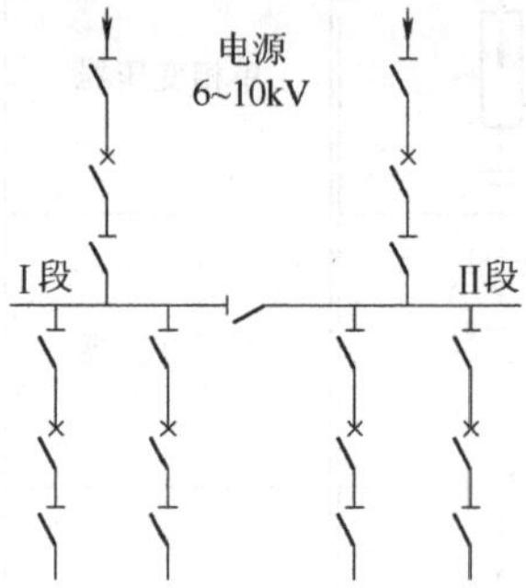

图2.45 单母线分段接线

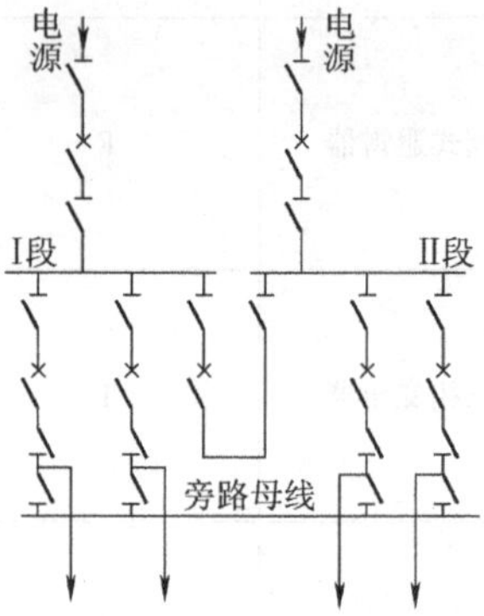

图2.46 单母线带旁路接线

这种接线适用于配电线路较多、负载性质较重要的主变电所或高压配电所。该运行方式灵活，检修设备时可以利用旁路母线供电，减少停电。

4. 双母线接线

双母线接线方式如图2.47所示，其中两段母线互为备用。该接线适用于负载较重要的用户，运行可靠性和灵活性都较好。它适用的电压为6～10kV级。

5. 桥式接线

桥式接线有内桥接线和外桥接线两种，如图2.48、图2.49所示。

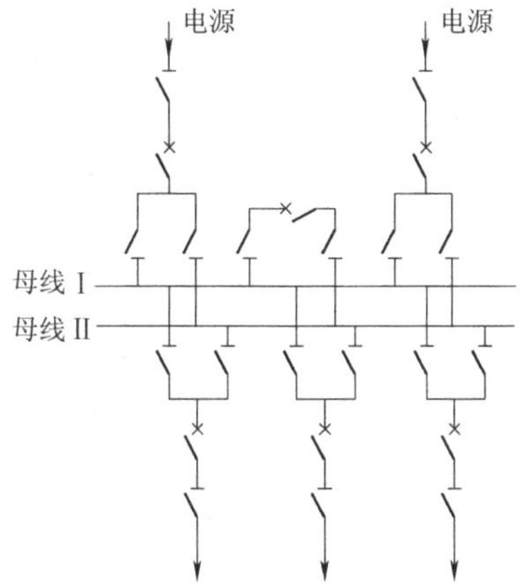

图 2.47　双母线接线

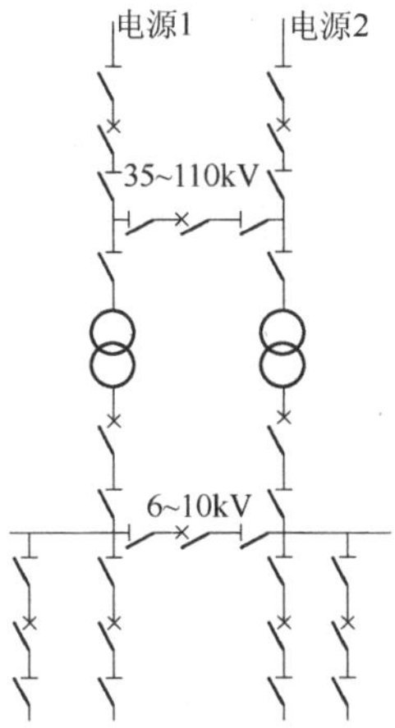

图 2.48　内桥接线

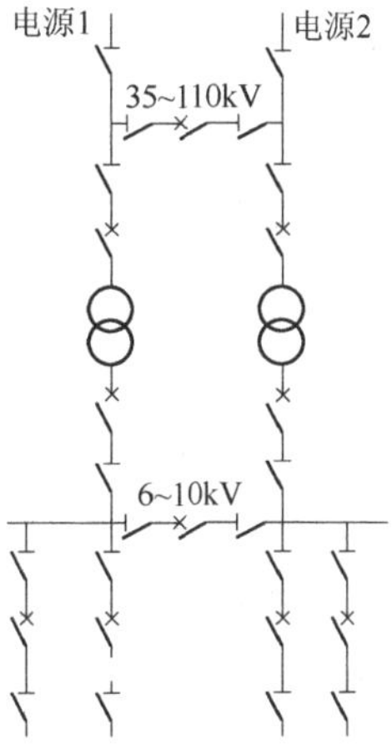

图 2.49　外桥接线

内桥式接线适用于 35kV 及 35kV 以上的电源线路较长和变压器不需要经常操作的系统中。可供一、二级负荷使用。

外桥式接线适用于 35kV 及 35kV 以上的电源线路较短且变压器需要经常操作的系统中。可供一、二级负荷使用。

2.5.3　车间变电所的电气主接线

车间变电所是将 6～10kV 的电压降为 380/220V 的电压，直接供给用电设备的终端变电所。从车间变电所的电源进线情况来看，有下列两种情况：

（1）工厂有总降压变电所或高压配电所时，车间变电所的电源进线上的开关电器、保护装置和测量仪表等，一般都安装在高压配电线路的首端，而车间变电所通常只设变压器室和低压配电室，高压侧大多不装开关或只装简单的隔离开关、熔断器（室外为跌落式熔断器）、避雷器等，如图 2.50 所示。

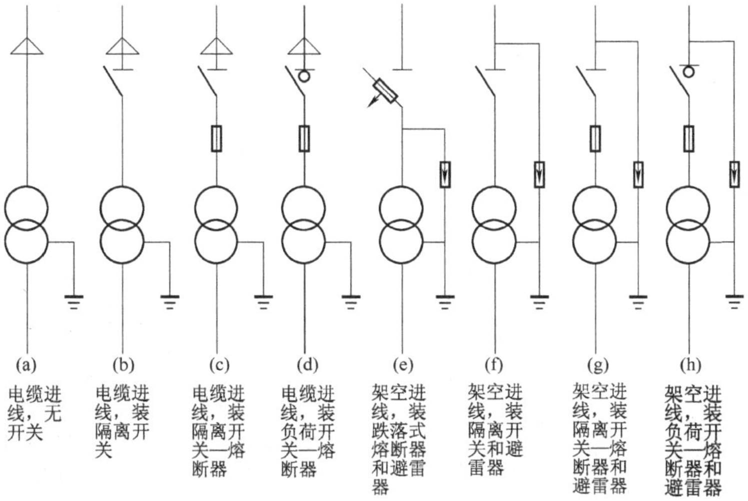

图 2.50　车间变电所高压侧主接线方案

从图 2.50 可以看出，凡是架空进线，都需安装避雷器以防止雷电过电压侵入变电所破坏电气设备。如果变压器侧为架空线加一段引入电缆进线时，变压器高压侧仍需安装避雷器。

（2）工厂无总降压变电所或总配电所时，车间变电所高压侧的开关电器、保护装置和测量仪表等，都必须配备齐全，一般要设置高压配电室。在变压器容量较小，供电可靠性要求不高时，也可不设高压配电室，其高压熔断器、隔离开关、负荷开关或跌落式熔断器，装设在变压器室的墙上或室外杆上，在低压侧计量电能。当高压开关柜不多于6台时，高压开关柜也可设在低压配电室，在高压侧计量电能。

1. 常见的车间变电所主接线方案

（1）高压侧采用隔离开关–熔断器或跌落式熔断器控制。结构简单经济，供电可靠性不高，一般只用于500kVA及以下容量的变电所，对不重要的三级负荷供电，如图2.51所示。

（2）高压侧采用负荷开关–熔断器控制。结构简单、经济，供电可靠性仍不高，但操作比上述方案要简便灵活，也只适于不重要的三级负荷，如图2.52所示。

（3）高压侧采用隔离开关–断路器控制的变电所。这种接线由于采用了断路器，因此变电所的停电、送电操作灵活方便。但供电可靠性仍不高，一般只用于三级负荷。如果变压器低压侧有与其他电源的联络线时，可用于二级负荷。如图2.53所示。

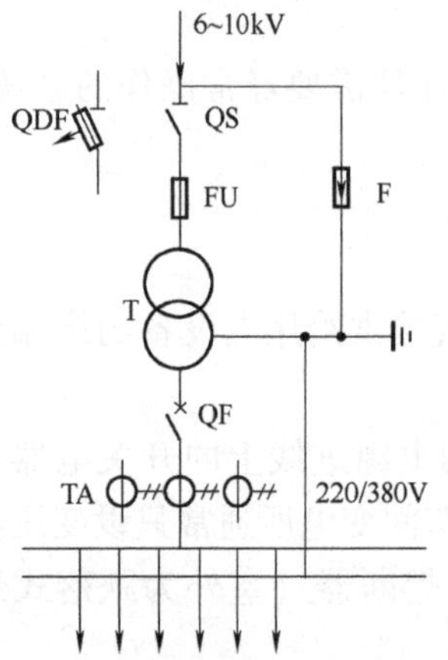

图2.51　高压侧装隔离开关–熔断器或跌落式熔断器控制的变电所主电路图

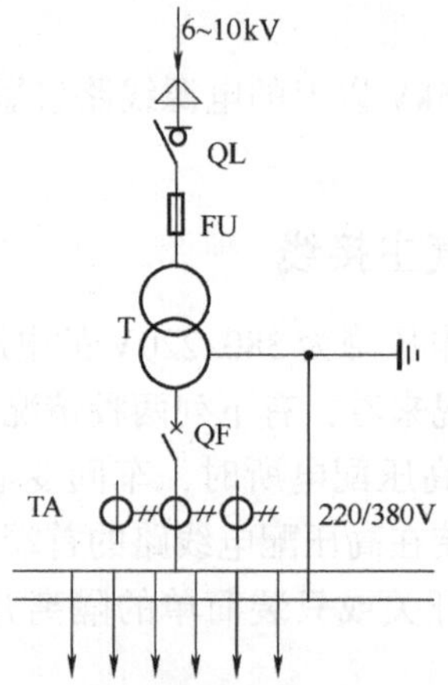

图2.52　高压侧装负荷开关–熔断器控制的变电所主电路图

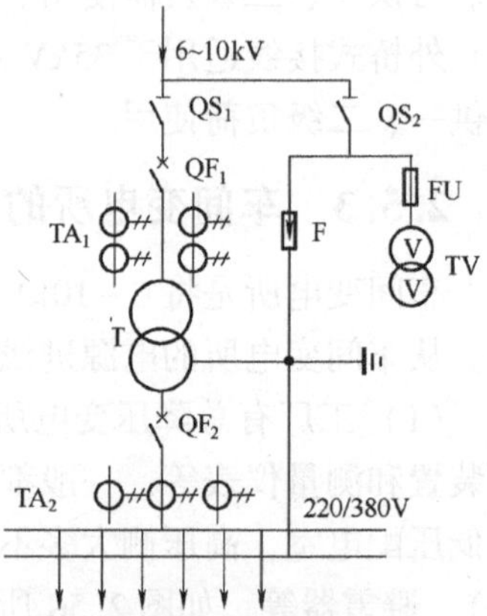

图2.53　高压侧装隔离开关–断路器控制的变电所主电路图

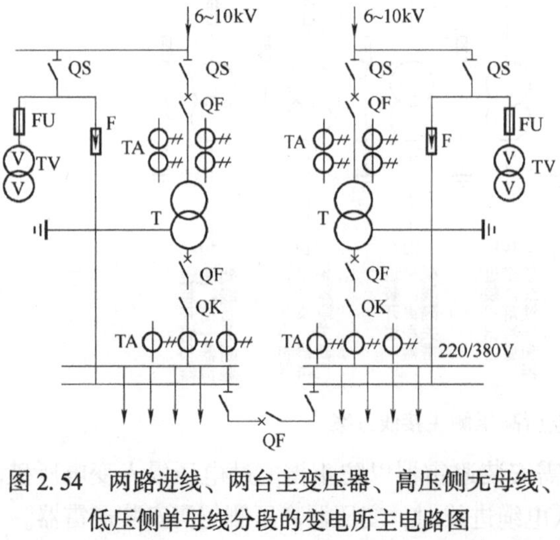

图2.54　两路进线、两台主变压器、高压侧无母线、低压侧单母线分段的变电所主电路图

（4）两路进线、两台主变压器、高压侧无母线、低压侧单母线分段的变电所。这种主接线的供电可靠性较高，可用于一、二级负荷，如图2.54所示。

（5）一路进线、高压侧单母线、两台主变压器、低压侧单母线分段的变电所，如图2.55所示。这种接线可靠性也较高，可供二、三级负荷，如果有低压或高压联络线时可供一、二级负荷。

（6）两路进线、高压侧单母线分段、两台主变压器、低压侧单母线分段的变电所如图2.56所示，这种接线的供电可靠性高，可供一、二级负荷。

2. 配电装置式主接线图

主接线图按照电能输送和分配的顺序用规定的符号和文字来表示设备的相互连接关系，可以称这种主接线图为原理式主接线图。这种图主要在设计过程中，进行分析、计算和选择电气设备时使用，在运行中的变电所值班室中，作为模拟演示供配电系统运行状况用。在工程设计的施工设计阶段和安装施工阶段，通常需要把主接线图转换成另外一种形式。即按高压或低压配电装置之间的相互连接和排列位置而画出的主接线图，我们称之为配电装置式主接线图。这样才能便于成套配电装置的订货采购和安装施工。

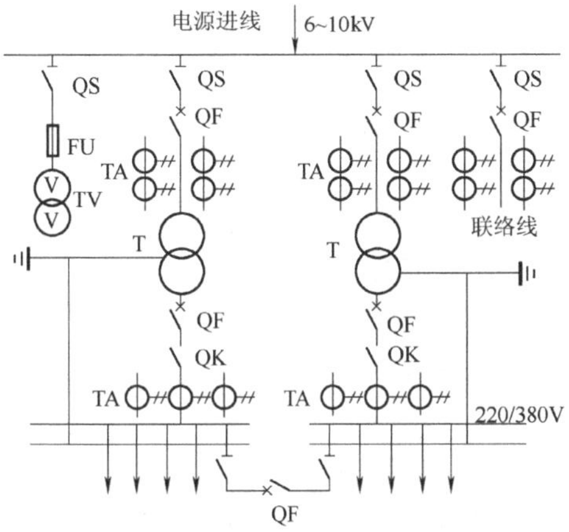

图 2.55　一路进线、两台主变压器、高压侧单母线、低压侧单母线分段的变电所主电路图

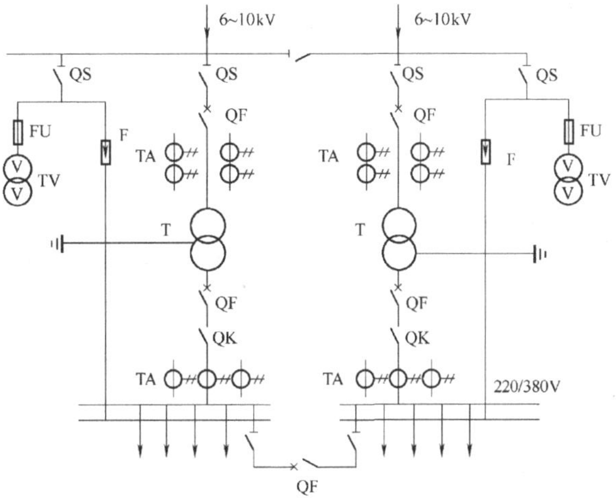

图 2.56　两路进线、两台主变压器、高压侧和低压侧均为单母线分段的变电所主电路图

以原理式主接线图 2.57 为例，经过转换，可以得出如图 2.58 所示的配电装置式主接线图。

2.5.4　变配电所电气主接线的读图

1. 看供配电系统电气图的基本步骤

（1）看图样的说明。包括首页的目录、技术说明、设备材料明细表和设计、施工说明书。由此对工程项目设计有一个大致的了解，这有助于抓住识图的重点内容。然后看有关的电气图。看图的步骤一般是：从标题栏、技术说明到图形、元件明细表，从整体到局部，从电源到负载，从主电路到副电路（二次回路等）。

（2）看电气原理图。在看电气原理图的时候，先要分清主电路和副电路，交流电路和直流电路，再按照先主电路，后副电路的顺序读图。

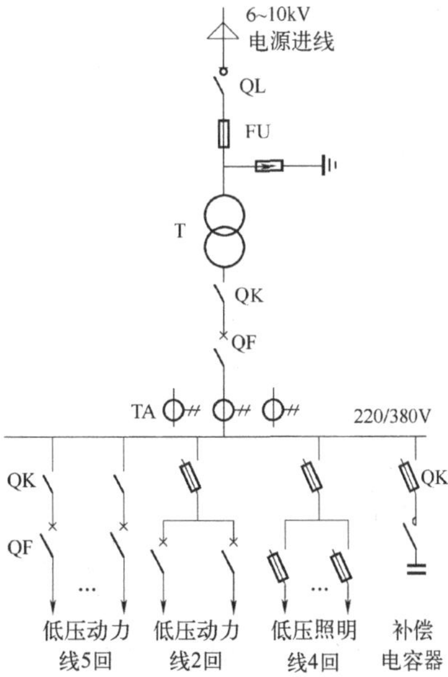

图 2.57　原理式主接线图

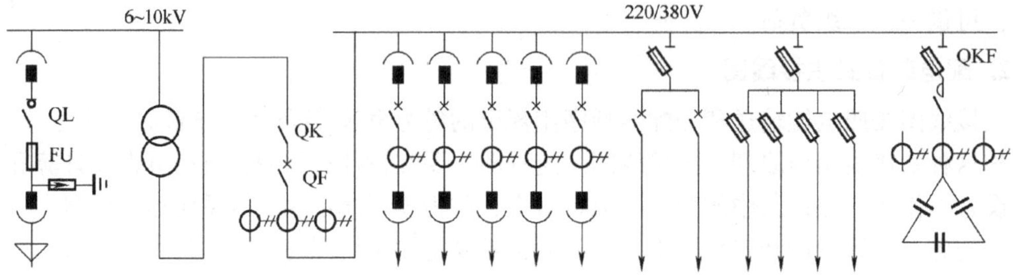

图 2.58　配电装置式主接线图

看主电路时，一般是从上到下即由电源经开关设备及导线负载方向看；看副电路时，则是电源开始依次看各个电路，分析各副电路对主电路的控制、保护、测量、指示功能。

（3）看安装接线电路图。同样，在看安装电路图的时候，总的原则是：先看主电路，再看副电路。在看主电路时是从电源引入端开始，经过开关设备、线路到用电设备；在看副电路的时候，也是从电源出发，按照元件连接顺序依次对回路进行分析。

安装接线电路图是由接线原理图绘制出来的，因此，看安装接线电路图的时候，要结合接线原理对照起来阅读。此外，对回路标号、端子板上内外电路的连接的分析，于识图也是有一定的帮助的。

（4）看展开接线图。看展开接线图时应该结合电气原理图进行阅读，一般先从展开回路名称，然后从上到下，从左到右。要特别注意的是：在展开图中，同一种电气元件的各部件是按照功能分别画在不同回路中的（同一电气元件的各个部件均标注统一项目代号，器件项目代号通常是由文字符号和数字编号组成），因此，读图的时候要注意这种元件各个部件动作之间的关系。

同样要指出的是，一些展开图中的回路在分析其功能时往往不一定是按照从左到右，从上到下的顺序动作的，可能是交叉的。

（5）看平面、剖面布置图。在看电气图时，要先了解土建、管道等相关图样，然后看电气设备的位置，由投影关系详细分析各设备位置具体位置尺寸，并搞清楚各电气设备之间的相互连接关系，线路引出、引入走向等。

2. 变电所电气主接线的识图步骤

电气主接线是变电所的主要图纸，要看懂它一般可按以下步骤进行。

（1）了解变电所的基本情况：变电所在系统中的地位和作用，变电所的类型。

（2）了解变压器的主要技术参数：额定容量、额定电流、额定电压、额定频率、连接组别。

（3）明确各个电压等级的主接线基本形式：先看高压侧（电源侧）的基本形式——有无母线，是单母线还是双母线，母线是否分段；再看低压侧的接线。

（4）检查开关设备的配置情况：从控制、保护、隔离的作用出发，检查各路进线和出线上是否配置了开关设备，配置是否合理，不配置能否保证系统的运行和检修。

（5）检查互感器的配置情况：从保护和测量的要求出发，检查是否在应该装互感器的地方都安装了互感器；配置的电流互感器个数和安装相别是否合理；配置的电流互感器的铁芯数（即副绕组数）是否满足需要。

（6）检查避雷器的配置情况：有些主接线图并不绘出避雷器的配置，则不必检查。当电气主接线图绘有避雷器时，则应检查是否配置齐全。

（7）综合评价：按主接线的基本要求，从安全性、可靠性、经济性和方便性四个方面，对该电气主接线进行分析，指出优缺点，得出综合评价。

2.5.5 变配电所电气主接线实例分析

这里以一座35kV厂用变电所的主接线图为例讲述具体的识图方法。一座35kV厂用变电所包括35/10kV的中心变电所和10/0.4kV的变电室两个部分，中心变电所的作用是把35kV的电压降到10kV，并把10kV送至厂区各个车间的10kV变电室中去，供车间动力、照明及自动装置用电；10/0.4kV中心变电室的作用是把10kV电源降到0.4kV，并把0.4kV送至厂区办公、食堂、文化娱乐、宿舍等公共用电场所。

图2.59是某厂的中心变电所的电气主接线图。从这张电气主接线图中可以看出该系统

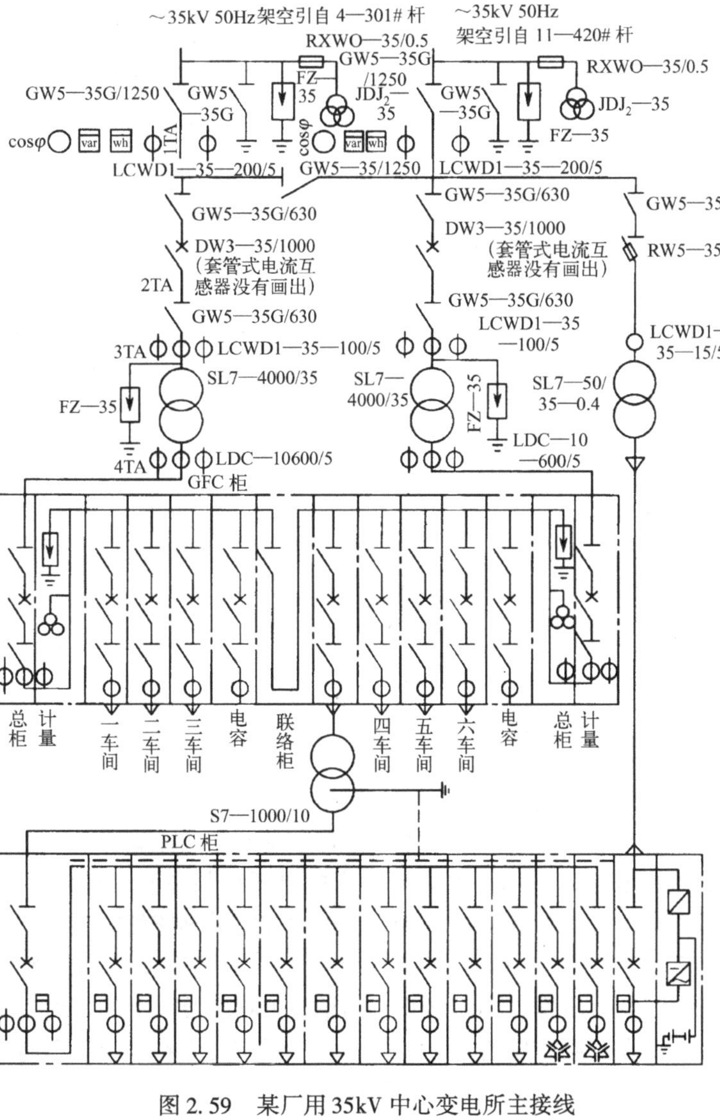

图2.59 某厂用35kV中心变电所主接线

有三级电压，这三级电压是用变压器连接的，它们的主要作用就是把电能分配出去，再输送给各个电力用户。变电所内还装设了保护、控制、测量、信号及功能齐全的自动装置，由此显示出变配电装置的复杂性。

系统为两路35kV供电，来自不同的电站，进户处设置接地隔离开关、避雷器、电压互感器。其中设置隔离开关的目的是线路停电时，该接地隔离开关闭合接地，站内可以进行检修，减去了挂临时接地线的工作。

与接地隔离开关关联的另一组隔离开关是把电源送到高压母线上的开关，并设置电流互感器，与电压互感器构成测量电能的取样元件。

高压母线分两段，并用隔离开关作为联络开关，当一路电源故障或停电时，可将联络开关合上，两台主变压器可由另一路电源供电。联络开关两侧的母线必须经过核相，保证它们的相序相同。

每段母线设置一台主变压器，变压器由DW_5油断路器控制，并在断路器的两侧设置隔离开关GW_5，以保证断路器检修时安全。

变压器两侧设置电流互感器3TA和4TA，以便构成差动保护的测量回路，同时在主变压器进口侧设置一组避雷器，以实现主变压器过电压保护。在进户处设置的避雷器是保护电源进线和母线过电压的。油断路器的套管式电流互感器2TA做保护测量用。

变压器出口侧引入高压室内的GFC型开关计量柜，柜内设有电流互感器、电压互感器供测量保护用，还设有避雷器保护10kV母线过电压。10kV母线由联络柜联络。

馈电柜由10kV母线接出，GFC馈电开关柜设置有隔离开关和断路器，其中一台柜直接控制10kV公共变压器。GFC型柜为封闭式手动车柜。

馈电柜将10kV电源送至各个车间及大型用户，10kV公共变压器的出口引入低压室内的低压总柜上，总柜内设有刀开关和低压断路器，并设有电流互感器和电能表作为测量元件。

由35kV母线经GW_5隔离开关，RW_5跌落式熔断器引至一台站用变压器SL7－50/35－0.4，专供站内用电，并经过电缆引至低压中心变电室的站用柜内。这是一台直接将35kV变为400V的变压器，与主变压器的电压等级相同。

低压变电室内设有4台UPS，供停电时动力和照明用，以备检修时有足够的电力。

2.6 工厂变配电所的布置与结构

2.6.1 工厂变配电所总体布置要求

工厂变配电所的结构有户内式、户外式和组合式等形式。

根据GB50053—1994，工厂变配电所总体布置应遵循下列原则：

（1）便于运行维护和检修。如有人值班的变配电所应设单独的值班室，且值班室应和高低压配电室相邻，有门直通；变压器室应靠近运输方便的马路侧。

（2）保证运行安全。如值班室内不应有高压设备，且值班室的门应朝外开，而高低压配电室和电容器室的门朝值班室开或朝外开；油量在100kg及以上的户内三相变压器应装设在单独的变压器室内；在双层布置的变电所内，变压器室要设在底层；所有带电部分离墙和离地的尺寸及各室的操作维护通道的宽度，须符合有关规程的要求。

（3）便于进、出线。如高压配电室一般位于高压接线侧；低压配电室应靠近变压器室，且便于低压架空出线；高压电容器室宜靠近高压配电室，低压电容器室宜靠近低压配电室。

（4）节约土地和建筑费用。在保证安全运行的前提下，尽量采用节约土地和建筑费用的布置方案。如值班室和低压配电室合并；条件许可时，优先选用露天或半露天变电所；当高压开关柜不多于 6 台时，可与低压配电屏设置在同一间房内；低压电容器数量不多时，可与低压配电装置设在一间房内。

（5）留有发展余地。如变压器室应考虑扩建时更换大的变压器的可能性；高低压配电室均须留有一定数量开关柜（屏）的备用位置。

2.6.2 变配电所的总体布置方案

1. 35/10kV 的总降压变电所的布置方案

图 2.60 是 35/10kV 的总降压变电所的布置方案单层布置的典型方案示意图；图 2.61 为其双层布置的典型方案示意图。

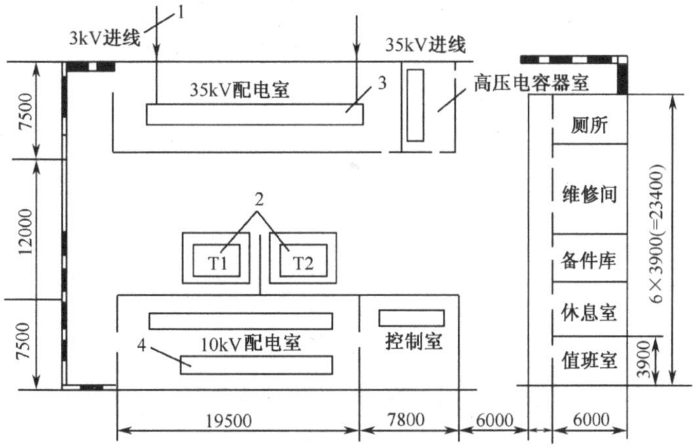

1—35kV 架空进线；2—主变压器(4000kVA)；3—35kV 高压开关柜；4—10kV 高压开关柜

图 2.60　35/10kV 总降压变电所单层布置方案示意图

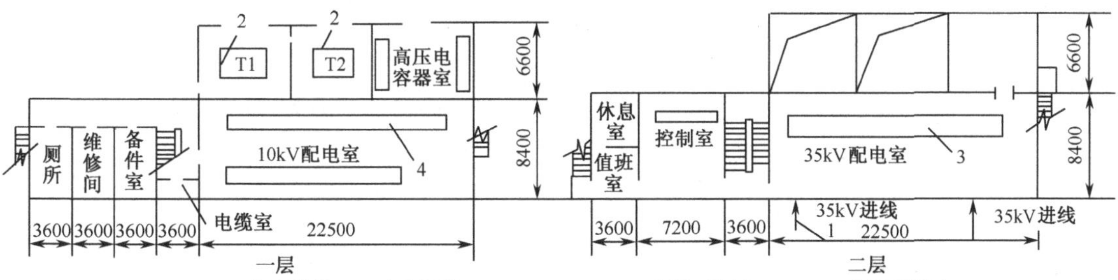

1—35kV 架空进线；2—主变压器(6300kVA)；3—35kV 高压开关柜；4—10kV 高压开关柜

图 2.61　35/10kV 总降压变电所双层布置方案示意图

2. 10kV 高压配电所和附设车间变电所的布置方案

图 2.62 所示是一个 10kV 高压配电所和附设车间变电所的布置方案示意图。

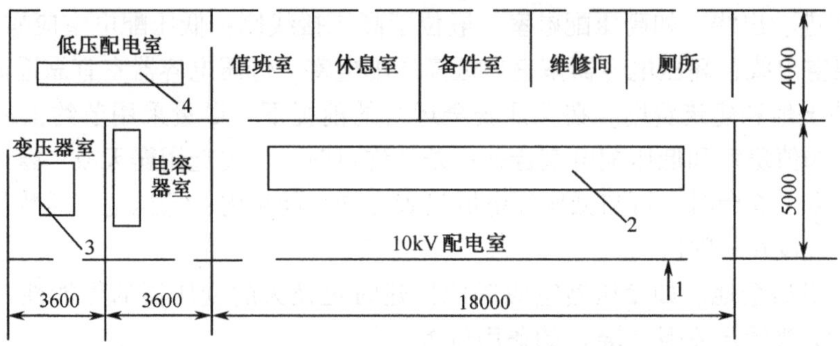

1—10kV 电缆进线；2—10kV 高压开关柜；3—10/0.4kV 主变压器；4—380V 低压配电屏

图 2.62　10kV 高压配电所和附设车间变电所的布置方案示意图

3. 6～10/0.4kV 的车间变电所的布置方案

图 2.63（a）是一个 6～10/0.4kV 户内式装有两台变压器的独立式变电所的布置方案图；图 2.63（b）为 6～10/0.4kV 户外式装有两台变压器的独立式变电所的布置方案示意图；图 2.63（c）是 6～10/0.4kV 装有两台变压器的附设式变电所的布置方案图；图 2.63（d）为 6～10/0.4kV 装有一台变压器的附设式变电所的布置方案示意图；图 2.63（e）、（f）为 6～10/0.4kV 露天或半露天变电所设有两台和一台变压器的变电所的布置方案示意图。

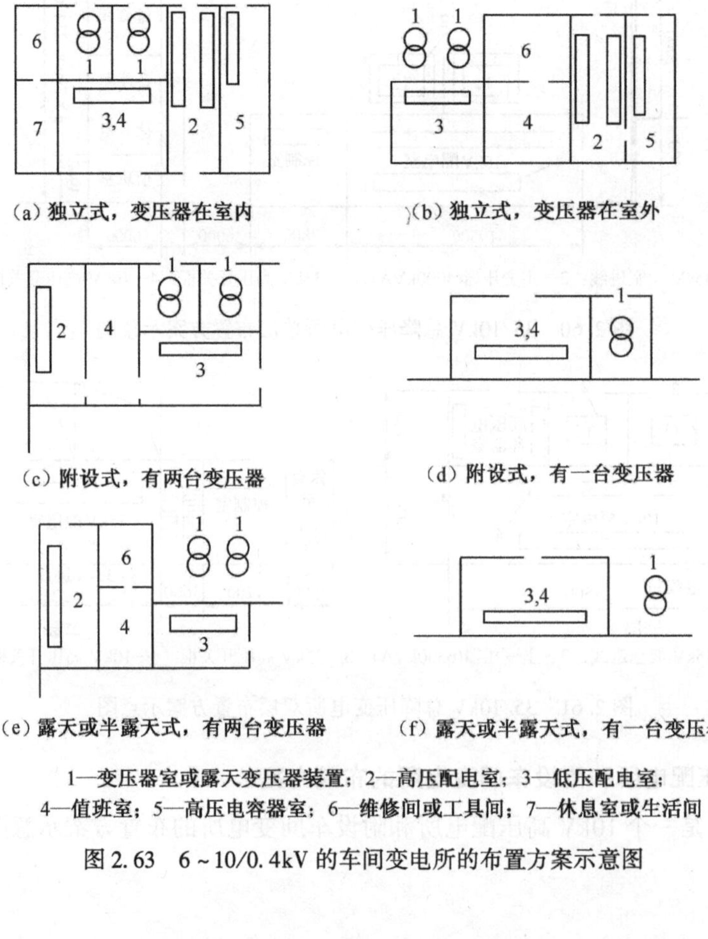

1—变压器室或露天变压器装置；2—高压配电室；3—低压配电室；
4—值班室；5—高压电容器室；6—维修间或工具间；7—休息室或生活间

图 2.63　6～10/0.4kV 的车间变电所的布置方案示意图

2.6.3 变配电所的结构

1. 变压器室和室外变压器台的结构

（1）变压器室的结构。变压器室的结构形式取决于变压器的形式、容量、放置方式、主接线方案及进出线的方式和方向等很多因素，并应考虑运行维护的安全以及通风、防火等问题。另外，考虑到今后的发展，变压器室宜有更换大一级容量的可能性。

为保证变压器安全运行及防止变压器失火时故障蔓延，根据 GB50053—1994《10kV 及以下变电所设计规范》，可燃油油浸变压器外廓与变压器室墙壁和门的最小净距应如表 2.5 所示。

表 2.5 可燃油油浸变压器外廓与变压器室墙壁和门的最小净距（mm）

序 号	项 目	变压器容量（kVA）	
		100 ~ 1000	1250 及以上
1	可燃油油浸变压器外廓与后壁、侧壁净距	600	800
2	可燃油油浸变压器外廓与门的净距	800	1000
3	干式变压器带有 IP2X 及以上防护等级金属外壳与后壁、侧壁净距	600	800
4	干式变压器有金属网状遮栏与后壁、侧壁净距	600	800
5	干式变压器带有 IP2X 及以上防护等级金属外壳与门净距	800	1000
6	干式变压器有金属网状遮栏与门净距	800	1000

变压器室的门要向外开。室内只设通风窗，不设采光窗。进风窗设在变压器室前门的下方，出风窗设在变压器室的上方，并应有防止雨、雪和蛇、鼠类小动物从门、窗及电缆沟等进入室内的设施。通风窗的面积，根据变压器的容量、进风温度及变压器中心标高至出风窗中心标高的距离等因素确定。变压器室一般采用自然通风。夏季的排风温度不宜高于 45℃，进风和排风的温差不宜大于 15℃。通风窗应采用非燃烧材料。

变压器室的布置方式按变压器推进方式，分为宽面推进式和窄面推进式两种。

变压器室的地坪按通风要求，分为地坪抬高和不抬高两种形式。变压器室的地坪抬高时，通风散热更好，但建筑费用较高。变压器容量在 630kVA 及以下的变压器室地坪一般不抬高。

（2）室外变压器台的结构。露天或半露天变电所的变压器四周，应设不低于 1.7m 高的固定围栏（或墙）。变压器外廓与围栏（墙）的净距不应小于 0.8m，变压器底部距地面不应小于 0.3m，相邻变压器外廓之间的净距不应小于 1.5m。

当露天或半露天变压器供给一级负荷用电时，相邻的可燃油油浸变压器的防火净距不应小于 5m。若小于 5m 时，应设置防火墙。防火墙应高出油枕顶部，且墙两端应大于挡油设施两侧各 0.5m。

2. 高、低压配电室的结构

高、低压配电室的结构形式，主要取决于高、低压开关柜（屏）的形式、尺寸和数量，同时要考虑运行、维护的方便和安全，留有足够的操作维护通道，并且要兼顾今后的发展，留有适当数量的备用开关柜（屏）的位置，但占地面积不宜过大，建筑费用不宜过高。

高压配电室内各种通道的最小宽度，按 GB50053—1994 规定，如表 2.6 所示。

表 2.6　高压配电室内各种通道的最小宽度（根据 GB50053—1994）

开关柜布置方式	柜后维护通道（mm）	柜前操作通道（mm）	
		固定柜式	手车柜式
单列布置	800	1500	单长度 +1200
双列面对面布置	800	2000	双车长度 +900
双列背对背布置	1000	1500	单车长度 +1200

注：（1）固定式开关柜为靠墙布置时，柜后与墙净距应大于 50mm，侧面与墙净距应大于 200mm；

（2）通道宽度在建筑物的墙面遇有柱类局部凸出时，凸出部分的通道宽度可减少 200mm；

（3）当电源从柜后进线且需在柜正背后墙上另设隔离开关及其手动操作机构时，柜后通道净距不应小于 1.5m，当柜背后的防护等级为 IPX2 时，可减为 1.3m。

采用电缆进出线装设 GG－1A（F）型开关柜（其柜高 3.1m）的高压配电室高度为 4m，如果采用架空进出线时，高压配电室高度应在 4.2m 以上。如采用电缆进出线，而开关柜为手车式（一般高 2.2m）时，高压配电室高度可降为 3.5m。为了布线和检修的需要，高压开关柜下面设有电缆沟。

低压配电室内成列布置的配电屏，其屏前、屏后的通道最小宽度规定如表 2.7 所示。

表 2.7　低压配电室内屏前后通道最小宽度（根据 GB50053—1994）

配电柜形式	配电柜布置形式	屏前通道（mm）	屏后通道（mm）
固定式	单列布置	1500	1000
	双列面对面布置	2000	1000
	双列背对背布置	1500	1500
抽屉式	单列布置	1800	1000
	双列面对面布置	2300	1000
	双列背对背布置	1800	1000

注：当建筑物墙面遇有柱类局部凸出时，凸出部位的通道宽度可减少 200mm。

低压配电室的高度，应与变压器室综合考虑，以便于变压器低压出线。当配电室与抬高地坪的变压器室相邻时，配电室高度不应小于 4m。当配电室与不抬高地坪的变压器相邻时，配电室高度不应小于 3.5m。为了布线需要，低压配电屏下面也设有电缆沟。

高压配电室的耐火等级不应低于二级，低压配电室的耐火等级不应低于三级。高压配电室宜设不能开启的自然采光窗，窗台距室外地坪不宜低于 1.8m；低压配电室可设能开启的自然采光窗。配电室临街的一面不宜开窗。

高、低压配电室的门应向外开。相邻配电室之间有门时，其门应能双向开启。

配电室应设置防止雨、雪的设施以及防止小动物从采光窗、通风窗、门、电缆沟等进入室内的设施。

长度大于 7m 的配电室应设两个出口，并宜设在配电室的两端。长度大于 60m 时，宜再增加一个出口。

3. 高、低压电容器室的结构

高、低压电容器室采用的电容器柜，通常都是成套型的。按 GB50053—1994 规定，成套电容器柜单列布置时，柜下面与墙面距离不应小于 1.5m；当双列布置时，柜面之间距离不应小于 2.0m。

高压电容器室的耐火等级不应低于二级，低压电容器室的耐火等级不应低于三级。

电容器室应有良好的自然通风，当自然通风不能满足排热要求时，可增设机械排风。电容器室应设温度指示装置。

电容器室的门也应向外开。

电容器室也应设置防止雨、雪的设施以及防止小动物从采光窗、通风窗、门、电缆沟等进入室内的设施。

电容器室的顶棚、墙面及地面的建筑要求与配电室相同。

4. 值班室的结构

值班室的结构形式要结合变配电所的总体布置和值班工作要求全盘考虑。例如，值班室要有良好的自然采光，采光窗宜朝南；值班室内除通往配电室、电容器室的门外，通往外边的门，应向外开。这样才能利于运行维护。

2.6.4 组合变电所

组合式变电所又称箱式变电所，它把变压器和高、低压电气设备按一定的一次接线方案组合在一起，置于一个箱体内，具有变电、电能计量、无功补偿、动力配电、照明配电等多种功能。这种组合式变电所不必建造变压器室和高、低压配电室，大大减少了土建投资和现场安装工作量，简化了供配电系统，而且能深入负荷中心。

这种箱式变电所分户内式和户外式两种。户内式主要用于高层建筑和民用建筑的供电，户外式则更多用于工矿企业、公共建筑和住宅小区的供电。箱式变电所用在市区，可装在人行道旁、绿化区、道路交叉口、生活小区、生产厂区、高层建筑等处。

1. 箱式变电所的特点

箱式变电所主要由多回路高压开关系统、铠装母线、变电站综合自动化系统、通信、远动、补偿及直流电源等电气单元组合而成，安装在一个防潮、防锈、防尘、防鼠、防火、防盗、封闭、可移动的钢结构箱体内，机电一体化，全封闭运行。主要有以下特点：

（1）技术安全可靠。箱体部分采用国内领先技术及工艺，外壳一般采用镀铝锌钢板或复合式水泥板，框架采用标准集装箱材料，有良好的防腐性能，保证20年不锈蚀；内封板采用铝合金扣板，夹层采用防火保温材料，内装空调及除湿装置，设备运行不受自然气候环境及外界污染影响，可保证在-40℃～+40℃的环境中正常运行。

箱体内一次设备采用全封闭高压开关柜（如：XGN型）、干式变压器、干式互感器、真空断路器、旋转隔离开关等国内技术领先设备，产品无裸露带电部分，为全封闭、全绝缘结构，全站可实现无油化运行，安全可靠性高。

（2）自动化程度高。全站采用智能化设计，保护系统采用变电站微机综合自动化装置，分散安装的每个单元均具有独立运行功能，继电保护功能齐全，箱体内湿度、温度可进行控制和远方烟雾报警，满足无人值班的要求。

（3）工厂预制化。设计时，只要设计人员根据变电站的实际要求，设计出主接线和箱内设备，就可根据厂家提供的箱变规格和型号，所有设备在工厂一次安装、调试合格，大大缩短建设工期。

（4）组合方式灵活。箱式变电所由于结构比较紧凑，每个箱体均构成一个独立系统，这就使得组合方式灵活多变。可以全部采用箱式，也就是说，35kV及10kV设备全部箱内安装，组成箱式变电所；也可采用开关箱，35kV设备室外安装，10kV设备及控制保护系统箱内安装。对于后一种组合方式，特别适用于旧站改造，即原有35kV设备不动，仅安装一个10kV开关箱即可达到无人值守的要求。总电站没有固定的组合模式，使用单位可根据实际情况自由组合一些模式，以满足安全运行的要求。

（5）投资见效快。箱式变电所比同规模常规变电所减少投资40%～50%。在箱式变电所中，由于先进设备的选用，特别是无油设备的运行，从根本上彻底解决了电站中的设备渗漏问题，减少维护工作量，节约运行维护费用，整体经济效益十分可观。

（6）占地面积小。同容量箱式变电所的占地面积仅为土建站所占面积的1/5～1/10。

（7）外形美观，易与环境协调。

2. 箱式变电所的总体结构

箱式变电所包括三个主要部分——高压开关设备、变压器、配电装置。从国内外看，箱式站的总体布置主要有两种形式：组合式和一体式。所谓组合式，是指这三部分各为一室而组成“目”字型或“品”字型布置；一体式是指以变压器为主体，熔断器及负荷开关等装在变压器箱体内，构成一体式布置。我国的箱式变电所一般为组合式布置。

组合式箱变中，高压开关设备所在的室一般称为高压室，变压器所在的室称为变压器室，低压配电装置所在的室称为低压室。其中的每个部分都由生产厂家按一定的接线方案生产和成套供应，再现场组装在一个箱体内。这种箱式变电所不必专门建造变压器室、高低压配电室等，因而大大减少了土建投资，简化了供配电系统。

下面以德国西门子公司生产的8FA型箱式变电所为例来介绍该类变电所的结构和布置特点。

（1）8FA型箱式变电所的主接线图如图2.64所示。

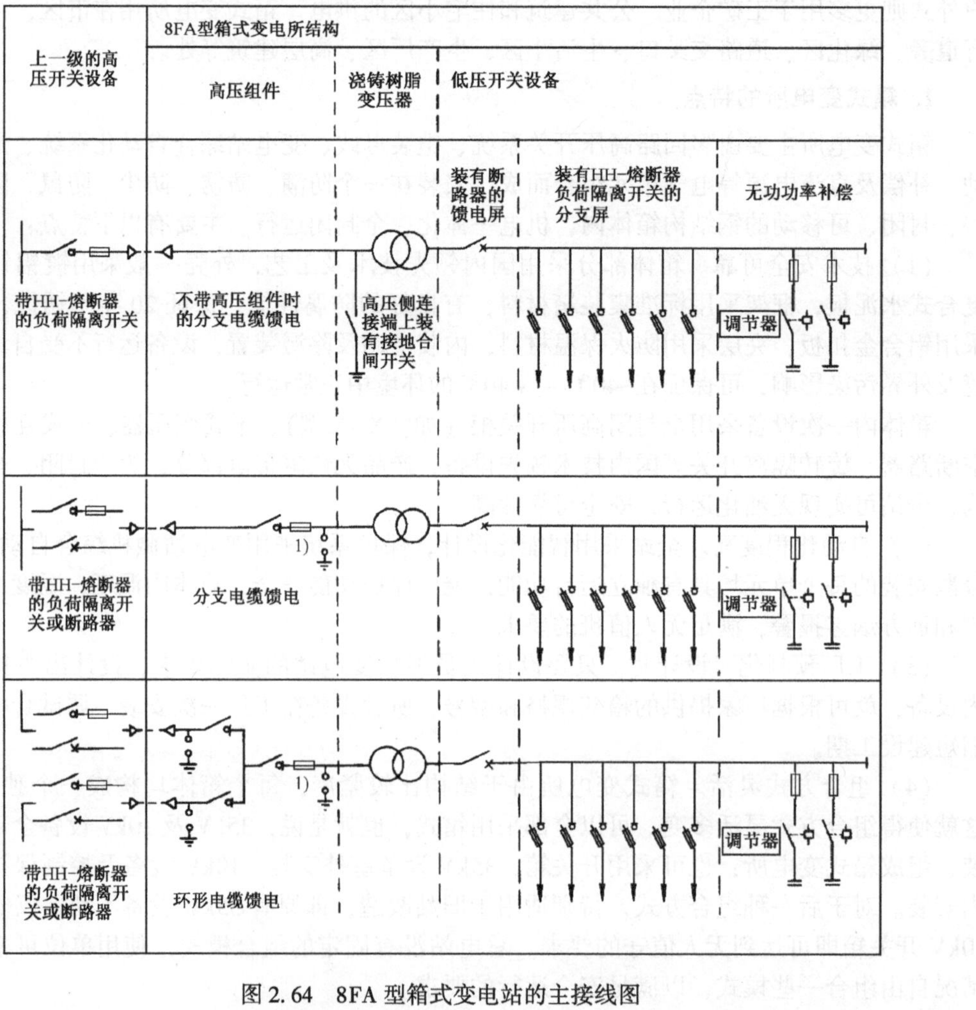

图2.64　8FA型箱式变电站的主接线图

（2）8FA 型箱式变电所的总体布置方案（见图 2.65）。其布置方案可根据安装地点空间的具体情况进行安排。而且，这种箱式变电所不仅可安装在地坪上，也可安装在车间内的中间隔层上，在汽车制造厂内往往采用后一种安装方法。

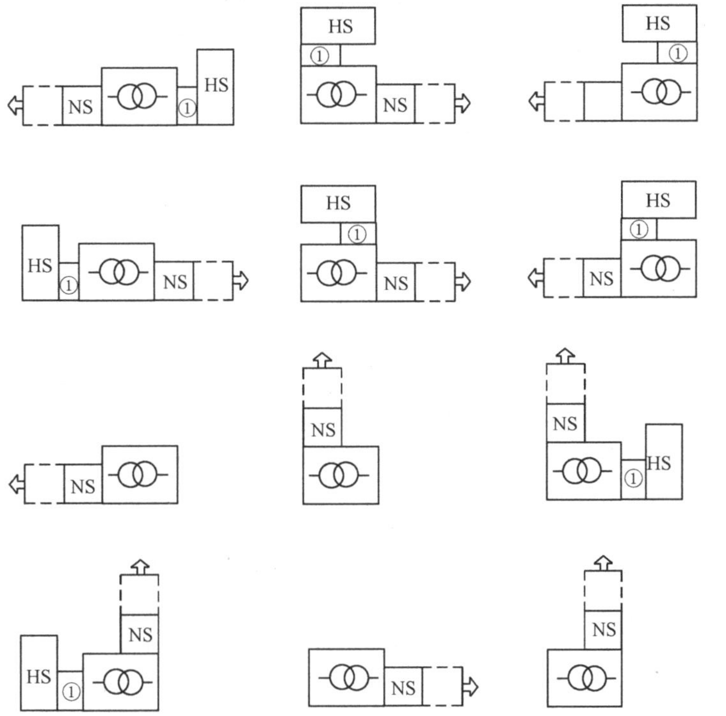

HS—装有降压通道①的高压配电室；NS—可扩充的低压配电室

图 2.65　8FA 箱式变电站的总体布置方案

（3）8FA 型箱式变电所的内部结构由高压设备、带变压器外壳的干式变压器和低压设备组成。

其高压设备装在一个涂漆的钢板外壳内，一般采用的是负荷开关－高压熔断器组合，由电缆馈电，接地装置采用接地合闸开关。

干式变压器装在一个变压器壳内，该外壳能防止直接或间接触及变压器；外壳的类型有顶部装有风机的强制通风运行方式的变压器外壳和顶部装有顶罩、用于自然通风运行方式的变压器外壳。

低压开关设备由各钢板封装的单个低压配电屏组成。

由于全部电器采用无油或少油的电器，因此运行更加安全，维护工作量小，结构紧凑，同时外形可做得美观。

本章小结

工厂变配电所按其作用可分为工厂变电所和工厂配电所。按其在工厂供配电系统中的地位可分为总降压变电所和车间变电所。

工厂变配电所中常用的高压开关设备有：高压隔离开关、高压负荷开关、高压断路器。高压隔离开关没有灭弧装置，但具有明显的断开间隙，因此用做隔离电源。高压负荷开关具有简单的灭弧装置，也具有明显的断开间隙，既可用做隔离，还可用于通、断负荷电流。高压断路器具有完善的灭弧装置，能够通、断短路电流，但它没有明显的分断，因此常与隔离开关配合一起使用。

电流互感器和电压互感器为特殊的变压器，用于变换电压、电流，并隔离一、二次回路。电流互感器一次侧绕组匝数少且线径粗，二次侧绕组匝数多且线径细。工作时一次侧串入主电路，二次侧串接仪表和继电器的线圈，使用时要注意其二次侧不能开路。电压互感器一次侧绕组匝数多，二次侧绕组匝数少。工作时一次侧并入主电路，二次侧并接仪表和继电器的线圈。使用时注意不能短路。另外，电流互感器和电压互感器都要注意同名端的问题。判别同名端的常用方法有直流法、交流法及仪表法三种。

工厂变配电所中常用的低压开关设备有：低压刀开关、低压刀熔开关、低压断路器等。低压断路器又称自动空气开关，它既能带负荷通、断电路，又能在短路、过负荷和低电压（失压）时自动跳闸，保护电力线路和电气设备免受破坏。

熔断器分限流式和不限流式两种。限流式熔断器的灭弧能力强，可以在短路电流上升到最大值之前灭弧。

电力变压器是供配电系统中实现电能输送、电压变换，满足不同电压等级负荷要求的核心器件。总降压变电所可选用有载调压变压器。车间变电所一般采用普通电力变压器。

变压器在不降低规定使用寿命的条件下具有一定的短期过负荷能力，包括正常过负荷能力和事故过负荷能力两种。选择变压器应根据负荷大小及负荷等级选择变压器的台数和容量。

工厂变配电所的电气主接线，是指按照一定的工作顺序和规程要求连接变、配电一次设备的一种电路形式。工厂变配电所主接线方案的确定必须综合考虑安全性、可靠性、灵活性、经济性等多方面的要求。

配电装置是按电气主接线的要求，把开关设备、保护测量电器、母线和必要的辅助设备组合在一起构成的用来接受、分配和控制电能的总体装置。工厂变配电所多采用成套配电装置。一般中、小型工厂变配电所中常用到的成套配电装置有高压成套配电装置（也称高压开关柜）和低压成套配电装置。

根据变配电所的地理位置、供电范围和供电容量的不同，变配电所的变压器室、电容器室和高低压配电室的布置和结构都有不同的方式。

习 题 2

一、填空题

2.1 工厂变配电所按功能可分为工厂变电所和工厂________。工厂变电所的作用是：从__________接受电能，经过______________降压，然后按要求把电能分配到各车间供给各类用电设备。

2.2 在工厂变配电系统中，把各电气设备按一定的方案连接起来，担负输送、变换和分配电能任务的电路称为______________；用来控制、指示、监测和保护主电路及其设备运行的电路称为______________。

2.3 高压隔离开关的文字表示符号是__________，图形符号是____________，该开关分断时具有明显的__________，因此可用做____________________。根据高压隔离开关的使用场所，可以把高压隔离开关分成__________和______________两类，GN8－10/600 型属______________。

2.4 高压负荷开关的文字表示符号是________________，图形符号是________________，它能够带______________通断电，但不能分断______________。它往往与______________配合使用。按安装场所分，有____________和______________两类。FN3－10RT 型属____________。

2.5 高压断路器的文字表示符号是__________，图形符号是____________，它既能分断__________，也能分断__________。SN10/10 表示____。

2.6 油断路器可分为______________________和______________________________。

2.7 在少油断路器中，油只作为______________________________，在多油断路器中，油可作为____。

2.8 真空断路器的触头开距______，灭弧室____________，动作速度________，灭弧时间________，操作噪声________，适用于__________操作。

2.9 六氟化硫（SF_6）断路器中是利用 SF_6 气体作为__________和__________的断路器。

2.10 RN1 型高压管式熔断器主要作为______________和______________的短路保护和过负荷

保护，RN2 型主要用于__________一次侧短路保护，其熔体电流一般为______A。

2.11 负荷型跌开式熔断器的表示符号是______，是在一般跌开式熔断器的上静触头上加装了简单的灭弧装置，灭弧速度____，不能在短路电流到达冲击电流值前熄灭电弧，属于________。

2.12 电流互感器的图形表示符号是________，它的一次绕组匝数_____，二次绕组____，工作时近乎于____。高压电流互感器的二次绕组的两个线圈分别用做____和____。

2.13 电压互感器的图形表示符号是______，它的一次绕组匝数_____，二次绕组_____，工作时近乎于______。使用时二次侧不得_______。

2.14 配电用低压断路器按结构分，有__________式和____________式两种。一般具有________、_______、_________、_______和________等几种脱扣器。

2.15 电力变压器按绝缘方式及冷却方式，可分为________、______和______等。电力变压器绕组的材质有_____绕组和_____绕组。

2.16 电力变压器的正常过负荷能力，户外变压器可达到____%，户内变压器可达到_____%。

2.17 防雷变压器通常采用_________连接组别。

2.18 工厂车间变电所单台主变压器容量一般不宜大于_______kVA。

2.19 内桥式接线适用于____________的情况，外桥式接线适用于____________的情况。

2.20 成套式配电装置有_________、__________和____________等。

2.21 高压开关柜中主要设备有：______________________________。

2.22 母线也称________，即______和_______电能的硬导线。

2.23 变压器室的门要向___开，室内只设_____窗，不设_____窗。

2.24 采用电缆进出线装置 GG-1A（F）型开关柜（柜高 3.1m）的高压配电室高度为___m，如果采用架空进线时，高压配电室的高度应在___m 以上。开关柜为手车式时，高压配电室的高度可降为___m。

二、判断题（正确的打√，错误的打×）

2.25 独立式变电所用于电力系统中的大型变电站或具有腐蚀性物质场所的变电所。(　　)

2.26 建议高压配电所尽量与车间变电所合建。(　　)

2.27 高压隔离开关不能带负荷通断电。(　　)

2.28 停电时先拉母线侧隔离开关，送电时先合线路侧隔离开关。(　　)

2.29 在操作隔离开关前，先注意检查断路器确实在断开位置，才能操作隔离开关。(　　)

2.30 如隔离开关误合，应将其迅速合上。(　　)

2.31 高压隔离开关往往与高压负荷开关配合使用。(　　)

2.32 高压负荷开关也可用做高压隔离开关。(　　)

2.33 如果是单级隔离开关，操作一相后发现误拉，对其他两相则不允许继续操作。(　　)

2.34 少油断路器属于高速断路器。(　　)

2.35 高压真空断路器一般具有多次重合闸要求。(　　)

2.36 检修六氟化硫（SF_6）断路器时要注意防毒。(　　)

2.37 RT 型熔断器属于限流式熔断器。(　　)

2.38 RN2 型熔断器可用于保护高压线路。(　　)

2.39 RN 型熔断器属于限流式熔断器。(　　)

2.40 所用电流互感器和电压互感器的二次绕组应有永久性的、可靠的保护接地。(　　)

2.41 电流互感器使用时二次侧不能开路。(　　)

2.42 采用交流法测定互感器极性时，可在互感器一次侧加 220V 电源电压。(　　)

2.43 电力变压器的防爆管作用是使变压器通风。(　　)

2.44 电力变压器的二次侧电流决定一次侧电流，而电流互感器一次侧电流决定二次侧电流。(　　)

2.45　变电所必须要使用两台电力变压器才能保证供配电要求。(　　)

2.46　居住小区变电所内的油浸式变压器单台容量，不宜大于630kVA。(　　)

2.47　内桥式接线适用于电源线路较短且变压器需经常操作的系统中。(　　)

2.48　电气主接线图一般以单线图表示。(　　)

三、选择题

2.49　选择合适的器件表示符号填入括号内：高压隔离开关（　　），高压负荷开关（　　），高压断路器（　　），高压熔断器（　　），电流互感器（　　），电压互感器（　　），低压刀开关（　　），电力变压器（　　）。

A. QL　　B. QF　　C. QK　　D. QS

E. T　　F. TA　　G. FU　　H. TV

2.50　RW型熔断器主要安装在（　　）。

A. 户内　　B. 户外

2.51　互感器作为仪用变压器，主要功能有（　　）。

A. 安全隔离　　B. 分配电能　　C. 变换电压、电流　　D. 分断短路电流

2.52　电流互感器的二次额定电流一般为（　　）。

A. 20A　　B. 10A　　C. 5A　　D. 2A

2.53　下面哪种熔断器属于“非限流式熔断器”（　　）。

A. RN1型　　B. RW型　　C. RL1型　　D. RT0型

2.54　变电所装有两台电力变压器时，每台主变压器的额定容量须满足（　　）。

A. 任一台变压器单独运行时，满足总计算负荷的需要。

B. 任一台变压器单独运行时，应满足全部一、二级负荷的需要。

C. 任一台变压器单独运行时，满足总计算负荷的需要，同时也要满足全部一、二级负荷的需要。

2.55　凡是架空进线，都需安装（　　）以防雷电侵入。

A. 高压熔断器　　B. 避雷器　　C. 高压隔离开关　　D. 高压断路器

四、技能题

2.56　列写合上隔离开关和拉开隔离开关，以及误合、误拉隔离开关的操作注意事项。

2.57　使用400A/5A的钳表测量一条线路的交流电流，将导线在钳口绕了3圈，测量数值为3.75A，计算电路的交流电流是多少？

2.58　画出用两只电流互感器测量三相三线电路电流的电路图。

2.59　采用两相和接线电流互感器情况下，如同名端接反会造成什么后果？有什么现象？

2.60　使用一节干电池和小电珠，如何测试单相电流互感器的同名端？画出示意图。

2.61　如按下分励脱扣器后断路器不能分断，分析可能有哪几种原因，并说明相应的处理方法。

2.62　如何判断三相电力变压器的同名端？

2.63　列写变压器停电和送电的操作顺序。

2.64　测量变压器的绝缘电阻阻值为零，判断是什么原因并分析。

第 3 章　工厂电力网络

内容提要

本章主要介绍工厂内电力网络的功能和结构。首先介绍工厂内部高、低压电力线路的接线方式，其次分别讲述了工厂架空线路和电缆线路的构成、特点、运行管理及故障分析处理，还介绍了车间内配电线路的结构、敷设方式及运行维护，并概述了线路运行时突然停电时的处理方法。

3.1　工厂电力网络的基本接线方式

工厂电力网络的接线应力求简单，可靠，操作维护方便。工厂电力网络包括厂内高压配电网络与车间低压配电网络，高压配电网络指从总降压变电所或配电所到各个车间变电所或高压设备之间的 6 ~ 10kV 高压配电网络；低压配电网络指从车间变电所到各低压用电设备的 380/220V 低压配电网络。工厂内高低压电力线路的接线方式有三种类型：放射式、树干式及环式。

3.1.1　高压配电线路的接线方式

1. 放射式接线

高压放射式接线是指由工厂变配电所高压母线上引出单独的线路，直接供电给车间变电所或高压用电设备，在该线路上不再分接其他高压用电设备，如图 3.1（a）所示。这种接线方式简捷，操作维护方便，保护简单，便于实现自动化。但高压开关设备用得多，投资高，当线路故障或检修时，该线路上全部负荷都将停电。为提高供电可靠性，根据具体情况可增加备用线路，如图 3.1（b）所示为采用双回路放射式线路供电，图 3.1（c）所示为采用公共备用线路供电，图 3.1（d）所示为采用低压联络线供电线路等，这些供电线路大大增加了供电的可靠性。

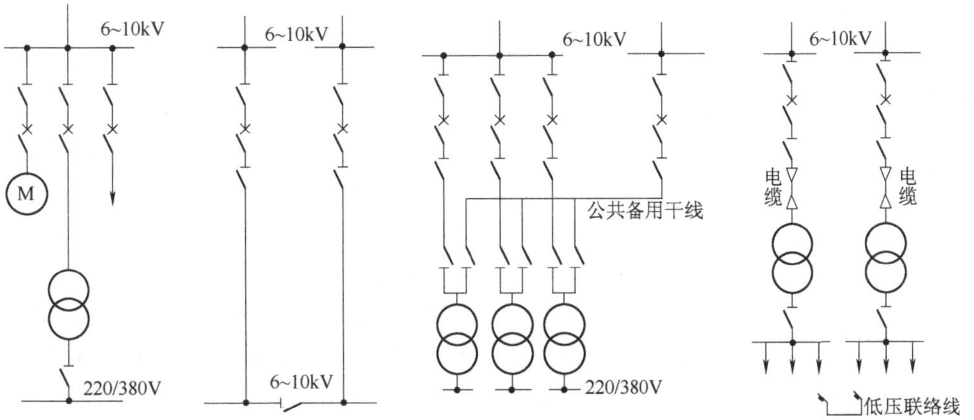

（a）高压单回路放射式　（b）高压双回路放射式　（c）有公共备用干线的放射式线路　（d）采用低压联络线供电线路

图 3.1　高压放射式接线

2. 树干式接线

高压树干式接线是指从工厂变配电所高压母线上引出一回路供电干线，沿线分接至几个车间变电所或负荷点的接线方式，如图 3.2（a）所示。一般干线上连接的车间变电所不得超过 5 个，总容量不应大于 3000kVA，这种接线从变配电所引出的线路少，高压开关设备相应用得少，比较经济，但供电可靠性差，因为干线上任一点发生故障或检修时，将引起干线上的所有负荷停电。为提高可靠性，同样可采用增加备用的方法。如图 3.2（b）所示为采用两端电源供电的单回路树干式供电，若一侧干线发生故障，还可采用另一侧干线供电。另外，也可采用单侧双回路树干式供电和带单独公共备用线路的树干式供电来提高供电可靠性，如图 3.2（c）（d）所示。

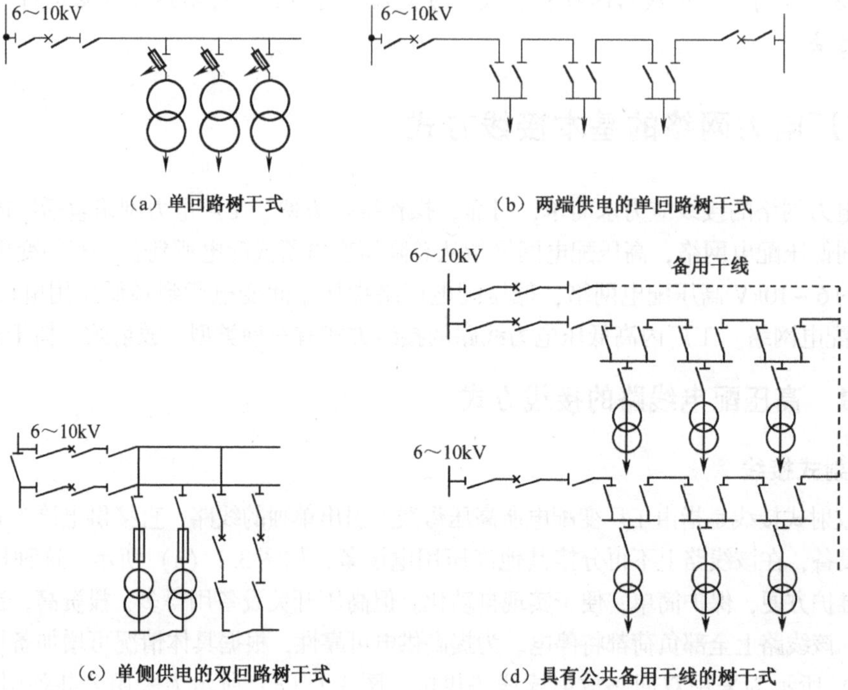

（a）单回路树干式　（b）两端供电的单回路树干式　（c）单侧供电的双回路树干式　（d）具有公共备用干线的树干式

图 3.2　高压树干式接线

3. 环式接线

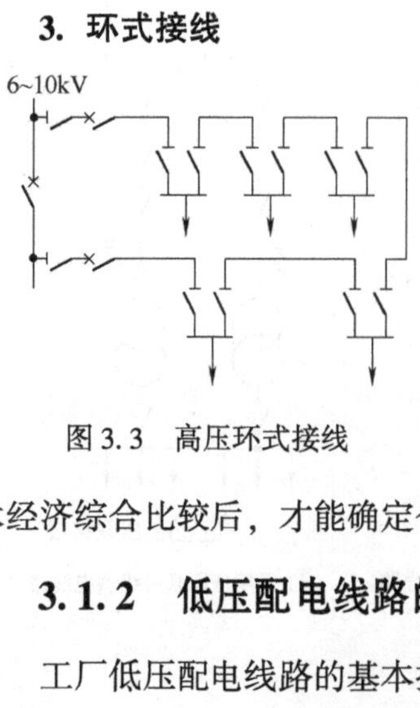

图 3.3　高压环式接线

高压环式接线其实是两端供电的树干式接线。如图 3.3 所示。这种接线运行灵活，供电可靠性高。当干线上任何地方发生故障时，只要找出故障段，拉开其两侧的隔离开关，把故障段切除后，全部线路就可以恢复供电。由于闭环运行时继电保护整定比较复杂，所以正常运行时一般均采用开环运行方式，即环形线路中有一处开关是断开的。

实际上工厂高压配电系统的接线方式往往是几种接线方式的组合，究竟采用什么接线方式，应根据具体情况，经技术经济综合比较后，才能确定合理的接线方式。

3.1.2　低压配电线路的接线方式

工厂低压配电线路的基本接线方式也可分为放射式、树干式和环式。

1. 放射式接线

低压放射式接线如图 3.4 所示，由车间变电所的低压配电屏引出独立的线路供电给配电箱或大容量设备，再由配电箱引出独立的线路到各控制箱或用电设备。这种接线方式供电可靠性较高，任何一个分支线出现故障，都不会影响其他线路供电，运行操作方便，但所用开关设备及配电线路也较多。放射式接线多用于负荷分布在车间内各个不同方向，用电设备容量大的场合。

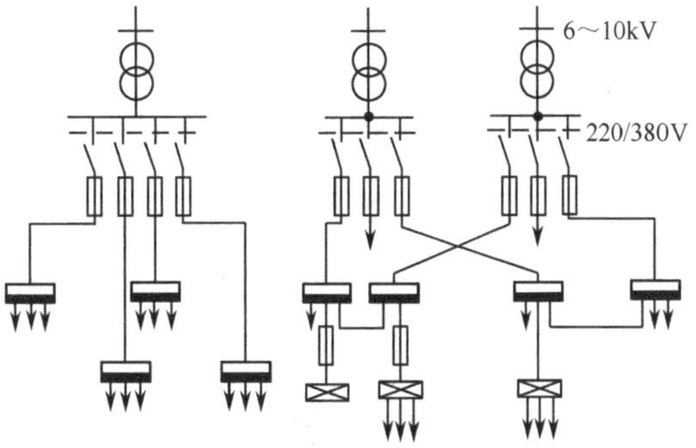

图 3.4　低压放射式接线

2. 树干式接线

低压树干式接线，是将用电设备或配电箱接到车间变电所低压配电屏的配电干线上，如图 3.5（a）所示。这种接线的可靠性不如放射式，主要适用于容量较小且分布均匀的用电设备。当干线出现故障时会使所连接的用电设备均受到影响，但这种接线方式引出的配电干线较少，采用的开关设备较少，节省投资。变压器－干线式接线方式是由变压器的二次侧引出线经过自动空气开关（或隔离开关）直接引至车间内的干线上，然后由干线上引出分支线配电，如图 3.5（b）所示。这种接线方式省去了变电所的低压侧配电装置，简化了变电所结构，可减少投资。图 3.5（c）所示称为链式接线，适用于用电设备距离近，容量小（总容量不超过 10kW）的次要设备，台数约 3～5 台的情况。

3. 环式接线

工厂内各车间变电所的低压侧，可以通过低压联络线连接起来，构成一个环，如图 3.6 所示。这种接线方式供电可靠性高，一般线路故障或检修只是引起短时停电或不停电，经切换操作后就可恢复供电。环式接线保护装置整定配合比较复杂，所以低压环形供电多采用开环运行。

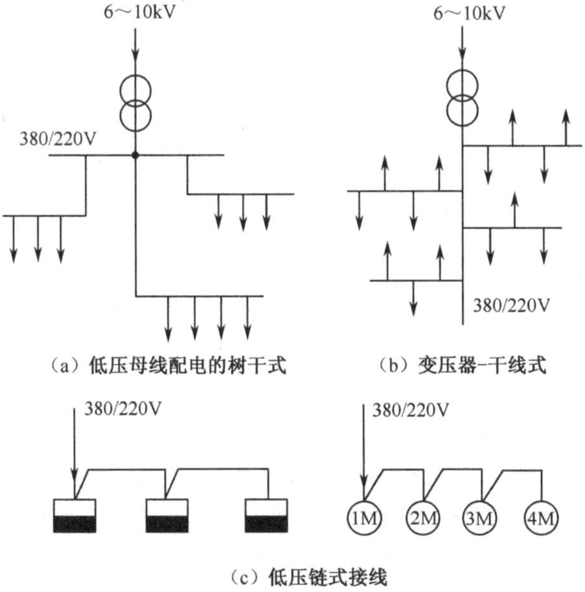

图 3.5　低压树干式接线

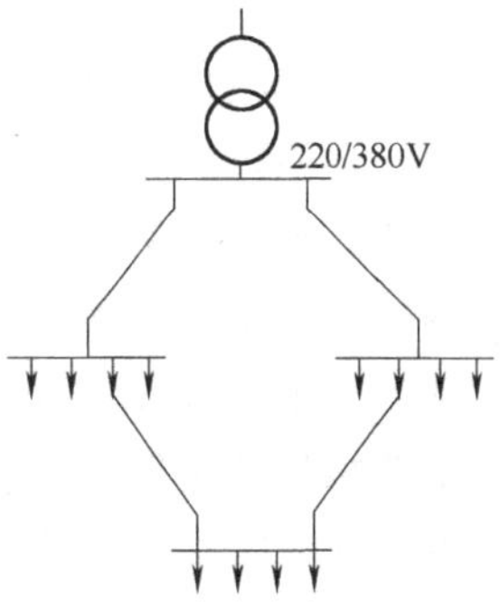

图 3.6　低压环形接线

实际工厂低压配电系统的接线，也往往是上述几种接线方式的组合，可根据具体实际情况而定。

3.2 工厂架空线路

工厂常用的电力线路是架空线路和电缆线路。由于架空线路投资费用低，施工容易，维护检修方便，容易发现和排除故障，故工厂采用较多。但它受环境影响较大，并有碍美观，所以不能普遍采用。

3.2.1 工厂架空线路的结构

工厂架空线路由导线、电杆、横担、绝缘子及金具构成。为了平衡电杆各方向的拉力，增强电杆稳定性，有的电杆上还装有拉线。为防雷击，有的架空线路上还架有避雷线。架空线路的基本结构如图 3.7 所示。

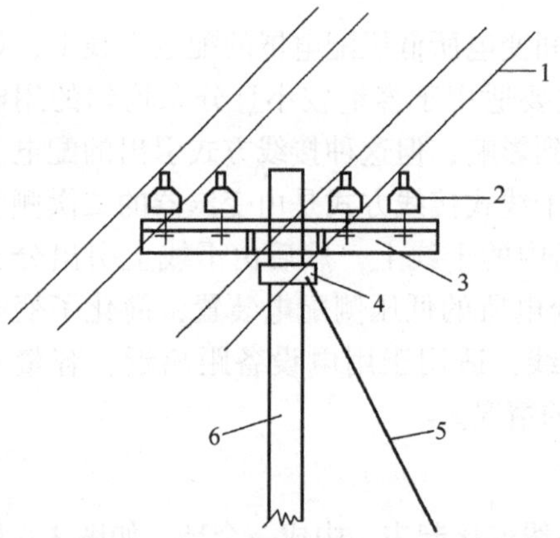

1—导线；2—绝缘子；3—横担；4—金具；5—拉线；6—电杆

图 3.7 架空线路的基本结构

1. 导线

导线必须具有良好的导电性和足够的机械强度。导线有裸导线和绝缘导线两种。架空线路一般采用裸导线较多。因为裸导线的散热条件比绝缘导线好，可以传输较大的电流，同时，裸导线比绝缘导线造价低，因此得到了广泛的使用。

导线通常制成绞线，导线的材料有铝、铜和钢。铜的导电性能最好，机械强度大，抗腐蚀能力强，但价格高，应尽量少用。铝的导电性能仅次于铜，机械强度差，但重量轻，价格低，所以铝绞线（LJ）是架空线路应用较多的导线。而钢的机械强度较高，价格低，但导电性能差，工厂一般不用钢线。为了加强铝的机械强度，采用多股绞线的钢作为线心，把铝线绞在线心的外面，称为钢芯铝绞线（LGJ）。工厂里最常用的是 LJ 型铝绞线。在负荷较大、机械强度要求高和 35kV 及以上的架空线路上，多采用 LGJ 型钢芯铝绞线，用以增强导线的机械强度。

2. 电杆

电杆是架空线路最基本的元件之一，是支持导线的支柱。按照所使用的材料不同，有木杆、水泥杆、金属杆三种。木杆是初期使用的材料，目前已逐步淘汰。金属杆分为钢管杆、型钢杆和铁塔。金属杆机械强度大，维修工作量小，使用年限长，但价格较贵且材料来源比较紧张，因此，金属杆主要应用于高压架空线路，低压线路很少使用。

水泥杆也称钢筋混凝土杆。水泥杆的优点是使用年限长达 15 ~ 30 年，维修工作量小，能节省大量的钢材和木材，缺点是质量大，运输与施工不方便。工厂常采用水泥杆。

根据电杆在线路中的作用，可分为直线杆、耐张杆、终端杆、转角杆、分支杆和特种杆六种。

（1）直线杆。直线杆又称中间杆，是架空线路使用最多的电杆，大约占全部电杆的

80%。直线杆只承受导线本身的重量和拉力，顶部比较简单，一般不装拉线。

（2）耐张杆。耐张杆又称承力杆或锚杆，是为了防止线路某处断线，使整个线路拉力不平衡以致倾倒而设的。耐张杆正常情况下承受的拉力和直线杆相同，但有时还要承受相邻导线拉力差所引起的顺线路方向的拉力。通常在耐张杆的前后方各装一根拉线，用来平衡这种拉力。

（3）终端杆。终端杆是安装在线路起点和终点的耐张杆。终端杆只有一侧有导线，为了平衡单方向导线的拉力，需要在导线的对面装拉线。

（4）转角杆。转角杆用在线路改变方向的地方，通过转角可以实现线路转弯。

（5）分支杆。分支杆用于线路的分支处，它是一种特殊的耐张杆，受外力作用较多，承受顺线路方向的拉力、导线的重力、水平方向的风力及分支线路方向的导线拉力、重力等。

（6）特种杆。用于跨越铁路、公路、河流、山谷的跨越杆塔，线路中导线需要换位处的换位杆塔及其他电力线路所采用的特殊形式的杆塔，统称为特种杆。

3. 横担

电杆与横担组装在一起，其作用是支持绝缘子以架设导线，保持导线对地及导线与导线之间有足够的距离。常用的横担有铁横担、木横担和瓷横担。铁横担的机械强度高，应用广泛。瓷横担兼有横担和绝缘子的作用，但机械强度低，一般仅用于较小截面导线的架空线路。

横担的长度根据导线的根数和导线间距决定。导线间距随电压和相邻电杆间挡距（跨距）的大小决定。表3.1列出了低压线路不同挡距时的最小线间距离。挡距越大，线间距离也越大，以防止风吹导线时造成搭线，引起线间短路。

表3.1　低压线路不同挡距时的最小线间距离

挡距（m）	40及以下	50	60	70
线间距离（m）	0.3	0.4	0.45	0.5

规程规定，高压与高压线路同杆架设时，直线杆横担间的垂直距离不小于0.8m，分支杆分支横担或转角杆转角横担间垂直距离不小于0.45/0.6m（距上面横担0.45m，距下面横担0.6m）。高压与低压线路同杆架设时，直线杆横担间的垂直距离不小于1.2m，分支杆或转角杆横担间垂直距离不小于1m。低压与低压线路同杆架设时，直线杆横担间的垂直距离不小于0.6m，分支杆或转角杆横担间垂直距离不小于0.3m。

4. 绝缘子

绝缘子又称瓷瓶，用来固定架空导线，使导线与电杆之间、导线与导线之间绝缘。因此要求绝缘子必须具有良好的绝缘性能，同时要有足够的机械强度。绝缘子有高压绝缘子和低压绝缘子之分。

在工厂架空线路上常用的绝缘子有针式绝缘子、蝴蝶式绝缘子、拉线绝缘子，其形式如图3.8所示。绝缘子的表面是做成波纹状的，这样可以延长爬弧长度，增加电弧爬弧距离，而且每一个波纹又能起到阻断电弧的作用。当遇到大雨时，雨水不能直接由上部流到下部形成水柱而造成接地短路，起到阻断水流的作用。

针式绝缘子有木横担直脚、铁横担直脚和铁横担弯脚三种类型。按针脚长短分为长脚绝缘子和短脚绝缘子。长脚绝缘子用在木横担上，短脚绝缘子用在铁横担上。

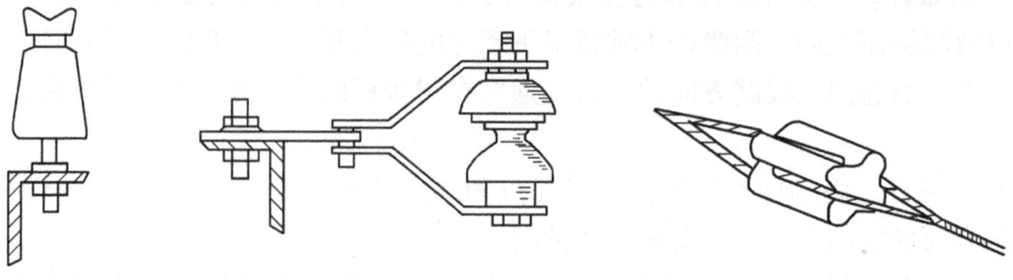

（a）针式绝缘子　（b）蝴蝶式绝缘子　（c）拉线绝缘子

图 3.8　常见的几种绝缘子

蝴蝶式绝缘子用在耐张杆、转角杆和终端杆上。拉线绝缘子用在拉线上，使拉线上下两段互相绝缘。

5. 拉线和金具

金具是架空线路上用来连接导线、安装横担和绝缘子等所用到的金属部件。常用的金具如图 3.9 所示。

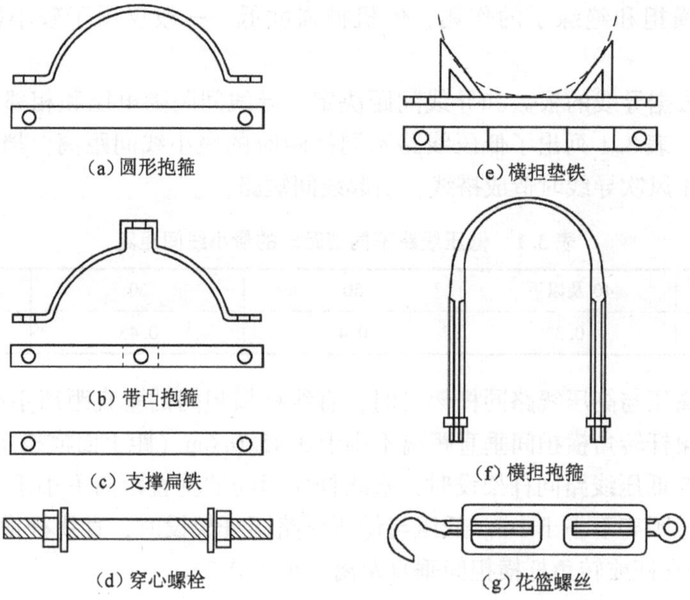

（a）圆形抱箍　（e）横担垫铁　（b）带凸抱箍　（c）支撑扁铁　（f）横担抱箍　（d）穿心螺栓　（g）花篮螺丝

图 3.9　常用的金具

利用圆形抱箍可以把拉线固定在电杆上；利用花篮螺丝可以调节拉线的紧度；利用横担垫铁和横担抱箍可以把横担装在电杆上；支撑扁铁从下面支撑横担，可以防止横担歪斜，支撑扁铁的下端需要固定在带凸抱箍上；木横担安装在木电杆上时，需要用穿心螺钉拧紧。各种金具都应该镀锌或涂漆，防止生锈。

拉线是为了平衡电杆各方面的作用力，并抵抗风力，防止电杆倒。耐张杆、转角杆、终端杆都装有拉线。

6. 架空线的敷设

(1) 确定架空线线路。正确选择线路路径来确定杆位，线路的路径选择应力求线路最短，转角要少，尽可能避免交叉跨越，避开污垢和易燃、易爆环境，避开江河、道路和建筑物，交通运输方便，便于施工架设和维护。

(2) 确定挡距、弧垂和杆高。同一线路上两相邻电杆的水平距离称为挡距，又称跨距。弧垂是指在一个挡距内导线在电杆上的悬挂点与导线最低点间的垂直距离，如图3.10所示。导线的弧垂是由导线自身荷重形成的，弧垂不能过大，也不能过小，过大则在导线摆动时容易造成相间短路，过小则导线拉力过大，可能造成断线或倒杆现象。

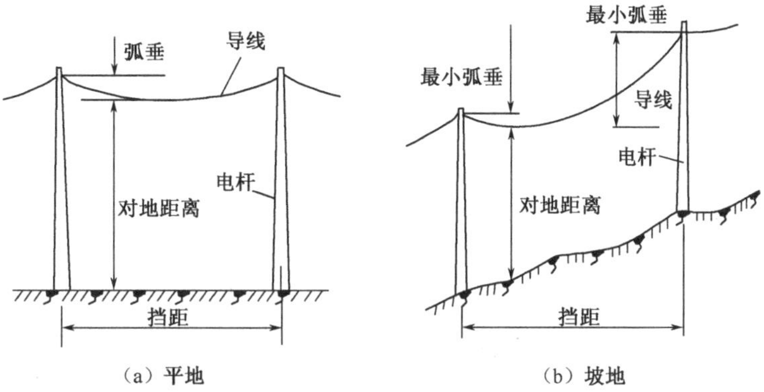

图3.10　架空线路的挡距和弧垂

导线的挡距、弧垂和杆高等其他的距离应根据有关的技术规程来确定，应严格遵循执行。

(3) 导线在电杆上的布置方式。三相四线制低压线路多采用水平排列，如图3.11 (a) 所示。中性线一般架设在靠近电杆的位置。三相三线制线路采用三角形排列，如图3.11 (b)、(c) 所示，也可水平排列，如图3.11 (f) 所示。多回路导线同杆架设时，可三角形、水平混合排列，如图3.11 (d) 所示，也可全部垂直排列，如图3.11 (e) 所示。不同电压等级的线路同杆架设时，一般要求电压高的线路架设在上面，而电压低的线路架设在下面。

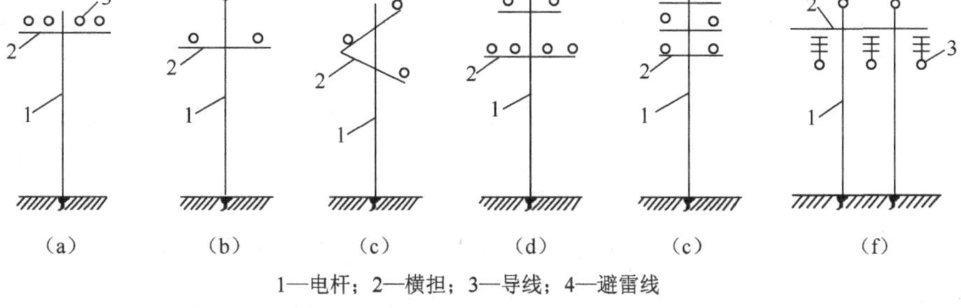

1—电杆；2—横担；3—导线；4—避雷线

图3.11　导线在电杆上的布置方式

高压输电线路中，当三相导线排列不对称时，各相导线的等值电感不相同，引起三相参数不对称。因此必须利用导线换位来使三相回路对称。图3.12为导线换位及经过的一个整循环换位的示意图。当Ⅰ、Ⅱ、Ⅲ段线段长度相同时，三相导线 a、b、c 处于 1、2、3 位置长度也相同，这样便可使各相平均电感接近相同。

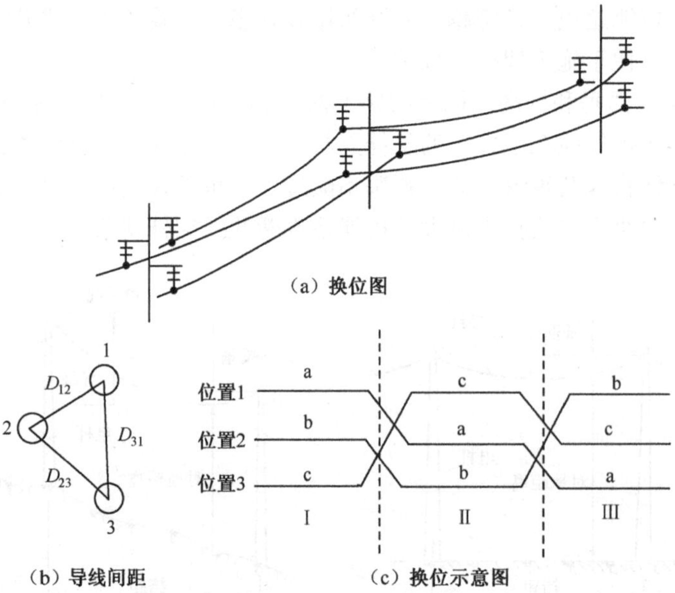

图 3.12 导线换位示意

3.2.2 工厂架空线路的运行管理和检修

工厂架空线路长期露天运行，受环境和气候影响会发生断线、污染等故障。为确保线路长期安全运行，必须坚持经常性的巡视和检查，以便及时消除设备隐患。

1. 线路巡视

线路巡视是为了经常掌握线路的运行状况，及时发现设备缺陷和隐患，为线路检修提供依据，以保证线路正常、可靠、安全运行。

线路巡视检查的方法有下列几种。

（1）定期巡视。定期巡视能够经常掌握线路各部件的运行状况及沿线情况。35～110kV 线路一般每月进行一次，6～10kV 线路每季至少进行一次。

（2）特殊巡视。特殊巡视是在气候剧烈变化（如大风、大雪、大雾、导线结冰、暴雨等）、自然灾害（如地震、山洪、森林大火等）、线路过负荷和其他特殊情况时，对全线或某几段或某些部件进行巡视，以便及时发现线路的异常情况和部件的变形损坏。

（3）夜间巡视。夜间巡视是为了检查导线、引流线接续部分的发热、冒火花或绝缘子的污秽放电等情况。夜间巡视最好在没有光亮或线路供电负荷最大时进行。一般来说，35～110kV 线路每季一次，6～10kV 线路每半年一次。

（4）故障巡视。故障巡视是为了及时查明线路发生故障的原因、故障地点及故障情况，以便及时消除故障和恢复线路供电。所以在线路发生故障后，应立即进行巡视。

（5）登杆塔巡查。登杆塔巡查是为了弥补地面巡视的不足而对杆塔上部件的巡查。这种巡查根据需要进行。登杆塔巡查要派专人监护，以防触电伤人。

2. 事故预防

架空配电线路经常出现故障的设备有电杆、导线、绝缘子等。因此应根据事故特点，掌握季节和环境变化，采取以下的预防措施。

（1）防污。污害能引起绝缘子表面闪络或把绝缘子烧毁，特别是在大雾天气里更容易发生闪络事故。因此，在大雾天气或者雨雪季节来临之前，应抓紧绝缘子的清扫、紧固连接螺栓等项工作，以防泄漏电流引起绝缘子表面闪络。

（2）防雷。在雷雨季节到来之前，应做好防雷设备的试验检查和安装工作，并要按期测试接地装置的电阻以及更换损坏的绝缘子。

（3）防暑。由于天气热，导线满载运行，使导线弧垂增大，以致风吹导线时造成相间放电或短路，把导线烧断。因此，在高温季节到来之前，应检查各相导线的弧垂，以防止因气温升高弧垂增大而发生事故。对满负荷运行的电气设备，要加强温度监视。

（4）防寒防冻。冬季天气寒冷，导线热胀冷缩，会使导线缩短，弧垂太小，拉力增大，以致发生断线故障。因此，在严寒季节到来之前，应特别注意导线弧垂，过紧的应加以调整，以防断线。

（5）防风。大风会增大对电杆的拉力，因此，在风季到来之前，要加固拉线及电杆基础，清扫线路周围尘物及树木，以免树碰导线造成事故。

（6）防汛。雨季到来会使杆根积水，可能发生倒杆事故。因此要采取各种防止倒杆的措施。

3. 线路检修

低压架空线路长期露天运行，受环境和气候影响会发生断线、污染等故障。为确保线路长期安全运行，必须坚持经常性的巡视和检查，以便及时消除设备隐患。

（1）电杆。电杆的检修主要是加固电杆基础，扶直倾斜的电杆，修补有裂纹露钢筋的水泥杆，处理接触不良的接头和松弛、脱落的绑线，紧固电杆各部分的连接螺母，更换或加固腐朽的木杆及横担。

（2）导线。检修导线主要是调整导线的弧垂，修补或更换损伤的导线，调整交叉跨越距离。

（3）绝缘子。绝缘子要清扫，并及时更换劣质或损坏的绝缘子、金具或横担。

3.2.3 架空绝缘线路

架空绝缘导线应具有以下特点：

（1）绝缘性能好。可减少线路相间距离，降低对线路的支持件的绝缘要求，提高同杆架设线路的回路数。

（2）防腐蚀性能好。可延长线路的使用寿命。

（3）防外力破坏。减少受树木、飞飘金属膜和灰尘等外在因素的影响。

（4）强度达到要求。

除有低压架空绝缘导线外，也有10kV的架空绝缘导线。架空绝缘导线有铝芯和铜芯两种。在配电网中，铝芯线应用比较多，主要是铝材比较轻，而且较便宜，对线路连接件和支持件的要求低。铜芯线主要是作为变压器及开关设备的引下线。架空绝缘导线的绝缘保护层有厚绝缘（3.4mm）和薄绝缘（2.5mm）两种。厚绝缘运行时允许与树木频繁接触，薄绝缘只允许与树木短时间接触。绝缘保护层又分为交联聚乙烯和轻型聚乙烯，交联聚乙烯的绝缘性能更优良。10kV 架空绝缘导线有 TRYJ（软铜芯交联聚乙烯）、LYJ（铝芯交联聚乙烯）等。

架空绝缘线路可采用裸导线用的水泥电杆、铁附件及陶瓷绝缘子，按裸导线架设方式进行架设。也可采用特制的绝缘支架悬挂导线，这种方式可增加架设的回路数，降低线路单位造价。

绝缘导线与裸导线在同一个规格内，绝缘导线的载流量比裸导线载流量要小。因为绝缘导线加上绝缘层以后，导线的散热较差，其载流能力差不多比裸导线低一个档次。因此，设计选型时，绝缘导线要选大一档。架空绝缘线路的导线排列与裸体导线线路基本相同，可分为：三角、垂直、水平以及多回路同杆架设。由于架空绝缘导线有良好的绝缘性能，因此相间距离比裸导线线路要小。

3.3 工厂电缆线路

电力电缆同架空线路一样，主要用于传输和分配电能。它受外界因素（雷电、风害等）的影响小，供电可靠性高，不占路面，发生事故不易影响人身安全，但成本高，查找故障困难，接头处理复杂。一般在建筑或人口稠密的地方或不方便架设架空线的地方采用电力电缆。

3.3.1 电缆的结构、型号及敷设

1. 电缆的种类

电缆的种类很多，根据电压、用途、绝缘材料、线心数和结构特点有以下分类：

（1）按电压可分为高压电缆和低压电缆。

（2）按线心数可分为单心、双心、三心和四心等。

（3）按绝缘材料可分为油浸纸绝缘电缆（见图 3.13）、塑料绝缘电缆和橡胶绝缘电缆及交联聚乙烯绝缘电缆（见图 3.14）等。

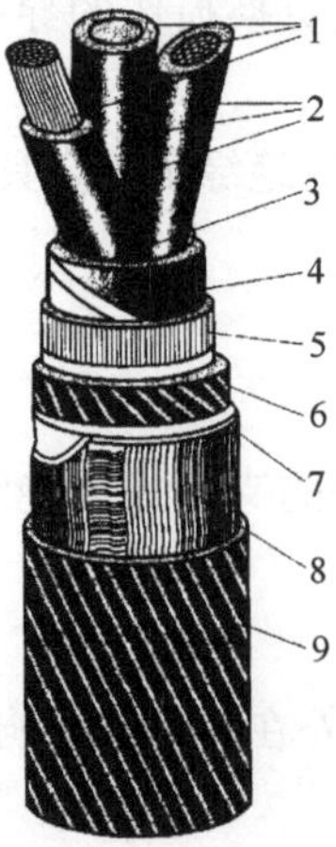

1—缆心（铜心或铝心）；2—油浸纸绝缘层；3—麻筋（填料）；4—油浸纸（统包绝缘）；5—铅包；6—涂沥青的纸带（内护层）；7—浸沥青的麻被（内护层）；8—钢铠（外护层）；9—麻被（外护层）

图 3.13 油浸纸绝缘电缆

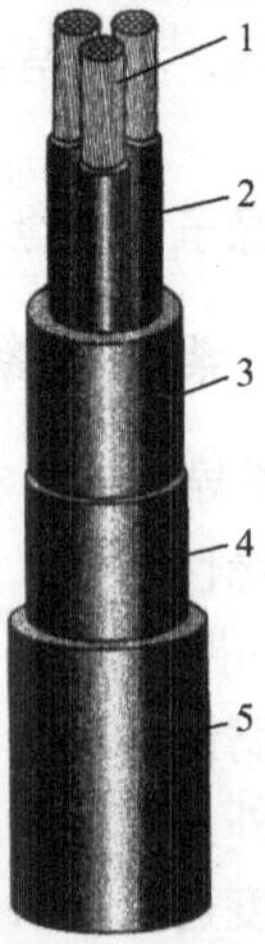

1—缆心（铜心或铝心）；2—交联聚乙烯绝缘层；3—聚氯乙烯护套；4—钢铠或铝铠（外护层）；5—聚氯乙烯外套（外护层）

图 3.14 交联聚乙烯绝缘电缆

油浸纸绝缘电缆成本低，结构简单，制造方便，易于安装和维护，但因为其内部有油，因此不宜用在有高度差的环境下。塑料绝缘电缆稳定性高，安装简单，但塑料受热易老化变形。交联聚乙烯绝缘电缆耐热性好，载流量大，适宜高落差甚至垂直敷设。橡胶绝缘电缆弹性好，性能稳定，防水防潮，一般用作低压电缆。

现在国际和国内逐渐增加一种新型电缆——铝合金电缆用于低压配电。铝合金电力电缆是采用特殊紧压工艺和退火处理等先进技术发明创造的新型材料电力电缆。铝合金的导电率是最常用基准材料铜的61.8%，载流量是铜的79%，优于纯铝标准。在同样体积下，铝合金的实际重量大约是铜的三分之一。因此，相同载流量时铝合金电缆的重量大约是铜缆的一半。采用铝合金电缆取代铜缆，可以减轻电缆重量，降低安装成本，减少设备和电缆的磨损，安装工作也更轻松。

2. 电力电缆的基本结构

电缆由线心、绝缘层和保护层三部分组成。

电缆线心要求有良好的导电性，以减少输电时线路上能量的损失。有铜芯电缆和铝芯电缆，一般情况下，尽量选用铝芯电缆，在一些特殊环境下，比如有爆炸危险、腐蚀严重及安全要求较高等的环境下，可选用铜芯电缆。

绝缘层的作用是将线心导体间及保护层相隔离，因此必须具有良好的绝缘性能、耐热性能。油浸纸绝缘电缆以油浸纸作为绝缘层，塑料电缆以聚氯乙烯或交联聚乙烯作为绝缘层。

保护层又可分为内护层和外护层两部分，内护层直接用来保护绝缘层，常用的材料有铅、铝和塑料等。外护层用以防止内护层免受机械损伤和腐蚀，通常为钢丝或钢带构成的钢铠，外覆沥青、麻被或塑料护套。

电缆的剖面图如图3.15所示。

电缆头指的是两条电缆的中间接头和电缆终端的封端头。电缆头是电缆线路的薄弱环节，线路中的很大部分故障是发生在接头处，因此电缆头的制作必须严格要求，在施工和运行中要由专业人员进行操作。

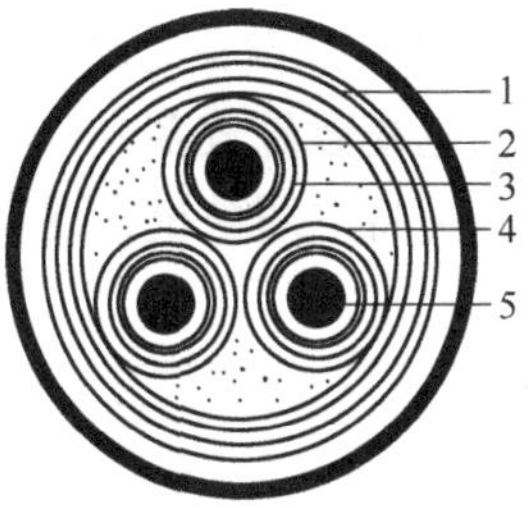

1—铅皮　2—缠带绝缘；
3—心线绝缘；
4—填充物；5—导体

图3.15　电缆的剖面图

3. 电缆的型号

每一个电缆型号表示一种电缆的结构，同时也表明这种电缆的使用场合、绝缘种类和某些特征。电缆型号中的字母排列一般按照下列顺序：

绝缘种类→线心材料→内护层→其他结构特点→外护层

例如，ZLQP21表示纸绝缘的铝芯线，内护层用铅包，无油，双钢带铠装。电缆型号中每个字母的含义见表3.2。

4. 电缆的敷设

电缆敷设应尽可能选择路径较短的路线，减少弯曲，减少外界因素的影响，散热要好，避免与其他管道的交叉。电缆敷设方式有如下几种类型。

（1）直接埋地。如图3.16所示。这种方法施工简单，电缆散热性能好，但维护检修困难，易受机械损伤、化学腐蚀等，用于埋设根数不多（少于6根）的地方。由于投资低，工厂经常采用。

表 3.2　电力电缆型号中各符号的含义

项目	型号	含义	旧符号	项目	型号	含义	旧符号
类别	Z	油浸纸绝缘	Z		02	聚氯乙烯套	–
	V	聚氯乙烯绝缘	V		03	聚乙烯套	1，11
	YJ	交联聚乙烯绝缘	YJ		20	裸钢带铠装	20，120
	X	橡皮绝缘	X		（21）	钢带铠装纤维外被	2，12
导体	L	铝芯	L	外护套	22	钢带铠装聚氯乙烯套	22，29
	T	铜芯（一般不注）	T		23	钢带铠装聚乙烯套	
内护套	Q	铅包	Q		30	裸细钢丝铠装	30，130
	L	铝包	L		（31）	细圆钢丝铠装纤维外被	3，13
	V	聚氯乙烯护套	V		32	细圆钢丝铠装聚氯乙烯套	23，39
特征	P	滴干式	P		33	细圆钢丝铠装聚乙烯套	
特征	D	不滴流式	D		（40）	裸粗圆钢丝铠装	50，150
	F	分相铅包式	F		41	粗圆钢丝铠装纤维外被	
				外护套	（42）	粗圆钢丝铠装聚氯乙烯套	59，25
					（43）	粗圆钢丝铠装聚乙烯套	
					441	双粗圆钢丝铠装纤维外被	
电力电缆全型号表示示例	ZLQ20-10000-3×120 铝心纸绝缘铝包裸钢带铠装电力电缆 额定电压（V） 三心 线心额定截面（mm^2）						

（2）敷设在混凝土管中。如图 3.17 所示。最常用、最经济的方法是将电缆直接埋地，但当电缆数量较多或容易受到外界损伤的场所，为了避免损坏和减少对地下其他管道的影响，可将电缆敷设在混凝土管中。

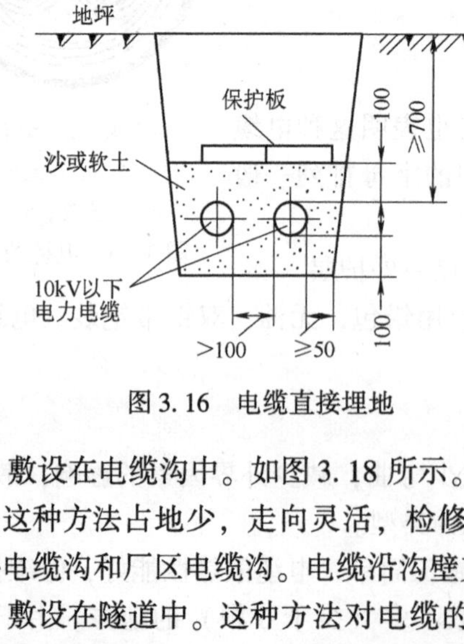

图 3.16　电缆直接埋地

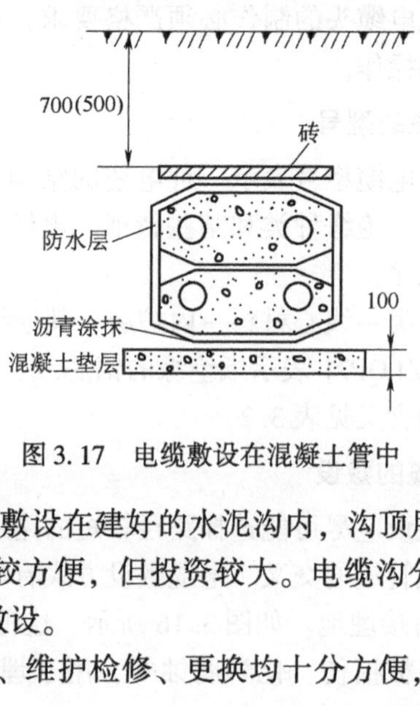

图 3.17　电缆敷设在混凝土管中

（3）敷设在电缆沟中。如图 3.18 所示。电缆敷设在建好的水泥沟内，沟顶用混凝土盖板覆盖，这种方法占地少，走向灵活，检修维护较方便，但投资较大。电缆沟分户内电缆沟、户外电缆沟和厂区电缆沟。电缆沿沟壁支架敷设。

（4）敷设在隧道中。这种方法对电缆的敷设、维护检修、更换均十分方便，但投资很大，除电缆根数很多时用，工厂里一般很少采用。

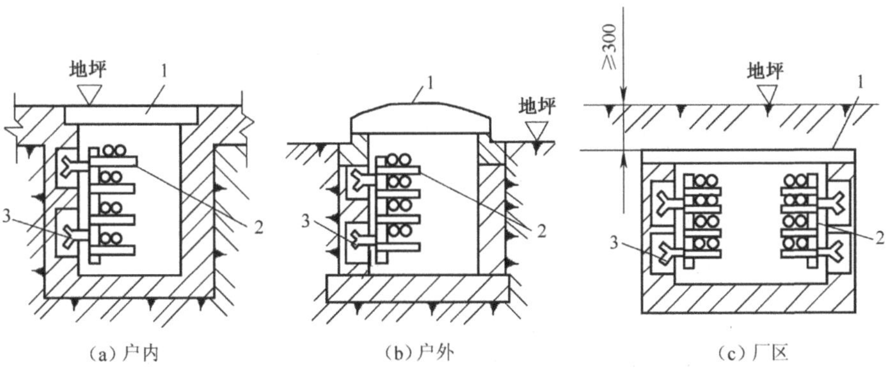

1—盖板；2—电缆支架；3—预埋铁件

图 3. 18　电缆敷设在电缆沟中

(5) 电缆桥架敷设。对于车间内线路的敷设，可采用沿墙架设、沿梁架设或电缆穿管埋地敷设等方式。车间低压配电的线路根数多，设备分散且经常变动，近年来采用的汇线桥架解决了这个问题。汇线桥架使电线、电缆、管缆的敷设更标准，更通用，且结构简单，安装灵活，可任意走向，并且具有绝缘和防腐蚀功能，适用于各种类型的工作环境，使工厂配电线路的建造成本大大降低。图 3. 19 是组合式汇线桥架空间布置示意图。

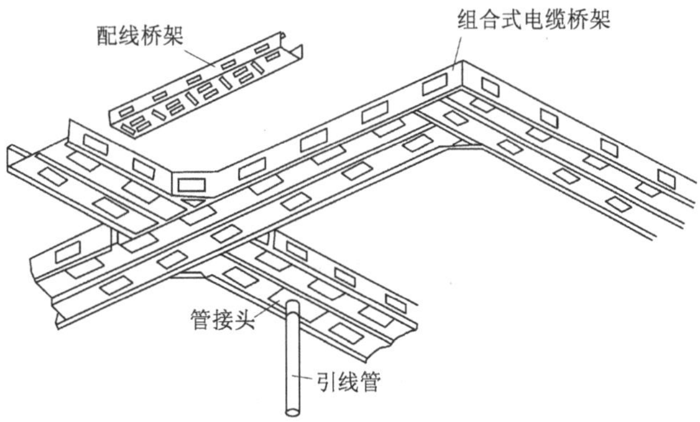

图 3. 19　组合式汇线桥架空间布置示意图

5. 电缆敷设时应注意的问题

(1) 为节省投资，敷设电缆最常用的方法是直接埋地法。直埋电缆深不应小于 0. 7m，四周用细沙埋设，与地下构筑物距离不小于 0. 3m。

(2) 电缆埋设时要保证一定弛度，一般电缆长度比实际线路长 5% ~10% 并作波浪形埋设。

(3) 对非铠装电缆在下列地点应穿管保护：电缆引入或引出建筑物或穿过楼板处；当电缆与道路交叉时；从电缆沟引出到电杆或墙外面敷设的电缆距地面高 2m 或埋入地下 0. 25m 深度的一段。

(4) 电缆与热力管道交叉时应有隔热层保护。

(5) 电缆金属外皮及金属电缆支架应可靠接地。

3. 3. 2　电缆线路的运行维护

保证电缆正常运行要注意以下几个方面：

（1）塑料电缆不允许浸水。因为塑料电缆一旦被水浸泡后，容易发生绝缘老化现象。

（2）要经常测量电缆的负荷电流，防止电缆过负荷运行。

（3）防止受外力损坏。

（4）防止电缆头套管出现污闪。

要做好电缆线路的运行维护工作，必须了解电缆的敷设方式、结构布置、路径走向及电缆头的位置。电缆线路的运行维护工作包括巡视、负载检测、温度检测、预防腐蚀、绝缘预防性试验等五项，电力电缆线路常见故障和预防方法见表3.3。

表3.3　电力电缆线路常见故障和预防方法

故障种类	故障原因	预防方法
漏油	1. 敷设电缆时违反安装规程，将电缆的铅包皮折伤或电缆遭受机械力损伤 2. 制作电缆头、中间接线盒，扎锁不紧，不合工艺要求，封焊不好 3. 电缆过载运行，温度太高，产生很大油压 4. 注油的电缆头套管（瓷或玻璃的）裂纹或垫片未垫好，把劲不紧	1. 敷设电缆时，应按安装规程施工，不得碰伤电缆外护层。若地下埋有电缆，动土时必须采取防止电缆损伤的有效措施 2. 制作电缆头、中间接线盒，应按工艺要求操作。扎锁处和三叉口处的封焊应符合工艺要求 3. 不应过载运行 4. 注油的电缆头、接线盒垫片要垫好，把劲要紧
接地	1. 地下动土刨伤、损坏绝缘 2. 人为的接地未拆除 3. 负载大，温度高，造成绝缘老化 4. 套管脏污和裂纹受潮（或漏雨进水）而放电	1. 动土时防止损坏绝缘 2. 加强责任心，竣工后细心检查 3. 按允许的负载和温度运行 4. 加强检查，保证检修质量，定期作预防性试验
短路崩烧	1. 多相接地或接地线、短路线未拆除 2. 相间绝缘老化和机械力损伤 3. 电缆头太松（如铜卡子接得不紧）而造成过热和接地崩烧 4. 电缆选择得不合理，动稳定度和热稳定度不够，造成绝缘损坏，发生短路崩烧	1. 加强责任心，认真检查 2. 不要过载或超温度运行。注意电缆绝缘，不要造成人为的机械力损伤 3. 加强维护、检修工作 4. 合理选择电缆

3.3.3　电缆故障的确定

电缆线路发生故障，一般要借助一定的测量仪器和测量方法才能确定。例如，电缆发生如图3.20所示的故障，外观无法检查，只有借助于测试电缆故障的仪器来探测。

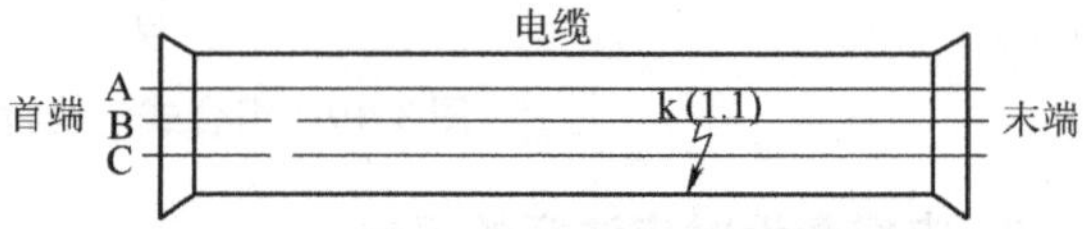

图3.20　电缆内部故障示例

1. 确定故障性质

常见电缆故障主要有以下五种：

（1）接地故障，又分为高、低阻接地。

（2）短路故障，有两心或三心短路。

（3）断线故障，电缆一心或数心形成完全或不完全断线。

（4）闪络性故障，大多在预防性试验中发生，并多数出现在电缆中间接头和终端头处。当所加电压达到某一值时击穿，电压低至某一值时绝缘又恢复。

（5）综合性故障，即同时具有两种或两种以上性质的故障。

鉴定故障性质的试验应包括测量每根电缆心线对地绝缘电阻、各电缆心线间的绝缘电阻和每根心线的直流电阻。测试仪表用兆欧表。若电缆在运行中或试验中已发生故障而兆欧表却不能检测出时，可采用高压直流法来测试。

确定故障性质可利用兆欧表测量绝缘电阻，并将电缆一端所有相线短接接地，在另一端重作相对地及相与相之间的绝缘电阻遥测，测量的结果与过去正常运行时的数据或与该等级电缆的绝缘电阻水平相比较，判断故障是对地高阻漏电还是断线接地故障。如果各相绝缘电阻都很高，还可用直流电桥法测量电缆的直流电阻来判断电缆是否发生断线故障。图 3.20 的测量结果见表 3.4 所示。

对表 3.4 的绝缘电阻测量结果进行分析可得如下结论：此电缆为两相断线又对地（外皮）击穿。

表 3.4　图 3.20 所示故障电缆的绝缘电阻测量结果

测量顺序	电缆绝缘电阻（MΩ）					
	相－地			相－相		
	A	B	C	A－B	B－C	C－A
在首端测量	∞	∞	∞	∞	∞	∞
在末端测量	∞	0	0	∞	0	∞
末端短接接地，在首端测量	0	∞	∞	∞	∞	∞

注：表中∞值在实测中可为几百兆或几千兆欧，表中 0 值在实测中可为几千或几万欧。

2. 故障点距离的测量

电缆故障的性质确定后，要根据不同的故障性质，选择适当的方法测定从电缆一端到故障点的距离，进行故障定点，以便检修。

故障点的确定可以采用直流电桥法进行距离粗测，利用声测法进行故障定点。

直流电桥法是利用电缆沿线均匀，其长度与阻值成正比的特点，将电缆短路接地，故障点两侧引入电桥，根据测得的比值和电缆全长，计算出测量端到故障点的距离。

故障定点通常采用音频感应法或电容放电声测法。声测法比较常用，它可以很精确地判定故障点，减少挖掘量。如图 3.21 所示，利用高压整流设备使电容器充电，电容器充电到一定电压后，放电间隙就被击穿，此时电容器对故障点放电，使故障点发出“Pa”的火花放电声。电容器放电后，接着又被充电，电容器充电到一定电压后，放电间隙又被击穿，电容器又对故障点放电，使故障点再次发出“Pa”的火花放电声。因此利用探听棒或拾音器沿线路探听时，在故障点能够特别清晰地听到断续性的“Pa－Pa－Pa”的火花放电声，从而可以确定电缆的故障地点。

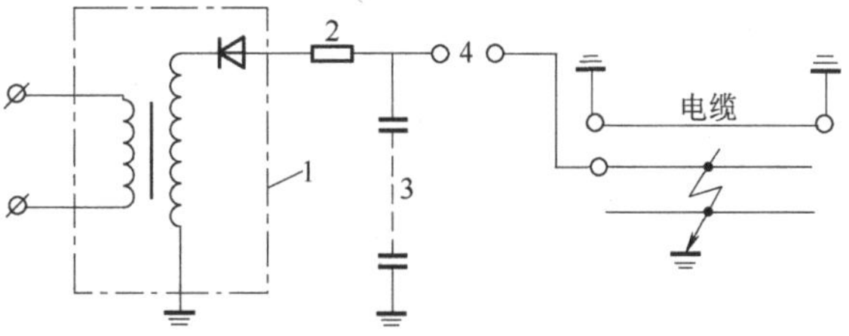

1—高压整流设备；2—保护电阻；3—电容器；4—放电球间隙

图 3.21　电容放电声测法探测电缆故障点

3. 用兆欧表测量电缆绝缘电阻

从电缆绝缘电阻的数值可判定电缆是否有缺陷。测量时，1kV 以下电压等级的电缆可用 500V 的兆欧表，1kV 及以上电压等级的电缆应使用 1500V 或 2500V 兆欧表。运行中的电缆要充分放电，拆除一切对外连线，并用清洁干燥的布擦净电缆头，然后将非被试相线心与铅皮一同接地，逐相测量。摇测电缆和绝缘导线的绝缘电阻时，应将其绝缘层接到兆欧表的

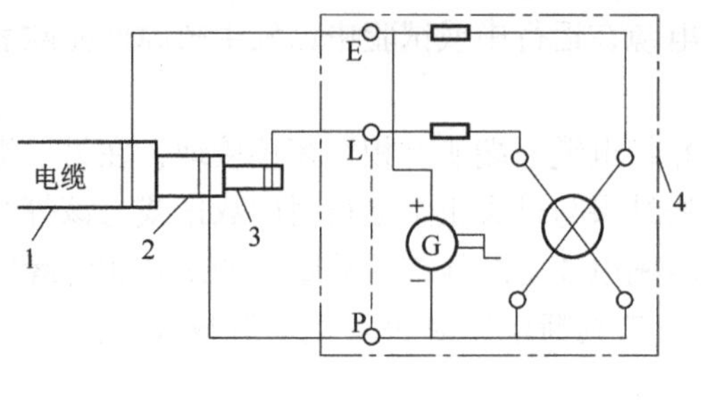

1—电缆外皮；2—绝缘层；3—电缆芯线；4—兆欧；
E—接地端子；L—线路端子；P—保护端子

图 3.22　用兆欧表测量电缆的绝缘电阻

"保护环"（屏蔽环），以消除其表面漏电电流的影响，如图 3.22 所示。由于电缆电容很大，摇动兆欧表的速度要均匀。测量完毕，应先断开火线再停止摇动，并且应立即使线路短路放电，以免线路的充电电压伤人。

油浸纸绝缘电缆每根心线对外皮的绝缘电阻（20℃时每公里的数值）与额定电压有关，额定电压为 1～3kV 的应不小于 50MΩ，额定电压为 6kV 及以上的应不小于 100MΩ。

当线路发生接地、短路、断线及闪络故障后应按电业安全工作规程进行修复。清除故障部分后，必须对电缆进行绝缘电阻测试和耐压试验，并核对相位。试验合格后，才可恢复运行。

4. 三相线路的核相

新安装或改装后的线路投入运行时，为避免彼此的相序不一致，需要经过定相，确定各相序和相位。

（1）测定相序。测定三相线路的相序，可采用电容式或电感式指示灯相序表。

图 3.23（a）所示为电容式指示灯相序表的原理接线，U 相电容 C 的容抗与 B、C 两相灯泡的阻值相等。此相序表接上待测三相线路电源后，灯亮的相为 B 相，灯暗的相为 C 相。

图 3.23（b）所示为电感式指示灯相序表的原理接线，U 相电感 L 的感抗与 B、C 两相灯泡的阻值相等。此相序表接上待测三相线路电源后，灯暗的相为 B 相，灯亮的相为 C 相。

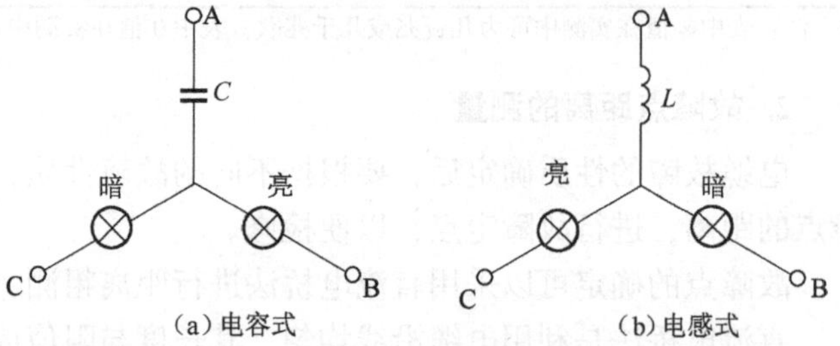

图 3.23　指示灯相序表的原理接线

（2）核对同一电源线路前后的相位。核对相位最常用的方法为兆欧表法和指示灯法。

图 3.24（a）所示为用兆欧表核对线路两端相位的接线。线路首端接兆欧表，其 L 端接线路，E 端接地。线路末端逐相接地。如果兆欧表指示为零，则说明末端接地的相线与首端测量的相线属同一相。如此三相轮流测量，即可确定线路首端和末端各自对应的相。

图 3.24（b）所示为用指示灯核对线路两端相位的接线。线路首端接指示灯，末端逐相接地。如果指示灯通上电源时灯亮，则说明末端接地的相线与首端接指示灯的相线属同一相。如此三相轮流测量，亦可确定线路首端和末端各自对应的相。

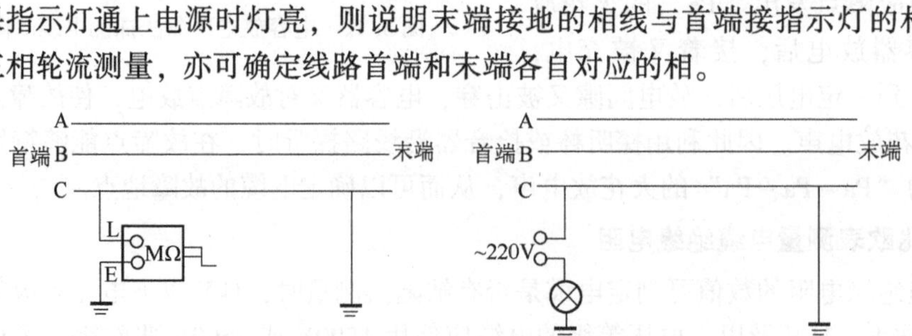

图 3.24　核对线路两端相位的接线

（3）核定两路并列电源的相位。两个电源能否进行并列运行，在技术上主要取决于它们的电压、频率和相位是否相同。必须经过检测，确认两个电源的电压、频率和相位均相同时，才能进行并列运行方式。同一个电力系统的两路电源，由于线路走向不同，各相导线间交叉换位以及电缆引入户内的过程中，都可能造成相位排列上的不一致。所以在变电所必须对两个以上的电源进行核相，以免彼此的相序或相位不一致，致使投入运行时造成短路或环流而损坏设备。

有一些用户，在进行两路电源倒闸操作时，供电部门不允许其将两路电源并列进行倒路，只能实行停电倒路操作。对于这样的用户也必须实行核相，这是为了防止误操作而引起相间短路事故。同时，通过核相工作还可以使用户在选择任一电源供电时，用电设备都能正常工作，不致发生诸如电动机“反转”等现象。

① 采用电压表或灯泡核相。电源电压在 380V 及 380V 以下的两个电源，核相时可采用 2 倍额定电压的电压表或指示灯进行，如图 3.25 所示。

进行核相时，首先将电压表的一支笔或灯泡的一端搭接于电源Ⅰ的一相不动，而将另一端分别搭接到电源Ⅱ的三相上。当电压表（或指示灯）接于不同电源的两个相线时，如电压表的指示值接近于零（或指示灯不亮）时，表明这两个相是属于同相位的，否则即不同相。

② 采用核相杆核相。电源电压在 3 ~ 10kV 的两电源上进行核相时，可用核相杆来进行。核相杆用两个高压验电器制成，如图 3.26 所示。将一个高压验电器中的霓虹灯去掉，换装入一个约 2.5MΩ 的电阻，再用带有相应绝缘等级的导线连接两个验电器上的接地端子即可。其核相原理和方法同第一种。

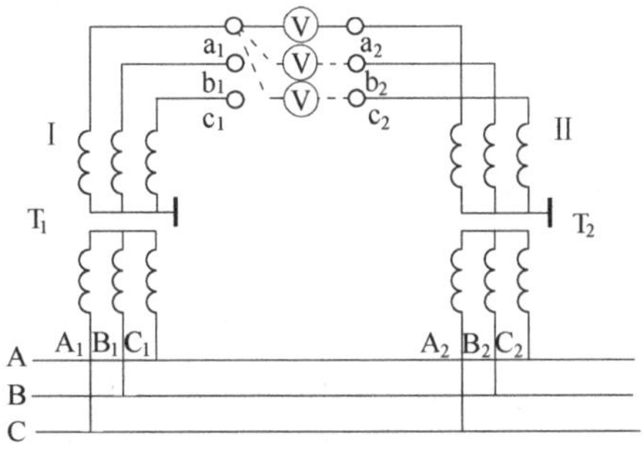

图 3.25　低压系统核相图

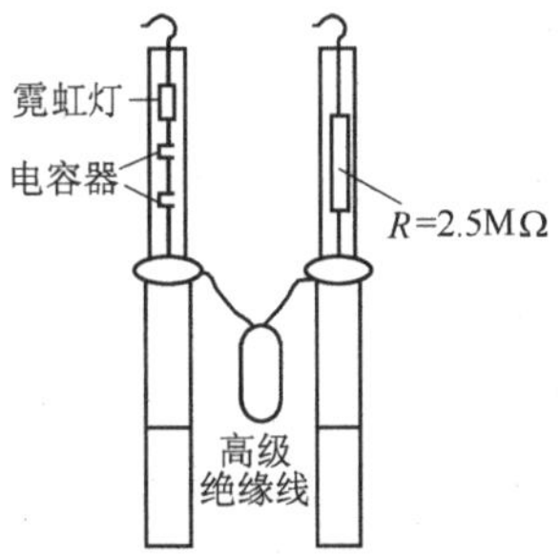

图 3.26　用两个高压验电器构成的核相杆

③ 通过电压互感器核相。通过电压互感器进行核相的方法用于 3kV 及 3kV 以上的电源中。核相前，需要先对接于两个电源上的电压互感器核相。将一个电源停下，合上两个电源的母联开关，用一个电源接通这两组电压互感器（它们的中性点应接地），然后用电压表鉴定电压互感器的二次侧相位应完全相同，即接线排列顺序一一对应。电压互感器核相后，切断母联开关，合上另一电源，把电压互感器分别接在两个电源上，然后再用上述第一种方法（用电压表或灯泡）进行核相，如图 3.27 所示。

如果电压互感器相对应的两相之间电压为零时即可认为两个电源同相位了，否则，必须更改其中一个电源的引入接线，直到同相位为止，才算完成核相工作。

（4）核相时的注意事项。

① 核相工作必须执行工作票、操作票等安全制度。

② 核相工作应由三人以上进行，工作过程中应始终有专人监护。

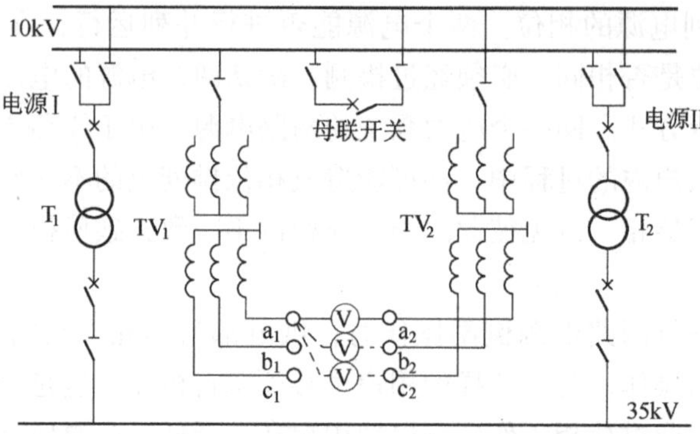

图 3.27　用电压互感器核相示意图

③ 核相前必须检查所用的核相器具，其绝缘线应良好，指示应正确有效。核相杆使用前还应摇测工具绝缘电阻是否合格，然后开始核相。

④ 核相前先检查两个电源的三相电压是否平衡，如果严重不平衡，则不进行核相。

⑤ 核相人员均应使用辅助安全用具，并保持与带电体的安全距离。

⑥ 中性点不接地系统的两个电源，如发生一相接地时，则应停止核相工作。

⑦ 核相工作必须作好记录，不得凭记忆判断。在两个电源的各相调整到相互对应的排列后，再进行一次最后核定，才算全部完成。

3.4　车间内配电线路

3.4.1　车间线路的结构和敷设

车间配电线路所使用的导线多为绝缘线，少数情况下用电缆，也可用母线排或裸导线。

1. 绝缘导线

绝缘导线按线心材料分，有铜芯和铝芯两种。根据"节约用铜，以铝代铜"的原则，一般应优先采用铝芯导线。但在易燃、易爆或其他有特殊要求的场所应采用铜芯绝缘导线。

绝缘导线按其外皮的绝缘材料分橡皮绝缘和塑料绝缘两种。塑料绝缘导线绝缘性能良好，且价格较低，在户内明敷或穿管敷设时可取代橡皮绝缘导线。但塑料绝缘在高温时易软化，在低温时又变硬变脆，故不宜在户外使用。

绝缘导线的敷设方式有明配线和暗配线两种。沿墙壁、天花板、桁架及柱子等敷设导线称为明敷，又叫明配线。导线穿管埋设在墙内、地坪内及房屋的顶棚内称为暗敷，又叫暗配线。所用的保护管可以是钢管或塑料管，管径的选择按穿入导线连同外皮包护层在内的总截面，不超过管子内孔截面40%确定，具体按有关技术规定来选择。穿管敷设也有明敷和暗敷两种。

2. 裸导线和封闭型母线

车间内常用的裸导线为LMY型硬铝母线。在干燥、无腐蚀性气体的高大厂房内，当工作电流较大时，可采用LMY型硬铝母线作载流干线。按规定，裸导线A、B、C三相涂漆的颜色分别对应为黄、绿、红三色，N线或PEN线为淡蓝色，PE线为黄绿双色。

车间内的吊车滑触线通常采用角钢，但新型安全滑触线的载流导体则为铜排，且外面有保护罩。

车间配电线路中还有一种封闭型母线（插接式母线），适用于设备布置均匀紧凑而又需要经常调整位置的场合。

3. 车间电力线路敷设的安全要求

为了使车间电力线路布局合理，整齐美观，安装牢固，操作、维修方便，能够安全可靠地输送电能，应注意以下事项：

（1）离地面3.5m以下的电力线路应采用绝缘导线，离地面3.5m以上的允许采用裸导线。

（2）离地面2m以下的导线必须加机械保护，例如，穿钢管或穿硬塑料管保护。钢管的机械强度高，散热好，且钢管可当保护线用，应用广泛。穿钢管的交流回路，应将同一回路的三相导线或单相的两根导线穿于同一钢管内，否则导线的合成磁场不为零，管壁上存在交变磁场，产生铁损，使钢管发热。硬塑料管耐腐蚀，但机械强度低，散热差，一般用于有腐蚀性物质的场所。

（3）根据机械强度的要求，绝缘导线的线心截面应不小于表3.5中所列数值。

表3.5　绝缘导线线心的最小截面面积

导线用途或敷设方式			线心最小截面（mm^2）	
			铜芯	铝芯
照明用灯头引下线			1.0	2.5
敷设在绝缘支持件上的绝缘导线，其支持点间距 L	室内	$L \leqslant 2m$	1.0	2.5
	室外	$L \leqslant 2m$	1.5	2.5
		$2m \leqslant L \leqslant 6m$	2.5	4
		$6m \leqslant L \leqslant 16m$	4	6
		$16m \leqslant L \leqslant 25m$	6	10
穿管敷设的绝缘导线，沿墙明敷的塑料护套线，板孔穿线敷设的绝缘导线			1.0	2.5
PE线和PEN线	有机械保护时		2.5	2.5
	无机械保护时		4（干线10）	4（干线16）

（4）为了确保安全用电，车间内部的电气管线和配电装置与其他管线设备间的最小距离应符合要求。

（5）车间照明线路每一单相回路的电流不应超过15A。除花灯和壁灯等线路外，一个回路灯头和插座总数不超过25个。当照明灯具的负载超过30A时，应用380/220V的三相四线制供电。

（6）对于工作照明回路，在一般环境的厂房内穿管配线时，一根管内导线的总根数不得超过6根，而有爆炸、火灾危险的厂房内不得超过4根。

4. 车间电力线路常用的敷设方式

图3.28表示了几种常用的车间电力线路敷设方式。

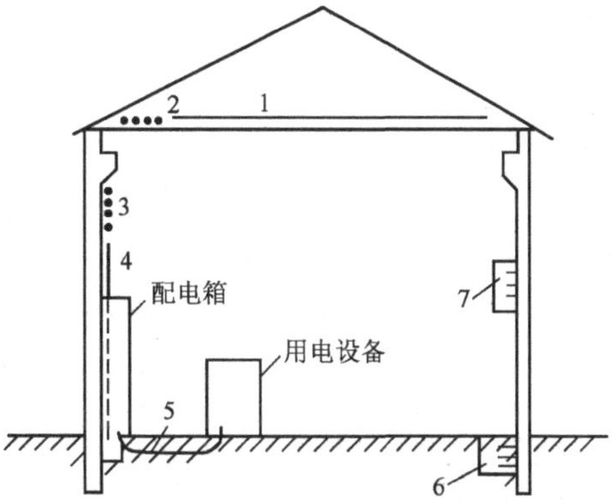

1—沿屋架横向明敷；2—跨屋架纵向明敷；
3—沿墙或沿柱明敷；4—穿管明敷；
5—地下穿管暗敷；6—地沟内敷设；
7—封闭式母线（插接式母线）

图3.28　车间电力线路敷设方式示意图

此外，如果车间电力线路采用电缆，则应采

用相应的电缆敷设方式，如图 3. 19 所示的电缆桥架。

3. 4. 2 车间动力电气平面布线图

车间动力电气平面布线图是表示供电系统对车间动力设备配电的电气平面布线图。它反映动力线路的敷设位置、敷设方式、导线穿管种类、线管管径、导线截面及导线根数，同时还反映各种电气设备及用电设备的安装数量、型号及相对位置。

在平面图上，导线和设备通常采用图形符号表示，导线及设备间的垂直距离和空间位置一般标注安装标高。表 3. 6 所示为电力设备的标注方法，表 3. 7 所示为电力线路敷设方式的文字代号，表 3. 8 所示为电力线路敷设部位的文字代号。

表 3. 6 电力设备的标注方法

设 备 名 称	标 注 方 法	说　明
用电设备	$\frac{a}{b}$	a——设备编号 b——设备功率（单位为 kW）
配电设备	一般标注方法： $a\frac{b}{c}$ a - b - c 标注引入线规格时： $a\frac{b-c}{d\ (e\times f)\ -g}$	a—设备编号 b——设备型号 c——设备功率（单位为 kW） d——导线型号 e——导线根数 f——导线截面（单位为 mm^2） g——导线敷设方式及部位
开关及熔断器	一般标注方法： $a\frac{b}{c/i}$	a——设备编号 b——设备型号 c——额定电流（单位为 A）
开关及熔断器	a - b - c/i 标注引入线规格时： $a\frac{b-c/i}{d\ (e\times f)\ -g}$	i——整定电流（单位为 A） d——导线型号 e——导线根数 f——导线截面（单位为 mm^2） g——导线敷设方式

表 3. 7 电力线路敷设方式的文字代号

敷 设 方 式	代　号	敷 设 方 式	代　号
明敷	M	用卡钉敷设	QD
暗敷	A	用槽板敷设	CB
用钢索敷设	S	穿焊接钢管敷设	G
用瓷瓶或瓷珠敷设	CP	穿电线管敷设	DG
瓷夹板或瓷卡敷设	CJ	穿塑料管敷设	VG

表 3. 8 电力线路敷设部位的文字代号

敷 设 部 位	代　号	敷 设 部 位	代　号
沿梁下弦	L	沿天花板（顶棚）	P
沿柱	Z	沿地板	D
沿墙	Q		

图 3. 29 是某机械加工车间（局部）的动力电气平面布线图。从图中可以看出，配电箱 No. 5 型号是 XL - 21，其电源引入导线的型号是 BLV - 500 - （3 ×25 + 1 ×16） - G40 - DA，

即铝芯塑料绝缘导线，额定工作电压为500V，截面为（3×25+1×16）mm^2，穿管径40mm的钢管沿地板暗敷。

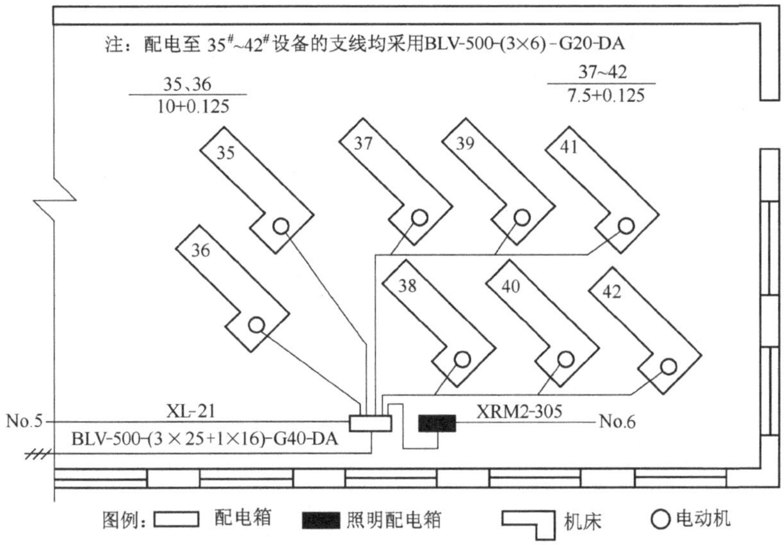

图3.29　某机械加工厂车间局部动力电气平面布线图

图中No.6为照明配电箱，其电源来自配电箱No.5。

35~42号用电设备由No.5配电箱供电。从配电箱到各用电设备的导线型号、截面及敷设方式相同，已在图上说明。

图3.29仅为车间动力线路平面布线图的一种表示方法。当设备台数较少时，可在平面布线图上详细标出干线、配电箱及所供电的用电设备的型号、规格及设备的额定容量。

3.4.3　车间内照明供电方式

为了保证照明的质量，通常照明线路与动力线路是分开的。如果照明与动力合用一条线路，则往往由于动力设备的启动，使线路电压波动很大，严重影响照明装置的正常工作。事故照明也应与工作照明分开线路供电。为了提高事故照明供电的可靠性，可采用事故照明与邻近变电所低压母线相连等方式取得备用电源。

图3.30和图3.31所示是分别由一台变压器和两台变压器供电的设有事故照明的照明系统。

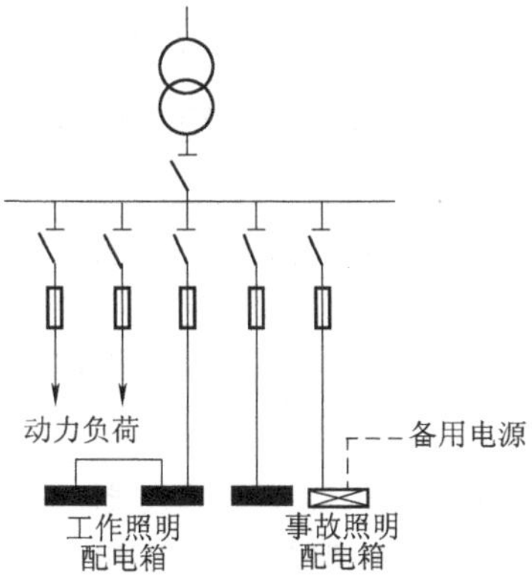

图3.30　由一台变压器供电的事故照明系统

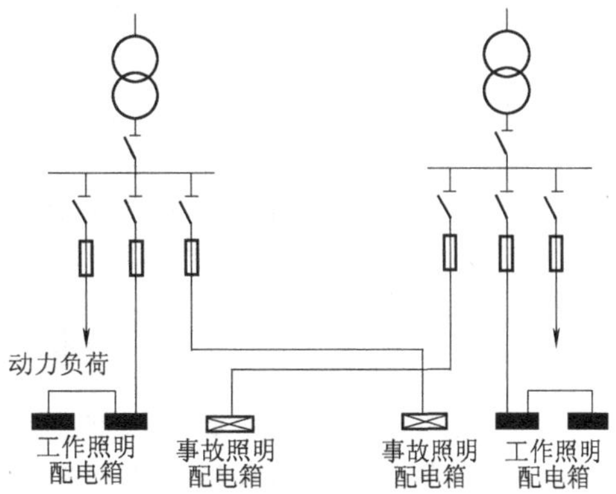

图3.31　由两台变压器交叉供电的事故照明系统

对于特别重要的工作场所，应采用独立电源对事故照明供电。

3.4.4 车间配电线路的运行维护

对车间配电线路，一般要求每周巡视检查一次，主要注意下列问题：

（1）用钳表检查线路的负荷情况有无过载。

（2）检查配电箱、分线盒、开关、熔断器、母线槽及接地、接零等装置的运行情况，接线有无松脱、放电，螺栓是否紧固，母线接头有无氧化和腐蚀现象。

（3）检查线路上和线路周围有无影响线路安全运行的异常情况。

（4）对敷设在潮湿、有腐蚀性物质的场所的线路和设备，要作定期的绝缘检查，绝缘电阻一般不低于0.5MΩ。

3.5 线路运行时突然停电的处理

工厂供电线路及车间内配电线路，在运行中发生突然停电，可按不同情况分别处理。

（1）当进线没有电压时，说明是电力系统方面暂时停电。这时总开关不必拉开，但出线开关应该全部拉开，以免突然来电时，用电设备同时启动，造成过负荷和电压骤降，影响供电系统的正常运行。

（2）当两条进线中的一条进线停电时，应立即进行切换操作，将负荷（特别是其中重要的负荷）转移给另一条进线供电。

（3）厂内配电线路发生故障使开关跳闸时，可试合一次（如果开关的断流容量允许），争取尽快恢复供电。由于多数故障属暂时性的，试合可能成功。如果试合失败，开关再次跳闸，说明线路上故障尚未消除，这时应该对线路进行停电检修。

（4）车间线路在使用中发生故障时，首先向用电人员了解故障情况，找出原因。故障检查时，先查看用电设备是否损坏及熔断器中的保险丝是否烧断。然后逐级检查线路，一般方法如下：

① 保险丝未烧断，一般是断电故障。用试电笔测试电源端，氖泡不亮表示电源无电，说明是上一级的线路或开关出了故障，应检查上一级线路或开关；也可能是电源中断供电，此时等待供电恢复。用试电笔测试电源端，氖泡发亮表示电源有电，说明是本熔断器以下的故障。如果用电设备未损坏（例如灯丝完好未断），这就可能是导线接头松脱，导线与用电设备的连接处松脱，导线线心被碰断或拉断等，应逐级检查，寻找故障点。

② 保险丝已烧断，一般是短路故障。多数故障可能是用电设备损坏，发生碰线或接地等事故（例如灯座内短路），应先对用电设备进行检查，发现用电设备的故障并修复后，便可继续供电使用。经检查用电设备如无短路点，那就是线路本身有短路点，这时应逐段检查导线有无因绝缘层老化和碰伤而发生相间短路或接地短路，然后采取措施恢复绝缘或更换导线。

本章小结

工厂高、低压电力线路的基本接线方式有三种类型：放射式、树干式及环式。放射式接线简捷，操作维护方便，保护简单，便于实现自动化，但开关设备用得多，投资高，线路故障时，停电范围大；树干式接线方式高压开关设备用得少，配电干线少，可以节约有色金属，但供电可靠性差，干线故障或检修将引起干线上的全部用户停电；环式供电方式接线运行灵活，供电可靠性高。

工厂户外的电力线路多采用架空线路。这种供电线路投资费用低，施工容易，故障易查找，便于检修，但可靠性差，受外界环境的影响大，需要足够的线路走廊，有碍观瞻。

电力电缆受外界因素影响小，供电可靠性高，不占路面，发生事故不易影响人身安全，但成本高，查找故障困难，接头处理复杂。一般在建筑或人口稠密的地方或不方便架设架空线的地点采用电力电缆。

车间配电线路的敷设方式有明配线和暗配线两种，所使用的导线多为绝缘线和电缆，也可用母排或裸导线。塑料绝缘导线绝缘性能良好，且价格较低，用于户内明敷或穿管敷设，但不宜在户外使用。

工厂供电线路及车间内配电线路，在运行中发生突然停电，要按不同情况分别处理。

习 题 3

一、填空题

3.1 工厂高低压配电线路的接线方式有__________、__________、__________三种类型。

3.2 变压器 - 干线式接线方式是由__________的二次侧引出线经过__________________直接引至车间内的干线上，然后由干线引出______________配电。

3.3 电杆是支持______的支柱，根据电杆在线路中的作用，可分为______、________、______等。

3.4 电缆是一种特殊的导线，它的心线材质是______或______。它由______、______、______三部分组成。

3.5 同一线路上两相邻电杆的水平距离称________，又称________。弧垂是指在一个________导线在电杆上的悬挂点与导线最低点间的________距离。

3.6 两个电源能否进行并列运行，在技术上主要取决于它们的________、______和______是否相同。

3.7 核相指的是新安装或改装后的线路投入运行时，为避免彼此的相序不一致，需要经过定相，来确定______________。

3.8 绝缘导线一般应优先采用__________芯导线。但在易燃、易爆或其他有特殊要求的场所应采用_______芯绝缘导线。

3.9 车间线路绝缘导线的敷设方式有__________、__________。

3.10 按规定，车间配电布线时裸导线 A、B、C 三相涂漆的颜色分别对应为________________三色，N 线或 PEN 线为__________色，PE 线为_____________色。

3.11 对于特别重要的工作场所，应采用________________对事故照明供电。

3.12 某车间电气平面布线图上，某一线路旁标注有 BLV - 500 - (3 × 50 + 1 × 25) - VG65 - DA，这些符号表示____。

3.13 某车间某线路采用额定电压 500V 的塑料绝缘铝芯线，穿钢管沿墙暗敷，线路采用 TN - C 系统，相线截面 $50mm^2$，零线截面 $25mm^2$，穿管管径 40mm。试写出其表示标号：____。

二、判断题（正确的打√，错误的打 ×）

3.14 工厂高压放射式接线是指由工厂变配电所高压母线上引出单独线路，直接供电给高压用电设备，在该线路上不再分接其他高压用电设备。(　　)

3.15 采用高压树干式接线配电时，一般干线上连接的车间变电所不得超过 3 个。(　　)

3.16 环形供电方式一般采用开环运行方式。(　　)

3.17 架空线一般采用绝缘导线。(　　)

3.18 工厂架空线路上常用的绝缘子表面都做成波纹状，这样能够起到阻断电弧的作用。(　　)

3.19 为了防止热胀冷缩，架空线路的弧垂尽量要大些。(　　)

3.20 车间内敷设的导线多采用绝缘导线。(　　)

3.21 只要不影响保护正常运行，交、直流回路可以共用一根电缆。(　　)

3.22 放射式供电比树干式供电的可靠性大。(　　)

3.23 架空线一般采用的是 TJ（铜绞线)。(　　)

3.24 核相工作应由四人以上进行，工作过程始终应有专人监护。(　　)

3.25 裸导线 A、B、C 三相涂漆的颜色分别对应为黄、红、绿三色。(　　)

3.26 电缆是一种既有绝缘层，又有保护层的导线。(　　)

3.27 电缆头是电缆线路的薄弱环节，必须由专业人员操作。(　　)

3.28 强电和弱电回路可以合用一根电缆。(　　)

3.29 采用钢管穿线时不能分相穿管。(　　)

3.30 为了保证照明的质量，通常车间内照明供电的照明线路与动力线路是分开的。(　　)

3.31 工厂车间内配电线路在运行中发生突然停电，且进线没有电压时，总开关不必拉开，出线开关应该全部拉开。(　　)

三、选择题

3.32 车间变电所配电采用放射式接线多用于（　　），采用树干式接线多用于（　　）。

A. 用电设备数量多，负荷分布均匀

B. 用电设备容量大，负荷分布较集中

C. 用电设备容量大，负荷分布在车间不同方向

D. 用电设备容量小，负荷分布均匀

E. 用电设备容量小，距离近

3.33 35kV 及以上的架空线路，多采用（　　）型线。

A. LJ　　B. LGJ　　C. TJ　　D. BLX

3.34 不需要使用拉线的电杆有（　　）。

A. 直线杆　　B. 耐张杆　　C. 终端杆　　D. 转角杆　　E. 分支杆

3.35 高压与高压线路同杆架设时，直线横担间垂直距离不小于（　　）。高压与低压线路同杆架设时，直线横担间垂直距离不小于（　　）。

A. 0.6m　　B. 0.8m　　C. 1.0m　　D. 1.2m

3.36 车间配电时，离地面（　　）以上的线路允许采用裸导线，离地面（　　）以下的导线必须加装机械防护。

A. 2m　　B. 2.5m　　C. 3m　　D. 3.5m

四、技能题

3.37 工厂发生突然停电事故，变配电所值班人员应如何处理？

3.38 调查一家小型企业的车间供配电情况，并画出其车间电力平面布线图。

第4章　工厂电力负荷计算及短路计算

内容提要

本章介绍中小型工厂电力负荷的运用情况和短路计算方法。重点介绍了确定用电设备组计算负荷的两种常用方法——需要系数法和二项式系数法。讲述了工厂计算负荷的确定方法及采用无功补偿的措施。简要介绍了照明负荷的分析计算。对工厂供电系统中的短路现象和短路效应进行了系统的分析，并介绍了短路计算的一般方法：欧姆法和标幺值法。

4.1　工厂的电力负荷和负荷曲线

“电力负荷”在不同的场合可以有不同的含义，它可以指用电设备或用电单位，也可以指用电设备或用电单位的功率或电流的大小。掌握工厂电力负荷的基本概念，准确地确定工厂的计算负荷是设计工厂供配电系统的基础。

4.1.1　工厂常用的用电设备

工厂常用的用电设备种类繁多，根据其用途和特点，大致可以分成四类：生产加工机械的拖动设备；电焊、电镀设备；电热设备；照明设备。了解工厂内常用电气设备的类型，对分析工厂的供电水平和用电质量很有帮助。

1. 生产加工机械的拖动设备

生产加工机械的拖动设备是机械加工类工厂的主要用电设备，是工厂电力负荷的主要组成部分，又可分为机床设备和起重运输设备两种。其中机床设备是工厂金属切削和金属压力加工的主要设备，常见有车床、铣床、刨床、插床、钻床、磨床、组合机床（专用加工机床）、镗床、冲床、锯床、剪床、砂轮机等。这些设备的动力，一般都由异步电动机供给，根据工件加工需要，有的机床上可能有几台甚至十几台（如专用组合机床）电动机，如T610镗床上就有主轴电动机、液压泵电动机、润滑泵电动机、工作台旋转电动机、尾架升降电动机、主轴调速电动机、冷却液泵电动机等7台电动机。这些电动机一般都要求能长期连续工作，电动机的总功率可以从几百瓦到几十千瓦不等，如工厂常用的CW6163B普通车床的动力部分有三台电动机，主轴电动机为10kW，冷却泵电动机为0.09kW，快速进给电动机为1.1kW。

起重运输设备是工厂中起吊和搬运物料、运输客货的重要工具，常见有起重机（吊车、行车）、输送机、电梯及自动扶梯。

另外，空压机、通风机、水泵等也是工厂常用的辅助设备，它们的动力都由异步电动机供给，工作方式属于长期连续工作方式，设备的容量可以从几千瓦到几十千瓦，单台设备的功率因数在0.8以上。

2. 电焊和电镀设备

电焊设备是车辆制造、锅炉制造、机床制造等制造厂的主要用电设备，在中小型机械类工厂中通常只作为辅助加工设备，负荷量不会太大。电焊包括利用电弧的高温进行焊接的电弧焊，利用电流通过金属连接处产生的电阻高温进行焊接的电阻焊（接触焊），利用电流通过熔化焊剂产生的热能进行焊接的电渣焊等。常见的电焊机有电弧焊机类和电阻焊机类。

电焊机的工作特点是：

（1）工作方式呈一定的同期性，工作时间和停歇时间相互交替。

（2）功率较大，380V 单台电焊机功率可达 400kVA，三相电焊机功率最大的可达 1000kVA 以上。

（3）功率因数很低，电弧焊机的功率因数为 0.3 ~ 0.35，电阻焊机的功率因数为 0.4 ~0.85。

（4）一般电焊机的配置不稳定，经常移动。

电镀的作用是防止腐蚀，增加美观，提高零件的耐磨性或导电性等，如镀铜、镀铬。另外，塑料、陶瓷等非金属零件表面，经过适当处理形成导电层后，也可以进行电镀。

电镀设备的工作特点是：

（1）工作方式是长期连续工作的。

（2）供电采用直流电源，需要晶闸管整流设备。

（3）容量较大，功率从几十千瓦到几百千瓦，功率因数较低，为 0.4 ~0.62。

3. 电热设备

工厂电热设备的种类也很多，按其加热原理和工作特点可分为电阻加热炉、电弧炉、感应炉和其他电热设备。其中，电阻加热炉主要用于各种零件的热处理，电弧炉主要用于矿石熔炼、金属熔炼，感应炉主要用于熔炼和金属材料热处理。其他加热设备，还有红外线加热设备、微波加热设备和等离子加热设备等。

中小型机械类工厂的电热设备一般较简单，通常配置用于热处理的电阻加热炉和容量不大的感应热处理设备及红外线加热设备。

电热设备的工作特点是：

（1）工作方式为长期连续工作方式。

（2）电力装置一般属二级或三级负荷。

（3）功率因数都较高，小型的电热设备可达到 1。

4. 照明设备

电气照明是工厂供电的重要组成部分，合理的照明设计和照明设备的选用是工作场所得到良好的照明环境的保证。常用的照明灯具有：白炽灯、卤钨灯、荧光灯、高压汞灯、高压钠灯、镝卤化物灯和单灯混光灯等。

照明设备的工作特点是：

（1）工作方式属长期连续工作方式。

（2）除白炽灯、卤钨灯的功率因数为 1 外，其他类型的灯具功率因数均较低。

（3）照明负荷为单相负荷，单个照明设备容量较小。

（4）照明负荷在工厂总负荷中所占比例通常在 10% 左右。

5. 工厂用电负荷的分类

在中小型机械类工厂中，常用重要电力负荷的级别分类如表 4.1 所示。

表 4.1　中小型机械类工厂中常用重要电力负荷的级别分类

序　号	车　　间	用 电 设 备	负 荷 级 别
1	金属加工车间	价格昂贵、作用重大、稀有的大型数控机床	一级
		价格贵、作用大、数量多的数控机床	二级
2	铸造车间	冲天炉鼓风机、30t 及以上的浇铸起重机	二级
3	热处理车间	井式炉专用淬火起重机、井式炉油槽抽油泵	二级
4	锻压车间	锻造专用起重机、水压机、高压水泵、油压机	二级
5	电镀车间	大型电镀用整流设备、自动流水作业生产线	二级
6	模具成型车间	隧道窑鼓风机、卷扬机	二级
7	层压制品车间	压塑料机及供热锅炉	二级
8	线缆车间	冷却水泵、鼓风机、润滑泵、高压水泵、水压机、真空泵、液压泵、收线用电设备、漆泵电加热设备	二级
9	空压站	单台 $60m^3/min$ 以上空压机	二级
		有高位油箱的离心式压缩机、润滑油泵	二级
		离心式压缩机润滑油泵	一级

4.1.2　工厂用电设备容量的确定

用电设备的铭牌上都有一个“额定功率”，但是由于各用电设备的额定工作条件不同，例如，有的是长期工作制，有的是短时工作制。因此这些铭牌上规定的额定功率不能直接相加来作为全厂的电力负荷，而必须首先换算成同一工作制下的额定功率，然后才能相加。经过换算至统一规定工作制下的“额定功率”称为设备容量，用 P_e 表示。

1. 用电设备的工作制

前面已介绍了工厂常用的用电设备，这些设备按工作制可以分为以下三类。

（1）长期连续工作制设备。这类设备能长期连续运行，每次连续工作时间超过 8h，而且运行时负荷比较稳定，如通风机、水泵、空压机、电热设备、照明设备、电镀设备、运输机等，都是典型的长期连续工作制设备。机床电动机的负荷虽然一般变动较大，但也属于长期连续工作制设备。

对于长期连续工作制设备，在计算其设备容量时，可直接查取其铭牌上的额定容量（额定功率），不用经过转换。

（2）短时工作制设备。这类设备的工作时间较短，而停歇时间相对较长，如有些机床上的辅助电动机，就属于短时工作制设备。

短时工作制设备在工厂负荷中所占比例很小，在计算其设备容量时，也是直接查取其铭牌上的额定容量（额定功率）。

（3）反复短时工作制设备。这类设备的工作呈周期性，时而工作时而停歇，如此反复，且工作时间与停歇时间有一定比例，如电焊设备、吊车、电梯等。通常这类设备用负荷持续率（或称暂载率）ε 来表示工作周期内的工作时间与整个工作周期的百分比值。

2. 设备容量的确定

（1）长期连续工作制和短时工作制的设备容量 P_e 就是设备的铭牌额定功率 P_N，即

$$P_e = P_N \tag{4-1}$$

（2）反复短时工作制设备的设备容量是将某负荷持续率下的铭牌额定功率 P_N 换算到统一负荷持续率下的功率。

负荷持续率（暂载率）ε 可用一个工作周期内工作时间占整个周期的百分比来表示：

$$\varepsilon = \frac{t}{t + t_0} \times 100\% \tag{4-2}$$

式中，t——工作时间；

t_0——停歇时间。

起重电动机的标准暂载率有 15%、25%、40%、60% 四种。

电焊设备的标准暂载率有 50%、65%、75%、100% 四种。

① 起重机（吊车电动机）。要求统一换算到 $\varepsilon = 25\%$ 时的额定功率，即

$$P_e = P_N \sqrt{\frac{\varepsilon_N}{\varepsilon_{25}}} = 2P_N \sqrt{\varepsilon_N} \tag{4-3}$$

式中，P_N——（换算前）设备铭牌额定功率；

P_e——换算后设备容量；

ε_N——设备铭牌暂载率；

ε_{25}——值为 25% 的暂载率（计算中用 0.25）。

② 电焊机设备。要求统一换算到 $\varepsilon = 100\%$，换算公式为：

$$P_e = P_N \sqrt{\varepsilon_N} = S_N \cos\varphi_N \sqrt{\varepsilon_N} \tag{4-4}$$

式中，S_N——设备铭牌额定容量；

$\cos\varphi_N$——设备铭牌功率因数。

③ 电炉变压器组。设备容量是指在额定功率下的有功功率，即

$$P_e = S_N \cos\varphi_N \tag{4-5}$$

式中，S_N——电炉变压器的额定容量；

$\cos\varphi_N$——电炉变压器的功率因数。

例 4.1 某小批量生产车间 380V 线路上接有金属切削机床共 20 台（其中，10.5kW 的 4 台，7.5kW 的 8 台，5kW 的 8 台），车间有 380V 电焊机 2 台（每台容量 20kVA，$\varepsilon_N = 65\%$，$\cos\varphi_N = 0.5$），车间有吊车 1 台（11kW，$\varepsilon_N = 25\%$），试计算此车间的设备容量。

解：① 金属切削机床的设备容量。金属切削机床属于长期连续工作制设备，所以 20 台金属切削机床的总容量为：

$$P_{e1} = \sum P_{ei} = 4 \times 10.5 + 8 \times 7.5 + 8 \times 5 = 142\text{kW}$$

② 电焊机的设备容量。电焊机属于反复短时工作制设备，它的设备容量应统一换算到 $\varepsilon = 100\%$，所以 2 台电焊机的设备容量为：

$$P_{e2} = 2S_N \sqrt{\varepsilon_N} \cos\varphi_N = 2 \times 20 \times \sqrt{0.65} \times 0.5 = 16.1\text{kW}$$

③ 吊车的设备容量。吊车属于反复短时工作制设备，它的设备容量应统一换算到 $\varepsilon = 25\%$，所以 1 台吊车的容量为：

$$P_{e3} = P_N \sqrt{\frac{\varepsilon_N}{\varepsilon_{25}}} = P_N = 11\text{kW}$$

④ 车间的设备总容量为：

$$P_e = 142 + 16.1 + 11 = 169.1\text{kW}$$

4.1.3 负荷曲线

负荷曲线是表示电力负荷随时间变动情况的曲线。负荷曲线按负荷对象分，有工厂的、车间的或某台设备的负荷曲线；按负荷的功率性质分，有有功和无功负荷曲线；按表示的时间分，有年的、月的、日的和工作班的负荷曲线；按绘制方式分，有依点连成的负荷曲线和梯形负荷曲线，如图4.1所示。

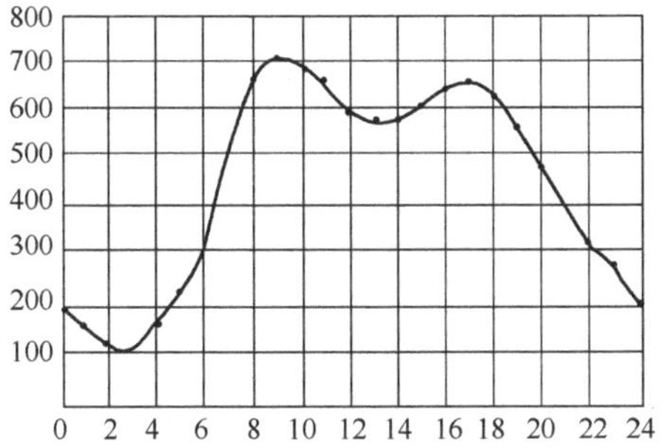

（a）依点连成的负荷曲线

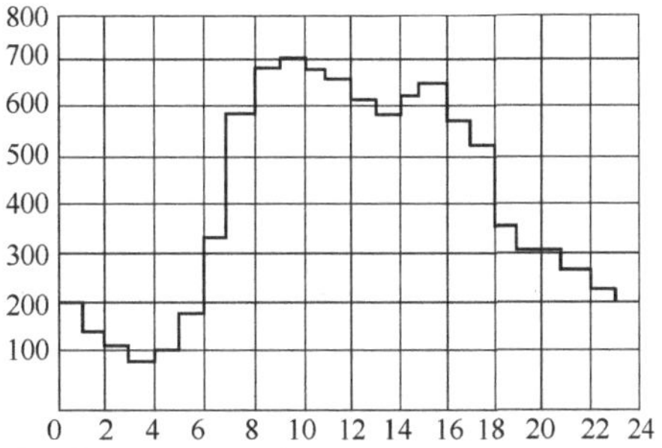

（b）梯形负荷曲线

图4.1 日有功负荷曲线

1. 负荷曲线的绘制

负荷曲线通常都绘制在直角坐标上，横坐标表示负荷变动时间，纵坐标表示负荷大小（功率kW、kvar）。

负荷曲线中应用较多的为年负荷曲线。它通常是根据典型的冬日和夏日负荷曲线来绘制。如图4.2（a）所示，这种曲线的负荷从大到小依次排列，反映了全年负荷变动与对应的负荷持续时间（全年按8760小时计）的关系。这种曲线称为年负荷持续时间曲线。图4.2（b）所示的曲线是按全年每日的最大半小时平均负荷来绘制的，它反映了全年当中不同时段的电能消耗水平，称为年每日最大负荷曲线。

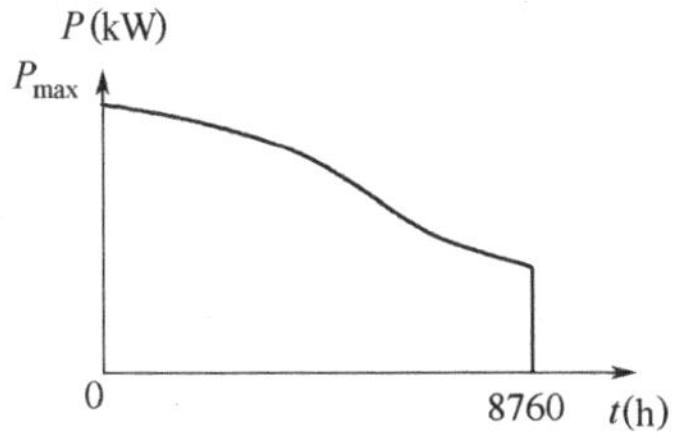

（a）年负荷持续时间曲线

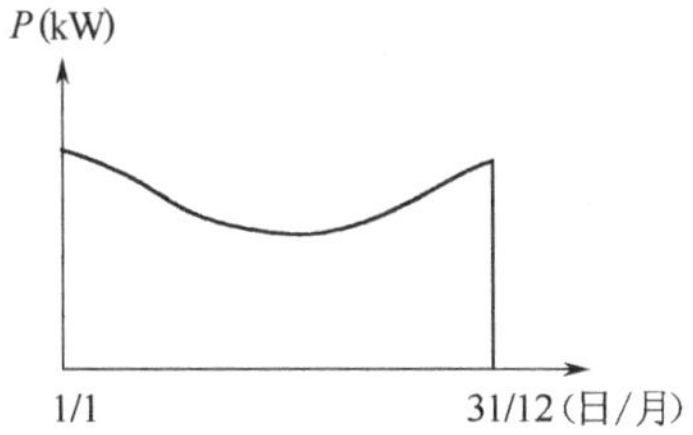

（b）年每日最大负荷曲线

图4.2 年负荷曲线

2. 与负荷曲线有关的参数

（1）年最大负荷 P_{max} 和年最大负荷利用小时 T_{max}。年负荷持续时间曲线上的最大负荷就是年最大负荷 P_{max}，它是全年中负荷最大的工作班消耗电能最多的半小时平均负荷 P_{30}。

年最大负荷利用小时 T_{max} 是一个等效时间，是假设负荷按最大负荷 P_{max} 持续运行时，在此时间内电力负荷所耗用的电能与电力负荷全年实际耗用的电能相同，如图4.3（a）所示。

因此

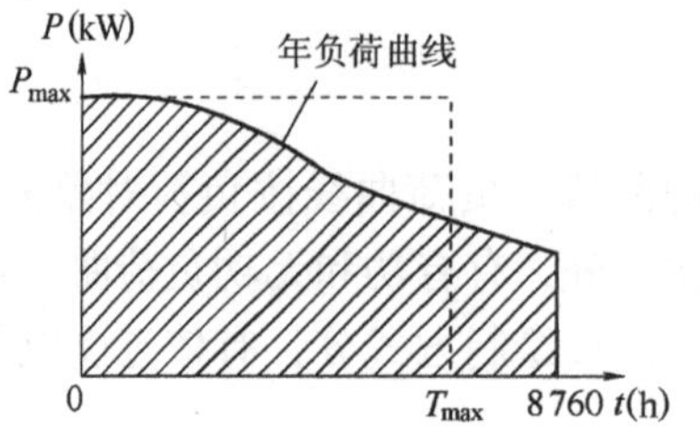

(a) 年最大负荷和年最大负荷利用小时

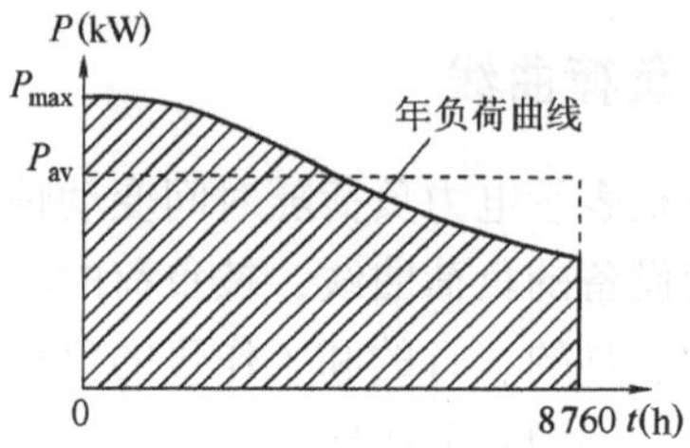

(b) 年平均负荷

图 4.3　年最大负荷和年平均负荷

$$T_{max}=\frac{W_a}{P_{max}} \tag{4-6}$$

式中，W_a——负荷全年实际耗用电能。

T_{max}是一个反映工厂负荷特征的重要参数，与工厂的工作班制有明显关系：如一班制工厂 $T_{max}=1800\sim3000h$，两班制工厂 $T_{max}=3500\sim4800h$，三班制工厂 $T_{max}=5000\sim7000h$。

（2）平均负荷 P_{av} 和年平均负荷。平均负荷就是负荷在一定时间 t 内平均消耗的功率，即：

$$P_{av}=\frac{W_t}{t} \tag{4-7}$$

式中，W_t——t 时间内耗用的电能。

年平均负荷就是全年工厂负荷消耗的总功除以全年总小时数，如图 4.3（b）所示。

$$P_{av}=\frac{W_a}{8\ 760} \tag{4-8}$$

4.2　工厂计算负荷的确定

4.2.1　概述

“计算负荷”是指用统计计算求出的，用来选择和校验变压器容量及开关设备、连接该负荷的电力线路的负荷值。同时，它也是选择仪器仪表、整定继电保护的重要数据。

计算负荷确定过大，将使变压器容量、电器设备和导线截面选择过大，造成投资浪费；如果计算负荷确定过小，则会引起所选变压器容量不足或电气设备、电力线路运行时电能损耗增加，并产生过热、绝缘加速老化等现象，甚至发生事故。“计算负荷”通常用 P_{30}、Q_{30}、S_{30}、I_{30} 分别表示负荷的有功计算负荷、无功计算负荷、视在计算负荷和计算电流。

负荷计算的目的主要是确定“计算负荷”，目前负荷计算的方法常用需要系数法和二项式系数法。

需要系数法比较简便，使用广泛。因该系数是按照车间以上的负荷情况来确定的，故适用于变配电所的负荷计算。

二项式系数法考虑了用电设备中几台功率较大的设备工作时对负荷影响的附加功率，计算结果往往偏大，一般适用于低压配电支干线和配电箱的负荷计算。

使用需要系数法和二项式系数法进行负荷计算时，都必须根据设备名称、类型、数量查取需要系数和二项式系数。常用设备的需要系数和二项式系数见附表 1 所示。

4.2.2 单个用电设备的负荷计算

对单台电动机，供电线路在30min内出现的最大平均负荷即计算负荷，即

$$P_{30}=P_N/\eta_N \approx P_N \tag{4-9}$$

式中，P_N——电动机的额定功率；

η_N——电动机在额定负荷下的效率。

对单个白炽灯、单台电热设备、电炉变压器等设备，额定容量就作为其计算负荷，即

$$P_{30}=P_N \tag{4-10}$$

对单台反复短时工作制的设备，其设备容量直接作为计算负荷，对于起重机和电焊类设备，还要根据负荷持续率进行换算。

4.2.3 用电设备组计算负荷的确定

1. 需要系数法

由于一个用电设备组中的设备并不一定同时工作，工作的设备也不一定都工作在额定状态下，另外考虑到线路的损耗、用电设备本身的损耗等因素，设备或设备组的计算负荷等于用电设备组的总容量乘以一个小于1的系数，叫做需要系数，用 K_d 表示。

在所需计算的范围内（如一条干线、一段母线、一台变压器），将用电设备按其设备性质不同分成若干组，对每一组选用合适的需要系数，算出每组用电设备的计算负荷，然后由各组计算负荷求总的计算负荷，这种方法称为需要系数法。需要系数法一般用来求多台三相用电设备的计算负荷。

需要系数法的基本公式：

$$P_{30}=K_dP_e \tag{4-11}$$

$$P_e=\sum P_{ei} \tag{4-12}$$

式中，K_d——需要系数；

P_e——设备容量，为用电设备组所有设备容量之和；

P_{ei}——每组用电设备的设备容量。

用电设备组的需要系数 K_d 见附表1。

（1）单组用电设备组的计算负荷确定。

有功计算负荷：

$$P_{30}=K_dP_e \tag{4-13}$$

无功计算负荷：

$$Q_{30}=P_{30}\tan\varphi \tag{4-14}$$

视在计算负荷：

$$S_{30}=\sqrt{P_{30}^2+Q_{30}^2} \tag{4-15}$$

计算电流：

$$I_{30}=\frac{S_{30}}{\sqrt{3}\,U_N} \tag{4-16}$$

在使用需要系数法时，要正确区分各用电设备或设备组的类别。机修车间的金属切削机床电动机应属于小批生产的冷加工机床电动机。压塑机、拉丝机和锻锤等应属于热加工机床

电动机。起重机、行车、电葫芦、卷扬机等实际上都属于吊车类。

（2）多组用电设备的计算负荷。在确定多组用电设备的计算负荷时，应考虑各组用电设备的最大负荷不会同时出现的因素，计入一个同时系数 K_{Σ}，该系数取值见表 4.2。

表 4.2　同时系数 K_{Σ}

应用范围	K_{Σ}
确定车间变电所低压线路最大负荷	
冷加工车间	0.7～0.8
热加工车间	0.7～0.9
动力站	0.8～1.0
确定配电所母线的最大负荷	
负荷小于 5000kW	0.9～1.0
计算负荷为 5000～10000kW	0.85
计算负荷大于 10000kW	0.8

还应先分别求出各组用电设备的计算负荷 P_{30i}、Q_{30i}，再结合不同情况即可求得总的计算负荷。

总的有功计算负荷：

$$P_{30}=K_{\Sigma}\sum P_{30i} \tag{4-17}$$

总的无功计算负荷：

$$Q_{30}=K_{\Sigma}\sum Q_{30i} \tag{4-18}$$

总的视在计算负荷：

$$S_{30}=\sqrt{P_{30}^2+Q_{30}^2} \tag{4-19}$$

总的计算电流：

$$I_{30}=\frac{S_{30}}{\sqrt{3}U_N} \tag{4-20}$$

例 4.2　用需要系数法计算例 4.1 车间的计算负荷。

解：① 金属切削机床组的计算负荷。查附表 1，取需要系数和功率因数为：$K_d=0.2$，$\cos\varphi=0.5$，$\tan\varphi=1.73$，根据式（4–13）、式（4–14）、式（4–15）、式（4–16）有：

$$P_{30(1)}=0.2\times142=28.4\text{kW}$$

$$Q_{30(1)}=28.4\times1.73=49.1\text{kvar}$$

$$S_{30(1)}=\sqrt{28.4^2+49.1^2}=56.8\text{kVA}$$

$$I_{30(1)}=\frac{56.8}{\sqrt{3}\times0.38}=86.3\text{A}$$

② 电焊机组的计算负荷。查附表 1，取需要系数和功率因数为 $K_d=0.35$，$\cos\varphi=0.35$，$\tan\varphi=2.68$，根据式（4–13）、式（4–14）、式（4–15）、式（4–16）有：

$$P_{30(2)}=0.35\times16.1=5.6\text{kW}$$

$$Q_{30(2)}=5.6\times2.68=15.0\text{kvar}$$

$$S_{30(2)}=\sqrt{5.6^2+15.0^2}=16.0\text{kVA}$$

$$I_{30(2)}=\frac{16}{\sqrt{3}\times0.38}=24.3\text{A}$$

③ 吊车组的计算负荷。查附表 1，取需要系数和功率因数为 $K_d=0.15$，$\cos\varphi=0.5$，

$\tan\varphi = 1.73$，根据式（4–13）、式（4–14）、式（4–15）、式（4–16）有：

$$P_{30(3)} = 0.15 \times 11 = 1.7\text{kW}$$

$$Q_{30(3)} = 1.7 \times 1.73 = 2.9\text{kvar}$$

$$S_{30(3)} = \sqrt{1.7^2 + 2.9^2} = 3.4\text{kVA}$$

$$I_{30(3)} = \frac{3.4}{\sqrt{3} \times 0.38} = 5.2\text{A}$$

④ 全车间的总计算负荷。根据表 4.2，取同时系数 $K_\Sigma = 0.8$，所以全车间的计算负荷为：

$$P_{30} = K_\Sigma \sum P_{ei} = 0.8 \times (28.4 + 5.6 + 1.7) = 28.6\text{kW}$$

$$Q_{30} = K_\Sigma \sum Q_{ei} = 0.8 \times (49.1 + 15 + 2.9) = 53.6\text{kvar}$$

$$S_{30} = \sqrt{28.6^2 + 53.6^2} = 60.8\text{kVA}$$

$$I_{30} = \frac{60.8}{\sqrt{3} \times 0.38} = 92.4\text{A}$$

例 4.3 一机修车间的 380V 线路上，接有金属切削机床电动机 20 台共 50kW，其中较大容量电动机有 7.5kW 2 台，4kW 2 台，2.2kW 8 台；另接通风机 2 台共 2.4kW；电炉 1 台 2kW。试求计算负荷（设同时系数为 0.9）。

解： ① 冷加工电动机。查附表 1，取 $K_{d1} = 0.2$，$\cos\varphi_1 = 0.5$，$\tan\varphi_1 = 1.73$，则

$$P_{30.1} = K_{d1} P_{e1} = 0.2 \times 50\text{kW} = 10\text{kW}$$

$$Q_{30.1} = P_{30.1} \tan\varphi_1 = 10\text{kW} \times 1.73 = 17.3\text{kvar}$$

② 通风机。查附表 1，取 $K_{d2} = 0.8$，$\cos\varphi_2 = 0.8$，$\tan\varphi_2 = 0.75$，则

$$P_{30.2} = K_{d2} P_{e2} = 0.8 \times 2.4\text{kW} = 1.92\text{kW}$$

$$Q_{30.2} = P_{30.2} \tan\varphi_2 = 1.92\text{kW} \times 0.75 = 1.44\text{kvar}$$

③ 电阻炉。查附表 1，取 $K_{d3} = 0.7$，$\cos\varphi_3 = 1.0$，$\tan\varphi_3 = 0$，则

$$P_{30.3} = K_{d3} P_{e3} = 0.7 \times 2\text{kW} = 1.4\text{kW}$$

$$Q_{30.3} = 0$$

④ 总的计算负荷。

$$P_{30} = K_\Sigma \sum P_{30.i} = 0.9 \times (10 + 1.92 + 1.4)\text{kW} = 12\text{kW}$$

$$Q_{30} = K_\Sigma \sum Q_{30.i} = 0.9 \times (1.73 + 1.44 + 0)\text{kvar} = 16.9\text{kvar}$$

$$S_{30} = \sqrt{(12\text{kW})^2 + (16.9\text{kvar})^2} = 20.73\text{kVA}$$

$$I_{30} = \frac{20.73\text{kVA}}{\sqrt{3} \times 0.38\text{kV}} = 31.5\text{A}$$

2. 二项式系数法

在计算设备台数不多，而且各台设备容量相差较大的车间干线和配电箱的计算负荷时宜采用二项式系数法。基本公式为：

$$P_{30} = bP_e + cP_x \tag{4-21}$$

式中，b、c——二项式系数，根据设备名称、类型、台数查附表 1 选取；

bP_e——用电设备组的平均负荷，其中 P_e 为用电设备组的设备总容量；

P_x——指用电设备中 x 台容量最大的设备容量之和。cP_x 指用电设备中 x 台容量最大的设备投入运行时增加的附加负荷。

其余的计算负荷 Q_{30}、S_{30} 和 I_{30} 的计算公式与前述需要系数法相同。

（1）对 1 或 2 台用电设备可认为 $P_{30}=P_e$，即 $b=1$，$c=0$。

（2）用电设备组的有功计算负荷的求取直接应用式（4-21），其余的计算负荷与需要系数法相同。

（3）采用二项式系数法确定多组用电设备的总计算负荷时，也要考虑各组用电设备的最大负荷不同时出现的因素。与需要系数法不同的是，这里不是计入一个小于 1 的综合系数，而是在各组用电设备中取其中一组最大的附加负荷 $(cP_x)_{max}$，再加上各组平均负荷 bP_e，由此求出设备组的总计算负荷。

先求出每组用电设备的计算负荷 P_{30i}、Q_{30i}，则总的有功计算负荷为：

$$P_{30}=\sum(bP_e)_i+(cP_x)_{max} \tag{4-22}$$

总的无功计算负荷为：

$$Q_{30}=\sum(bP_e\tan\varphi)_i+(cP_x)_{max}\tan\varphi_{max} \tag{4-23}$$

式中，$(cP_x)_{max}$——各组 cP_x 中最大的一组附加负荷；

$\tan\varphi_{max}$——最大附加负荷 $(cP_x)_{max}$ 的设备组的 $\tan\varphi$。

求出 P_{30}、Q_{30} 后，可根据公式（2-11）、（2-12）求出 S_{30} 和 I_{30}。

例 4.4　用二项式法计算例 4.1 车间的金属切削机床组的计算负荷。

解：查附表 1，取二项式系数 $b=0.14$，$c=0.4$，$x=5$，$\cos\varphi=0.5$，$\tan\varphi=1.73$，则

$$P_x=P_5=10.5\times4+7.5\times1=49.5\text{kW}$$

根据式（4-21）、式（4-14）、式（4-15）、式（4-16）有：

$$P_{30}=bP_e+cP_x=0.14\times142+0.4\times49.5=39.7\text{kW}$$

$$Q_{30}=39.7\times1.73=68.7\text{kvar}$$

$$S_{30}=\sqrt{39.7^2+68.7^2}=79.4\text{kVA}$$

$$I_{30}=\frac{79.4}{\sqrt{3}\times0.38}=120.6\text{A}$$

例 4.5　试用二项式法计算例 4.3 中的计算负荷。

解：先分别求出各组的平均功率 bP_e 和附加负荷 cP_x。

① 金属切削机车电动机组。查附表 1，取 $b=0.14$，$c=0.4$，$x=5$，$\cos\varphi=0.5$，$\tan\varphi=1.73$，则

$$(bP_e)_1=0.14\times50\text{kW}=7\text{kW}$$

$$(cP_x)_1=0.4\times(7.5\text{kW}\times2+4\text{kW}\times2+2.2\text{kW}\times1)=10.08\text{kW}$$

② 通风机组。查附表 1，取 $b=0.65$，$c=0.25$，$x=2$，$\cos\varphi=0.8$，$\tan\varphi=0.75$，则

$$(bP_e)_2=0.65\times2.4\text{kW}=1.56\text{kW}$$

$$(cP_x)_2=0.25\times2.4=0.6\text{kW}$$

③ 电阻炉。查附表 1，取 $b=0.7$，$c=0$，$x=1$，$\cos\varphi=1$，$\tan\varphi=0$，则

$$(bP_e)_3=0.7\times2\text{kW}=1.4\text{kW}$$

$$(cP_x)_3=0$$

显然，三组用电设备中，第一组的附加负荷 $(cP_x)_1$ 最大，因此总的计算负荷为：

$$P_{30}=\sum(bP_e)_i+(cP_x)_1=(7+1.56+1.4)\text{kW}+10.08\text{kW}=20.04\text{kW}$$

$$Q_{30}=\sum(bP_e\tan\varphi)_i+(cP_x)_1\tan\varphi_1$$
$$=(7\text{kW}\times1.73+1.56\text{kW}\times0.75+0)+10.08\text{kW}\times1.73$$

$$=30.72\text{kvar}$$

$$S_{30}=\sqrt{(20.04\text{kW})^2+(30.72\text{kvar})^2}=36.68\text{kVA}$$

$$I_{30}=\frac{36.68\text{kVA}}{\sqrt{3}\times 0.38\text{kV}}=55.73\text{A}$$

从上述几例可以看出，由于二项式系数法考虑了用电设备中几台功率较大的设备工作时对负荷影响的附加功率，计算的结果比按需要系数法计算的结果偏大，所以一般适用于低压配电支干线和配电箱的负荷计算。而需要系数法比较简单，该系数是按照车间及以上的负荷情况来确定的，适用于变配电所的负荷计算。

4.2.4 单相用电设备计算负荷的确定

单相设备接于三相线路中，应尽可能地均衡分配，使三相负荷尽可能平衡。如果均衡分配后，三相线路中剩余的单相设备总容量不超过三相设备总容量的 15%，可将单相设备总容量视为三相负荷平衡进行负荷计算。如果超过 15%，则应先将这部分单相设备容量换算为等效三相设备容量，再进行负荷计算。

1. 单相设备接于相电压时

等效三相设备容量 P_e 按最大负荷相所接的单相设备容量 $P_{em\varphi}$ 的 3 倍计算，即

$$P_e=3P_{em\varphi} \tag{4-24}$$

而等效三相负荷可按上述的需要系数法计算。

2. 单相设备接于线电压时

容量为 $P_{e\varphi}$ 的单相设备接于线电压时，其等效三相设备容量 P_e 为：

$$P_e=\sqrt{3}P_{e\varphi} \tag{4-25}$$

等效三相负荷可按上述需要系数法计算。

4.2.5 工厂电气照明负荷的确定

照明供电系统是工厂供电系统的一个组成部分。电气照明负荷也是工厂电力负荷的一部分。良好的照明环境是保证工厂安全生产、提高劳动生产率、提高产品质量、改善职工劳动环境、保障职工身体健康的重要方面。工厂的电气照明设计，应根据生产性质、厂房自然条件等因素选择合适的光源和灯具，进行合理的布置，使工作场所的照明度达到规定的要求。

1. 照明设备容量的确定

（1）不用镇流器的照明设备（如白炽灯、碘钨灯），其设备容量指灯头的额定功率，即

$$P_e=P_N \tag{4-26}$$

（2）用镇流器的照明设备（如荧光灯、高压汞灯、金属卤化物灯），其设备容量要包括镇流器中的功率损失，所以一般略高于灯头的额定功率，即

$$P_e=1.1P_N \tag{4-27}$$

（3）照明设备的额定容量还可按建筑物的单位面积容量法估算，即

$$P_e=\omega S/1000 \tag{4-28}$$

式中，ω——建筑物单位面积的照明容量，单位为 W/m^2；

S——建筑物的面积，单位为 m^2。

2. 照明计算负荷的确定

照明设备通常都是单相负荷，在设计安装时应将它们均匀地分配到三相上，力求减少三相负荷不平衡状况。设计规范规定，如果三相电路中单相设备总容量不超过三相设备容量的15%时，则单相设备可按三相平衡负荷考虑；如果三相电路中单相设备总容量超过三相设备容量的15%，且三相明显不对称时，则首先应将单相设备容量换算为等效三相设备容量。换算的简单方法是：选择其中最大的一相单相设备容量乘三倍，作为等效三相设备容量，再与三相设备容量相加，应用需要系数法计算其计算负荷。

通常，车间的照明设备容量都不会超过车间三相设备容量的15%。因此，我们可在确定了车间照明设备总容量后，按需要系数法单独计算车间照明设备的计算负荷，照明设备组的需要系数及功率因数值按表4.3选取，负荷计算公式如前述需要系数法。

表4.3 照明设备组的需要系数及功率因数

光源类别	需要系数 K_d	功率因数 $\cos\varphi$				
		白炽灯	荧光灯	高压汞灯	高压钠灯	金属卤化物灯
生产车间办公室	0.8～1	1	0.9 (0.55)	0.45～0.65	0.45	0.40～0.61
变配电所、仓库	0.5～0.7	1	0.9 (0.55)	0.45～0.65	0.45	0.40～0.61
生活区宿舍	0.6～0.8	1	0.9 (0.55)	0.45～0.65	0.45	0.40～0.61
室外	1	1	0.9 (0.55)	0.45～0.65	0.45	0.40～0.61

注：括号内的数为没有补偿时的功率因数值。

4.2.6 全厂计算负荷的确定

1. 用需要系数法计算全厂计算负荷

在已知全厂用电设备总容量 P_e 的条件下，乘以一个工厂的需要系数 K_d 即可求得全厂的有功计算负荷，即

$$P_{30}=K_dP_e \tag{4-29}$$

式中，K_d——全厂的需要系数值，查表4.4选取。

其他计算负荷求法如前述。全厂负荷的需要系数及功率因数如表4.4所示。

表4.4 全厂负荷的需要系数及功率因数

工厂类别	需要系数	功率因数	工厂类别	需要系数	功率因数
汽轮机制造厂	0.38	0.88	石油机械制造厂	0.45	0.78
锅炉制造厂	0.27	0.73	电线电缆制造厂	0.35	0.73
柴油机制造厂	0.32	0.74	电器开关制造厂	0.35	0.75
重型机床制造厂	0.32	0.71	橡胶厂	0.5	0.72
仪器仪表制造厂	0.37	0.81	通用机械厂	0.4	0.72
电机制造厂	0.33	0.81			

例4.6 已知某一班制电器开关制造工厂共有用电设备容量4500kW，试估算该厂的计算负荷。

解：查表4.4取 $K_d=0.35$，$\cos\varphi=0.75$，$\tan\varphi=0.88$，根据公式有：

$$P_{30}=0.35\times4500=1575\text{kW}$$
$$Q_{30}=1575\times0.88=1386\text{kvar}$$
$$S_{30}=\sqrt{1575^2+1386^2}=2098\text{kVA}$$
$$I_{30}=\frac{2098}{\sqrt{3}\times0.38}=3187.7\text{A}$$

2. 用逐级推算法计算全厂的计算负荷

在确定了各用电设备组的计算负荷后，要确定车间或全厂的计算负荷，可以采用由用电设备组开始，逐级向电源方向推算的方法，在经过变压器和较长的线路时，应加上变压器和线路的损耗。

如图 4.4 所示，在确定全厂计算负荷时，应从用电末端开始，逐步向上推算至电源进线端。

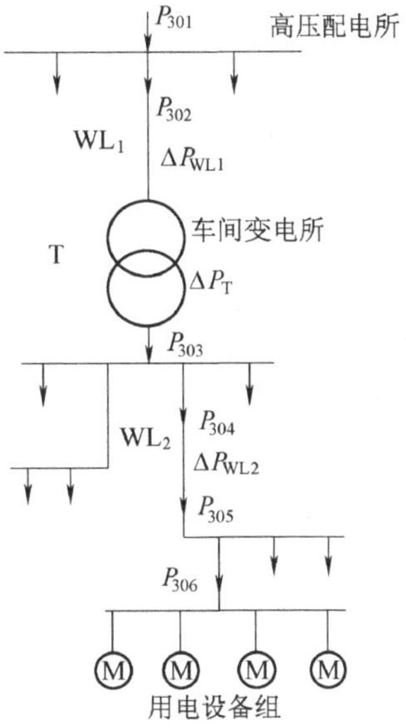

图 4.4 逐级推算法示意图

P_{305}应为其所有出线上的计算负荷 P_{306}等之和，再乘上同时系数 K_{Σ}。

而 P_{304}要考虑线路 WL_2的损耗，因此 $P_{304}=P_{305}+\Delta P_{WL2}$

P_{303}由 P_{304}等几条干线上计算负荷之和乘以一个同时系数 K_{Σ}而得。

P_{302}还要考虑变压器的损耗，因此 $P_{302}=P_{303}+\Delta P_T+\Delta P_{WL1}$。

P_{301}由 P_{302}等几条高压配电线路上计算负荷之和乘以一个同时系数 K_{Σ}而得。

对中小型工厂来说，厂内高低压配电线路一般不长，其功率损耗可略去不计。

电力变压器的功率损耗，在一般的负荷计算中，可采用简化公式来近似计算。有功功率损耗：

$$\Delta P_T=0.015S_{30} \tag{4-30}$$

无功功率损耗：

$$\Delta Q_T=0.06S_{30} \tag{4-31}$$

式中，S_{30}——变压器二次侧的视在计算负荷。

3. 按年产量和年产值估算全厂的计算负荷

如果已知工厂的年产量 A 或年产值 B，可以根据工厂的单位产量耗电量 a 或单位产值耗电量 b，求出工厂的全年耗电量 W_a：

$$W_a=Aa=Bb \tag{4-32}$$

式中，各类工厂的单位产量耗电量 a 或单位产值耗电量 b 可从有关设计手册查取。

在求出全年耗电量 W_a后，利用式（4-33），即可求出全厂的有功计算负荷：

$$P_{30}=\frac{W_a}{T_{max}} \tag{4-33}$$

式中，T_{max}为工厂的年最大负荷利用小时。其他计算负荷参数 Q_{30}、S_{30}、I_{30}的计算，按式（4-14）、式（4-15）、式（4-16）可求得。

4.2.7 工厂的功率因数及无功补偿

1. 工厂的功率因数分类和计算

功率因数是供用电系统的一项重要的技术经济指标，它反映了供用电系统中无功功率消耗量在系统总容量中所占的比重，反映了供用电系统的供电能力。根据测量方法和用途的不同，工厂的功率因数常有以下几种。

（1）瞬时功率因数。它是指运行中的工厂供用电系统在某一时刻的功率因数值。瞬时功率因数是随设备的类型、运行方式、电压高低而随时变化的，可由功率因数表直接读取，也可以根据电流表、电压表、有功功率表在同一瞬间的读数按式（4-34）求得：

$$\cos\varphi = \frac{P}{\sqrt{3}UI} \tag{4-34}$$

式中，P——功率表测出的三相有功功率读数；

U——电压表测出的线电压读数；

I——电流表测出的线电流读数。

（2）平均功率因数。它是指某一规定时间段内功率因数的平均值，它可根据规定时间段内的有功电度表、无功电度表的积累数据按式（4-35）求得：

$$\cos\varphi = \frac{W_p}{\sqrt{W_p^2 + W_q^2}} \tag{4-35}$$

式中，W_p——有功电度表读数；

W_q——无功电度表读数。

（3）最大负荷时的功率因数。它是指配电系统运行在年最大负荷（计算负荷）时的功率因数。可根据工厂有功计算负荷和视在计算负荷按式（4-36）求出：

$$\cos\varphi = \frac{P_{30}}{S_{30}} \tag{4-36}$$

式中，P_{30}——工厂的有功计算负荷；

S_{30}——工厂的视在计算负荷。

我国有关规程规定：高压供电的工厂，最大负荷时的功率因数不得低于0.9，其他工厂不得低于0.85。

（4）自然功率因数。是指用电设备或工厂在没有安装人工补偿装置时的功率因数，有瞬时值和平均值两种。

（5）总的功率因数。是指用电设备或工厂设置了人工补偿后的功率因数，也有瞬时值和平均值两种。

通常，瞬时功率因数只用来了解、分析工厂无功功率的变化情况，以便采取适当的补偿措施。月平均功率因数则作为电业部门调整收费标准的依据。最大负荷时功率因数则作为确定无功补偿容量的计算依据。

2. 无功功率补偿

工厂中的用电设备多为感性负载，在运行过程中，除了消耗有功功率外，还需要大量的无功功率在电源至负荷之间交换，导致功率因数降低，所以一般工厂的自然功率因数都比较低，它给工厂供配电系统造成不利影响。

根据我国制定的按功率因数调整收费的办法要求，高压供电的工业用户和高压供电装有带负荷调压装置的电力用户，功率因数应达到0.9以上，其他用户功率因数应在0.85以上，当功率因数低于0.7时，电业局不予供电。因此，工厂在改善设备运行性能，合理调整运行方式提高自然功率因数的情况下，都需要安装无功功率补偿装置，提高工厂供配电系统的功率因数。

提高功率因数的方法很多，可分为两大类，即提高自然功率因数的方法和人工补偿无功功率提高功率因数的方法。在工厂供配电系统中，人工补偿无功功率提高功率因数的方法通常是安装移相电容器。

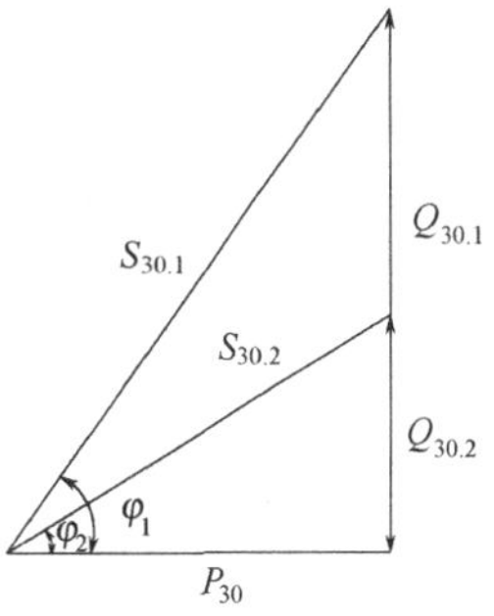

图 4.5　无功功率补偿原理图

从图 4.5 可以看出功率因数提高与无功功率和视在功率变化的关系。假设功率因数由 $\cos\varphi_1$ 提高到 $\cos\varphi_2$，这时在有功功率 P_{30} 不变的条件下，无功功率将由 $Q_{30.1}$ 减小到 $Q_{30.2}$，视在功率将由 $S_{30.1}$ 减小到 $S_{30.2}$，从而负荷电流也得以减小，这将使系统的无功电能损耗和电压损耗相应降低，既节约了电能，又提高了电压质量，而且可选较小容量的供电设备和导线电缆，因此提高功率因数对电力系统大有好处。

3. 补偿容量和补偿后的计算负荷

（1）补偿容量的计算。已知某工厂或车间补偿前的计算负荷 P_{30}、Q_{30}、S_{30} 和自然功率因数 $\cos\varphi_1$，若要求把功率因数提高到 $\cos\varphi_2$，应补偿的无功容量按式（4-37）计算：

$$Q_C = P_{30}(\tan\varphi_1 - \tan\varphi_2) \tag{4-37}$$

式中，P_{30}——有功计算负荷；

φ_1、φ_2——补偿前后功率因数角；

Q_C——无功补偿容量。

（2）补偿后计算负荷的计算。在确定了总的补偿容量 Q_C 后，还应选择补偿电容器的单台容量 q_C 和电容器的数量 n。这时要考虑并联电容器的接法，以及电容器实际运行电压可能与额定电压不同等具体问题。在选择了移相电容器的单个容量 q_C 后，即可按式（4-38）确定电容器的个数。

$$n = \frac{Q_C}{q_C} \tag{4-38}$$

由上式计算求出的电容器个数 n，对于单相电容器，应取为 3 的倍数，以便三相平均分配安装。

补偿后工厂的有功计算负荷不变，但电源向工厂提供的无功功率将减小，在确定补偿装置装设地点以前的计算负荷时，应减去无功补偿容量，总的无功计算负荷为：

$$Q'_{30} = Q_{30} - Q_C \tag{4-39}$$

补偿后的视在计算负荷为：

$$S'_{30} = \sqrt{P_{30}^2 + Q'^2_{30}} = \sqrt{P_{30}^2 + (Q_{30} - Q_C)^2} \tag{4-40}$$

例 4.7　某厂拟建一降压变电所，装设一台主变压器。已知变电所低压侧有功计算负荷为 650kW，无功计算负荷为 800kvar。为了使工厂（变电所高压侧）的功率因数不低于 0.9，如在低压侧装设并联电容器进行补偿时，需装设多少补偿容量？补偿前后工厂变电所所选变压器的容量有何变化？

解：① 补偿前的变压器容量和功率因数。变电所低压侧的视在计算负荷为：

$$S_{30(2)} = \sqrt{650^2 + 800^2}\,\text{kVA} = 1031\text{kVA}$$

因此未考虑无功补偿时，主变压器的容量应选择为 1250kVA（参见附表 2）。

变电所低压侧的功率因数为：

$$\cos\varphi_{(2)} = P_{30(2)}/S_{30(2)} = 650/1031 = 0.63$$

② 无功补偿容量。按相关规定，补偿后变电所高压侧的功率因数不应低于 0.9，即 $\cos\varphi_{(1)} \geqslant 0.9$。在变压器低压侧进行补偿时，因为考虑到变压器的无功功率损耗远大于有功功率损耗，所以低压侧补偿后的低压侧功率因数应略高于 0.9。这里取补偿后低压侧功率因数 $\cos\varphi'_{(2)} = 0.92$。

因此，低压侧需要装设并联电容器容量为：

$$Q_C = 650 \times (\tan\arccos 0.63 - \tan\arccos 0.92)\text{kvar} = 525\text{kvar}$$

取 $Q_C = 530\text{kvar}$。

③ 补偿后重新选择变压器容量。变电所低压侧的视在计算负荷为：

$$S'_{30(2)} = \sqrt{650^2 + (800-530)^2}\text{kVA} = 704\text{kVA}$$

因此无功功率补偿后的主变压器容量可选为 800kVA（参见附表 2）。

④ 补偿后的工厂功率因数。补偿后变压器的功率损耗为：

$$\Delta P_T \approx 0.015 S'_{30(2)} = 0.015 \times 704\text{kVA} = 10.6\text{kW}$$

$$\Delta Q_T \approx 0.06 S'_{30(2)} = 0.06 \times 704\text{kvar} = 42.2\text{kvar}$$

变电所高压侧的计算负荷为：

$$P'_{30(1)} = 650\text{kW} + 10.6\text{kW} = 661\text{kW}$$

$$Q'_{30(1)} = (800-530)\text{kvar} + 42.2\text{kvar} = 312\text{kvar}$$

$$S'_{30(1)} = \sqrt{661^2 + 312^2}\text{kVA} = 731\text{kVA}$$

补偿后工厂的功率因数为：

$$\cos\varphi' = 661/731 = 0.904 > 0.9$$

满足相关规定的要求。

⑤ 无功补偿前后的比较。

$$S'_N - S_N = 1250\text{kVA} - 800\text{kVA} = 450\text{kVA}$$

由此可见，补偿后主变压器的容量减少了 450kVA，不仅减少了投资，而且减少电费的支出，提高了功率因数。

4.2.8 尖峰电流的计算

1. 概述

尖峰电流是指持续时间 1～2s 的短时最大负荷电流。尖峰电流主要用来选择熔断器和低压断路器，整定继电保护及检验电动机自启动条件等。

2. 单台用电设备尖峰电流的计算

单台用电设备的尖峰电流就是其启动电流，因此尖峰电流 I_{pk} 为：

$$I_{pk} = I_{st} = K_{st} I_N \tag{4-41}$$

式中，I_{pk}——尖峰电流；

I_N——用电设备的额定电流；

I_{st}——用电设备的启动电流；

K_{st}——用电设备的启动电流倍数，笼型电动机为 5～7，绕线式异步电动机为 2～3，直流电动机为 1.7，电焊变压器为 3 或稍大。

3. 多台用电设备尖峰电流的计算

多台用电设备的线路上的尖峰电流按下式计算：

$$I_{pk} = K_{\sum} \sum_{i=1}^{n-1} I_{N.i} + I_{st.max} \tag{4-42}$$

或者

$$I_{pk} = I_{30} + (I_{st} - I_N)_{max} \tag{4-43}$$

式中，$I_{st.max}$——用电设备中启动电流与额定电流之差为最大的那台设备的启动电流；

$(I_{st} - I_N)_{max}$——用电设备中启动电流与额定电流之差为最大的那台设备的启动电流与额定电流之差；

$\sum_{i=1}^{n-1} I_{N.i}$——将启动电流与额定电流之差为最大的那台设备除外的其他 $n-1$ 台设备的额定电流之和；

$K_{\sum}$——上述 $n-1$ 台设备的同时系数，按台数多少选取，一般为0.7～1；

I_{30}——全部设备投入运行时线路的计算电流。

例4.8 有一380V三相线路，供电给表4.5所示4台电动机，试计算该线路的尖峰电流。

表4.5 例4.8的负荷资料

参数	电动机			
	M_1	M_2	M_3	M_4
额定电流 I_N（A）	5.8	5	35.8	27.6
启动电流 I_{st}（A）	40.6	35	197	193.2

解：由表可知，电动机 M_4 的 $I_{st} - I_N = 193.2 - 27.6 = 165.6A$ 为最大。取 $K_{\sum} = 0.9$，该线路的尖峰电流为：

$$I_{pk} = 0.9 \times (5.8 + 5 + 35.8) + 193.2 = 235A$$

4.3 短路计算

4.3.1 短路故障的原因

短路故障是指运行中的电力系统或工厂供配电系统的相与相或者相与地之间发生的金属性非正常连接。短路产生的原因主要是系统中带电部分的电气绝缘出现破坏，而引起这种破坏的原因有过电压、雷击、绝缘材料的老化以及运行人员的误操作和施工机械的破坏、鸟害、鼠害等。

以运行人员带负荷分断隔离开关为例，由于隔离开关的功能是起隔离和分断小电流的作用，无灭弧装置或只有简单的灭弧装置，因此它不能分断大电流。如果当运行人员带大电流分断隔离开关时，强大的电流就在隔离开关的断口形成电弧，由于隔离开关无法熄灭电弧，很容易形成“飞弧”，电弧使隔离开关的相与相或者相与地之间出现短路，造成人身和设备的安全事故。

4.3.2　短路故障的种类

在电力系统中，短路故障对电力系统的危害最大，按照短路的情况不同，短路的类型可分为四种。表 4.6 为各种短路的符号和特点。

表 4.6　短路种类、表示符号、性质及特点

短路名称	表示符号	示　图	短路性质	特　点
单相短路	$k^{(1)}$	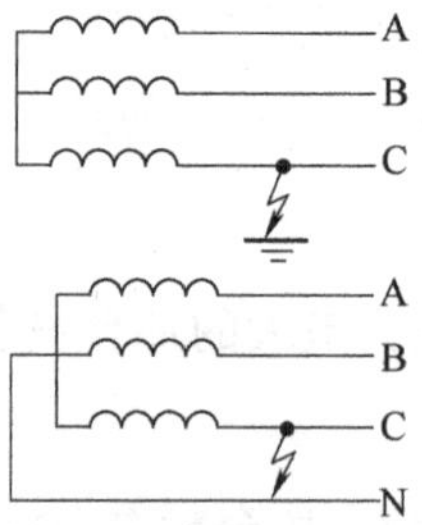	不对称短路	短路电流仅在故障相中流过，故障相电压下降，非故障相电压会升高
两相短路	$k^{(2)}$	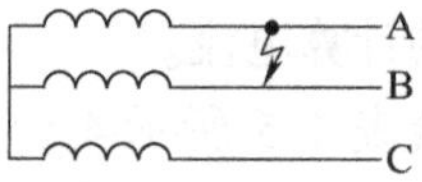	不对称短路	短路回路中流过很大的短路电流，电压和电流的对称性被破坏
两相短路接地	$k^{(1,1)}$	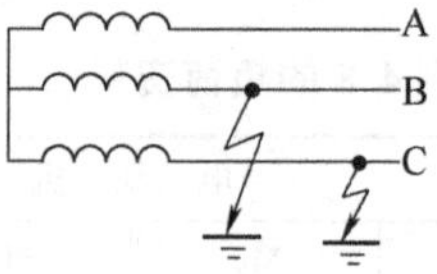	不对称短路	短路回路中流过很大的短路电流，故障相电压为零
三相短路	$k^{(3)}$	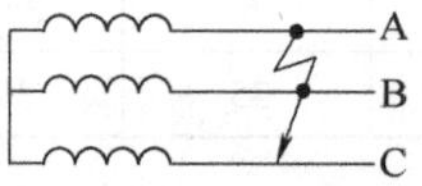	对称短路	三相电路中都流过很大的短路电流，短路时电压和电流保持对称，短路点电压为零

当线路或设备发生三相短路时，由于短路的三相阻抗相等，因此，三相电流和电压仍是对称的。所以三相短路又称为对称短路，其他类型的短路不仅相电流、相电压大小不同，而且各相之间的相位角也不相等，这些类型的短路统称为不对称短路。

电力系统中，发生单相短路的可能性最大，而发生三相短路的可能性最小，但通常三相短路电流最大，造成的危害也最严重。因而常以三相短路时的短路电流热效应和电动力效应来校验电气设备。

4.3.3　短路参数

1. 短路计算的目的和短路参数

短路计算的目的是为了正确选择和校验电气设备，准确地整定供配电系统的保护装置，避免在短路电流作用下损坏电气设备，保证供配电系统中出现短路时，保护装置能可靠动作。

无限大容量电力系统，指其容量相对于用户供电系统容量大得多的电力系统，当用户供电系统的负荷变动甚至发生短路时，电力系统变电所馈电母线上的电压能基本保持不变。如果电力系统的电源总阻抗不超过短路电路总阻抗的 5% ~10%，或电力系统容量超过用户供电系统容量的 50 倍时，可将电力系统视为无限大容量系统。

对一般工厂供电系统来说，由于工厂供配电系统的容量远比电力系统容量小，而阻抗又较电力系统大得多，因此工厂供电系统内发生短路时，电力系统变电所馈电母线上的电压几乎保持不变，也就是说可将电力系统视为无限大容量系统。

图 4.6 表示出无限大容量系统发生三相短路前后电流、电压的变动曲线。由图可看出，短路电流在到达稳定值之前，要经过一个暂态过程（短路瞬变过程）。这一暂态过程是因为短路电路含有感抗，电路电流不会发生突变，电路电流存在有非周期分量而形成的。在此期间，短路电流由两部分构成：短路电流周期分量 i_p 和短路电流非周期分量 i_{np}。非周期电流衰减完毕后（一般经 $t \approx 0.2$s），短路电流达到稳定状态。

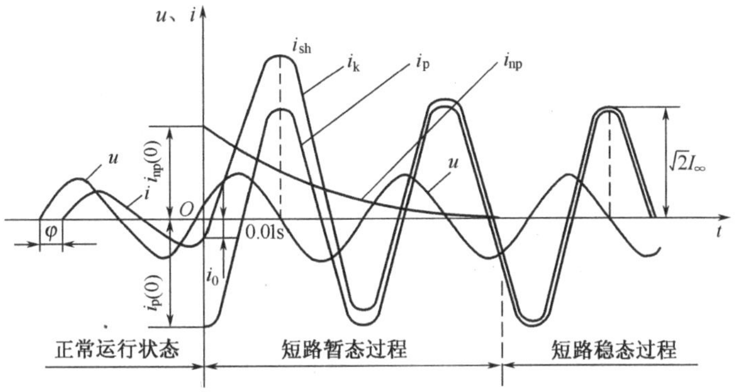

图 4.6　最严重情况时短路全电流的波形曲线图

在无限大容量电力系统中，由于系统母线电压维持不变，所以其短路电流周期分量呈现正弦波形，只由系统母线电压和短路后的系统阻抗来决定。

短路电流非周期分量是由于短路电路存在有电感，用以维持短路初瞬间的电流不致发生突变而由电感上引起的自感电动势所产生的一个反向电流，呈指数规律衰减。一般认为短路后 0.2s 非周期分量衰减完毕。

根据需要，短路计算的任务通常需计算出下列短路参数：

$I''^{(3)}$——短路后第一个周期的短路电流周期分量的有效值，称为次暂态短路电流有效值。用来作为继电保护的整定计算和校验断路器的额定断流容量。应采用电力系统在最大运行方式下，继电保护安装处发生短路时的次暂态短路电流来计算保护装置的整定值。

$i_{sh}^{(3)}$——短路后经过半个周期（即 0.01s）时的短路电流峰值，是整个短路过程中的最大瞬时电流。这一最大的瞬时短路电流称为短路冲击电流。$i_{sh}^{(3)}$ 为三相短路冲击电流峰值，用来校验电器和母线的动稳定度。

$I_{sh}^{(3)}$——三相短路冲击电流有效值，短路后第一个周期的短路电流的有效值。也用来校验电器和母线的动稳定度。

对于高压电路的短路：

$$i_{sh}^{(3)} = 2.55 I''^{(3)} \tag{4-44}$$

$$I_{sh}^{(3)} = 1.51 I''^{(3)} \tag{4-45}$$

对于低压电路的短路：

$$i_{sh}^{(3)} = 1.84 I''^{(3)} \tag{4-46}$$

$$I_{sh}^{(3)} = 1.09 I''^{(3)} \tag{4-47}$$

$I_k^{(3)}$——三相短路电流稳态有效值，用来校验电器和载流导体的热稳定度。

$S''^{(3)}_{K}$——次暂态三相短路容量，用来校验断路器的断流容量和判断母线短路容量是否超过规定值，也作为选择限流电抗器的依据。

2. 短路计算的方法简介

短路计算的方法常用有三种：有名值法、标幺值法、短路容量法。当供配电系统中某处发生短路时，其中一部分阻抗被短接，网路阻抗发生变化，所以在进行短路电流计算时，应先对各电气设备的参数（电阻或电抗）进行计算。如果各种电气设备的电阻和电抗及其他电气参数用有名值（即有单位的值）表示，称为有名值法；如果各种电气设备的电阻和电抗及其他电气参数用相对值表示，称为标幺值法；如果各种电气设备的电阻和电抗及其他电气参数用短路容量表示，称为短路容量法。

在低压系统中，短路电流计算通常用有名值法，简单明了。而在高压系统中，通常采用标幺值法或短路容量法计算。这是由于高压系统中存在多级变压器耦合，如果用有名值法，当短路点不同时，同一元件所表现的阻抗值就不同，必须对不同电压等级中各元件的阻抗值按变压器的变比归算到同一电压等级，使短路计算的工作量增加。

（1）用有名值法进行短路计算的步骤归纳为：绘制短路回路等效电路；计算短路回路中各元件的阻抗值；求等效阻抗，化简电路；计算三相短路电流周期分量有效值及其他短路参数；列短路计算表。

（2）用标幺值法进行短路计算的步骤归纳为：选择基准容量、基准电压、计算短路点的基准电流；绘制短路回路的等效电路；计算短路回路中各元件的电抗标幺值；求总电抗标幺值，化简电路；计算三相短路电流周期分量有效值及其他短路参数；列短路计算表。

4.3.4 无限大容量电源供电系统短路电流计算

1. 概述

进行短路电流计算，首先要绘出计算电路图，如图 4.7 所示。在计算电路图上，将短路计算所考虑的各元件的额定参数都表示出来，并将各元件依次编号，然后确定短路计算点。短路计算点的选择应使需要进行短路校验的电气元件有最大可能的短路电流通过。

接着，按所选择的短路计算点绘出等效电路图，如图 4.8 所示。并计算电路中各主要元件的阻抗。在等效电路图上，只需将被计算的短路电流所流经的一些主要元件表示出来，并标明其序号和阻抗值，一般是分子标序号，分母标阻抗值。然后将等效电路化简。对于工厂供电系统来说，由于将电力系统当作无限大容量电源，而且短路电路也比较简单，因此一般只需采用阻抗串、并联的方法即可将电路化简，求出其等效总阻抗，最后计算短路电流和短路容量。

短路计算中的物理量一般采用以下单位。电流单位为“千安”（kA），电压单位为“千伏”（kV），短路容量和断流容量单位为“兆伏安”（MVA），设备容量单位为“千瓦”（kW）或“千伏安”（kVA），阻抗单位为“欧姆”（Ω）等。

2. 采用欧姆法进行短路计算

在无限大容量系统中发生三相短路时，其三相短路电流周期分量有效值可按下式计算：

$$I_{k}^{(3)}=\frac{U_{C}}{\sqrt{3}\,|Z_{\Sigma}|}=\frac{U_{C}}{\sqrt{3}\sqrt{R_{\Sigma}^{2}+X_{\Sigma}^{2}}} \tag{4-48}$$

式中，U_{C} 为短路点的计算电压。

由于线路首端短路时其短路最为严重，因此按线路首端电压考虑，即短路计算电压取为比线路额定电压 U_N 高 5%，按我国电压标准，U_C 有 0.4、0.69、3.15、6.3、10.5、37，…kV 等；$|Z_\Sigma|$、R_Σ、X_Σ 分别为短路电路的总阻抗［模］、总电阻和总电抗值。

在高压电路的短路计算中，通常总电抗远比总电阻大，所以一般可只计电抗，不计电阻。在计算低压侧短路时，也只有当短路电路的 $R_\Sigma > X_\Sigma/3$ 时才需计及电阻。

如果不计电阻，则三相短路电流的周期分量有效值为：

$$I_k^{(3)} = U_C/\sqrt{3}X_\Sigma \tag{4-49}$$

三相短路容量为：

$$S_k^{(3)} = \sqrt{3}U_C I_k^{(3)} \tag{4-50}$$

下面讲述供电系统中各主要元件如电力系统、电力变压器和电力线路的阻抗计算。至于供电系统中的母线、线圈型电流互感器的一次绕组、低压断路器的过电流脱扣线圈及开关的触头等的阻抗，相对来说很小，在短路计算中一般可略去不计。在略去上述的阻抗后，计算所得的短路电流自然稍有偏大；但用稍偏大的短路电流来校验电气设备，倒可以使其运行的安全性更有保证。

（1）电力系统的阻抗。电力系统的电阻相对于电抗来说很小，一般不予考虑。电力系统的电抗，可由电力系统变电所高压馈电线出口断路器的断流容量 S_{oc} 来估算，S_{oc} 就看做是电力系统的极限短路容量 S_k。因此电力系统的电抗为：

$$X_S = U_C^2/S_{oc} \tag{4-51}$$

式中，U_C 为高压馈电线的短路计算电压，但为了便于短路总阻抗的计算，免去阻抗换算的麻烦，上式的 U_C 可直接采用短路点的短路计算电压；

S_{oc} 为系统出口断路器的断流容量，可查有关手册；如只有开断电流 I_{oc} 数据，则其断流容量为：

$$S_{oc} = \sqrt{3}I_{oc}U_N \tag{4-52}$$

式中，U_N 为其额定电压。

（2）电力变压器的阻抗。

① 变压器的电阻 R_T。可由变压器的短路损耗 ΔP_k 近似地计算。

因
$$\Delta P_k \approx 3I_N^2 R_T \approx 3\,(S_N/\sqrt{3}U_C)^2 R_T = (S_N/U_C)^2 R_T \tag{4-53}$$

故
$$R_T \approx \Delta P_k \left(\frac{U_C}{S_N}\right)^2 \tag{4-54}$$

式中，U_C——短路点的短路计算电压；

S_N——变压器的额定容量；

ΔP_k——变压器的短路损耗，可查有关手册可产品样本。

② 变压器的电抗 X_T。可由变压器的短路电压（也称阻抗电压）百分值 $U_k\%$ 近似地计算。

因
$$U_k\% \approx (\sqrt{3}I_N X_T/U_C)\times 100\% \approx (S_N X_T/U_C^2)\times 100\%$$

故
$$X_T \approx \frac{U_k\% U_C^2}{S_N} \tag{4-55}$$

式中，$U_k\%$ 为变压器的短路电压（阻抗电压 $U_Z\%$）百分值，可查有关手册或产品样本。

（3）电力线路的阻抗。

① 线路的电阻 R_{WL}。可由导线电缆的单位长度电阻 R_0 值求得，即

$$R_{WL} = R_0 l \tag{4-56}$$

式中，R_0 为导线电缆单位长度的电阻，可查有关手册或产品样本；

l 为线路长度。

② 线路的电抗 X_{WL}。可由导线电缆的单位长度电抗 X_0 值求得，即

$$X_{WL} = X_0 l \tag{4-57}$$

式中，X_0 为导线电缆单位长度的电抗，可查有关手册或产品样本；

l 为线路长度。

如果线路的结构数据不详时，X_0 可按表 4.7 取其电抗平均值。

表 4.7　电力线路每相的单位长度电抗平均值

线路电压 / 电抗平均值（Ω/km） / 线路结构	35kV 及以上	6～10kV	220/380V
架空线路	0.40	0.35	0.32
电缆线路	0.12	0.08	0.066

求出短路电路中各元件的阻抗后，就简化短路电路，求出其总阻抗，然后按式（4-48）或式（4-49）计算短路电流周期分量 $I_k^{(3)}$。

必须注意：在计算短路电路的阻抗时，假如电路内含有电力变压器，则电路内各元件的阻抗都应统一换算到短路点的短路计算电压去。阻抗等效换算的条件是元件的功率损耗不变，即由 $\Delta P = U^2/R$ 和 $\Delta Q = U^2/X$ 可知，元件的阻抗值与电压平方成正比，因此阻抗换算的公式为：

$$R' = R\left(\frac{U'_C}{U_C}\right)^2 \tag{4-58}$$

$$X' = X\left(\frac{U'_C}{U_C}\right)^2 \tag{4-59}$$

式中，R、X 和 U_C 为换算前元件的电阻、电抗和元件所在处的短路计算电压；

R'、X' 和 U'_C 为换算后元件的电阻、电抗和短路点的短路计算电压。

就短路计算中考虑的几个主要元件的阻抗来说，只有电力线路的阻抗有时需要换算，例如，计算低压侧的短路电流时，高压侧的线路阻抗就需要换算到低压侧。而电力系统和电力变压器的阻抗，由于它们的计算公式中均含有 U_C^2，因此计算阻抗时，公式中 U_C 直接代以短路点的计算电压，就相当于阻抗已经换算到短路点一侧了。

例 4.9　某工厂供电系统如图 4.7 所示。已知电力系统出口断路器为 SN10－10Ⅱ型。试求工厂变电所高压 10kV 母线上 k－1 点短路和低压 380V 母线上 k－2 点短路的三相短路电流和短路容量。

解： ① 求 k－1 点的三相短路电流和短路容量（$U_{C1} = 10.5\text{kV}$）

a. 计算短路电路中各元件的电抗及总电抗。

电力系统的电抗 X_1：由附表 3 查得 SN10－10Ⅱ型断路器的断流容量 $S_{oc} = 500\text{MVA}$，因此

$$X_1 = \frac{U_{C1}^2}{S_{oc}} = \frac{(10.5\text{kV})^2}{500\text{MVA}} = 0.22\Omega$$

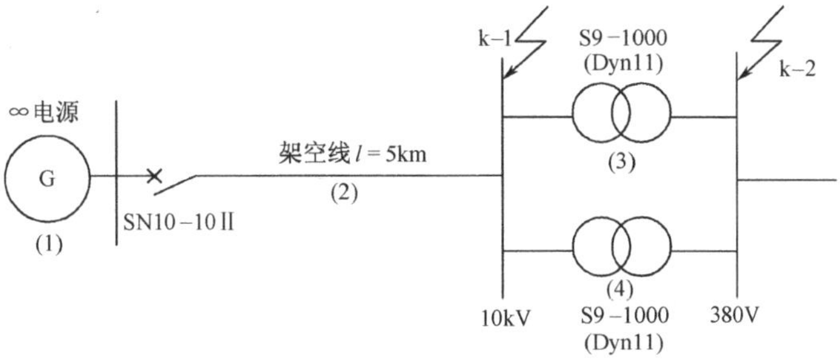

图 4.7　例 4.9 的短路计算电路

架空线路的电抗 X_2：由表 4.7 得 $X_0 = 0.35\Omega/\text{km}$，因此

$$X_2 = X_0 l = 0.35(\Omega/\text{km}) \times 5\text{km} = 1.75\Omega$$

绘制 k-1 点短路的等效电路，如图 4.8 所示，图上标出各元件的序号（分子）和电抗值（分母），并计算其总阻抗为：

$$X_{\Sigma(\text{k-1})} = X_1 + X_2 = 0.22\Omega + 1.75\Omega = 1.97\Omega$$

b. 计算三相短路电流和短路容量。

三相短路电流周期分量有效值为：

$$I_{\text{k-1}}^{(3)} = \frac{U_{\text{C1}}}{\sqrt{3}X_{\Sigma(\text{k-1})}} = \frac{10.5\text{kV}}{\sqrt{3} \times 1.97\Omega} = 3.08\text{kA}$$

三相短路次暂态电流和稳态电流为：

$$I''^{(3)} = I_{\infty}^{(3)} = I_{\text{k-1}}^{(3)} = 3.08\text{kA}$$

三相短路冲击电流及第一个周期短路全电流有效值为：

$$i_{\text{sh}}^{(3)} = 2.55I''^{(3)} = 2.55 \times 3.08\text{kA} = 7.85\text{kA}$$

$$I_{\text{sh}}^{(3)} = 1.51I''^{(3)} = 1.51 \times 3.08\text{kA} = 4.65\text{kA}$$

三相短路容量为：

$$S_{\text{k-1}}^{(3)} = \sqrt{3}U_{\text{C1}}I_{\text{k-1}}^{(3)} = \sqrt{3} \times 10.5\text{kV} \times 3.08\text{kA} = 56.0\text{MVA}$$

② 求 k-2 点的三相短路电流和短路容量（$U_{\text{C2}} = 0.4\text{kV}$）。

a. 计算短路电路中各元件的电抗及总电抗。

电力系统的电抗 X'_1：

$$X'_1 = \frac{U_{\text{C2}}^2}{S_{\text{oc}}} = \frac{(0.4\text{kV})^2}{500\text{MVA}} = 3.2 \times 10^{-4}\Omega$$

架空线路的电抗 X'_2：

$$X'_2 = X_0 l \left(\frac{U_{\text{C2}}}{U_{\text{C1}}}\right)^2 = 0.35(\Omega/\text{km}) \times 5\text{km} \times \left(\frac{0.4\text{kV}}{10.5\text{kV}}\right)^2 = 2.54 \times 10^{-3}\Omega$$

电力变压器的电抗 X_3：由附表 2 得 $U_\text{k}\% = 5\%$，因此

$$X_3 = X_4 \approx \frac{U_\text{k}\% U_\text{C}^2}{S_\text{N}} = 0.05 \times \frac{(0.4\text{kV})^2}{1000\text{kVA}} = 8 \times 10^{-3}\Omega$$

绘制 k-2 点短路的等效电路，如图 4.8 所示，并计算其总阻抗为：

$$X_{\Sigma(\text{k-2})} = X_1 + X_2 + X_3 // X_4 = X_1 + X_2 + \frac{X_3 X_4}{X_3 + X_4}$$

$$=3.2\times10^{-4}\Omega+2.54\times10^{-3}\Omega+\frac{8\times10^{-3}\Omega}{2}=6.86\times10^{-3}\Omega$$

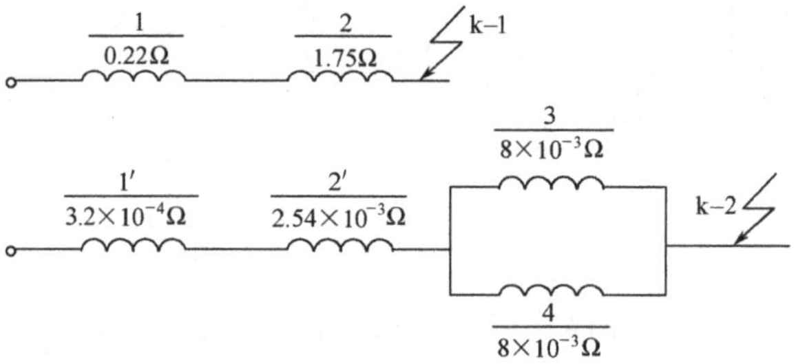

图 4.8　例 4.9 的短路等效电路图（欧姆法）

b. 计算三相短路电流和短路容量。

三相短路电流周期分量有效值为：

$$I_{k-2}^{(3)}=\frac{U_{C2}}{\sqrt{3}X_{\Sigma(k-2)}}=\frac{0.4\text{kV}}{\sqrt{3}\times6.86\times10^{-3}\Omega}=33.7\text{kA}$$

三相短路次暂态电流和稳态电流为：

$$I''^{(3)}=I_{\infty}^{(3)}=I_{k-2}^{(3)}=33.7\text{kA}$$

三相短路冲击电流及第一个周期短路全电流有效值为：

$$i_{sh}^{(3)}=1.84I''^{(3)}=1.84\times33.7\text{kA}=62.0\text{kA}$$

$$I_{sh}^{(3)}=1.09I''^{(3)}=1.09\times33.7\text{kA}=36.7\text{kA}$$

三相短路容量为：

$$S_{k-2}^{(3)}=\sqrt{3}U_{C2}I_{k-2}^{(3)}=\sqrt{3}\times0.4\text{kV}\times33.7\text{kA}=23.3\text{MVA}$$

在工程设计说明书中，往往只列短路计算表，如表 4.8 所示。

表 4.8　例 4.9 的短路计算表

短路计算点	三相短路电流（kA）					三相短路容量（MVA）
	$I_k^{(3)}$	$I''^{(3)}$	$I_{\infty}^{(3)}$	$i_{sh}^{(3)}$	$I_{sh}^{(3)}$	$S_k^{(3)}$
k－1	3.08	3.08	3.08	7.85	4.65	56.0
k－2	33.7	33.7	33.7	62.0	36.7	23.3

3. 采用标幺值法进行短路计算

标幺值法，即相对单位制法，因其短路计算中的有关物理量是采用标幺值而得名。

任一物理量的标幺值 A_d^*，为该物理量的实际值与所选定的标准值 A_d 的比值，即

$$A_d^*=\frac{A}{A_d}\tag{4-60}$$

按标幺值法进行短路计算时，一般是先选定基准容量 S_d 和基准电压 U_d。

基准容量，工程设计中通常取 $S_d=100\text{MVA}$。

基准电压，通常取元件所在处的短路计算电压，即取 $U_d=U_C$。

选定了基准容量 S_d 和基准电压 U_d 之后，基准电流 I_d 按下式计算：

$$I_d=\frac{S_d}{\sqrt{3}U_d}=\frac{S_d}{\sqrt{3}U_C}\tag{4-61}$$

基准电抗 X_d 按下式计算：

$$X_d = \frac{U_d}{\sqrt{3}I_d} = \frac{U_C^2}{S_d} \tag{4-62}$$

下面分别讲述供电系统中各主要元件的电抗标幺值的计算（取 $S_d = 100\text{MVA}$，$U_d = U_C$）。

（1）电力系统的电抗标幺值。

$$X_S^* = \frac{X_S}{X_d} = \frac{U_C^2}{S_{oc}} \Big/ \frac{U_C^2}{S_d} = \frac{S_d}{S_{oc}} \tag{4-63}$$

（2）电力变压器的电抗标幺值。

$$X_T^* = \frac{X_T}{X_d} = \frac{U_k\% U_C^2}{S_N} \Big/ \frac{U_C^2}{S_d} = \frac{U_k\% S_d}{S_N} \tag{4-64}$$

（3）电力线路的标幺值。

$$X_{WL}^* = \frac{X_{WL}}{X_d} = X_0 l \Big/ \frac{U_C^2}{S_d} = X_0 l \frac{S_d}{U_c^2} \tag{4-65}$$

短路电路中各主要元件的电抗标幺值求出以后，即可利用其等效电路图进行电路化简，计算其总电抗标幺值 X_Σ^*。由于各元件电抗均采用相对值，与短路计算点的电压无关，因此无需进行电压换算，这也是标幺值法的优越之处。

无限大容量系统三相短路电流周期分量有效值的标幺值按下式计算。

$$I_k^{(3)*} = I_k^{(3)}/I_d = \frac{U_d}{\sqrt{3}X_\Sigma} \Big/ \frac{S_d}{\sqrt{3}U_C} = \frac{U_C^2}{S_d X_\Sigma} = \frac{1}{X_\Sigma^*} \tag{4-66}$$

因此可求得三相短路电流周期分量有效值为：

$$I_k^{(3)} = I_k^{(3)*} I_d = I_d / X_\Sigma^* \tag{4-67}$$

求得 $I_k^{(3)}$ 后，即可求出 $I''^{(3)}$、$I_\infty^{(3)}$、$i_{sh}^{(3)}$ 和 $I_{sh}^{(3)}$ 等。

三相短路容量的计算公式为：

$$S_k^{(3)} = \sqrt{3}U_C I_k^{(3)} = \sqrt{3}U_C I_d / X_\Sigma^* \tag{4-68}$$

例 4.10 试用标幺值法计算例 4.9 所示工厂供电系统中 k－1 点和 k－2 点的三相短路电流和短路容量。

解：① 确定基准值。取 $S_d = 100\text{MVA}$，$U_{C1} = 10.5\text{kV}$，$U_{C2} = 0.4\text{kV}$

而

$$I_{d1} = \frac{S_d}{\sqrt{3}U_{C1}} = \frac{100\text{MVA}}{\sqrt{3} \times 10.5\text{kV}} = 5.50\text{kA}$$

$$I_{d2} = \frac{S_d}{\sqrt{3}U_{C2}} = \frac{100\text{MVA}}{\sqrt{3} \times 0.4\text{kV}} = 144\text{kA}$$

② 计算短路电路中各主要元件的电抗标幺值。

a. 电力系统的电抗标幺值。由附表 3 查得 $S_{oc} = 500\text{MVA}$，因此

$$X_1^* = \frac{100\text{MVA}}{500\text{MVA}} = 0.2$$

b. 架空线路的电抗标幺值。由表 4.7 查得 $X_0 = 0.35\Omega/\text{km}$，因此

$$X_2^* = 0.35(\Omega/\text{km}) \times 5\text{km} \times \frac{100\text{MVA}}{(10.5\text{kV})^2} = 1.59$$

c. 电力变压器的电抗标幺值。由附表 2 查得 $U_k\% = 5\%$，因此

$$X_3^* = X_4^* = \frac{5 \times 100\text{MVA}}{100 \times 1000\text{kVA}} = \frac{5 \times 100 \times 1000\text{kVA}}{100 \times 1000\text{kVA}} = 5.0$$

绘制短路等效电路图如图 4.9 所示，图上标出各元件序号和电抗标幺值，并标明短路计算点。

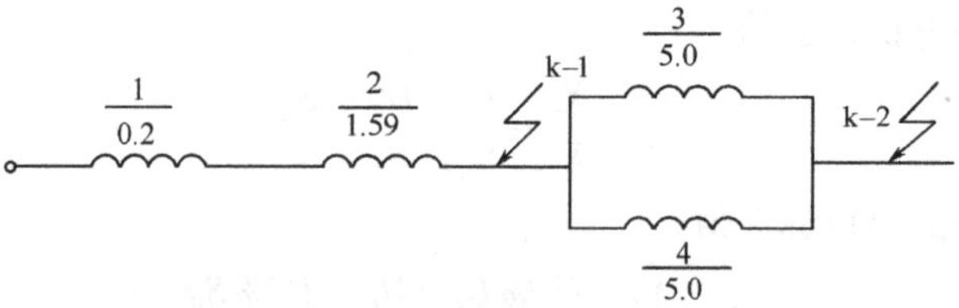

图 4.9　例 4.10 的短路等效电路图（标幺值法）

③ 计算 k－1 点的短路电路总电抗标幺值及三相短路电流和短路容量。

a. 总电抗标幺值为：

$$X_{\Sigma(k-1)}^* = X_1^* + X_2^* = 0.2 + 1.59 = 1.79$$

b. 三相短路电流周期分量有效值为：

$$I_{k-1}^{(3)} = \frac{I_{d1}}{X_{\Sigma(k-1)}^*} = \frac{5.50\text{kA}}{1.79} = 3.07\text{kA}$$

c. 其他三相短路电流为：

$$I''^{(3)} = I_\infty^{(3)} = I_{k-1}^{(3)} = 3.07\text{kA}$$

$$i_{sh}^{(3)} = 2.55 \times 3.07\text{kA} = 7.83\text{kA}$$

$$I_{sh}^{(3)} = 1.51 \times 3.07\text{kA} = 4.64\text{kA}$$

d. 三相短路容量为：

$$S_{k-1}^{(3)} = \frac{S_d}{X_{\Sigma(k-1)}^*} = \frac{100\text{MVA}}{1.79} = 55.9\text{MVA}$$

④ 计算 k－2 点的短路电路总电抗标幺值及三相短路电流和短路容量。

a. 总电抗标幺值为：

$$X_{\Sigma(k-2)}^* = X_1^* + X_2^* + X_3^* // X_4^* = 0.2 + 1.59 + \frac{5}{2} = 4.29$$

b. 三相短路电流周期分量有效值为：

$$I_{k-2}^{(3)} = \frac{I_{d2}}{X_{\Sigma(k-2)}^*} = \frac{144\text{kA}}{4.29} = 33.6\text{kA}$$

c. 其他三相短路电流为：

$$I''^{(3)} = I_\infty^{(3)} = I_{k-1}^{(3)} = 33.6\text{kA}$$

$$i_{sh}^{(3)} = 1.84 \times 33.6\text{kA} = 61.8\text{kA}$$

$$I_{sh}^{(3)} = 1.09 \times 33.6\text{kA} = 36.6\text{kA}$$

d. 三相短路容量为：

$$S_{k-2}^{(3)} = \frac{S_d}{X_{\Sigma(k-2)}^*} = \frac{100\text{MVA}}{4.29} = 23.3\text{MVA}$$

由此可见，采用标幺值法的计算结果与欧姆法计算的结果基本相同。

4. 两相短路电流的计算

在无限大容量系统中发生两相短路时，其短路电流可由下式求得：

$$I_k^{(2)} = \frac{U_C}{2|Z_\Sigma|} \tag{4-69}$$

式中，U_C 为短路点的计算电压（线电压）。

如果只计电抗，则短路电流为：

$$I_k^{(2)} = \frac{U_C}{2X_\Sigma} \tag{4-70}$$

由 $I_k^{(2)} = \frac{U_C}{2|Z_\Sigma|}$、$I_k^{(3)} = \frac{U_C}{\sqrt{3}|Z_\Sigma|}$求得：

$$I_k^{(2)}/I_k^{(3)} = \sqrt{3}/2 = 0.866$$

因此

$$I_k^{(2)} = \frac{\sqrt{3}}{2}I_k^{(3)} = 0.866I_k^{(3)} \tag{4-71}$$

上式说明，无限大容量系统中，同一地点的两相短路电流为三相短路电流的 0.866 倍。因此，无限大容量系统中的两相短路电流，可在求出三相短路电流后再按上式直接求得。

5. 单相短路电流的计算

在工程设计中，可利用下式计算单相短路电流，即

$$I_k^{(1)} = \frac{U_\varphi}{|Z_{\varphi-0}|} \tag{4-72}$$

式中，U_φ——电源相电压；

$|Z_{\varphi-0}|$——单相短路回路的阻抗［模］。

4.3.5 短路的效应及危害

电力系统中出现短路故障后，由于负载阻抗被短接，电源到短路点的短路阻抗很小，使电源至短路点的短路电流比正常时的工作电流大几十倍甚至几百倍。在大的电力系统中，短路电流可达几万安培至几十万安培，强大的电流所产生的热和电动力效应将使电气设备受到破坏，短路点的电弧将烧毁电气设备，短路点附近的电压会显著降低，严重情况将使供电受到影响或被迫中断。不对称短路所造成的零序电流，还会在邻近的通信线路内产生感应电动势干扰通信，亦可能危及人身和设备的安全。为了正确选择电气设备，保证在短路情况下可靠工作，必须用短路电流的电动力效应及热效应对电气设备进行校验。

1. 短路电流的电动力效应

我们都知道，通电导体周围存在电磁场，如处于空气中的两平行导体分别通过电流时，两导体间由于电磁场的相互作用，导体上即产生力的相互作用。三相线路中的三相导体间正常工作时也存在力的作用，只是正常工作电流较小，不影响线路的运行，当发生三相短路时，在短路后半个周期（0.01s）会出现最大短路电流即冲击短路电流，其值达到几万安培至几十万安培，导体上的电动力将达到几千至几万牛顿。

三相导体在同一平面平行布置时，中间相受到的电动力最大，最大电动力 F_m正比于冲击电流的平方。对电力系统中的硬导体和电气设备都要求校验其在短路电流下的动稳定性。

（1）对一般电器：要求电器的极限通过电流（动稳定电流）峰值大于最大短路电流峰值，即

$$i_{max} \geqslant i_{sh} \tag{4-73}$$

式中，i_{max}——电器的极限通过电流（动稳定电流）峰值；

i_{sh}——最大短路电流峰值。

（2）对绝缘子：要求绝缘子的最大允许抗弯载荷大于最大计算载荷，即

$$F_{al} \geqslant F_C \tag{4-74}$$

式中，F_{al}——绝缘子的最大允许载荷；

F_C——最大计算载荷。

2. 短路电流的热效应

电力系统正常运行时，额定电流在导体中发热产生的热量一方面被导体吸收，并使导体温度升高，另一方面通过各种方式传入周围介质中。当产生的热量等于散失的热量时，导体达到热平衡状态。在电力系统中出现短路时，由于短路电流大，发热量大，时间短，热量来不及散入周围介质中去，这时可认为全部热量都用来升高导体温度。导体达到的最高温度T_m与导体短路前的温度T、短路电流大小及通过短路电流的时间有关。

计算出导体最高温度T_m后，将其与表4.9所规定的导体允许最高温度比较，若T_m不超过规定值，则认为满足热稳定要求。

表4.9 常用导体和电缆的最高允许温度

导体的材料和种类		最高允许温度（℃）	
		正常时	短路时
硬导体	铜	70	300
	铜（镀锡）	85	200
	铝	70	200
	钢	70	300
油浸纸绝缘电缆	铜芯 10kV	60	250
	铝芯 10kV	60	200
交联聚乙烯绝缘电缆	铜芯	80	230
	铝芯	80	200

对成套电气设备，因导体材料及截面均已确定，故达到极限温度所需的热量只与电流及通过的时间有关。因此，设备的热稳定校验可按式（4-75）进行：

$$I_t^2 t \geqslant I_\infty^2 t_{ima} \tag{4-75}$$

式中，$I_t^2 t$——产品样本提供的产品热稳定参数；

I_∞——短路稳态电流；

t_{ima}——短路电流作用假想时间。

对导体和电缆，通常用式（4-76）计算导体的热稳定最小截面S_{min}：

$$S_{min} = I_\infty \sqrt{\frac{t_{ima}}{C}} \tag{4-76}$$

式中，I_∞——稳态短路电流；

t_{ima}——短路电流作用假想时间；

C——导体的热稳定系数。

如果导体和电缆的选择截面大于等于S_{min}，即热稳定合格。

本章小结

工厂常用的用电设备大致可以分成四类：生产加工机械的拖动设备；电焊、电镀设备；电热设备；照明设备。这些设备按工作制可以分为长期连续工作制设备、短时工作制设备、反复短时工作制设备三类。长期连续工作制设备，其设备容量即为其额定容量。短时工作制设备的设备容量也是其额定容量。反复短时工作制设备在不同的暂载率下工作时，其输出功率是不同的，在计算其设备容量时，必须先转换到一个统一的 ε 下。对起重电动机应统一换算到 $\varepsilon=25\%$，对电焊机设备，应统一换算到 $\varepsilon=100\%$。

年负荷曲线反映了全年负荷变动与对应的负荷持续时间的关系。全年每日最大负荷曲线反映了全年当中不同时段的电能消耗水平。年最大负荷 P_{max} 是全年中负荷最大的工作班消耗电能最多的半小时平均负荷 P_{30}，也就是有功计算负荷。

确定计算负荷的常用方法有需要系数法和二项式系数法。需要系数法适用于变配电所的负荷计算。二项式系数法适用于低压配电支干线和配电箱的负荷计算。

功率因数反映了供用电系统中无功功率消耗量在系统总容量中所占的比重，反映了供用电系统的供电能力。高压供电的工厂，最大负荷时的功率因数不得低于 0.9，其他工厂不得低于 0.85。提高功率因数主要是提高自然功率因数和人工补偿无功功率因数。

照明供电系统是工厂供电系统的一个组成部分。照明设备通常都是单相负荷，在设计安装时应将它们均匀地分配到三相上，以减少三相负荷不平衡状况。

电力系统中发生短路事故会对线路及电气设备造成极大的危害。其中发生单相短路的几率最大，发生三相短路的几率最小。但三相短路电流最大，造成的危害最严重，因而常以三相短路时的短路电流热效应和电动力效应来校验电气设备。计算短路电流的方法有欧姆法和标幺值法两种。

习 题 4

一、填空题

4.1 工厂常用的用电设备工作制有________________、________________和________________。

4.2 起重机械在计算额定容量时暂载率应换算到____________%。

4.3 日负荷曲线是表明电力负荷在____________内的变化情况。

4.4 变压器的有功功率损耗一般为________，无功功率损耗为____________。

4.5 工厂生产加工常见的车床、铣床、刨床、插床、钻床、磨床、组合机床等机床设备的动力，一般都由异步电动机供给，其工作方式属于________________。

4.6 电焊设备通常只作为辅助加工设备，其工作方式属于________________。

4.7 负荷计算的方法有______________和________________。

4.8 某 380V 用电设备组的有功计算负荷为 560kW，功率因数为 0.8，则该厂的无功计算负荷是__________，视在计算负荷是__________，计算电流为________。

4.9 某电焊机在 $\varepsilon=60\%$ 时的额定容量为 500kVA，那么在 $\varepsilon=100\%$ 时的等效容量为__________。

4.10 需要系数法适用于计算______________的计算负荷，而二项式系数法适用于计算____________范围的计算负荷。

4.11 照明负荷在工厂总负荷中所占比例通常在__________左右。

4.12 尖峰电流是指持续时间 1～2s 的________________。主要用来选择熔断器和低压断路器，整定继电保护及检验电动机自启动条件等。

4.13 工厂主要采用________________的方法来提高功率因数。

4.14 短路故障的原因主要有______________________，短路形式________、________、________和________几种。________短路电流最大。

4.15 电力系统中，发生________相短路的可能性最大，而发生__________相短路的可能性最小。

二、判断题（正确的打√，错误的打×）

4.16　年负荷持续时间曲线反映了全年负荷变动与对应的负荷持续时间的关系。（　　）

4.17　计算负荷确定过小，将使变压器容量、电气设备和导线截面选择过大，造成投资浪费。（　　）

4.18　单相设备接于三相线路中，应使三相负荷尽可能平衡。（　　）

4.19　车间所有用电设备的额定功率之和就是该车间的额定容量。（　　）

4.20　年最大负荷利用小时越少越好。（　　）

4.21　需要系数是一个小于1的系数。（　　）

4.22　瞬时功率因数一般用来作为电业部门调整收费标准的依据。（　　）

4.23　在变压器高压侧和低压侧补偿相同容量的电容可以达到同样的补偿效果。（　　）

4.24　单相设备容量换算为等效三相设备容量，将其单相容量乘以3即可。（　　）

4.25　设备的总容量就是计算负荷。（　　）

4.26　高压输电线路的故障，绝大部分是单相接地故障。（　　）

三、选择题

4.27　下面哪些设备属于长期连续工作制设备（　　）。

A. 电梯　　B. 电焊机　　C. 空压机　　D. 机床辅助电机

E. 照明设备

4.28　计算车间设备容量时，电焊机设备要统一换算到（　　），起重机要统一换算到（　　）。

A. 15%　　B. 25%　　C. 75%　　D. 100%

4.29　使用需要系数法确定计算负荷，主要适用于（　　）。二项式系数法主要适用于（　　）。

A. 配电支干线和配电箱的负荷计算　　B. 变配电所的负荷计算

4.30　某车间生产线只有一台电动机，其功率为20kW，功率因数0.8，效率为0.9，其额定容量为（　　）。

A. 16kW　　B. 18kW　　C. 20kW　　D. 22.2kW

E. 25kW

4.31　我国有关规程规定，高压供电的工厂，最大负荷时的功率因数不得低于（　　），其他工厂不得低于（　　）。

A. 0.8　　B. 0.85　　C. 0.9　　D. 0.95

4.32　选择下列合适的表示符号填入括号内：次暂态短路电流有效值（　　），三相冲击电流峰值（　　），三相冲击电流有效值（　　），三相短路电流稳态有效值（　　）。

A. $I_{sh}^{(3)}$　　B. $i_{sh}^{(3)}$　　C. $I_{k}^{(3)}$　　D. $I''^{(3)}$

四、计算题

4.33　一个大批量生产的机械加工车间，拥有380V金属切削机床50台，总容量为650kW，试确定此车间的计算负荷。

4.34　有一380V三相线路，供电给35台小批量生产的冷加工机床电动机，总容量为85kW，其中较大容量的电动机有7.5kW 1台，4kW 3台，3kW 12台。试分别用需要系数法和二项式系数法确定其计算负荷。

4.35　一机修车间，有冷加工机床30台，设备总容量为150kW，电焊机5台，共15.5kW（暂载率为65%），通风机4台，共4.8kW，车间采用380/220V线路供电，试确定该车间的计算负荷。

4.36　某工厂有功计算负荷为2200kW，功率因数为0.55，现计划在10kV母线上安装补偿电容器，使功率因数提高到0.9，问电容器的安装容量为多少？安装电容器后工厂的视在负荷有何变化？

4.37　某厂变电所装有一台630kVA变压器，其二次侧（380V）的有功计算负荷为420kW，无功计算负荷为350kvar。试求此变电所一次侧（10kV）的计算负荷及其功率因数。如果功率因数未达到0.9，问此变电所低压母线上应装设多大并联电容器容量才能满足要求？

4.38　有一地区变电所通过一条长4km的10kV电缆线路供电给某厂一个装有两台并列运行的SL7－800型变压器的变电所，地区变电所出口处断路器断流容量为300MVA。试用标幺值法求该厂变电所10kV高压侧和380V低压侧的短路电流 i_{sh}、I_{sh}、I''、I_{∞}、I_{k}、S_{k} 等，并列出短路计算表。

第 5 章　供电线路的导线和电缆

内容提要

本章介绍工厂供配电线路的选择方式。包括工厂架空线路、电缆线路和绝缘导线、母线等的线型选择和导线截面确定的方法：按发热条件选择、按经济电流密度选择、按电压损耗选择、按机械强度校验等。并简单介绍了母线的校验原则。

导线、电缆选择得是否恰当关系到工厂配电系统能否安全、可靠、优质、经济地运行。导线、电缆选择的内容包括两个方面：一是选型号，二是选截面。

5.1　导线和电缆型号的选择

导线和电缆的型号应根据它们使用的环境、敷设方式、工作电压等方面进行选择。

5.1.1　工厂常用架空线路裸导线型号的选择

工厂户外架空线路一般采用裸导线，其常用型号适用范围介绍如下。

1. 铝绞线（LJ）

户外架空线路采用的铝绞线导电性能好，重量轻，对风雨的抵抗力较强，但对化学腐蚀的抵抗力较差，多用在 10kV 及以下线路上，其杆距不超过 100 ~ 125m。

2. 钢心铝绞线（LGJ）

此种导线的外围用铝线，中间线心用钢线，解决了铝绞线机械强度差的缺点。由于交流电的趋肤效应，电流实际上只从铝线通过，所以钢心铝绞线的截面面积是指铝线部分的面积。在机械强度要求较高的场所和 35kV 及以上的架空线路上多被采用。

3. 铜绞线（TJ）

铜绞线导电性能好，对风雨及化学腐蚀的抵抗力强，但造价高，且密度过大，选用要根据实际需要而定。

5.1.2　工厂常用电力电缆型号的选择

工厂供电系统中常用电力电缆型号及适用范围介绍如下。

1. 油浸纸绝缘铝包或铅包电力电缆（如铝包铝心 ZLL 型，铅包铝心 ZL 型）

该电缆具有耐压强度高，耐热能力好，使用年限长等优点，使用最普遍。这种电缆在工作时，其内部浸渍的油会流动，因此不宜用在有较大高度差的场所。如 6 ~ 10kV 电缆水平高度差不应大于 15m，以免低端电缆头胀裂漏油。

2. 塑料绝缘电力电缆

这种电缆重量轻，耐腐蚀，可以敷设在有较大高度差，甚至是垂直、倾斜的环境中，有逐步取代油浸纸绝缘电缆的趋势。目前生产的有两种：一种是聚氯乙烯绝缘、聚氯乙烯护套的全塑电力电缆（VLV 和 VV 型），已生产至 10kV 电压等级。另一种是交联聚乙烯绝缘、聚氯乙烯护套电力电缆（YJLV 和 YJV 型），已生产至 35kV 电压等级。

交联聚乙烯绝缘电缆具有卓越的热－机械性能，优异的电气性能和耐化学腐蚀性能，还具有结构简单、重量轻、耐热好、负载能力强、不熔化、耐化学腐蚀、机械强度高、使用方便和敷设不受落差限制等优点，是目前广泛用于城市电网、矿山和工厂的新型电缆。交联聚乙烯绝缘电力电缆采用化学方法或物理方法，使聚乙烯分子由线形分子结构转变为三维网状结构，由热塑性的聚乙烯变成热固性的交联聚乙烯，从而提高了聚乙烯的耐老化性能、机械性能和耐环境能力，并保持了优良的电气性能。

交联聚乙烯绝缘电缆显著改善了聚氯乙烯绝缘电缆的性能。聚氯乙烯绝缘电缆长期工作温度只有 70℃，而交联聚乙烯绝缘电缆的长期允许工作温度可达 90℃。在 130℃ 温度下保持弹性状态，相对同等截面的聚氯乙烯绝缘电缆，它的截流量可提高约 25%。因此，在实际应用中，可用截面低一档的交联聚乙烯绝缘电缆来取代聚氯乙烯绝缘电缆。

5.1.3 工厂常用绝缘导线型号及选择

工厂车间内采用的配电线路及从电杆上引进户内的线路多为绝缘导线。当然配电干线也可采用裸导线和电缆。绝缘导线的线心材料有铝心和铜芯两种。塑料绝缘导线的绝缘性能好，价格较低，又可节约大量橡胶和棉纱，在室内敷设可取代橡皮绝缘线。由于塑料在低温时要变硬变脆，高温时易软化，因此塑料绝缘导线不宜在户外使用。

车间内常用的塑料绝缘导线型号有：BLV 塑料绝缘铝心线，BV 塑料绝缘铜芯线，BLVV（BVV）塑料绝缘塑料护套铝（铜）心线，BVR 塑料绝缘铜芯软线。常用橡皮绝缘导线型号有：BLX（BX）棉纱编织橡皮绝缘铝（铜）心线，BBLX（BBX）玻璃丝编织橡皮绝缘铝（铜）心线，BLXG（BXG）棉纱编织、浸渍、橡皮绝缘铝（铜）心线（有坚固保护层，适用面宽），BXR 棉纱编织橡皮绝缘软铜线等。上述导线中，软线宜用于仪表、开关等活动部件，其他导线除注明外，一般均可用于户内干燥、潮湿场所固定敷设。

5.2 导线和电缆截面的选择

导线、电缆截面的选择必须满足安全、可靠的要求。

1. 发热条件

导线和电缆在通过正常最大负荷电流即计算电流时产生的发热温度，不应超过其正常运行时的最高允许温度。

2. 电压损耗条件

导线和电缆在通过正常最大负荷电流即计算电流时产生的电压损耗，不应超过其正常运行时允许的电压损耗。对于工厂内较短的高压线路，可不进行电压损耗计算。

3. 经济电流密度

35kV 及以上的高压线路及 35kV 以下的长距离、大电流线路，例如，较长的电源进线，其导线（含电缆）截面宜按经济电流密度选择，以使线路的年运行费用支出最少。按经济电流密度选择的导线截面称为“经济截面”。工厂内的 10kV 及以下线路通常不按经济电流密度选择。

4. 机械强度

导线（包括裸线和绝缘导线）截面不应小于其最小允许截面（见表5.1）。对于电缆，不必校验其机械强度，但需校验其短路热稳定度。母线则应校验其短路的动稳定度和热稳定度。

对于绝缘导线和电缆，还应满足工作电压的要求。

根据设计经验一般10kV及以下的高压线路和低压动力线路，通常先按发热条件来选择导线和电缆的截面，再校验其电压损耗和机械强度。低压照明线路，因其对电压水平要求较高，通常先按允许电压损耗进行选择，再校验其发热条件和机械强度。对长距离大电流线路和35kV及以上的高压线路，则可先按经济电流密度确定经济截面，再校验其他条件。对于电力电缆有时还必须校验短路时的热稳定度，看其在短路电流作用下是否会烧毁，由于架空线路很少因短路电流的作用引起损坏，一般不校验热稳定度。

下面分别介绍按发热条件、经济电流密度和电压损耗几项指标来选择计算导线和电缆的截面。

5.2.1 按发热条件选择导线和电缆的截面

1. 三相系统相截面的选择

电流通过导线时将会发热，导致温度升高。裸导线温度过高，接头处氧化加剧，接触电阻增大，使此处温度进一步升高，氧化更加剧，甚至会发展到烧断。绝缘导线和电缆的温度过高时，可使绝缘损坏，甚至引起火灾。为保证安全可靠，导线和电缆的正常发热温度不能超过其允许值。或者说通过导线的计算电流或正常运行方式下的最大负荷电流 I_{max} 应当小于它的允许载流量，即

$$I_{al} \geqslant I_{max} \tag{5-1}$$

式中，I_{al}——导线允许载流量；

I_{max}——线路最大长期工作电流，即最大负荷电流。

附表4列出了油浸纸绝缘电力电缆的允许载流量；附表5列出了聚氯乙烯绝缘及护套电力电缆允许载流量；附表6列出了交联聚乙烯绝缘氯乙烯护套电力电缆允许载流量；附表7列出了LJ型铝绞线的电阻、电抗和允许载流量；附表8、附表9和附表10列出了BLX型和BLV型铝心绝缘导线在不同环境温度下，明敷、穿钢管和穿硬塑料管暗敷时的允许载流量；附表11列出了LMY和TMY型矩形硬母线的允许载流量。使用这些表时，请注意以下几点：

（1）附表7查出的是LJ型铝绞线的允许载流量。导线为LGJ型钢心铝绞线时，允许载流量与LJ型导线相同。因为在相同截面下，铜的载流能力是铝的1.3倍，因此若导线为TJ型铜绞线时，其允许载流量为相同截面LJ型铝绞线允许载流量的1.3倍。附表7中的铝心绝缘线和铜芯绝缘线允许载流量也有相同的关系。

（2）允许载流量与环境温度有关。查允许载流量时注意根据环境温度查出或乘上温度修正系数 K_T 求出相应的允许载流量。环境温度修正系数为：

$$K_T = \sqrt{\frac{T_{al} - T'_0}{T_{al} - T_0}} \tag{5-2}$$

式中，T_{al}——导体正常工作时的最高允许温度；

T_0——导体允许载流量所采用的环境温度；

T'_0——导体敷设地点实际的环境温度。

按规定，选择导线时所用的环境温度：室外——取当地最热月平均最高气温；室内——取当地最热月平均最高气温加5℃。选择电缆时所用的环境温度：土中直埋——取当地最热月平均气温；室外电缆沟、电缆隧道——取当地最热月平均最高气温；室内电缆沟——取当地最热月平均最高气温加5℃。

在按允许载流量选择导线截面时，应注意最大负荷电流 I_{max} 的选取：选择降压变压器高压侧的导线时，应取变压器额定一次电流。选高压电容器的引入线应为电容器额定电流的1.35倍；选低压电容器的引入线应为电容器额定电流的1.5倍（主要考虑电容器充电时有较大涌流）。

为了满足机械强度的要求，对于室内明敷的绝缘导线，其最小截面不得小于4mm²；对于低压架空导线，其最小截面不得小于16mm²。架空裸导线的最小允许截面见表5.1。绝缘导线线心的最小截面面积见第3章表3.5。

表5.1　架空裸导线的最小允许截面

导线种类	最小允许截面（mm²）			备　注
	35kV	3～10kV	低压	
铝及铝合金线	35	35	16＊	与铁路交叉跨越时应为35mm²
钢心铝绞线	35	25	16	

2. 中性线和保护线截面的选择

（1）中性线（N线）截面的选择。三相四线制系统中的中性线，要通过系统的不平衡电流和零序电流，因此中性线的允许载流量不应小于三相系统的最大不平衡电流，同时应考虑谐波电流的影响。

一般三相负荷基本平衡的低压线路的中性线截面 A_0 不宜小于相线截面 A_φ 的50%，即

$$A_0 \geqslant 0.5A_\varphi \tag{5-3}$$

对于三次谐波电流相当突出的三相线路，由于各相的三次谐波都要通过中性线，使得中性线电流可能接近于相电流，此时宜选中性线截面等于或大于相线截面，即

$$A_0 \geqslant A_\varphi \tag{5-4}$$

对于由三相线路分出的两相三线线路和单相双线线路中的中性线，由于其中性线的电流与相线电流完全相等，因此其中性线截面应与相线截面相等，即

$$A_0 = A_\varphi \tag{5-5}$$

（2）保护线（PE线）截面的选择。保护线要考虑三相系统发生单相短路故障时单相短路电流通过时的短路热稳定度。保护线截面一般不得小于相线截面的一半，但当相线截面小于16mm²时，保护线截面应与相线截面相等。即

当 $A_\varphi \leqslant 16\text{mm}^2$ 时：　$A_{PE} \geqslant A_\varphi$　(5-6)

当 $16\text{mm}^2 < A_\varphi \leqslant 35\text{mm}^2$ 时：　$A_{PE} \geqslant 16\text{mm}^2$　(5-7)

当 $A_\varphi > 35\text{mm}^2$ 时：　$A_{PE} \geqslant 0.5A_\varphi$　(5-8)

（3）保护中性线（PEN线）截面的选择。保护中性线兼有保护线和中性线的双重功能，因此PEN线截面选择应同时满足中性线和保护线选择的条件，取其中的最大截面。

例 5.1 有一条采用 BLX－500 型铝心橡皮线明敷的 220/380V 的 TN－S 线路，计算电流为 50A，当地最热月平均最高气温为 +30℃。试按发热条件选择此线路的导线截面。

解： 此 TN－S 线路为含有 N 线和 PE 线的三相五线制线路，因此，不仅要选择相线，还要选择中性线和保护线。

① 相线截面的选择。查附表 8 知环境温度为 30℃时明敷的 BLX－500 型截面为 $10mm^2$ 的铝心橡皮绝缘导线的 $I_{al}=60A>I_{30}=50A$，满足发热条件。因此相线截面选 $A_{\varphi}=10mm^2$。

② N 线的选择。按 $A_0 \geqslant 0.5A_{\varphi}$，选择 $A_0=6mm^2$。

③ PE 线的选择。由于 $A_{\varphi}<16mm^2$，故选 $A_{PE}=A_{\varphi}=10mm^2$。

所选导线的型号规格表示为：BLX－500－(3×10＋1×6＋PE10)。

例 5.2 上例所示 TN－S 线路，如采用 BLV－500 型铝心绝缘线穿硬塑料管埋地敷设，当地最热月平均最高气温为 +25℃。试按发热条件选择引线的导线截面及穿管内径。

解： 查附表 10 知 +25℃时 5 根单心线穿硬塑料管的 BLV－500 型导线截面为 $25mm^2$ 的导线的允许载流量 $I_{al}=57A>I_{30}=50A$。

因此，按发热条件，相线截面可选为 $25mm^2$。

N 线截面按 $A_0 \geqslant 0.5A_{\varphi}$，选择 $A_0=16mm^2$。

PE 线截面按 $A_{PE} \geqslant 16mm^2$，选为 $16mm^2$。

穿线的硬塑料管内径选为 40mm。

选择的结果表示为：BLV－500－(3×25＋1×16＋PE16)－VG50，其中 VG 为硬塑料管代号。

5.2.2 按经济电流密度选择导线和电缆的截面

根据经济条件选择导线（或电缆）截面，应从两个方面来考虑。截面选得越大，电能损耗就越小，但线路投资及维修管理费用就越高；反之，截面选得小，线路投资及维修管理费用虽然低，但电能损耗则增加。综合考虑这两方面的因素，定出总的经济效益为最好的截面，称为经济截面。对应于经济截面的电流密度称为经济电流密度 j_{ec}。我国现行的经济电流密度见表 5.2。

表 5.2 我国规定的经济电流密度 j_{ec}

导线材料 \ 经济电流密度 j_{ec} (A/mm^2) \ 年最大负荷利用小时数	3000h 以下	3000～5000h	5000 h 以上
铝线、钢芯铝线	1.65	1.15	0.90
铜线	3.00	2.25	1.75
铝芯电缆	1.92	1.73	1.54
铜芯电缆	2.50	2.25	2.00

根据负荷计算求出供电线路的计算电流或供电线路在正常运行方式下的最大负荷电流 I_{max}(A)和年最大负荷利用小时数及所选导线材料，就可按经济电流密度 j_{ec} 计算出导线的经济截面 A_{ec}(mm^2)。其关系式如下：

$$A_{ec}=I_{max}/j_{ec} \tag{5-9}$$

式中，A_{ec}——导线的经济截面；

I_{max}——线路最大长期工作电流；

j_{ec}——经济电流密度。

从手册中选取一种与 A_{ec} 最接近的标准截面导线，然后校验其他条件。

例 5.3 有一条用 LJ 型铝绞线架设的 5km 长的 10kV 架空线路，计算负荷为 1380kW，$\cos\varphi = 0.7$，$T_{max} = 4800h$，试选择其经济截面，并检验其发热条件和机械强度。

解：(1) 选择经济截面。

$$I_{30} = P_{30}/(\sqrt{3}U_N\cos\varphi) = 1380kW/(\sqrt{3} \times 10kV \times 0.7) = 114A$$

由表 5.1 查得 $j_{ec} = 1.51A/mm^2$，故

$$A_{ec} = 114A/(1.15A/mm^2) = 99\ mm^2$$

因此初选的标准截面为 $95mm^2$，即 LJ－95 型铝绞线。

(2) 校验发热条件。查附表 7 得 LJ－95 型铝绞线的载流量（室外 25℃时）$I_{al} = 325A > I_{30} = 114A$，因此满足发热条件。

(3) 校验机械强度。查表 5.1 得 10kV 架空铝绞线的最小截面 $A_{min} = 35mm^2 < A = 95mm^2$，因此所选 LJ－95 型铝绞线也满足机械强度要求。

5.2.3 按机械强度校验导线截面

工厂供配电线路选用的导线按机械强度进行校验，就应保证所选的架空裸导线和不同敷设方式的绝缘导线的截面不应小于其最小允许截面的要求，可查表进行校验。详细表格见表 5.1 和第 3 章表 3.5。另外，为了保证安全，规程规定 1～10kV 架空线路不得采用单股线。

电缆不必校验机械强度。

5.2.4 线路电压损耗的计算

由于线路阻抗的存在，因此当负荷电流通过线路时就会产生电压损耗。所谓电压损耗，是指线路首端电压和末端电压的代数差。为保证供电质量，按规定高压配电线路（6～10kV）的允许电压损耗不得超过线路额定电压的 5%；从配电变压器一次侧出口到用电设备受电端的低压输配电线路的电压损耗，一般应不超过设备额定电压（220V、380V）的 5%；对视觉要求较高的照明线路，则不得超过其额定电压的 2%～3%。如果电压损耗超过了允许值，则应适当加大导线或电缆的截面，使之满足电压损耗的要求。

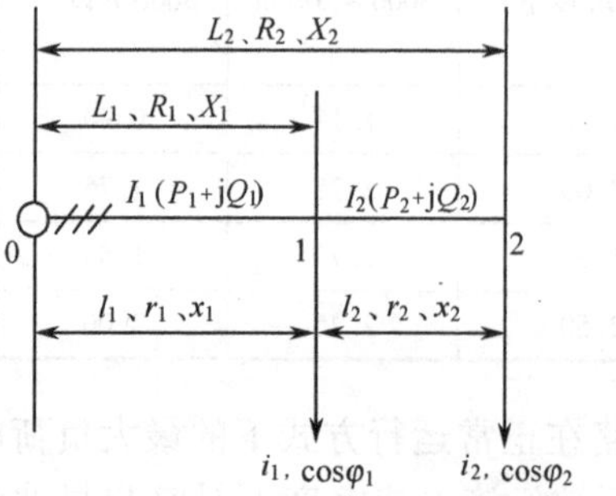

图 5.1 带有两个集中负荷的三相线路

1. 电压损耗的计算

(1) 集中负荷的三相线路电压损耗的计算公式。下面以带两个集中负荷的三相线路（图 5.1）为例，说明集中负荷的三相线路电压损耗的计算方法。

在图 5.1 中，以 P_1、Q_1、P_2、Q_2 分别表示各段线路的有功功率和无功功率，p_1、q_1、p_2、q_2 分别表示各个负荷的有功功率和无功功率，l_1、r_1、x_1、l_2、r_2、x_2 分别表示各段线路的长度、电阻和电抗，L_1、R_1、X_1、L_2、R_2、X_2 为线路首端至各负荷点的长度、电阻和电抗。

线路总的电压损耗为：

$$\Delta U=\frac{p_1R_1+p_2R_2+q_1X_1+q_2X_2}{U_N}=\frac{\sum(pR+qX)}{U_N} \tag{5-10}$$

对于“无感”线路，即线路的感抗可忽略不计或线路负荷的 $\cos\varphi\approx1$，则线路的电压损耗为：

$$\Delta U=\sum pR/U_N \tag{5-11}$$

如果是“均一无感”的线路，即不仅感抗可省略不计或线路负荷的 $\cos\varphi\approx1$，而且全线路采用同一型号规格的导线，则其电压损耗为：

$$\Delta U=\sum pL/(\gamma AU_N)=\sum M/(\gamma AU_N) \tag{5-12}$$

线路电压损耗的百分值为：

$$\Delta U\%=\frac{\Delta U}{U_N}\times100\% \tag{5-13}$$

式中，γ——导线的电导率；

A——导线的截面；

L——线路首端至负荷 p 的长度；

$\sum M$——线路的所有有功功率矩之和。

对于“均一无感”的线路，其电压损耗的百分值为：

$$\Delta U\%=\frac{100\sum M}{\gamma AU_N^2}\%=\frac{\sum M}{(CA)}\% \tag{5-14}$$

式中，C 为计算系数，见表 5.3。

表 5.3　计算系数 C

线路类型	线路额定电压（V）	计算系数 C（kWm/mm^2）	
		铝导线	铜导线
三相四线或三相三线	220/380	46.2	76.5
两相三线		20.5	34.0
单相或直流	220	7.74	12.8
	110	1.94	3.21

注：表中 C 值为在导线工作温度为 50℃、功率矩 M 的单位为 kW_m、导线截面单位为 mm^2 时的数值。

（2）均匀分布负荷的三相线路电压损耗的计算。如图 5.2 所示，对于均匀分布负荷的线路，单位长度线路上的负荷电流为 i_0，均匀分布负荷产生的电压损耗，相当于全部负荷集中在中点时的电压损耗，因此可用下式计算其电压损耗：

$$\Delta U=\sqrt{3}i_0L_2R_0(L_1+L_2/2)=\sqrt{3}IR_0(L_1+L_2/2) \tag{5-15}$$

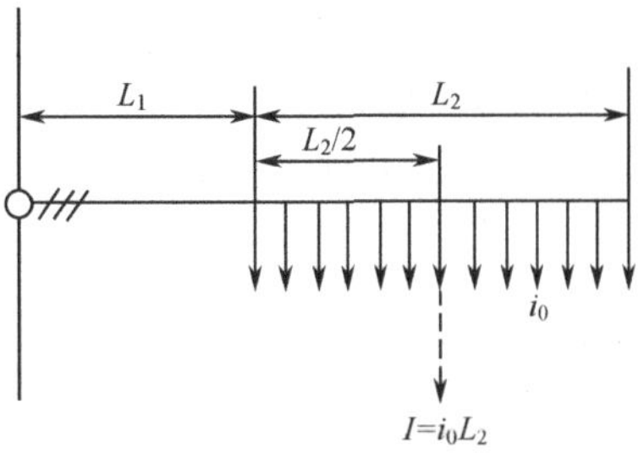

图 5.2　均匀分布负荷线路的电压损失计算

式中，$I=i_0L_2$——与均匀分布负荷等效的集中负荷；

R_0——导线单位长度的电阻值，单位 Ω/km；

L_2——均匀分布负荷线路的长度，单位为 km。

2. 按允许电压损耗选择、检验导线截面

按允许电压损耗选择导线截面分两种情况：一是各段线路截面相同，二是各段线路截面不同。我们只分析各段线路截面相同的情况。

一般情况下，当供电较短时常采用统一截面的导线，可直接用式（5-13）来计算线路的实际电压损耗百分值 $\Delta U\%$，然后根据允许电压损耗的 $\Delta U_{al}\%$ 来校验其导线截面是否满足电压损耗的条件。即

$$\Delta U\% \leqslant \Delta U_{al}\% \tag{5-16}$$

如果是“均一无感”线路，还可以根据式（5-17），在已知线路的允许电压损耗 $\Delta U_{al}\%$ 条件下计算该导线的截面，即

$$A=\frac{\sum M}{C\Delta U_{al}\%} \tag{5-17}$$

上式常用于照明线路导线截面的选择。根据此公式计算选出相应导线截面，然后再检验发热条件和机械强度。

例 5.4　试检验例 5.3 所选 LJ－95 型铝绞线是否满足允许电压损耗 5% 的要求。已知该线路导线为等边三角形排列，线距为 1m。

解：由例 5.3 知 $P_{30}=1380\text{kW}$，$\cos\varphi=0.7$，因此

$$\tan\varphi=1,\ Q_{30}=P_{30}\tan\varphi=1380\text{kvar}$$

又根据题目条件查附表 7，得 $R_0=0.365\Omega/\text{km}$，$X_0=0.34\Omega/\text{km}$。

故线路的电压损耗百分值为：

$$\Delta U\%=\frac{\Delta U}{U_N}\times100\%=\frac{483\text{V}}{10000\text{V}}\times100\%=4.83\%$$

它小于 $\Delta U_{al}\%=5\%$，因此所选 LJ－95 型铝绞线满足电压损耗要求。

例 5.5　某 220/380V 线路，线路全长 75m，采用 BLX－500－(3×25＋1×16) 的橡皮绝缘导线明敷，在距线路首端 50m 处，接有 7kW 的电阻性负荷，在末端接有 28kW 的电阻性负荷，试计算全线路的电压损耗百分值。

解：查表 5.3 可知 $C=46.2\text{kWm/mm}^2$，

而

$$\sum M=7\text{kW}\times50\text{m}+28\text{kW}\times75\text{m}=2450\text{kWm}$$

因此

$$\Delta U\%=\frac{\sum M}{CA}\%=\frac{2450}{(46.2\times25)}\%=2.12\%$$

例 5.6　某 220/380V 的 TN－C 线路，如图 5.3 所示，线路拟采用 BLX 导线明敷，环境温度为 35℃，允许电压损耗为 5%，试确定该导线截面。

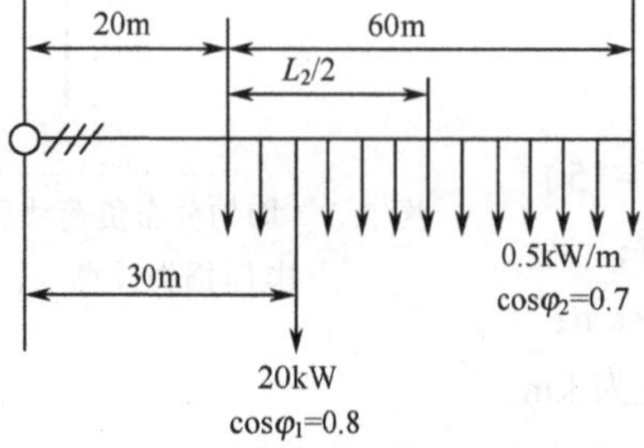

（a）带有均匀分布负荷的线路

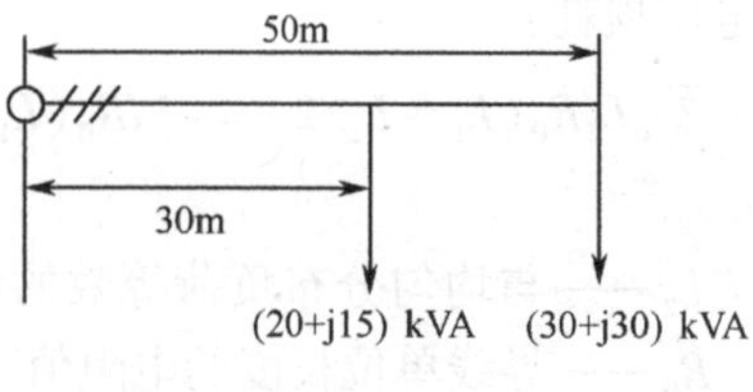

（b）等效线路

图 5.3　例 5.6 的线路

解：（1）线路的等效变换。将图 5.3（a）所示的带均匀分布负荷的线路等效为图 5.3（b）所示的带集中负荷的线路。

原集中负荷 $p_1 = 20\text{kW}$，$\cos\varphi_1 = 0.8$，因此

$$q_1 = p_1 \tan\varphi_1 = 20 \times (\arccos 0.8)\text{kvar} = 20 \times 0.75\text{kvar} = 15\text{kvar}$$

将原分布负荷变换为集中负荷 $p_2 = 0.5(\text{kW/m}) \times 60\text{m} = 30\text{kW}$，$\cos\varphi_2 = 0.7$，因此

$$q_2 = p_2 \tan\varphi_2 = 30 \times \tan(\arccos 0.7)\text{kvar} = 30\text{kvar}$$

（2）按发热条件选择导线截面。线路上总的负荷为：

$$P = p_1 + p_2 = 20\text{kW} + 30\text{kW} = 50\text{kW}$$

$$Q = q_1 + q_2 = 15\text{kvar} + 30\text{kvar} = 45\text{kvar}$$

$$S = \sqrt{P^2 + Q^2} = \sqrt{50^2 + 45^2}\text{kVA} = 67.3\text{kV}$$

$$I = \frac{S}{\sqrt{3}U_N} = \frac{67.3\text{kVA}}{\sqrt{3} \times 0.38\text{kV}} = 102\text{A}$$

按此电流值查附表 8，得线心截面为 35mm^2 的 BLX 导线在 35℃ 时的 $I_{al} = 119\text{A} > I = 102\text{A}$，因此可选 BLX－500－1×35 型导线三根作相线，另选 500－1×25 型导线一根作保护中性线（PEN）。

（3）校验机械强度。查第 3 章表 3.5 可知，按明敷在绝缘支持件上，且支持点间距为最大来考虑，其最小允许截面为 10mm^2，因此，以上所选相线和保护中性线均满足机械强度要求。

（4）校验电压损耗。按线心截面 $= 35\text{mm}^2$ 查附表 12，得明敷铝心线的 $R_0 = 1.06\Omega/\text{km}$，$X_0 = 0.241\Omega/\text{km}$，因此，线路的电压损耗为：

$$\begin{aligned}\Delta U &= \frac{pR + qX}{U_N} = \frac{(p_1L_1 + p_2L_2)R_0 + (q_1L_1 + q_2L_2)X_0}{U_N} \\ &= [(20\text{kW} \times 0.03\text{km} + 30\text{kW} \times 0.05\text{km}) \times 1.06\Omega/\text{km} \\ &\quad + (15\text{kvar} \times 0.03\text{km} + 30\text{kvar} \times 0.05\text{km}) \times 0.241\text{km}]/0.38\text{kV} = 7.09\text{V}\end{aligned}$$

$$\Delta U\% = \frac{\Delta U}{U_N} \times 100\% = \frac{7.09\text{V}}{380\text{V}} \times 100\% = 1.87\%$$

由于 $\Delta U\% = 1.87\% < \Delta U_{al}\% = 5\%$，因此，以上所选导线也满足电压损耗的要求。

5.2.5 母线的选择

母线应按下列条件进行选择：

（1）对一般汇流母线按持续工作电流选择母线截面：

$$I_{al} \geqslant I_{30} \tag{5-18}$$

式中，I_{al}——汇流母线允许载流量；

I_{30}——母线上的计算电流。

（2）对年平均负荷、传输容量较大的母线，宜按经济电流密度选择其截面，公式同前。

（3）硬母线动稳定校验。

$$\sigma_{al} \geqslant \sigma_C \tag{5-19}$$

式中，σ_{al}——母线材料最大允许应力，单位为 Pa。硬铝母线（LMY）$\sigma_{al} = 70\text{MPa}$，硬铜母线（TMY）$\sigma_{al} = 140\text{MPa}$；

σ_C——母线短路时三相短路冲击电流 $i_{sh}^{(3)}$ 产生的最大计算应力。

(4) 母线热稳定度校验。常用最小允许截面校验其热稳定度，计算公式为：

$$A_{ima}=I_{\infty}^{(3)}\times 10^{3}\sqrt{t_{ima}}/C \tag{5-20}$$

式中，$I_{\infty}^{(3)}$——三相短路稳态电流，单位为 A；

t_{ima}——假想时间，单位为 s；

C——导体的热稳定系数，单位为$\mathrm{As}^{\frac{1}{2}}/\mathrm{mm}^2$，铝母线 $C=87\ \mathrm{As}^{\frac{1}{2}}/\mathrm{mm}^2$，铜母线 $C=171\ \mathrm{As}^{\frac{1}{2}}/\mathrm{mm}^2$。

当母线实际截面大于最小允许截面时，能满足热稳定要求，即

$$A\geqslant A_{min} \tag{5-21}$$

本章小结

导线、电缆选择的内容包括两个方面：一是选型号，二是选截面。工厂户外架空线路一般采用裸导线，其常用型号有铝绞线（LJ）、钢心铝绞线（LGJ）和铜绞线（TJ）等。工厂供电系统中常用电力电缆型号主要有油浸纸绝缘铝包或铅包电力电缆和塑料绝缘电力电缆。工厂车间内采用的配电线路有塑料绝缘和橡皮绝缘导线两大类，常用的塑料绝缘导线型号有：BLV 塑料绝缘铝心线，BV 塑料绝缘铜芯线，BVR 塑料绝缘铜芯软线。常用橡皮绝缘导线型号有：BLX（BX）棉纱编织橡皮绝缘铝（铜）心线。

导线、电缆截面的选择必须满足安全、可靠的条件。同时，还需考虑与保护装置相配合的问题。对于绝缘导线和电缆，还应满足工作电压的要求。对于电缆，不必校验其机械强度和短路动稳定度。对于母线，短路动、热稳定度都需考虑。对 6～10kV 及以下的高压配线路和低压动力线路，先按发热条件选择导线截面，再校验电压损失和机械强度。对 35kV 及以上的高压输电线路和 6～10kV 长距离、大电流线路，则先按经济电流密度选择导线截面，再校验发热条件、电压损失和机械强度。对低压照明线路，先按电压损失选择导线截面，再校验发热条件和机械强度。

习　题　5

一、填空题

5.1　工厂常用的架空线型有__________、__________和__________等。

5.2 一般在 35kV 以上的架空线路上采用________型导线。

5.3　户外架空线路采用的铝绞线导电性能好，重量轻，对风雨的抵抗力较强，但对化学腐蚀的抵抗力较差，多用在________kV 及以下线路上。

5.4　__________型电缆可以敷设在有较大高度差，甚至是垂直、倾斜的环境中。

5.5　BLV 型导线表示__________。

5.6　低压动力线路通常是按照__________条件来选择导线和电缆的截面。低压照明线路通常是按照__________条件来选择导线和电缆的截面。

5.7　一般 10kV 及以下的高压线路和低压动力线路，通常先按__________来选择导线和电缆的截面，再校验其__________和__________。

5.8　对于室内明敷的绝缘导线，其最小截面不得小于______mm^2；对于低压架空导线，其最小截面不得小于______mm^2。

5.9　高压配电线路的允许电压损耗不得超过线路额定电压的______%。

二、判断题（正确的打√，错误的打×）

5.10　钢芯铝绞线的抗腐蚀能力比较强。（　）

5.11　为了保证安全，规程规定 1～10kV 架空线路不得采用单股线。（　）

5.12　通过导线的计算电流或正常运行方式下的最大负荷电流应小于它的允许载流量。（　）

5.13　在相同截面条件下，铜的载流能力是铝的 1.3 倍。（　）

5.14　三相四线线路中，中性线截面面积应该与相线截面面积相同。(　　)

5.15　塑料绝缘导线不宜在户外使用。(　　)

5.16　明敷导线比穿硬塑料管暗敷时的导线允许载流量要大。(　　)

5.17　三相五线回路的导线可以分别穿管敷设。(　　)

5.18　一般三相负荷基本平衡的低压线路的中性线截面 A_0，不宜小于相线截面 A_φ 的 50%。(　　)

5.19　对年平均负荷高、传输容量较大的母线，宜按发热条件选择其截面。(　　)

三、选择题

5.20　选择照明电路（　　），选择车间动力负荷线路（　　），选择 35kV 高压架空线路（　　）。

A. 按发热条件选择导线　　B. 按电压损耗条件选择导线

C. 按经济电流容密度选择导线　　D. 按机械强度条件选择导线

5.21　某 TN－S 线路中，相线截面选择为 $10mm^2$，则其 N 线应选择为（　　），PE 线应选择为（　　）。

A. $5mm^2$　　B. $6mm^2$

C. $10mm^2$　　D. $16mm^2$

5.22　选择合适的电压损耗值填入括号：高压配电线路的电压损耗（　　），低压输配电线路的电压损耗（　　），照明线路电压损耗（　　）。

A. 2% ~3%　　B. 5%

C. 7%　　D. 10%

四、计算题

5.23　试按发热条件选择 220/380V、TN－C 系统中的相线和 PEN 线截面及穿线钢管（G）的直径。已知线路的计算电流为 150A，安装地点的环境温度为 25℃，拟用 BLV 铝心塑料线穿钢管埋地敷设。请选择导线并写出导线线型。

5.24　如果上题所述 220/380V 线路为 TN－S 系统，试按发热条件选择其相线、N 线和 PE 线的截面及穿线钢管（G）的直径。

第6章　工厂供配电系统的保护

内容提要

本章首先讲述供电系统保护装置的作用及其基本要求，接着分别介绍工厂高压线路和电力变压器的继电保护、熔断器保护、低压断路器保护、过压保护和防雷保护及接地的知识。其中重点介绍工厂高压线路过流保护及变压器保护。接地是本章学习的重点。

6.1　供配电系统保护装置的作用和要求

1. 供配电系统保护装置的作用

在供配电系统的运行过程中，往往由于电气设备的绝缘损坏、操作维护不当以及外力破坏等原因，造成系统故障或不正常的运行状态。在供配电系统中最常见的故障和不正常运行状态为断线、短路、接地及过载。为了保证供电系统的安全可靠运行，避免过载引起的过电流或短路产生的故障电流对系统的影响，在供电系统中需装设不同类型的保护装置。保护装置的作用是：在发生故障时自动检测出故障，迅速而有选择地将故障区域从供电系统中切除，以免系统设备继续遭到破坏。另一作用是及时发现系统中不正常运行，如过载、欠电压等情况时，能发出报警信号，以便及时处理，保证安全可靠地供电。

2. 过电流保护装置的基本要求

为了使保护装置能够正确地反映故障并起到保护作用，过电流保护装置必须满足以下四个基本要求，即选择性、快速性、可靠性和灵敏性。这四个基本要求是分析保护性能的基础。

（1）选择性。当供电系统发生故障时，离故障点最近的保护装置应先动作，切除故障，而供电系统的其他无故障部分继续运行，满足这一要求的动作就叫有选择性。如果供电系统发生故障时，离故障点最近的保护装置不动作，而离故障点远的保护装置动作切除故障，就会使停电范围扩大，这叫失去选择性。如图6.1所示，当k处发生短路故障时，应是距离事故点最近的断路器QF_2动作，切除事故，而QF_1不应动作，以免事故扩大。只有当QF_2拒绝动作，作为后一级保护的QF_1才能启动，切除事故。

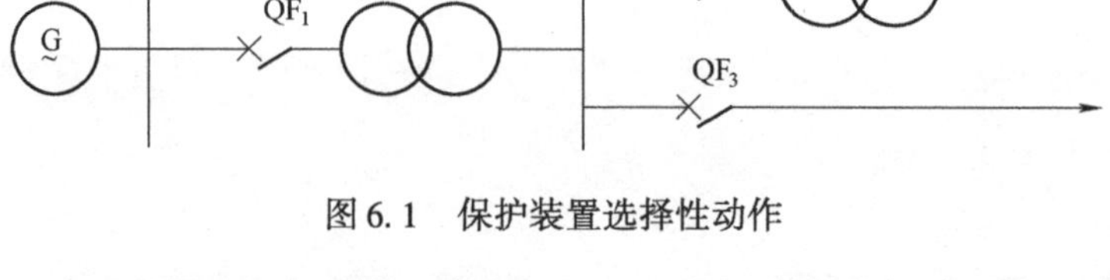

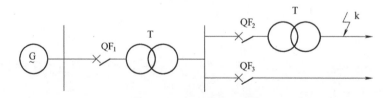

图6.1　保护装置选择性动作

（2）快速性。保护装置在尽可能的条件下，应尽快地动作切除事故，以减少对用电设备的影响，如果故障能在0.2s内切除，则一般电动机就不会停转。迅速的动作还能减轻对系统的破坏程度，减轻对元器件的损害程度，减少用户在低电压下工作的时间和停电时间，加速恢复正常运行的过程，提高系统的稳定性。

（3）可靠性。保护装置在其保护范围内发生故障时，必须可靠动作，不应拒绝动作，在不该动作的情况下就不应该误动作。为了满足可靠性的要求，保护装置接线应尽可能简单，力求减少继电器接点，避免保护装置断线、短路、接地和错误的接线，所有辅助元件如连接端子、连接导线以及安装施工，都应当十分可靠。

（4）灵敏性。保护装置对其保护区内发生故障或不正常运行状态的反应能力称为灵敏性，如果保护装置对其保护区内极轻微的故障都能及时地反应动作，即具有足够的反应能力，说明保护装置的灵敏度高。保护装置灵敏与否，一般都用灵敏系数（S_p）来衡量。以过电流保护为例，灵敏系数为：

$$S_p = \frac{I_{k.min}}{I_{op.1}} \tag{6-1}$$

式中，$I_{k.min}$——系统在最小运行方式（指电力系统处于短路阻抗为最大，短路电流为最小的状态的一种运行方式）时保护区末端的短路电流；

$I_{op.1}$——保护装置一次侧动作电流。

对于三相三线制电路，其最小运行状态时的短路电流为两相短路电流。两相短路电流与三相短路电流的关系为：

$$I_k^{(2)} = \frac{\sqrt{3}}{2} I_k^{(3)} = 0.866 I_k^{(3)} \tag{6-2}$$

式中，$I_k^{(3)}$——三相短路电流；

$I_k^{(2)}$——两相短路电流。

工厂企业中常用继电保护装置的灵敏度要求见表 6.1。

表 6.1　继电保护装置灵敏度

被保护的电气设备	继电保护装置类型	最低灵敏度 S_p
变压器、线路等所有电气设备	过电流保护	5（如满足此要求将使保护复杂时，灵敏度可降为 1.25）
	电流速断保护	2.0
	后备保护	1.2（如满足此要求将使保护过分复杂或在技术上难以实现时，可仅按常见的运行方式和故障类型校验灵敏度）
变压器	纵联差动保护	2.0
3～10kV 电缆线路	中性点不直接接地电力网中的零序电流保护	1.25
3～10kV 架空线路		1.50

以上四项是对保护装置的基本要求，对某一个具体的保护装置来说，不一定都是同等重要的，而往往侧重某一个方面。例如，由于电力变压器是供电系统中最关键的设备，对它的保护要求灵敏度高。而对一般电力线路的保护装置，灵敏度的要求可低一些，但对其选择性动作的要求较高。又例如，在无法兼顾选择性和快速性的情况下，为了快速切除故障以保护某些关键设备，或者为了尽快恢复系统的正常运行，有时甚至牺牲选择性来保证快速性。

3. 工厂常用保护装置的类型

（1）继电保护。继电保护是用各种不同类型的继电器按一定方式连接和组合，构成继电保护装置。当系统出现事故或故障时，检测出并使相应的高压断路器跳闸，将故障部分切除，或给出报警信号。继电保护适用于要求供电可靠性较高的高压供电系统中。

电力系统的继电保护可分为主保护、后备保护、辅助保护和异常运行保护四类：

① 主保护。是满足系统稳定和设备安全要求，能以最快速度有选择地切除被保护设备和线路故障的保护。

② 后备保护。是主保护或断路器拒动时，用以切除故障的保护。后备保护可分为远后备保护和近后备保护两种。远后备保护是当主保护或断路器拒动时，由相邻电力设备或线路的保护来实现的后备保护；近后备保护是当主保护拒动时，由本电力设备或线路的另一套保护来实现的后备保护。

③ 辅助保护。是为补充主保护和后备保护的性能，或当主保护和后备保护检修时需要加速切除严重故障而增加的简单保护。

④ 异常运行保护。是反映被保护电力设备或线路异常运行时的保护。

（2）熔断器保护。熔断器保护广泛适用于高、低压供电系统。由于装置简单经济，在供电系统中应用得相当普遍。但是它的断流能力较小，选择性差，熔体熔断后更换不方便，不能迅速恢复供电，因此在要求供电可靠性较高的场所不宜用。

（3）低压断路器保护。这种保护又称低压自动开关保护。由于低压断路器带有多种脱扣器，能够进行过电流、过负载、失电压和欠电压保护等，而且可作为控制开关进行操作，因此在对供电可靠性要求较高且频繁操作的低压供电系统中广泛应用。

6.2 常用保护继电器的类型与结构

继电器是组成继电保护装置的基本元件。继电器的特征是，当输入的物理量达到一定值时或某物理量一输入时就能自动动作。

根据继电器反应的物理量分，有电流继电器、电压继电器、气体继电器等。

根据继电器的工作原理分，有电磁式、感应式等。

按其反应参量变化情况分，有过电流继电器、过电压继电器、欠电压继电器等。

按其与一次电路的联系分，有一次式和二次式。一次式继电器的线圈是与一次电路直接相连的。二次式继电器的线圈连接在电流互感器或电压互感器的二次侧。继电保护中用的继电器都是二次式继电器。

电磁式继电器是工厂企业运用较广泛的一类继电器。继电器的种类较多，有电流继电器、电压继电器、时间继电器、中间继电器、信号继电器等。下面就工厂企业供电系统中常用的几种保护继电器进行介绍。

6.2.1 电磁式电流和电压继电器

电磁式继电器的基本原理都是相同的，它的结构主要由铁芯、衔铁、线圈、接点和弹簧等组成，电磁式电流和电压继电器在继电保护装置中均为启动元件，属于测量元件。

1. 电流继电器

如图6.2（a）为DL－10系列电流继电器的结构图，当线圈1上通以电流时，将产生磁通，经过由电磁铁2、空气隙所组成的磁路，钢舌片3被电磁铁的磁场磁化，从而产生电磁力，电磁力克服轴10上的反作用弹簧9的作用力，使钢舌片3转动一个角度吸近磁极，使常开接点闭合，常闭接点断开。当线圈上的信号减小或消失时，电磁力产生的转矩不足以克服弹簧拉力和摩擦力所产生的阻力矩，即钢舌片 3 被弹簧拉回原来位置，继电器恢复到起始状态。

电流继电器常用的是 DL－10 系列，是过电流继电器，铁芯上绕有两个线圈，线圈可串联或并联接线。当线圈中的电流超过继电器的最小电流时，电流继电器的接点动作，这个最小电流称为继电器的动作电流。当线圈的电流减小到一定值时，钢舌片在弹簧作用下返回起始位置所需的最大电流值，称为继电器的返回电流，继电器的返回电流与继电器的动作电流的比值称为返回系数，用 K_{re}表示，过电流继电器的返回系数总是小于 1，越接近 1 继电器越灵敏，一般取 0.8。电流继电器的图形文字符号如图 6.2（b）所示。

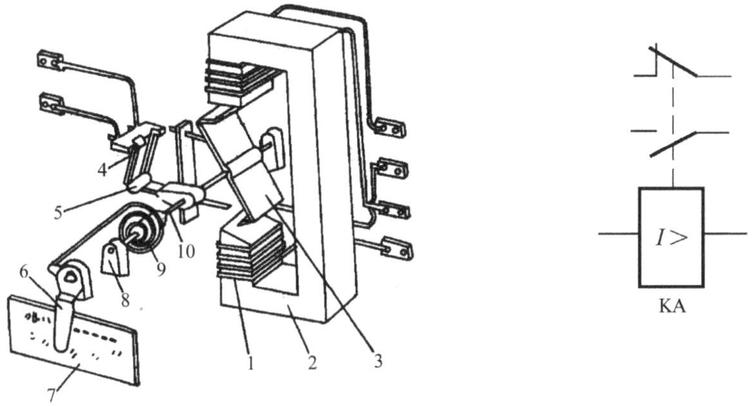

（a）DL－10系列电磁式电流继电器的结构　　（b）电磁式电流继电器图形符号

1—线圈；2—电磁铁；3—钢舌片；4—静触点；5—动触点；
6—调整杆；7—刻度盘；8—轴承；9—反作用弹簧；10—轴

图 6.2　DL－10 系列电磁式电流继电器的结构

2. 电压继电器

电压继电器与电流继电器的结构基本相同，只是电压继电器的线圈为电压线圈，多做成欠电压继电器。正常工作时，电压继电器的接点动作，当电压低于它的整定值时，继电器会恢复起始位置。低电压继电器的返回系数 K_{re}大于 1，越接近 1，越灵敏，一般取 1.25。电压继电器的文字符号为 KV。

6.2.2　电磁式中间继电器

中间继电器触头数量多（一般有 8 对），容量也大（5～10A）。当电压继电器、电流继电器的触点容量不够时，可以利用中间继电器作为功率放大，当继电器的触点数量不够时，利用中间继电器增加触点数量以控制多条回路。所以说中间继电器的作用是增加触点的数目或增大触点的容量。工厂企业供电系统中常用的是 DZ－10 系列，结构如图 6.3（a）所示。当线圈 1 通电时，衔铁 4 吸向电磁铁，使触点动作，常开触点闭合，常闭触点断开。当线圈断电时，衔铁释放，触点返回起始位置。中间继电器的图形文字符号如图 6.3（b）所示。

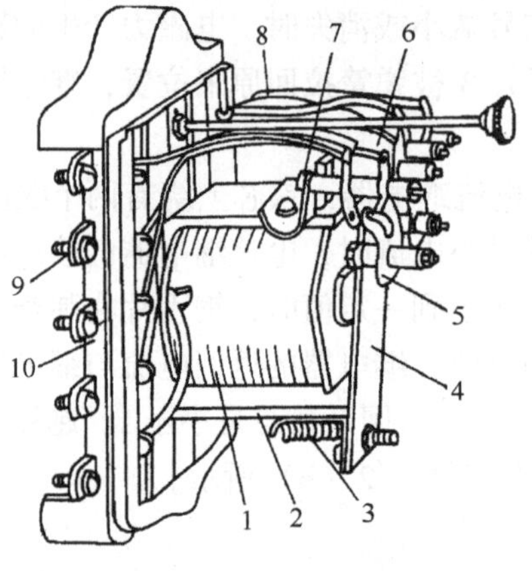

（a）DL-10系列中间继电器结构

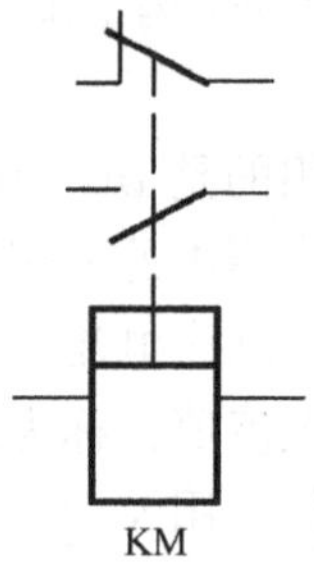

（b）电磁式中间继电器图形符号

1—线圈；2—电磁铁；3—弹簧；4—衔铁；5—动触点；

6、7—静触点；8—连线；9—接线端子；10—底座

图 6.3　DZ－10 系列中间继电器结构

6.2.3　电磁式信号继电器

信号继电器在继电保护装置中的作用是用来发出指示信号的。常用的是 DX－11 型电磁式信号继电器，结构如图 6.4 所示。当信号继电器线圈 1 通电时，衔铁 4 被吸向铁芯，信号牌 5 失去衔铁的支撑，靠自重掉下，显示动作信号，随着信号掉牌转动带动转轴旋转，使转轴上的动触点 8 与静触点 9 接通，利用其接点接通其他的信号回路。信号继电器有电流型和电压型两种，电流型信号继电器的线圈为电流线圈，串联在回路中；电压型信号继电器的线圈为电压线圈，并联在回路中。信号继电器的图形文字符号如图 6.4（c）所示。

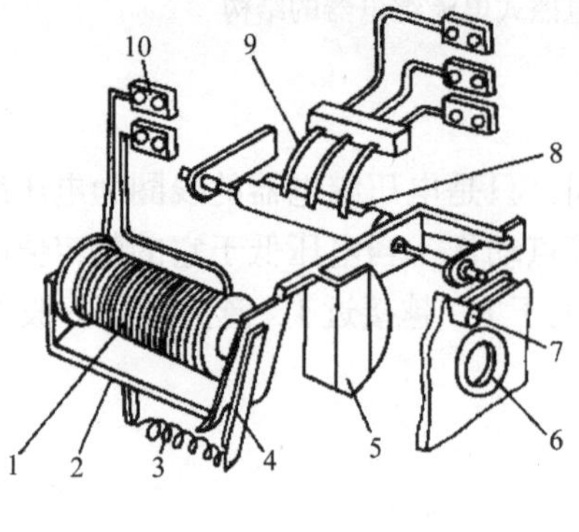

（a）DX-11型信号继电器结构

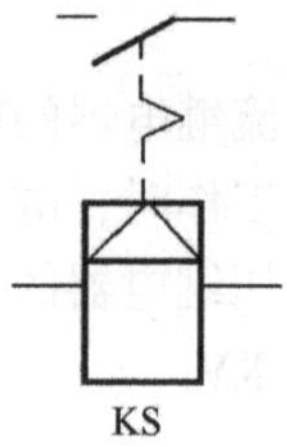

（b）电磁式信号继电器图形符号

1—线圈；2—电磁铁；3—弹簧；4—衔铁；5—信号牌；

6—玻璃窗孔；7—复位按钮；8—动触点；9—静触点；10—接线端子

图 6.4　DX－11 型信号继电器结构

6.2.4　电磁式时间继电器

时间继电器在继电保护装置中的作用是用来保护装置获得所需要的延时。常用的是 DS110（用于直流）、DS120（用于交流）系列，结构如图 6.5（a）所示。当时间继电器的

线圈接上工作电压时，可动铁芯3被吸入，压杆9失去支持，瞬时触点6、8断开，5、8接通。扇形齿轮12在拉引弹簧17的作用下顺时针转动，通过传动齿轮13使延时的主动触点14开始转动，同时摩擦离合器19带动钟表机构，只转动一定角度，经过一定的时间，继电器的主触点动作。当线圈失电后，在返回弹簧4的作用下，通过压杆9使扇形齿轮12复原，离合器和钟表机构复原，所有触点复原。

为了缩小继电器的尺寸，一般时间继电器线圈按短时通电设计。如果要长期接上电压，应在继电器动作后，在线圈回路中串入电阻，以限制线圈的电流，以免线圈过热烧毁。电阻在时间继电器未动作时利用继电器的瞬时常闭接点短接，继电器动作后，该接点断开将电阻串接在线圈回路中。时间继电器的图形文字符号如图6.5（b）、（c）所示。

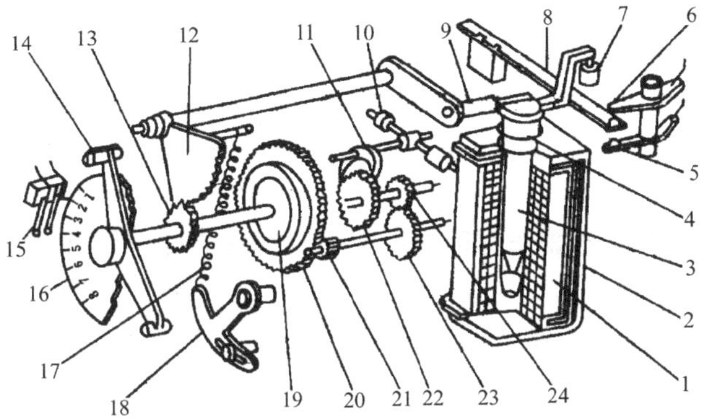

（a）DS110、120系列时间继电器结构

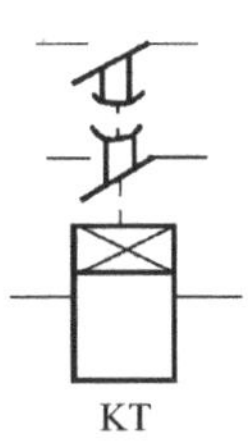

（b）电磁式时间继电器图形符号（带延时闭合触点）

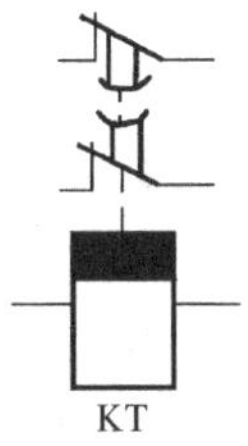

（c）电磁式时间继电器图形符号（带延时断开触点）

1—线圈；2—电磁铁；3—可动铁芯；4—返回弹簧；5、6—瞬时静触点；7—绝缘件；8—瞬时动触点；
9—压杆；10—平衡垂；11—摆动卡板；12—扇形齿轮；13—传动齿轮；14—主动触点；
15—主静触点；16—刻度盘；17—拉引弹簧；18—弹簧拉力调节器；19—摩擦离合器；
20—主动轮；21—小齿轮；22—掣轮；23、24—中表机构传动齿轮

图6.5　DS－110、120系列时间继电器结构

6.2.5　感应式电流继电器

感应式电流继电器常用的型号是GL10、GL20系列，它属于测量元件，广泛应用于反时限的继电保护中。GL型电流继电器实际上由感应部分和电磁部分构成，感应部分带有反时限特性，而电磁部分是瞬时动作的，结构如图6.6所示。电磁元件由线圈1、带有短路环的电磁铁2和衔铁15组成。感应元件由线圈1、电磁铁2和铝盘4组成。

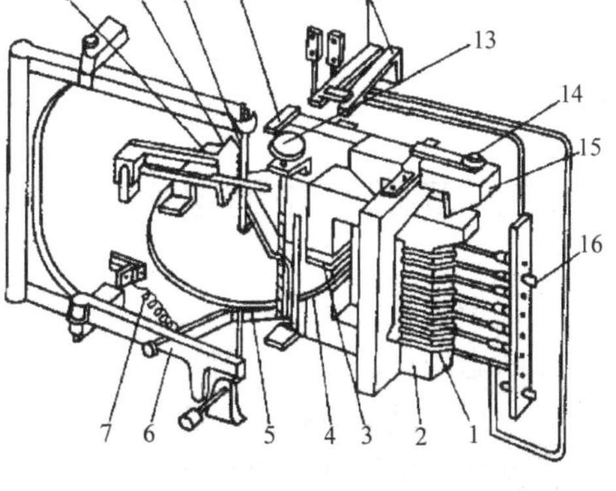

1—线圈；2—电磁铁；3—短路环；4—铝盘；5—钢片；
6—铝框架；7—调节弹簧；8—制动永久磁铁；9—扇形齿轮；
10—蜗杆；11—扇杆；12—触点；13—时限调节螺杆；
14—速断电流调节螺杆；15—衔铁；16—动作电流调节插销

图6.6　感应式电流继电器结构

当线圈1通电时，产生磁通，由于电磁铁2的端面被短路环分成两部分，短路环仅包围了磁路磁通的一部分，这样，铁芯端面处有两个不同相位的磁通通过，并穿过铝盘4，产生作用于铝盘的电磁转矩，电磁转矩克

服阻力矩，使铝盘转动起来。铝盘转动后，铝盘切割制动永久磁铁 8 的磁通，在铝盘上产生涡流，这涡流与永久磁铁的磁通相互作用，产生一个与电磁转矩相反的制动转矩，铝盘转动越快，制动转矩越大。

当通入继电器线圈的电流增大到一定值时，电磁转矩和制动转矩的合力克服调节弹簧 7 的拉力，使铝框架 6 前偏，蜗杆 10 与扇形齿轮 9 啮合，铝盘继续转动带动扇形齿轮 9 沿着蜗杆 10 上升，使触点 12 切换，同时信号牌掉下。

继电器线圈的电流越大，铝盘转得越快，扇形齿轮沿蜗杆上升的速度也越快，动作时间越短，这是感应式电流继电器的“反时限特性”。当继电器的电流再增大时，即到继电器的速断电流时，铝盘的转速不再加快，继电器的动作时间成定植。电磁铁 2 瞬时将衔铁 15 吸下，触点 12 切换，信号牌掉下，这是感应式电流继电器的“速断特性”。动作特性曲线如图 6.7 所示。曲线 *ab* 称为反时限特性，继电器的动作时间随电流的增大而减小。曲线 bb′的跳跃是由于电磁元件速断动作的结果，曲线 *b′d* 是速断特性。图中的动作电流倍数 n_{qb} 称为速断电流倍数，是指继电器线圈中使电流速断元件动作的最小电流（即是速断电流 I_{qb}）与继电器的动作电流 I_{op}的比值。

GL 型电流继电器的特点是可以用一个继电器兼作两种保护，即利用感应部分作过电流保护，利用电磁部分作速断保护。由于 GL 型电流继电器的接点容量大，可省略中间继电器，能实现断路器的直接跳闸；另外还有动作信号牌可省略信号继电器；感应部分具有反时限特性可省略时间继电器。缺点是结构复杂，准确性不高。感应式电流继电器的图形文字符号如图 6.8 所示。

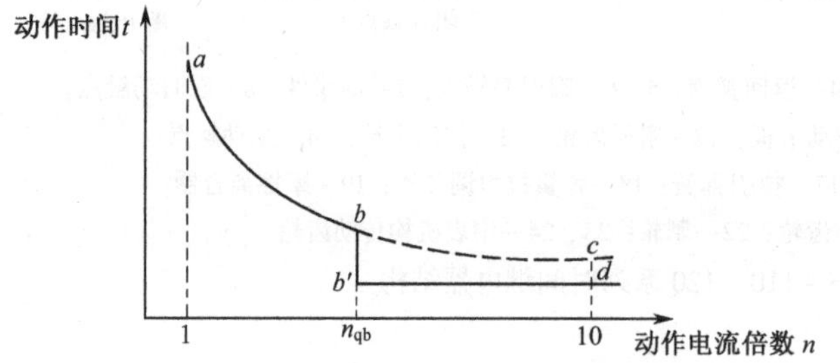

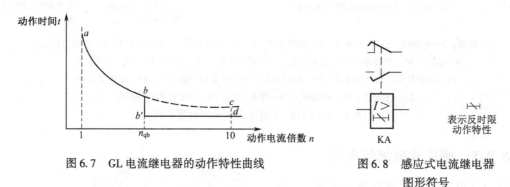

图 6.7　GL 电流继电器的动作特性曲线

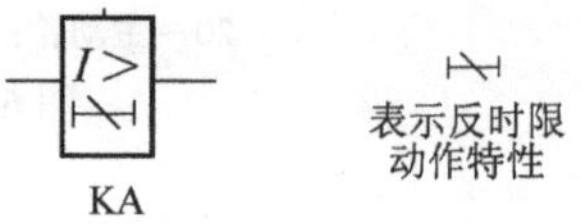

图 6.8　感应式电流继电器图形符号

6.3　工厂高压线路继电保护

继电保护装置由互感器、继电器和其他一些辅助元件组成。它是一种反应短路故障和不正常工作状态的自动装置。对短路故障使断路器跳闸，对不正常工作状态一般发出报警信号。由于工厂的供电线路大多距离较短，容量不是很大，因此其保护装置通常比较简单。过电流保护和速断保护是保护线路相间短路的简单可靠的继电保护装置。

6.3.1　电流互感器与电流继电器的接线方式

1. 电流互感器与电流继电器的接线方式

电流互感器反应主电路电流的情况，是保护装置可靠工作的前提，为了解决这一问题必须了解继电器和互感器的接线方式。电流互感器与电流继电器之间的接线，主要有如下三种形式，即三相三继电器的三相星形接线（简称三相式接线），两相两继电器的两相星形接线（简称两相式接线），两相一继电器的两相差式接线（简称两相差式接线），下面分别进行介绍。

（1）三相式接线（见图 6.9）。这种接线中，通过继电器的电流就是电流互感器流出的二次电流。为了表述继电器电流 I_{KA} 与电流互感器二次电流 I_2 的关系，特引入一个接线系数 K_w：

$$K_w = \frac{I_{KA}}{I_2} \tag{6-3}$$

因为三相星形接线时，这两个电流是相等的，因此 $K_w = 1$。

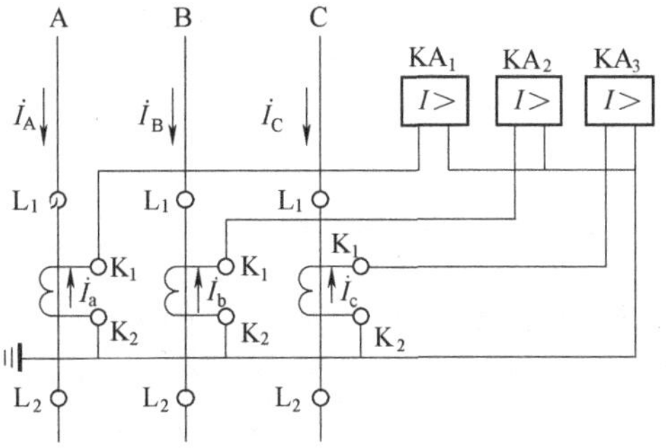

图 6.9　三相式接线

采用这种接线方式，如一次电路发生三相短路或任意两相短路或当中性点接地系统发生单相短路时，都至少有一个继电器动作，从而使一次电路的断路器跳闸。

采用此种接线方式，保护装置能反映所有形式的故障，且动作电流相同。但接线方式较复杂，所用的设备较多。此种接线常用于 110kV 及以上中性点直接接地系统中，作为相间短路和单相短路的保护。Y，d11 连接变压器的过电流保护大都采用这种接线方式，以提高继电保护装置的灵敏度。

（2）两相式接线（见图 6.10）。此种接线的接线系数 $K_w = 1$。

这种接线方式能反映三相短路和两相短路。当一次电路发生三相或任意两相短路时，都至少有一个继电器动作，从而使一次电路的断路器跳闸。单相短路若发生在未装电流互感器的一相时，故障电流反映不到继电器线圈，如图 6.10（a）中 B 相接地时保护装置不能动作。可见两相式接线能保护各种相间短路，但不能完全反映单相短路和两相接地短路。但由于本接线方式只用了两个电流互感器和两个继电器，接线简单，所用设备较少，在 6～10kV 小接地短路电流系统中广泛应用。在这样的系统中，单相接地只是一种不正常的运行方式，并不需要跳闸。

两相三继电器接线实际上是在两相两继电器接线的公共中线上接入第三个继电器，流入该继电器的电流为流入其他两个继电器电流之和，这一电流在数值上与第三相（即 B 相）电流相等，这样就使保护的灵敏度提高了。如图 6.10（b）所示。

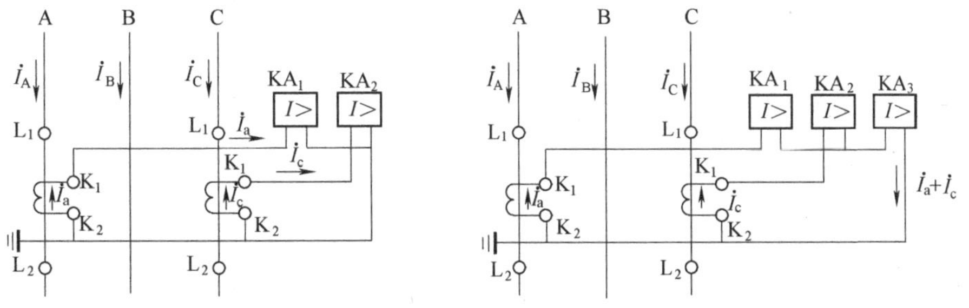

（a）两相两继电器式接线　　（b）两相三继电器式接线

图 6.10　两相式接线

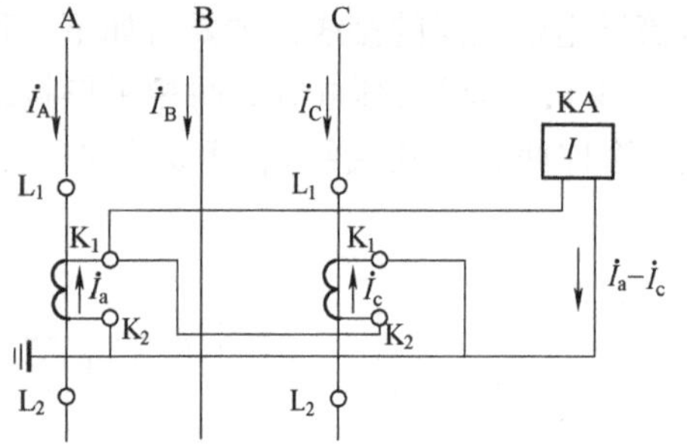

图 6.11　两相差式接线

（3）两相差式接线（见图 6.11）。这种接线，流入继电器的电流为两相电流互感器二次电流之差。

在其一次电路发生三相短路时，流入继电器的电流为电流互感器二次电流的$\sqrt{3}$倍，即$K_w=\sqrt{3}$。

在其一次电路的 A、C 两相发生短路时，流入继电器的电流（两相电流差）为电流互感器二次电流的 2 倍，即$K_w=2$。

在其一次电路的 A、B 两相或 B、C 两相发生短路时，流入继电器的电流只有一相（A 相或 C 相）电流互感器的二次电流，即$K_{w(A.B)}=K_{w(B.C)}=1$。

此种接线能反映所有相间短路，而不能完全反映单相短路和两相接地短路，但保护灵敏度有所不同，有的甚至相差一倍，因此不如两相式接线。但它接线简单，使用继电器最少，可以作为 10kV 及以下工厂企业的高压电动机保护。

工厂高压线路的继电保护装置中，继电器与电流互感器之间的连接方式，应用较广泛的是两相式接线和两相差式接线。

2. 继电保护装置的操作电源

继电保护装置、信号装置及断路器操作机构等都需要有一个可靠的电源，即操作电源。它应能在正常或故障情况下向这些装置不间断地供电。

继电保护装置的操作电源，分为直流操作电源和交流操作电源。

直流操作电源，有蓄电池组和硅整流装置。现在工厂企业的变配电所大多采用硅整流装置（一般带有电容储能装置）作直流操作电源。交流操作电源具有投资少，保护装置接线简单，运行维护方便等优点，因此在中小工厂中广泛应用。

交流操作电源继电保护装置的操作方式如下。

（1）直接动作式。如图 6.12 所示。是利用断路器操作机构内的过流脱扣器（跳闸线圈）YR 直接动作于跳闸，可接成两相式或两相差式接线。正常运行时，YR 流过的电流小于 YR 的动作电流，因此不动作。而当一次电路发生相间短路时，短路电流反映到电流互感器的二次侧，流过 YR 的电流达到动作值。使断路器 QF 跳闸。这种接线不另设继电器，设备最少，接线简单，但由于受脱扣器型号的限制，实际上很少用。

（2）去分流式。如图 6.13 所示。正常运行时，电流继电器 KA 的常闭接点将跳闸线圈

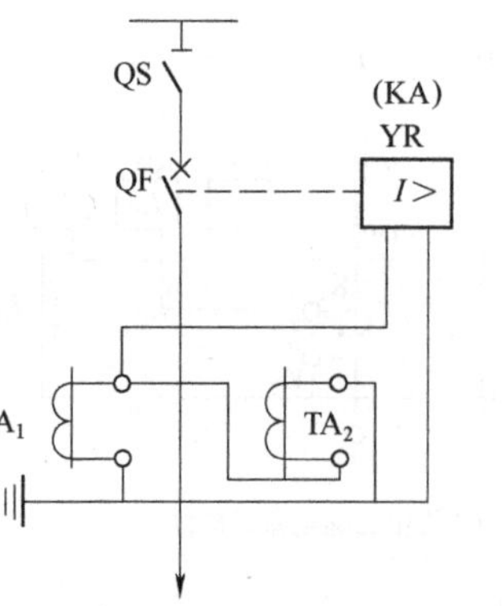

图 6.12　直接动作式保护电路

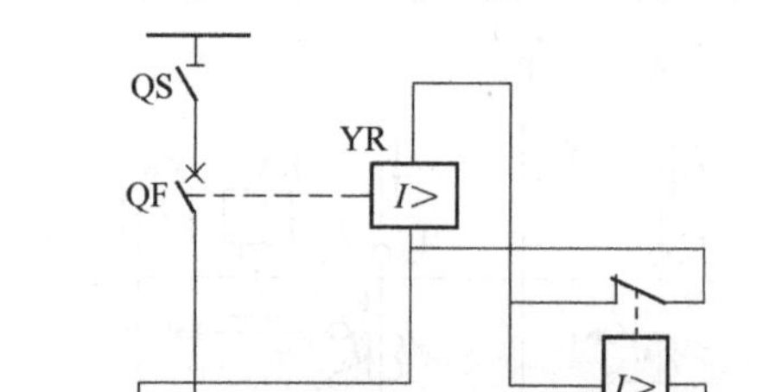

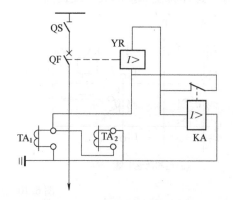

图 6.13　“去分流式”保护电路

YR 短路，YR 无电流流过，断路器 QF 不会跳闸。而在一次电路发生相间短路时，KA 动作，其常闭接点断开，使 YR 的短路分流支路被去掉（即“去分流”），电流互感器的二次侧的电流全部流过 YR，断路器跳闸。这种接线简单，灵敏度较高，但要求继电器的触点容量较大，对于 GL15、GL16 的反时限的电流继电器完全能达到要求。因此这种去分流跳闸的操作方式在工厂企业中应用相当广泛。

6.3.2 线路过电流保护

在供电系统中发生短路时，线路上的电流剧增。因此，必须设置过电流保护装置，对供电线路进行保护。为了具有选择性，过电流保护通常应有一定的时限。按动作的时限特性，过电流保护装置分为定时限过电流保护和反时限过电流保护。

1. 定时限过电流保护装置组成和原理

所谓定时限过电流保护装置，就是保护装置的动作时限是一定的，不随通过保护装置电流大小的变化而变化。定时限过电流保护装置采用直流操作电源，原理接线如图 6.14 所示。

定时限过电流保护装置通常由电流继电器、时间继电器、以及信号继电器与中间继电器组成。电流继电器为 DL－10 系列过流继电器，时间继电器一般采用 DS－100 系列，中间继电器一般采用 DZB－100 系列，信号继电器一般采用 DX－11 系列。在工厂供电系统中多采用两相式接线，图 6.14（a）为集中表示的原理接线图，图 6.14（b）为展开式原理接线图。从原理分析的角度来说，展开图简明清晰，在二次回路中广泛应用。

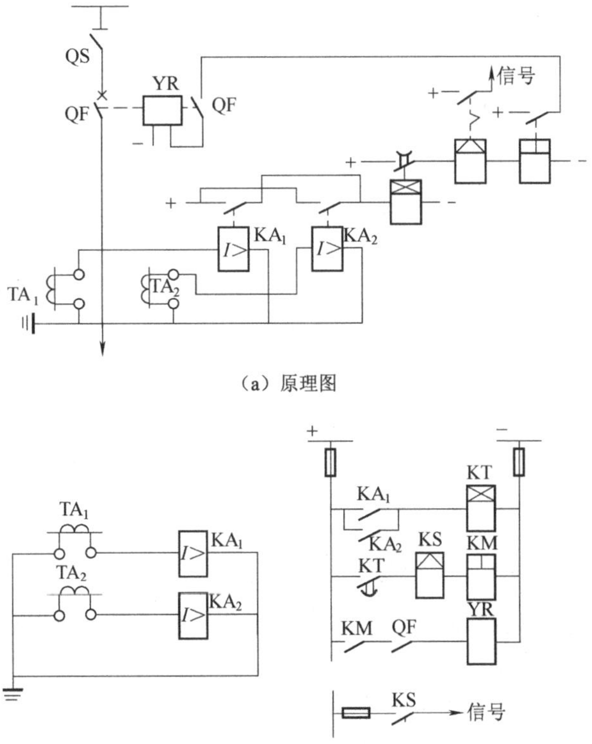

（a）原理图

（b）展开图

图 6.14　两相式定时限过电流保护装置的原理接线图

定时限过电流保护的工作原理是：当一次电路发生相间短路时，电流继电器 KA 瞬时动作，闭合其接点，使时间继电器 KT 动作，KT 经过整定的时限后，其延时触点闭合，使串联的信号继电器（电流型）KS 和中间继电器 KM 动作，KS 动作后，其指示牌掉下，同时接通信号回路，给出灯光信号和音响信号，向值班人员发出信号。KM 动作后，接通跳闸线圈 YR 回路，使断路器 QF 跳闸，切除短路故障。在短路故障切除后，继电保护装置除 KS 外的其他所有继电器都自动返回起始状态，而 KS 需手动复位。

2. 反时限过电流保护装置组成和原理

所谓反时限过电流保护装置，就是保护装置动作的时限是变化的，它是随通过保护装置电流大小的变化而成反时限的变化，即通过保护装置的故障电流越大，动作时间越短，故障电流越小，动作时间就长。它是由 GL 型电流继电器组成。由于现在生产的 GL15、GL16 等型电流继电器，其触点容量较大，短时分断电流能力可达 150A，所以采用交流操作电源“去分流跳闸”的操作方式。这种方式在工厂供电系统中广泛应用。反时限保护装置的原理接线如图 6.15 所示。

反时限过电流保护的工作原理是：当一次电路发生相间短路时，电流继电器 KA 经过一定延时后（反时限特性），其常开触点闭合，紧接着其常闭触点断开（触点是先合后断的转换触点），这时断路器因其跳闸线圈 YR 去分流而跳闸，切除短路故障。同时 GL 型继电器的信号牌掉下，指示保护装置已动作。在短路故障切除后，电流继电器自动返回，信号牌需手动复位。

如图 6.15 中的电流继电器增加了一对常开触点，与跳闸线圈串联，其目的是防止电流继电器的常闭触点在一次电路正常运行时由于外界振动的偶然因素使其断开而导致断路器误跳闸的事故。

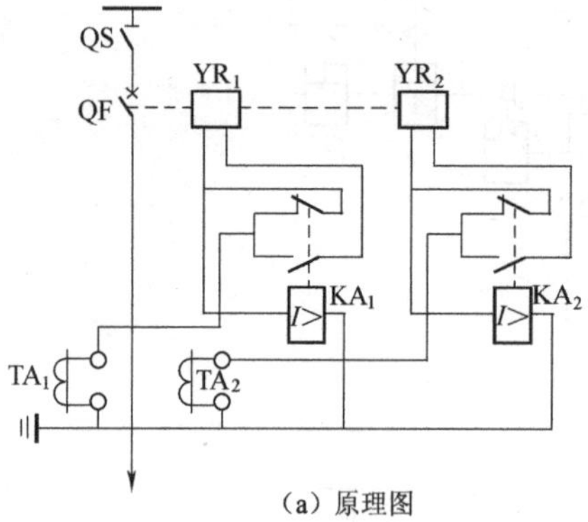

（a）原理图

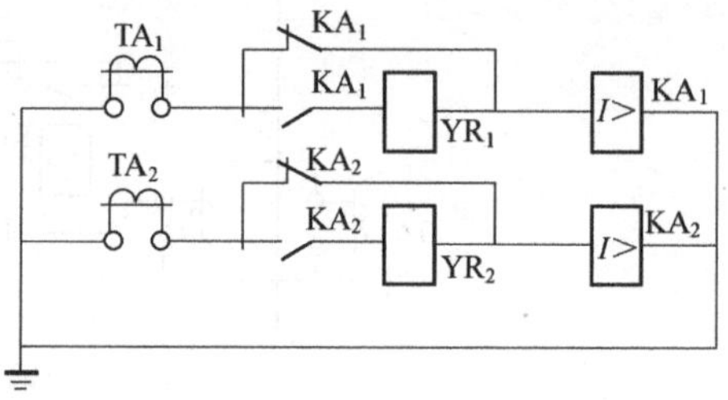

（b）展开图

图 6.15　交流操作的反时限过电流保护装置原理图

3. 过电流保护装置的动作原理和整定

在供电系统中发生过载或短路时，主要特征是在供电线路上的电流增大。因此必须设置过电流保护装置，对供电线路进行过电流保护。

如图 6.16（a）所示，每段线路的断路器和过电流保护装置必须装在靠近电源的一侧，用以保护线路本身和由该线路供电的母线上发生的短路故障。

当线路 WL_2 的首端 k 点发生短路时，由于短路电流远远大于线路上的所有负荷电流，所以沿线路的过电流保护装置包括 KA_1、KA_2 均要动作。而按照保护选择性的要求，应是靠近故障点 k 的保护装置 KA_2 首先断开 QF_2，切除故障线路 WL_2。而 KA_1 应立即返回，不至断开 QF_1。为达此目的，各套保护装置必须进行动作电流和动作时限的整定。下面分别介绍。

（1）过电流保护动作电流的整定。能使保护装置启动的最小电流称为保护装置的动作电流。带时限的过电流保护装置（包括定时限和反时限）的动作电流应躲过线路正常运行时流经本线路的最大负荷电流，其保护装置的返回电流也必须躲过线路的最大负荷电流。过电流保护装置动作电流的整定计算公式为：

$$I_{op}=\frac{K_{rel}K_{w}}{K_{re}K_{i}}I_{L.max} \tag{6-4}$$

式中，I_{op}——过电流继电器的动作电流；

K_{rel}——保护装置的可靠系数，对 DL 型继电器取 1.2，对 GL 型继电器取 1.3；

K_{w}——保护装置的接线系数，三相式、两相式接线取 1，两相差式接线取$\sqrt{3}$；

K_{re}——保护装置的返回系数，对 DL 型继电器取 0.85，对 GL 型继电器取 0.8；

K_{i}——电流互感器变比；

$I_{L.max}$——线路的最大负荷电流，可取为$(1.5\sim3)I_{30}$。

（2）过电流保护的动作时限的整定和配合。

① 定时限过电流保护动作时限的整定和配合。如图 6.16（b）所示，各套保护装置必须具有不同的动作时限，为了保证前后两级保护装置动作的选择性，应该按“阶梯原则”进行整定，也就是在后一级保护装置的线路首端（此点为配合点）k 点发生三相短路时，前一级保护的动作时间 t_1 应比后一级保护中的动作时间 t_2 要大一个时间差 Δt。即 $t_1=t_2+\Delta t$，Δt 一般取 0.5 秒。

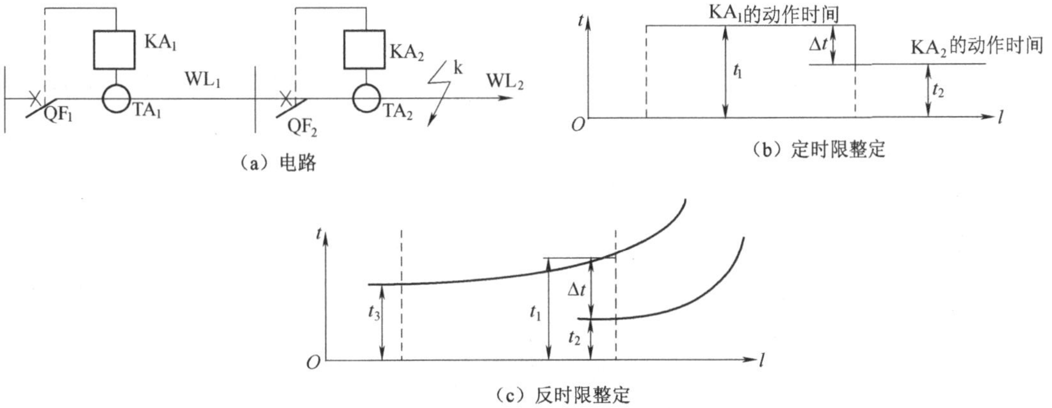

图 6.16　过电流保护动作原理图

定时限过电流保护的动作时间，利用时间继电器来整定。一般说来，某一保护装置的时限应选择得比它下一段各个保护装置中最长的一个时限大一个时间阶段 Δt。

② 反时限过电流保护的动作时限的整定和配合。如图 6.16（c）所示，为了保证各保护装置动作的选择性，反时限过电流保护装置也应该按照阶梯形的原则来选择。但是由于它的动作时限与通过保护装置的电流有关，因此，它的动作时限实际上指的是在某一短路电流下，或者说在某一动作电流倍数下的动作时限。从图 6.16（c）中看出，前后级的配合点仍然在后一级保护装置的线路首端，k 点短路时，$t_1=t_2+\Delta t$，Δt 一般取 0.7 秒。

由于 GL 型电流继电器的时限调节机构是按 10 倍动作电流的时间来标度的，因此，反时限过电流保护的动作时间，要根据前后两级保护的 GL 型继电器的动作曲线来整定。

（3）过电流保护装置的灵敏度。过电流保护装置的灵敏度 S_p 由下式确定：

$$S_p = \frac{K_w I_{k.min}^{(2)}}{K_i I_{op}} \geqslant 1.5 \tag{6-5}$$

式中，$I_{k.min}^{(2)}$ 为被保护线路末端在系统最小运行方式下的两相短路电流。

（4）越级跳闸处理。如图 6.16（a）所示，当线路 WL_2 的首端 k 点发生短路时，根据保护整定值，QF_2 应跳闸，如果 QF_1 跳闸，称断路器 QF_1 为越级跳闸，断路器越级跳闸的检查处理方式如下：

断路器越级跳闸后应首先检查保护及断路器的动作情况。如果是 WL2 的保护动作，断路器 QF2 拒绝跳闸造成越级，则应在拉开拒跳断路器 QF2 两侧的隔离开关后，向其他非故障线路送电；如果是因为保护未动作造成越级跳闸，则应将各线路断路器断开，合上越级跳闸的断路器 QF1，再逐条线路试送电，发现故障线路后，将该线路停电，拉开断路器两侧的隔离开关，再向其他非故障线路送电；如果是保护动作，断路器 QF2 跳闸，则应拉开断路器 QF2 两侧隔离开关，最后再查找断路器拒绝跳闸或保护动作的原因。

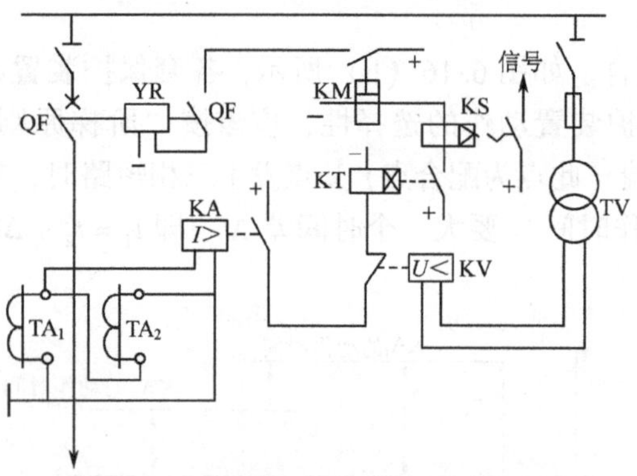

图 6.17　低电压闭锁的过电流保护线路

（5）低电压闭锁的过电流保护。在前面已经讲过，过电流保护装置的启动电流应躲开可能出现的最大工作电流的影响。但有时为了降低启动电流，提高保护装置的灵敏度，可采用具有低电压闭锁的过电流保护装置，其接线如图 6.17 所示。在线路过电流保护的过电流继电器 KA 的常开触点回路中，串入低电压（欠电压）继电器 KV 的常闭触点，而 KV 经过电压互感器 TV 接在被保护线路上。

当供电系统正常运行时，母线电压接近额定电压，电压继电器 KV 处于吸合状态，其常闭触点断开。过电流保护装置的动作电流，是按躲过线路上的计算电流 I_{30} 来整定的，不必按躲过线路上的最大负荷电流来整定。这是因为 KV 的常闭触点与 KA 的常开触点是串联的，即便线路上由于过负荷而使电流继电器 KA 动作，但这时 KV 的常闭触点是断开的，QF 也就不会误动作。

装有低电压闭锁的过电流保护的动作电流整定计算公式为：

$$I_{op} = \frac{K_{rel} K_w}{K_{re} K_i} I_{30} \tag{6-6}$$

由于 I_{op} 降低，有效地提高了保护灵敏度。

例如，对于两台并列运行的变压器，其中一台因检修或其他故障退出运行时，所有的负荷由一台变压器负担，很可能因过负荷而使过电流保护装置启动，断路器跳闸。为了防止误动作，需将过电流保护的整定值提高，但提高了整定值，动作的灵敏度就要降低，采用了低电压闭锁就可以解决这个矛盾，既使得保护装置不误动作，又能提高其灵敏度。

4. 定时限和反时限过电流保护的比较

定时限过电流保护的优点是：动作时间准确，容易整定；而且不论短路电流大小，动作时间是一定的，不会出现因短路电流小动作时间长。缺点是：继电器数目较多，接线比较复杂；在靠近电源处短路时，保护装置的动作时间太长。

反时限过电流保护的优点是：接线简单，用一套 GL 系列继电器也可实现速断保护，在靠近保护装置安装处短路时，能自动缩短动作时间，特别是可采用交流操作，因此简单经济，在工厂供电系统中，车间变电所和配电线路用得较多。其缺点是：整定、配合较麻烦，继电器动作时限误差较大，当距离保护装置安装处较远的地方发生短路时，其动作时间较长，延长了故障持续时间。

例 6.1 某厂 10kV 供电线路，如图 6.18 所示。保护装置接线方式为两相式接线。已知 WL_2的最大负荷电流为 57A，TA_1的变比为 150:5，TA_2的变比为 100：5，继电器均为 DL－11/10 型电流继电器。已知 KA_1已整定，其动作电流为 10A，动作时间为 1s。k－1 点的三相短路电流为500A，k－2 点的短路电流为 200A。试整定保护装置 KA_2的动作电流和动作时间，并检验其灵敏度。

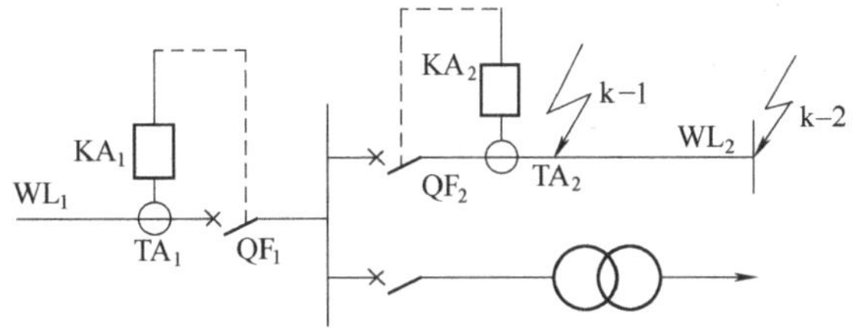

图 6.18 例 6.1 的线路图

解： ① 整定 KA_2的动作电流。取 $K_{rel}=1.2$，$K_{re}=0.85$，$K_i=100:5=20$，已知 $I_{L.max}=$ 57A，故

$$I_{op(1)}=\frac{K_{rel}K_w}{K_{re}K_i}I_{L.max}=\frac{1.2\times1}{0.85\times20}\times57=4.02\text{A}$$

取整数，动作电流整定为 4A。

② 整定 KA_2的动作时间。保护装置 KA_1的动作时限应比保护装置 KA_2的动作时限大一个时间阶段 Δt，取 $\Delta t=0.5$s，因为 KA_1的动作时间是 1s，所以 KA_2的动作时间为 $t_2=1-0.5=$ 0.5s。

③ KA_2的灵敏度校验。KA_2保护的线路的 WL_2末端 k－2 点的两相短路电流为其最大短路电流，即

$$I_{k.min}^{(2)}=\frac{\sqrt{3}}{2}\times I_{k-2}^{(3)}=0.866\times200=173\text{A}$$

$$S_p=\frac{K_wI_{k.min}^{(2)}}{K_iI_{op}}=\frac{1\times173}{20\times4}=2.16>1.5$$

由此可见，灵敏度满足要求。

6.3.3 电流速断保护

从以上分析可知，带时限的过电流保护有一个明显的缺点，就是在越靠近电源短路时，尽管短路电流很大，而保护装置的动作时间却很长，为了克服这一缺点，可以采用电流速断保护装置。

1. 电流速断保护的组成及整定

电流速断保护实质上是一种瞬时动作的过电流保护。对于采用 DL 系列电流继电器的速

断保护，就相当于定时限过流保护中抽去时间继电器，如图 6.19 所示。对于采用 GL 系列电流继电器，则利用该继电器的电磁元件来实现电流速断保护。

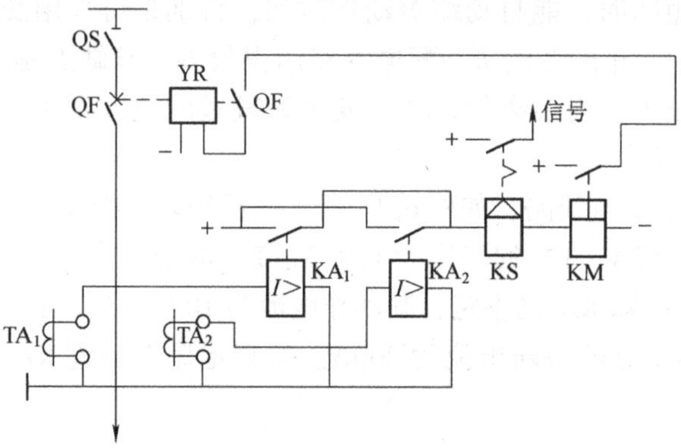

图 6.19　电流速断保护装置的原理接线图

电流速断保护的动作电流不是按躲过最大负荷电流的原则整定的，而是按一定地点的短路电流来整定。动作的选择性是靠各段保护装置动作电流整定值的不同来保证，这就是它与过电流保护的重要区别。

线路中短路电流的大小决定于短路点与电源间阻抗的大小，短路点离电源越远短路电流就越小。为了保证前后两级瞬动的电流速断保护的选择性，因此电流速断保护的动作电流应按躲过它所保护线路的末端最大短路电流来整定。因为只有这样整定，才能避免在后一级速断保护所保护的线路首端发生短路时前一级速断保护误动作的可能性，以保证选择性，如图 6.20 所示。整定公式为：

$$I_{qb}=\frac{K_{rel}K_{w}}{K_{i}}I_{k.max} \tag{6-7}$$

式中，I_{qb}——速断电流；

K_{rel}——可靠系数，对 DL 可取 1.2～1.3，对 GL 可取 1.4～1.5；

$I_{k.max}$——被保护线路末端短路时的最大短路电流。

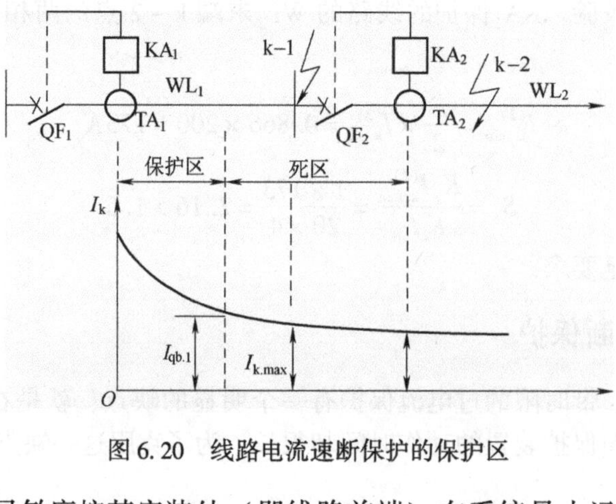

图 6.20　线路电流速断保护的保护区

电流速断保护的灵敏度按其安装处（即线路首端）在系统最小运行方式下的两相短路电流作为最小短路电流来校验。即

$$S_p = \frac{K_w I_{k.min}^{(2)}}{K_i I_{qb}} \geqslant 1.5 \sim 2 \tag{6-8}$$

2. 电流速断保护的“死区”及其弥补

由于电流速断保护的动作电流是按被保护线路末端的最大短路电流来整定的，电流速断保护装置虽然能迅速地切除故障，但由于它的整定值提高了，因而使保护范围受到一定的限制。从图 6.20 中可以看出，$I_{qb.1} > I_{k.max}$，而在 WL_1末端 k－1 点的三相短路电流与后一段线路 WL_2首端 k－2 点的三相短路电流是近乎相等的，所以说速断保护只能保护线路的一部分而不能保护线路的全长，保护不到的区域通常称为“死区”。

电流速断保护的优点是动作迅速，接线简单和维护方便，缺点是动作范围较小，它不能作为线路的主保护。为了弥补死区得不到保护的缺点，电流速断保护不能单独使用，必须与带时限的过电流保护配合使用。

在电流速断的保护区内，速断保护为主保护，过电流保护为后备保护；而在电流速断保护的死区内，过电流保护为基本保护。

如果配电线路较短，配电线路可只装过电流保护，不装电流速断保护。这是因为不论短路故障发生在线路的首端还是末端，短路电流的差别都很小，装速断保护后，保护范围很小，甚至没有保护范围。同时该处短路电流较小，用过电流保护作为该配电线路的主保护足以满足系统稳定的要求，所以不装设速断保护。

例 6.2 试整定例 6.1 中 KA_2继电器的速断电流，并校验其灵敏度。

解：按式（6-7），电流速断保护装置继电器的动作电流为：

$$I_{qb} = \frac{K_{rel} K_w}{K_i} I_{k.max} = \frac{1.3 \times 1}{20} \times 200 = 13\text{A}$$

校验保护灵敏度。

KA_2保护的线路 WL_2首端 k－1 点的两相短路电流为：

$$I_{k.min}^{(2)} = \frac{\sqrt{3}}{2} \times I_{k-1}^{(3)} = 0.866 \times 500 = 433\text{A}$$

$$S_p = \frac{K_w I_{k.min}^{(2)}}{K_i I_{qb}} = \frac{1 \times 433}{20 \times 13} = 1.66 > 1.5$$

由此可见，KA_2的速断保护的灵敏度基本满足要求。

为了保证在供电系统故障的情况下，继电保护装置能正确动作，对运行中的继电保护装置应定期进行校验和检查。对 10kV 用户的继电保护装置一般每年进行一次校验。在继电保护装置进行设备改造、更换、维修以及发生事故后，都应对继电保护装置进行补充检验。检验的项目是：

（1）对继电器进行机械部分检查及电气特性试验。

（2）二次通电试验。

（3）二次回路绝缘电阻试验。

（4）保护装置的整组动作试验。

对运行中的继电保护装置要定期进行巡视检查，内容如下：

（1）各类继电器外壳有无破损，整定值的位置是否变动。

（2）查看继电器有无接点卡住、变位倾斜、烧伤、脱轴、脱焊等情况。

（3）感应型继电器的圆盘转动是否正常，经常带电的继电器接点有无大的抖动及磨损，线圈及附加电阻有无过热现象。

（4）有无异常响声、发热冒烟以及烧焦等异常气味。

（5）在继电保护装置的运行过程中，发现异常现象时，应加强监视并立即向主管部门报告。

（6）继电保护装置动作断路器跳闸后，应检查保护动作情况，并查明原因。在送电前，应将所有的掉牌信号全部复位。

在运行中，如果过电流保护和速断保护带电改变整定值应注意：首先应根据整定值通知单核对一下继电器的规范是否相符，然后断开跳闸压板，按应改的定值拨动相应继电器的拨子。最后用万用表测量一下压板两端分别与地间的电压，核对无误后，即可恢复正常运行。应注意，更改电流继电器串并联时，应首先短路电流互感器二次回路。反时限继电器改整定值时可用备用销子插入短路小孔内。

6.3.4 线路的过负荷保护

线路的过负荷保护只对可能出现过负荷的电缆线路才予以装设，一般延时动作发出信号，如图6.21所示。其动作电流整定为：

$$I_{op}=\frac{1.2\sim1.3}{K_i}I_{30} \qquad (6-9)$$

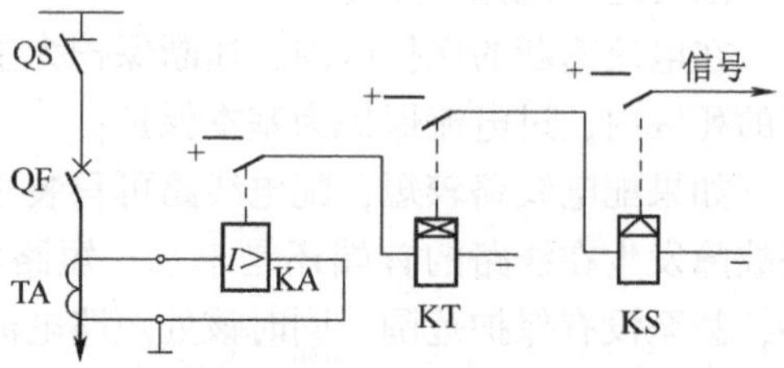

图6.21 线路过负荷保护电路图

式中，I_{30}为计算电流，动作时间一般取10～15s。

6.3.5 单相接地保护

在中性点直接接地系统中，当发生单相接地故障时，将产生很大的短路电流，一般能使保护装置迅速动作，切除故障部分。

在中性点不接地或经消弧线圈接地的系统中发生单相接地时，其故障电流不大，只有很小的接地电容电流，而相间电压仍然是对称的，因此仍可继续运行一段时间。如故障点系高电阻接地，则接地相电压降低，其他两相对地电压高于相电压；如系金属性接地，则接地相电压为零，但其他两相的对地电压升高$\sqrt{3}$倍，对电气设备的绝缘不利，如果长此下去，可能使电气设备的绝缘击穿而导致两相接地短路，从而引起断路器跳闸，线路停电，因此必须装设专用的绝缘监察装置或单相接地保护装置。当发生单相接地故障时，一般不跳闸，仅给出信号，工作人员可及时发现，采取措施。

1. 绝缘监察装置

绝缘监察装置是利用单相接地后出现零序电压而发出信号的。在工厂供电系统中常用三相五柱式电压互感器或三只三绕组单相电压互感器作中性点不接地系统的绝缘监测装置，其接线如图6.22所示。正常工作时，三相对地电压均为相电压，开口三角形所接的电压继电器无电压，不能动作，也无信号发出。如果有三只电压表接于相间，三只电压表接于相与零线间，那么三只接于相间的电压表指示网路的线电压，三只接于各相的电压表则指示各相对地电压。一旦有一相发生金属性接地，由于接地相对地电压为零，其他两相升高$\sqrt{3}$倍，于是在开口三角形处有100V的电压加到继电器。由于继电器一般整定为15～25V，故立即动作，接通信号电路，这时运行人员可观察三只接于各相的电压表，若其中两只指示电压升高，而另一只为零，那么指零的那一相为发生接地的相。但不能找出发生接地的线段。这种保护方式给出的信号没有选择性，要想发现接地点在哪一条线路上，还需运行人员依次断合每条线路，对于中小型企业，变电所出线不多，并允许短时停电的企业，这种方法是可行的。

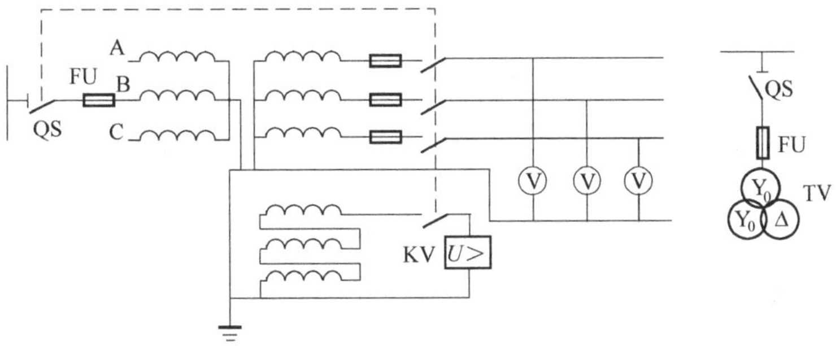

图 6. 22　三相五柱式电压互感器的绝缘监测

单母线接线的 10kV 系统发生单相接地后，用瞬停拉线查找法，依次断开故障所在母线上各分路开关。一般按以下顺序寻找单相接地线路：

（1）试拉充电线路。

（2）试拉双回线路或有其他电源的线路。

（3）试拉线路长、分支多、质量差的线路。

（4）试拉无重要用户或用户的重要程度差的线路。

（5）最后试拉带有重要用户的线路。

如果接地信号消失，绝缘监察电压表指示恢复正常，即可以证明所瞬停的线路上有接地故障。查出故障线路后，对于一般不重要的用户线路，可以停电并通知查找；对于重要用户的线路，可以转移负荷或者通知用户做好准备后停电查找故障点。

经逐条线路试停电查找，但接地现象仍不能消失，可能的原因是：两条回路线路同时接地或站内母线及连接设备接地。

2. 零序电流保护

在中性点不接地的系统中，除采用绝缘监测装置以外，也可以在每条线路上装设单独的接地保护，又称零序电流保护，它是利用故障线路比非故障线路的零序电流大的原理来实现有选择性动作的。

（1）架空线路的单相接地保护。对架空线路一般采用三只电流互感器组成零序接线，如图 6. 23 所示。三相的二次电流矢量相加后流入继电器。当三相对称运行以及三相或两相短路时，流入继电器的电流等于零，发生单相接地时，零序电流才流过继电器，所以称它为零序电流过滤器。当零序电流流过继电器时，继电器动作并发出信号。在工厂供电系统中，如果工厂的高压架空线路不长，也可不装。

（2）电缆线路的单相接地保护。电缆线路的单相接地保护一般采用零序电流互感器。零序电流互感器的一次侧即为电缆线路的三相，其铁芯套在电缆的外面，二次线圈绕在零序电流互感器的铁芯上，并与过电流继电器相接，如图 6. 24 所示。在三相对称运行以及三相或两相短路时，二次侧三相电路电流矢量和为零，即没有零序电流，继电器不动作。当发生单相接地时，有零序电流通过，此时电流在二次侧感应电流，使继电器动作发出信号。

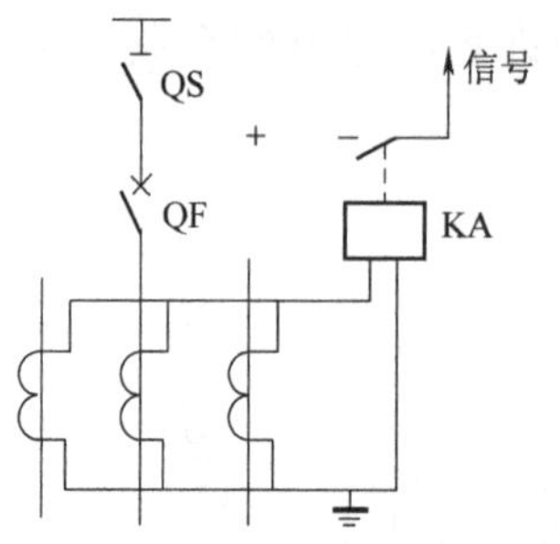

图 6.23　由三个电流互感器构成的零序电流过滤器

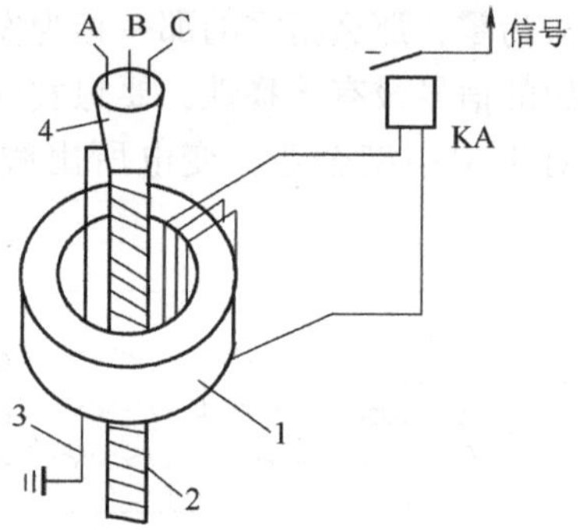

1—零序电流互感器；2—电缆；3—接地线；4—电缆头；KA—电流继电器

图 6.24　零序电流互感器的结构及接线

特别注意：电缆头的接地线必须穿过零序电流互感器的铁芯，否则接地保护装置不起作用。

（3）单相接地保护装置动作电流的整定。

$$I_{op(E)}=\frac{K_{rel}}{K_i}I_c \tag{6-10}$$

式中，I_c——发生单相接地时，被保护线路本身流入电网的电容电流；

K_i——零序电流互感器的变流比；

K_{rel}——可靠系数。保护装置不带时限，取 4 ~ 5，保护装置带时限，取 1.5 ~ 2。

还应校验在本线路发生单相接地时保护装置的灵敏度，即

$$S_p=\frac{I_{c.\Sigma}-I_c}{K_iI_{op(E)}}\geqslant 1.5 \tag{6-11}$$

式中，$I_{c.\Sigma}$——流经接地点的接地电容电流总和。

对于装有绝缘监察装置和各出线装有零序保护的系统，若各装置正常投入，当该系统发生单相接地时，故障范围很容易区分，若在报出母线接地信号的同时，某一线路也有接地信号，则故障点多在该线路上。应先检查站内设备有无异常，再查找线路。若只报出母线接地信号，对于这种情况，故障点可能在母线及连接设备上。应检查母线及连接设备、变压器有无异常。如经检查站内设备无异常，则有可能是某一线路有故障，而其接地故障保护装置失灵，应用瞬停的方法查明故障线路。

在某些情况下，系统的绝缘并没有损坏，而是由于其他原因产生某些不对称状态，可能报出接地信号，此种接地称为“虚幻接地”，应注意区分判断。如电压互感器内部发生故障时，电压互感器一相高压熔断器熔体可能熔断，而报出接地信号，此时应将电压互感器立即停运。

6.4　电力变压器的保护

变压器是供电系统中的重要电气元件，必须根据其容量的大小和重要程度，设置性能良好、动作可靠的保护装置，确保变压器的正常运行。

6.4.1 电力变压器保护装置的设置

1. 变压器易产生的故障和不正常工作状态

变压器故障分内部故障和外部故障两种。常见内部故障包括：线圈的相间短路、匝间或层间短路、单相接地短路以及烧坏铁芯等。这些故障都伴随有电弧产生，电弧将会引起绝缘油的剧烈汽化，从而可能导致油箱爆炸等更严重的事故。

常见的外部故障包括：套管及引出线上的短路和接地。最容易发生的外部故障是由于绝缘套管损坏而引起引出线的相间短路和碰壳后的接地短路。

变压器常见的不正常工作状态是：过负荷、温升过高以及油面下降超过了允许程度等。变压器的过负荷和温度的升高将使绝缘材料迅速老化，绝缘强度降低，除影响变压器的使用寿命外，还会进一步引起其他故障。

2. 变压器的保护装置

根据长期的运行经验和有关的规定，对于高压侧为 6 ~ 10kV 的车间变电所主变压器应装设以下几种保护装置：

（1）带时限的过电流保护装置。反映变压器外部的短路故障，并作为变压器速断保护的后备保护，一般变压器均应装设。

（2）电流速断保护装置。反映变压器内外部故障。如果带时限的过电流保护动作时间大于 0.5 ~0.7s 均应装设。

（3）瓦斯保护装置。反映变压器内部故障和油面降低时的保护装置。对于 800kVA 及以上的油浸式变压器和 400kVA 及以上的车间内油浸式变压器均应装设。通常轻瓦斯动作于信号，重瓦斯动作于跳闸。

（4）过负荷保护装置。反映因过负荷引起的过电流。应根据可能过负荷的情况装设过负荷保护装置，一般过负荷保护装置动作于信号。

（5）温度保护装置。反映变压器上层油温超过规定值（一般为 95℃）的保护装置，一般动作于信号。

对于高压侧为 35kV 及以上的工厂总降压变电所主变压器来说，也应装设过电流保护装置、电流速断保护装置和瓦斯保护装置；在有可能过负荷时，需装设过负荷保护装置和温度保护装置。如果单台运行的变压器容量在 10 000kVA 及以上和并列运行的变压器每台容量在 6300kVA 及以上时，则要求装设纵联差动保护装置来取代电流速断保护装置。

6.4.2 变压器的继电保护

继电保护多安装在电源侧，使整个变压器处在保护范围之内。为了扩大保护范围，安装电流互感器应尽量靠近高压断路器。继电器与电流互感器的接线方式可以是三相式、两相式、两相差式。

1. 变压器的过电流保护

变压器过电流保护装置的组成、工作原理与线路过电流保护装置的组成、工作原理完全相同，如图 6.25 所示。动作电流整定计算公式与线路过电流保护基本相同。

$$I_{op} = \frac{K_{rel}K_{w}}{K_{re}K_{i}}I_{L.max} \tag{6-12}$$

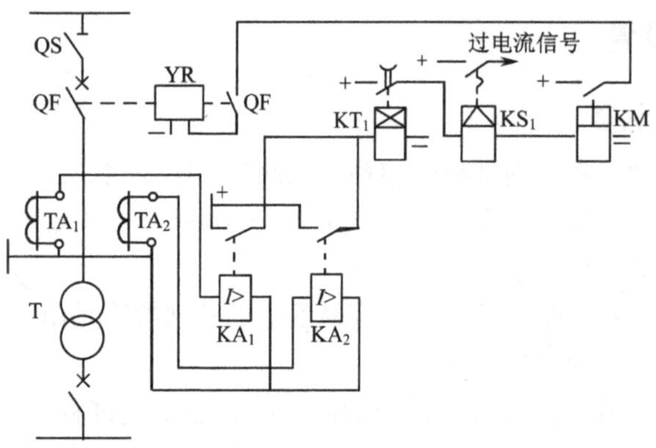

图 6.25　变压器过电流保护装置的原理接线图

式中，$I_{L.max}$——为（1.5～3）$I_{1N.T}$；

$I_{1N.T}$——变压器一次侧的额定电流。

其余系数含义与式（6–4）相同。

其动作时间亦按“阶梯原则”整定，与线路过电流保护完全相同。对车间变电所来说，其动作时间可整定为最小值（0.5s）。

灵敏度按变压器低压侧母线在系统最小运行方式下发生两相短路的高压侧穿越电流值来校验。如过电流保护灵敏度不能满足要求，可采用带低电压闭锁的过电流保护装置，这样既提高了灵敏度，在变压器过负荷时也不会误动作。

2. 变压器的电流速断保护

变压器电流速断保护装置的组成、工作原理与线路电流速断保护装置的组成、工作原理完全相同。在如图 6.25 所示中去掉时间继电器（KT）即可，动作电流整定计算公式与线路电流速断保护基本相同：

$$I_{qb}=\frac{K_{rel}K_{w}}{K_{i}}I_{k.max} \tag{6-13}$$

式中，$I_{k.max}$为变压器低压侧母线的三相短路电流换算到高压侧的穿越电流值。

灵敏度按保护装置安装处（高压侧）在系统最小运行方式下发生两相短路的短路电流值来校验。

电流速断保护的不足之处是保护范围受到限制，一般只能保护到变压器电源侧的部分线圈。因此，电流速断保护必须和瓦斯保护以及过电流保护互相配合，才能可靠地对中小容量的变压器起到保护作用。

考虑到变压器在空载投入或突然恢复电压时将出现一个冲击性的励磁电流，为了避免电流速断保护装置误动作，可在速断电流整定后，将变压器空载试投若干次，以检查速断保护是否误动作。

3. 变压器过电流保护动作后的故障分析

变压器过电流保护动作跳闸，应作如下检查和处理：

（1）检查母线及母线上的设备是否有短路。

（2）检查变压器及各侧设备是否短路。

（3）检查低压侧保护是否动作，各条线路的保护有无动作。

（4）确认母线无电时，应拉开该母线所带的线路。

（5）如系母线故障，应视该站母线设置情况，用倒换备用母线或将负荷转其他母线的方法处理。

（6）经检查确认是否越级跳闸，如是，应试送变压器。

（7）试送良好，应逐路检查故障线路。

4. 变压器的过负荷保护

变压器过负荷保护的组成、工作原理与线路过负荷保护的组成、工作原理完全相同，动作电流整定计算公式与线路过负荷保护基本相同，只是式中的 I_{30}应为变压器一次侧的额定电流。动作时间取 10 ~ 15s。

运行中的变压器发出过负荷信号时，当班人员应检查变压器各侧电流是否超过规定值，并即时报告，然后检查变压器的油温、油位是否正常，同时将冷却器全部投入运行，及时掌握过负荷情况，并按规定巡视检查。

5. 变压器的瓦斯保护

瓦斯保护又称气体继电保护，是油浸式变压器内部故障的保护装置，是变压器的主保护之一。变压器最常见的内部故障是匝间或层间短路，虽然短路刚发生时事故并不严重，但是由于它的短路电流所产生的电弧将使绝缘物和变压器油分解成大量的气体（即瓦斯），如果不及时解决，对变压器的安全运行不利。而过电流保护或速断保护不能起到保护作用，因为这时电流较小。因此规定：对于 800kVA 及以上的油浸式变压器以及 400kVA 及以上的车间内油浸式变压器均应装设瓦斯保护。轻瓦斯动作于信号，重瓦斯动作于断路器跳闸。

瓦斯保护的主要元件是瓦斯继电器，它安装于变压器油箱与油枕之间的连接管道中，如图 6.26 所示。为让变压器的油箱内产生的气体顺利通过与瓦斯继电器连接的管道流入油枕，应保证连通管对变压器油箱顶盖有 2% ~4% 的倾斜度，变压器安装应取 1% ~1.5% 的倾斜度。

（1）瓦斯继电器的结构及工作原理。瓦斯继电器主要有浮筒式和开口杯式两种类型，由于浮筒式瓦斯继电器的接点不够可靠，所以现在广泛应用的是开口杯式，这里介绍 FJ3 - 80 型瓦斯继电器的原理，如图 6.27 所示。变压器正常运行时，上开口杯 3 及下开口杯 7 都浸在油内，均受浮力。因平衡锤的重量所产生的力矩大于开口杯（包括杯内的油重）一侧的力矩，开口杯处于向上倾斜的位置，此时上下两对触点都是断开的。

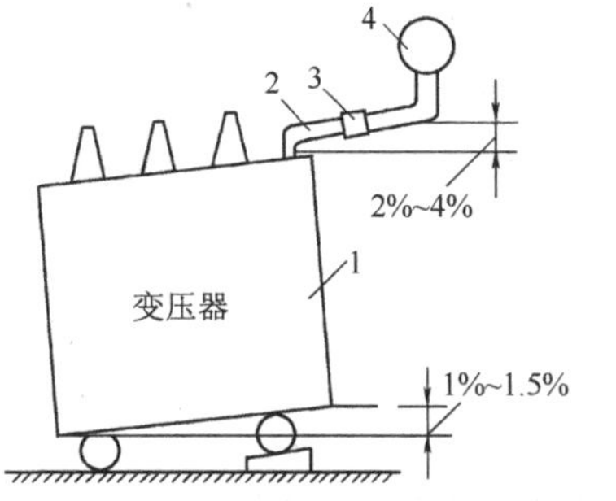

1—变压器油箱；2—连通管；
3—瓦斯继电器；4—油枕

图 6.26　瓦斯继电器安装示意图

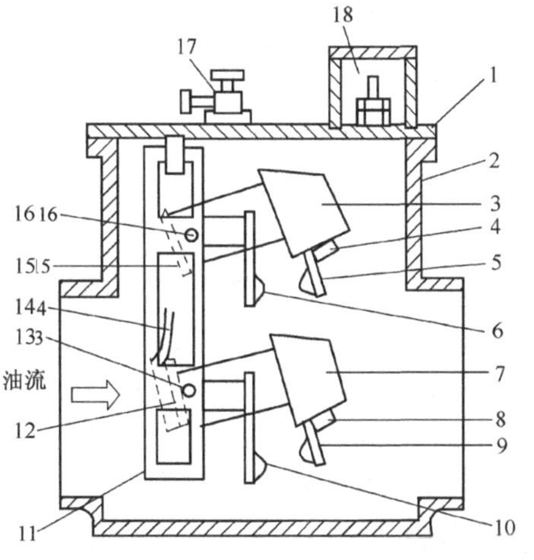

1—盖；2—容器；3—上开口杯；4—永久磁铁；5—上动触点；
6—上静触点；7—下开口标；8—永久磁铁；9—下动触点；
10—下静触点；11—支架；12—下油杯平衡锤；
13—下油杯转轴；14—挡板；15—上油杯平衡；
16—上油杯转轴；17—放气阀；18—接线盒

图 6.27　FJ3 - 80 瓦斯继电器的结构示意图

当变压器内部发生轻微故障时，产生的气体聚积在继电器的上部，迫使继电器内油面下降，上开口杯 3 逐渐露出油面，浮力逐渐减小，上油杯因其中盛有残余的油而使其力矩大于另一端平衡锤的力矩而降落，这时上接点闭合而接通信号回路，这称之为“轻瓦斯动作”。

当变压器内部发生严重故障时，产生的大量气体或强烈的油流将冲击挡板 14，使下开口杯 7 立刻向下转动，使下触点闭合接通跳闸回路，这称之为“重瓦斯动作”。

如果变压器油箱漏油，使得瓦斯继电器内的油也漫漫流尽，先是继电器的上油杯下降，发出信号，接着继电器的下油杯下降，使断路器跳闸。

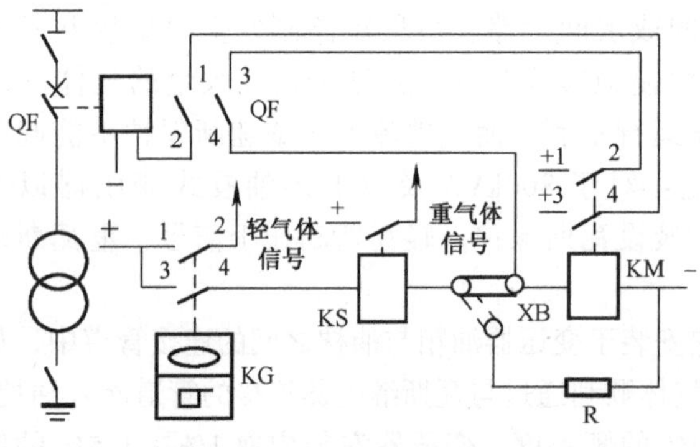

图 6.28　瓦斯保护的原理接线图

（2）变压器瓦斯保护的接线。如图 6.28 所示。当变压器内部发生轻微故障时，上接点 KG1 – 2 闭合，发出信号。当变压器内部发生严重故障时下接点 KG3 – 4 闭合，经中间继电器动作于断路器跳闸，同时通过信号继电器 KS 发出跳闸信号。但 KG3 – 4 闭合，也可以利用切换片 XB 切换位置，串接限流电阻 R，只动作于跳闸信号。XB 只有在可能发生误动作的情况下才允许切换。例如，新投入运行或检修后投入运行的变压器，可能有空气在注油时进入变压器油箱内，运行后油温上升，油中空气受热并上升到油枕，可能造成接点误动作。因此，注油后重新投入运行的变压器应将下接点切换到信号位置运行几天，直到没有空气溢出时为止。由于下接点受油流冲击可能出现跳动，造成下接点失灵，为了使重瓦斯动作后开关可靠跳闸，中间继电器应采用自保持，用中间继电器的一对接点 KM1 – 2 闭合而自保持动作状态，KM3 – 4 闭合使断路器 QF 跳闸。利用断路器的辅助接点 QF3 – 4 自动解除自锁。断路器的辅助接点 QF1 – 2 用于断路器跳闸后，断开跳闸线圈 YR 回路，以减轻 YR 的工作。

瓦斯保护的优点是：动作快，灵敏度高，结构简单，并能反映变压器油箱内的各种故障。缺点是：不能反映变压器油箱外、套管及连接线上的故障，且由于继电器结构的不完善等造成误动作较多。运行经验证明，只要加强试验及运行维护工作，瓦斯保护误动作是可以防止的。

（3）变压器瓦斯保护动作后的故障分析。瓦斯保护是变压器的主保护，它能监视变压器内部发生的大部分故障，常常是先轻瓦斯动作发出信号，然后重瓦斯动作跳闸。当变压器瓦斯保护动作后，应根据情况来分析和判断故障的原因并进行处理，分析过程如下所述。

① 收集瓦斯继电器内的气体做色谱分析，如无气体，应检查二次回路和瓦斯继电器的接线柱及引线绝缘是否良好。

② 检查油位、油温、油色有无变化。

③ 检查防爆管是否爆裂喷油。

④ 检查变压器外壳有无变形，焊缝是否开裂喷油。

⑤ 如果经检查未发现任何异常，而确系因二次回路故障引起误动作时，可退出瓦斯保护，投入其他保护，试送变压器，并密切监视变压器情况。

⑥ 在瓦斯保护的动作原因未查清前，不得合闸送电。

当外部检查未发现变压器有异常时，应查明瓦斯继电器中的气体的性质：

① 如积聚在瓦斯继电器内的气体不可燃，而且是无色无味的，说明是空气进入继电器内，此时变压器可继续运行。

② 如气体是可燃的，则说明变压器内部有故障，应根据瓦斯继电器内积聚的气体性质来鉴定变压器内部故障的性质，如气体的颜色为：

a. 黄色不易燃的，为木质绝缘损坏，应停电检修。

b. 灰色和黑色易燃的，有焦油味，闪点降低，则说明油因过热分解或油内曾发生过闪络故障，必要时应停电检修。

c. 浅灰色带强烈臭味且可燃的，是纸或纸板绝缘损坏，应立即停电检修。

6. 变压器的差动保护

（1）变压器差动保护的工作原理。变压器的过电流保护、电流速断保护、瓦斯保护等各有优点和不足之处。过电流保护动作时限较长，切除故障不迅速；电流速断保护由于“死区”的影响使保护范围受到限制；瓦斯保护只能反映变压器的内部故障，而不能反映外部端子以上的故障。变压器的差动保护正是为了解决这一问题而设置的。这里介绍的变压器差动保护是用于单回路的纵联差动保护。按规定，10 000kVA 及以上的单独运行的变压器和 6300kVA 及以上的并列运行变压器，应装设纵联差动保护；6300kVA 及以下单独运行的重要变压器，也可装设纵联差动保护。当速断保护灵敏度不满足要求时，也应装设纵联差动保护。差动保护利用故障时产生的不平衡电流来动作，保护灵敏度很高，而且动作迅速，它与瓦斯保护都是变压器的主保护，在工厂企业的35kV 的变电所常使用差动保护，10kV 变电所一般不用。

变压器的差动保护，主要是用来保护变压器线圈及其引出线和绝缘套管的相间保护，还可以保护变压器的匝间短路。保护区在变压器一、二次侧所装差动电流互感器之间。

变压器的差动保护，由变压器两侧的电流互感器和继电器等构成，其原理接线图如图 6.29 所示。差动保护是反映被保护元件两侧电流差而动作的保护装置。将变压器两侧的电流互感器按同极性串联起来，使继电器 KA 跨接在两连线之间，如果电流互感器 TA_1 和 TA_2 的特性一致，且变比选择适当，那么在变压器正常运行或差动保护的保护区外 k－1 点发生短路时，则 TA_1 的二次电流 I_1' 与 TA_2 的二次电流 I_2' 相等或相差极小，此时流过继电器 KA 的电流差 $I_{KA}=I_1'-I_2'=0$ 或差值极小，继电器 KA 不动作。当在差动保护区内 k－2 点发生短路时，对于单端供电的变压器来说，此时 $I_2'=0$，$I_{KA}=I_1'$，超过电流继电器 KA 整定的动作电流，KA 动作，接通中间继电器，使断路器 QF_1、QF_2 跳闸，信号继电器发出信号。

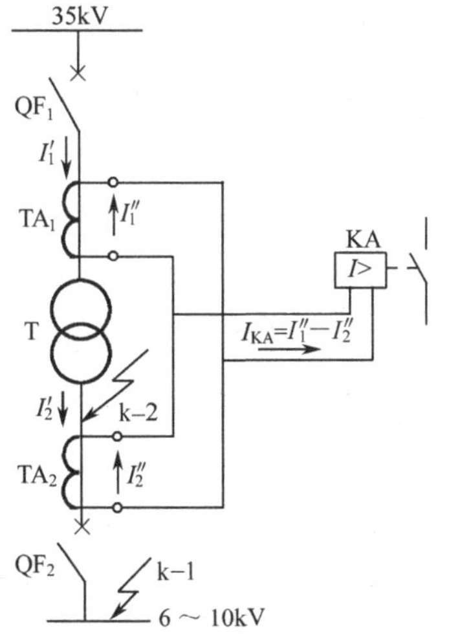

图 6.29　变压器纵联差动保护的工作原理

变压器的差动保护必须解决以下几个方面的问题：

① 应躲过变压器合闸瞬间的励磁电流。

② 由于变压器接线组别不同而引起的电流互感器二次电流的相角差，应使其相位相同。

③ 由于电流互感器的变比和特性的不一致而引起的不平衡电流。

④ 由于运行中变压器分接头的改变而引起的不平衡电流等。

这些问题均应在差动保护中采取不同的措施予以解决。由于变压器差动保护动作迅速，选择性好，所以在工厂企业的大中变电所中应用较广。差动保护还可用于线路和高压电动机的保护。

（2）变压器差动保护保护动作跳闸后的检查和处理。

① 查变压器本体有无异常，检查差动保护范围内的瓷瓶是否有闪络、损坏，引线是否有短路。

② 如果变压器差动保护范围内的设备无明显故障，应检查继电保护及二次回路是否有故障，直流回路是否有两点接地。

③ 经以上检查无异常时，应在切除负荷后立即试送一次，试送后又跳闸，不得再送。

④ 如果是因继电器或二次回路故障、直流两点接地造成的误动，应将差动保护退出运行，将变压器送电后，再处理二次回路故障及直流接地。

⑤ 差动保护及重瓦斯保护同时动作使变压器跳闸时，不经内部检查和试验，不得将变压器投入运行。

7. 保护故障分析实例

某中型工厂新建 35kV 变电所在运行中发生多次越级跳闸事故。10kV 线路 WL_1 故障（如图 6.30 所示），其断路器跳闸，但同时变压器过电流保护跳闸，造成 10kV 母线停电，中断其他线路的供电。

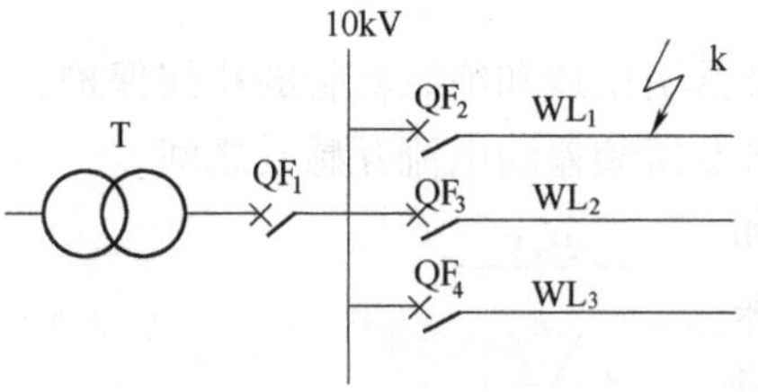

图 6.30　电力线路

经继电保护人员去现场分析，估计有以下几种原因引起变压器过电流保护动作：

（1）变压器过电流保护整定值与下级整定值配合不当。

（2）变压器过电流保护整定值校验不准，取值过小。

（3）WL_1 线路过电流整定值校验不准，取值过大。

（4）变压器过电流继电器线圈并联接成串联，以至整定值减小一半。

（5）WL_1 线路过电流继电器线圈串联接成并联，以至整定值增大一半。

（6）变压器过电流时间与 WL_1 线路过电流时间配合不当。

根据以上可能发生的原因逐一进行检查、检验，都正确无误。为了进一步查明原因，继电保护人员做了如下的实验：在变压器和 WL_1 线路保护柜的电流互感器二次侧的试验端子排处，把两过电流保护的交流回路串联起来，再串接 WL_1 的断路器的主接点，冲击性地加入可使两过电流保护动作的电流值。正常的话，WL_1 的断路器主接点断开试验交流电源（模拟短路电流），变压器达不到动作时间而返回，不会跳闸。但事实上变压器和 WL_1 的断路器都动作跳闸。因此判断问题出在变压器保护回路的接线上。

经查变压器保护装置的二次接线，发现过电流保护装置的时间继电器接点接错，动作时间缩短，与线路的过电流保护动作时间一样。因而在线路故障时，变压器过电流保护和线路过电流保护同时动作，造成越级跳闸母线停电。

根据以上故障分析得出：电气人员对任何一套保护做试验时，不但要做好各继电器的检验，还要认真做好整组试验。查二次接线故障时，要把控制、保护、信号回路原理图和安装接线图结合在一起分析，查找故障时少走弯路。并要求安装人员保证施工质量，及时发现缺陷并改正。

8. 变压器的异常声音

变压器正常运行时，一般有均匀的"嗡嗡"声，这是由于交变磁通引起铁芯振动而发出的声音，如果运行中有其他声音，则属于异常声音。从变压器的声音可判断故障，变压器异常声音有如下情况：

（1）当有大容量的动力设备启动时，负荷变化较大，使变压器声音增大。

（2）过负荷使变压器发出很高而且沉重的"嗡嗡"声。

（3）个别零件松动，如铁芯的穿心螺丝夹得不紧，使铁芯松动，变压器发出强烈而不均匀的噪声。

（4）内部接触不良，或绝缘有击穿，变压器发出放电的"劈啪"声。

（5）系统短路或接地，通过很大的短路电流，使变压器有很大的噪声。

（6）系统发生铁磁谐振时，变压器发出粗细不均的噪声。

（7）变压器高压套管脏污和裂损时，会发生表面闪络，发出"嘶嘶"或"哧哧"的响声，晚上可看到火花。

（8）变压器电源电压过高时，会使变压器过励磁，响声增大且尖锐。

（9）变压器绕组发生层间或匝间短路时，变压器会发出"咕嘟咕嘟"的开水沸腾声。

（10）变压器的铁芯接地断线时，变压器将产生"哔剥哔剥"的轻微放电声。

（11）变压器投入运行时，若分接开关不到位，将发出较大的"啾啾"响声，严重时造成高压熔丝熔断；如果分接开关接触不良，就会产生轻微的"吱吱"火花放电声，一旦负荷加大，就有可能烧坏分接开关的触头。遇到这种情况，要及时停电修理。

变压器发生异常响声因素很多，故障的部位也不尽相同，只有在工作中不断地积累经验，才能准确判断。

变压器在运行中，值班人员应定期进行检查，以便了解和掌握变压器的运行情况，在巡视检查中，可以通仪表和保护装置等设备了解变压器的运行情况，也可以通过观察、监听，在变压器发生异常运行时，应加强监视、正确判断、迅速查出原因，并及时采取措施、正确处理。

6.4.3 变压器的单相保护

电力变压器高压侧的继电保护装置中，继电器与电流互感器的连接方式，有两相两继电器式接线和两相一继电器式接线。两相两继电器式接线对于Yyn0连接变压器的低压侧发生单相短路时，灵敏度显得过低，不满足要求。而对Dyn11连接的变压器低压侧发生相间短路时，保护灵敏度也有差别。两相一继电器式接线对于变压器的低压侧发生单相短路时，保护装置根本不动作，而对于三相式接线能满足要求。因此变压器低压侧单相短路时，可采取下列措施之一：在变压器低压侧装设三相都带过流脱扣器的低压断路器，这一低压断路器，既作低压主开关，又可用来保护低压侧的相间短路和单相短路，操作方便。在变压器低压侧装设熔断器，同样可用来保护低压侧的相间短路和单相短路，但熔断器不能作开关用，而且它熔断后需更换熔体才能恢复供电，因此它只能适用于不重要负荷的变压器。采用两相三继

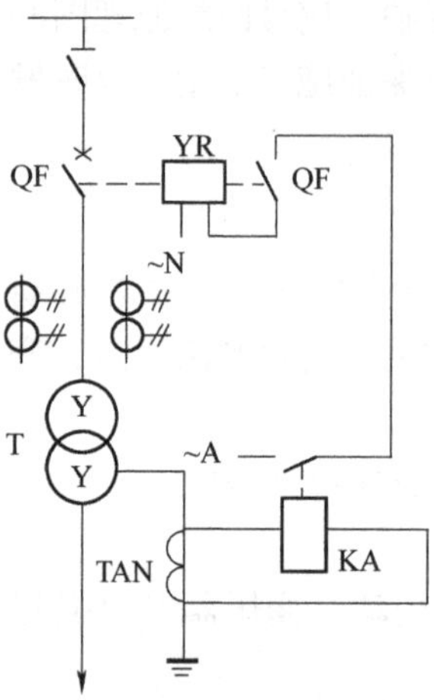

图 6.31　变压器的零序电流保护

电器或三相三继电器的接线，可提高其保护灵敏度。在变压器低压侧中性点引出线上装设零序电流保护，如图 6.31 所示。这种单相短路保护，当变压器低压侧发生单相短路时，可使变压器高压侧高压断路器跳闸。零序电流保护的动作电流按躲过变压器低压侧最大不平衡电流来整定，即：

$$I_{op(o)} = \frac{K_{rel}K_{dsq}}{K_i}I_{2N.T} \tag{6-14}$$

式中，$I_{2N.T}$——变压器低压侧额定电流；

K_{dsq}——不平衡系数，取 0.25。

零序电流保护的动作时间一般取 0.5～0.7s。灵敏度按低压干线末端发生单相短路来校验。采用此种保护，灵敏度较高，但投资较大。

以上几种方式中，变压器的低压侧装设低压断路器在工厂供电系统中广泛应用。

6.5　工厂低压供电系统的保护

6.5.1　熔断器保护

在工厂企业供电系统中，对容量较小且不太重要的负荷，广泛使用高压熔断器作为输配电线路及电力变压器的过载及短路保护。低压熔断器广泛应用于在低压 500V 以下的电路中，作为电力线路、电机等其他电器的过载及短路保护。熔断器在供电系统中的配置应符合选择性的原则，配置的数量应尽量少。

必须注意：在低压系统中，不许在 PE（保护线）或 PEN（零线）上装设熔断器，以免熔断器熔断而使零线断开，如这时保护接零的设备外壳带电，那对人是十分危险的。

1. 熔断器的选择

选择熔断器时应满足下列条件：

（1）熔断器的额定电压应不小于装置安装处的工作电压。

（2）熔断器的额定电流应小于它所装设的熔体额定电流。

（3）熔断器的类型应符合安装处条件（户内或户外）及被保护设备的技术要求。

（4）对熔断器的断流能力应进行校验。即：

对限流式：

$$I_{oc} \geqslant I''^{(3)} \tag{6-15}$$

对非限流式：

$$I_{oc} \geqslant I_{sh}^{(3)} \tag{6-16}$$

式中，I_{oc}——熔断器的最大分断能力；

$I''^{(3)}$——熔断器安装处的三相次暂态短路电流有效值；

$I_{sh}^{(3)}$——熔断器安装处的三相短路冲击电流有效值。

2. 熔断器熔体电流的选择

对熔断器熔体电流的选择应满足下列条件：

（1）熔断器熔体额定电流 $I_{N.FE}$ 应不小于线路的计算电流 I_{30}。即：

$$I_{N.FE} \geqslant I_{30} \tag{6-17}$$

（2）熔断器熔体额定电流 $I_{N.FE}$ 还应躲过线路的尖峰电流 I_{pk}。即：

$$I_{N.FE} \geqslant KI_{pk} \tag{6-18}$$

式中，K——小于 1 的计算系数。轻载启动：宜取 $K=0.25 \sim 0.35$；重载启动：宜取 $K=0.35 \sim 0.5$；频繁启动：宜取 $K=0.5 \sim 1$。

（3）熔断器保护还应与被保护的线路相配合，使之不致发生因过负荷和短路引起绝缘导线或电缆过热起燃而熔断器不熔断的事故，因此应满足以下条件：

$$I_{N.FE} \leqslant K_{OL} I_{al} \tag{6-19}$$

式中，K_{OL}——绝缘导线或电缆的允许短时过负荷系数。明敷取 1.5，穿管或电缆取 2.5，作过负荷保护时取 1。

I_{al}——绝缘导线或电缆的允许载流量。

如果熔断器用于保护电力变压器，则它的熔体额定电流应满足下列要求：

$$I_{N.FE} = (1.5 \sim 2.0) I_{1N.T} \tag{6-20}$$

如果熔断器用于保护电压互感器，由于电压互感器二次侧的负荷很小，因此保护高压电压互感器的 RN2 型熔断器的熔体额定电流一般为 0.5A。

3. 前后熔断器之间的选择性配合

为了保证动作选择性，也就是保证最接近短路点的熔断器熔体先熔断，以避免影响更多的用电设备正常工作，必须要考虑上下级熔断器熔体的配合。前后熔断器的选择性配合，宜按它们的保护特性曲线（安秒特性曲线）来校验。如图 6.32 所示，当线路 WL_2 的首端 k 点发生三相短路时，三相短路电流 I_k 要通过 FU_2 和 FU_1。但是根据保护选择性的要求，应该是 FU_2 的熔断器先熔断，切除故障线路 WL_2，而 FU_1 不再熔断，WL_1 恢复正常运行。但是熔断器熔体熔断的时间与标准保护特性曲线上查得的熔断时间有偏差。从最不利的情况来考虑，熔断器熔体的熔断时间最大误差是 ±50%，从图 6.32（b）可看出，$t_1' = 0.5t_1$，$t_2' = 1.5t_2$，为了满足选择性，必须满足的条件是 $t_1' > t_2'$，即 $t_1 > 3t_2$。如不能满足这一要求时，则应将前一级熔断器的熔体电流提高 1～2 级，再进行校验。

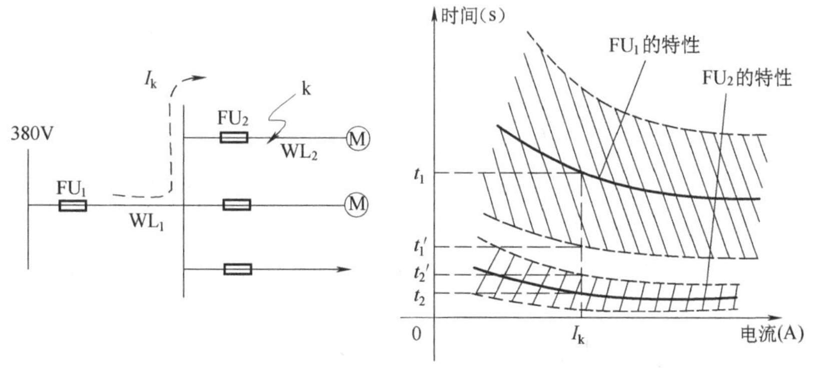

（a）　　　　　（b）

图 6.32　熔断器保护

如果不用熔断器的保护特性曲线来校验选择性，则一般只有前一级熔断器的熔体电流大于后一级熔断器的熔体电流 2～3 级以上，才有可能保证动作的选择性。

4. 低压熔断器的运行维护

低压熔断器的运行维护应注意以下几点：

（1）检查熔断管与插座的连接处有无过热现象，接触是否紧密。

（2）检查熔断管的表面是否完整无损，否则要进行更换。

（3）检查熔断管内部烧损是否严重、有无炭化现象并进行清查或更换。

（4）检查熔体外观是否完好，压接处有无损伤，压接是否紧固，有无氧化腐蚀现象等。

（5）检查熔断器的底座有无松动，各部位压接螺母是否紧固。

6.5.2 低压断路器保护

在500V及以下的低压用电系统中，低压断路器广泛地用作线路短路及失压保护。低压断路器在低压配电系统中的配置，常用的有单独接低压断路器或低压断路器与刀开关配合使用。低压断路器与接触器的配合，常用于频繁操作的低压控制线路中，低压断路器的作用是作电源开关和短路保护。

1. 低压断路器的选择

选择低压断路器时应满足下列条件：

（1）低压断路器的额定电压应不小于被保护线路的额定电压。

（2）低压断路器的额定电流应不小于它所装设的脱扣器额定电流。

（3）低压断路器的类型应符合安装处条件、保护性能及操作方式的要求。

（4）低压断路器的断流能力应进行校验。即：

对动作时间在0.02s以上： $I_{oc} \geqslant I_k^{(3)}$ （6-21）

对动作时间在0.02s以下： $I_{oc} \geqslant I_{sh}^{(3)}$ （6-22）

式中，I_{oc}——低压断路器的最大分断能力；

$I_k^{(3)}$——低压断路器安装处的三相次暂态短路电流有效值；

$I_{sh}^{(3)}$——低压断路器安装处的三相短路冲击电流有效值。

2. 低压断路器脱扣器的选择和整定

（1）过流脱扣器的额定电流。

$$I_{N.OR} \geqslant I_{30} \tag{6-23}$$

（2）瞬时过流脱扣器动作电流的整定。

$$I_{op} \geqslant K_{rel} I_{pk} \tag{6-24}$$

式中，K_{rel}——对动作时间在0.02s以上取1.35，对动作时间在0.02s以下取2~2.5；

I_{pk}——线路的尖峰电流。

（3）短延时过流脱扣器动作电流和动作时间的整定。

$$I_{op} \geqslant K_{rel} I_{pk} \tag{6-25}$$

式中，K_{rel}——通常取1.2，动作时间为三个等级0.2s，0.4s，0.6s。

（4）长延时过流脱扣器动作电流和动作时间的整定。

$$I_{op} \geqslant K_{rel} I_{30} \tag{6-26}$$

式中，K_{rel}——通常取1.1，动作时间为1~2小时。

3. 低压断路器的选择性配合

（1）前后低压断路器之间的选择性配合。一般来说，为了满足前后低压断路器的选择性要求，前一级低压断路器的脱扣器动作电流应比后一级低压断路器的脱扣器动作电流大一级以上；而前一级低压断路器宜采用带短延时的过流脱扣器，后一级低压断路器则采用瞬时过流脱扣器。

（2）低压断路器保护与导线或电缆之间的配合。低压断路器保护还应与被保护的线路相配合，使之不致发生因过负荷和短路引起绝缘导线或电缆过热起燃而低压断路器不跳闸的事故，因此应满足以下条件：

$$I_{op} \leqslant K_{OL} I_{al} \tag{6-27}$$

式中，K_{OL}——为绝缘导线或电缆的允许短时过负荷系数。瞬时和短延时的过流脱扣器取 4.5，长延时取 1，有爆炸场所的线路保护取 0.8。

I_{al}——为绝缘导线或电缆的允许载流量。

4. 低压断路器的运行维护

低压断路器在运行前应作一般性的解体检查，在运行一段时间后，经过多次操作或故障掉闸，必须进行适当的维修，以保证正常工作状态。运行中应注意以下几点：

（1）检查所带的正常最大负荷是否超过断路器的额定值。

（2）检查分、合闸状态是否与辅助触点所串接的指示灯信号相符合。

（3）监听断路器在运行中有无异常响声。

（4）检查断路器的保护脱扣器状态，如整定值指示位置有无变动。

（5）如较长时间的负荷变动（增加或减少），则需要相应调节过电流脱扣器的整定值，必要时应更换。

（6）断路器发生短路故障掉闸或遇有喷弧现象时，应对断路器进行解体检修。检修完毕，应作几次传动试验，检查是否正常。

6.5.3 漏电保护

漏电保护是利用漏电保护装置来防止电气事故的一种安全技术措施，国内外多年的运行经验表明，推广使用漏电保护器，对防止触电伤亡事故，避免因漏电而引起的火灾事故，具有明显的效果。漏电保护装置是一种低压安全保护电器，是对低压电网中的直接和间接触电的一种有效保护，断路器和熔断器主要是切断线路的相间故障，保护动作电流是按线路上的正常工作最大负荷电流来整定的，电流较大，而漏电保护开关是反应系统的剩余电流，正常运行时系统的剩余电流几乎为零，在发生漏电和触电时，电路产生剩余电流，这个电流对断路器和熔断器来说，根本不足以使其动作，而漏电保护开关则会可靠的动作。

漏电保护开关根据动作原理，可分为电压型和电流型两大类。电流型的漏电保护开关比电压型的性能优越，目前大多数漏电保护开关都是电流型的，本节主要介绍电流型漏电保护开关。根据结构和动作原理又可分为电磁式和电子式。

1. 漏电保护开关的工作原理

下面以电磁式三相漏电保护开关为例说明其工作原理。

漏电保护器主要包括检测元件（零序电流互感器）、中间环节（包括放大器、比较器、脱扣器等）、执行元件（一般是自动开关）以及试验元件等几个部分。

如图 6.33 所示，电路中的三相电源线穿过零序电流互感器的环形铁芯，零序电流互感器的输出端与漏电脱扣器相连接，在被保护电路工作正常，没有发生漏电或触电的情况下，通过零序电流互感器的三相电流向量和等于零，这样零序电流互感器的输出端无输出，漏电保护器不动作，系统保持正常供电。

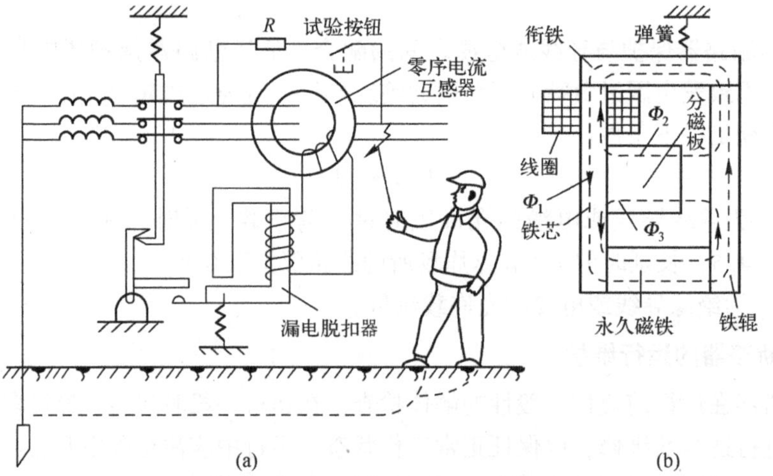

图 6.33　电流动作型漏电保护开关的原理图

当被保护电路发生漏电或有人触电时，由于漏电电流的存在，通过零序电流互感器各相电流的向量和不再等于零，在铁芯中出现了交变磁通。在交变磁通作用下，零序电流互感器的输出端就有感应电流产生，当达到预定值时，脱扣器驱动断路器自动跳闸，切断故障电路，从而实现保护。

单相回路的漏电保护与三相三线制的漏电保护器的工作原理基本相同，不同的是单相漏电保护开关穿过零序电流互感器的导线是相线和一相火线。

电磁式漏电保护开关的特性不受电源电压影响，环境温度对特性影响也很小，耐压冲击能力强，外界磁场干扰小，并具有结构简单、进出线可倒接等优点；但耐机械冲击振动能力较差。

电子式漏电保护开关作用时，检测元件零序电流互感器输出端有电流信号，在电子线路中经放大、比较，漏电流达到动作值时，可触发晶闸管导通，使脱扣器动作，开关跳闸切断电源。电子式漏电保护开关虽存在电源电压、环境温度对特性有影响，耐雷电冲击能力差，抗外磁场干扰弱，结构复杂，进出线不可倒接的缺点，但制造简单，灵敏度高，价格便宜。特别是电子技术高速发展，集成电路、集成块的广泛应用，因而使电子式漏电保护开关得到广泛应用。

2. 漏电保护器额定漏电动作电流的选择

正确合理地选择漏电保护器的额定漏电动作电流非常重要：一方面在发生触电或泄漏电流超过允许值时，漏电保护器可有选择地动作；另一方面，漏电保护器在正常泄漏电流作用下不应动作。

漏电保护器的额定漏电动作电流应满足以下条件：

(1) 为了保证人身安全，额定漏电动作电流应不大于人体安全电流值（30 mA 为人体安全电流值），动作时间小于 0.1s。

(2) 为了保证电网可靠运行，额定漏电动作电流应躲过低电压电网正常漏电电流。

(3) 漏电保护开关的额定电流必须大于线路的最大工作电流。

（4）为了保证多级保护的选择性，下一级额定漏电动作电流应小于上一级额定漏电动作电流。

第一级漏电保护器安装在配电变压器低压侧出口处。该级保护的线路长，是第一级干线保护，漏电电流较大，一般漏电保护动作电流在60～120mA之间。

第二级漏电保护器安装于分支线路出口处，被保护线路较短，用电量不大，漏电电流较小。漏电保护器的额定漏电动作电流应介于上、下级保护器额定漏电动作电流之间，一般取30～75 mA。

第三级漏电保护器用于保护单个或多个用电设备，是直接防止人身触电的保护设备。被保护线路和设备的用电量小，漏电电流小，一般不超过10mA，宜选用额定动作电流为30mA、动作时间小于0.1s的漏电保护器。

6.6 电气设备的防雷与接地

电力系统中，雷击是主要的自然灾害。雷击可能损坏设备或设施，造成大规模停电，也可能引起火灾或爆炸事故，危及人身安全，因此必须对电力设备、建筑物等采取一定的防雷措施。

如果工作人员没有遵守安全操作规程，直接触及或过分靠近电气设备，或人体触及电气设备中因绝缘损坏而带电的金属外壳或与之相连接的金属构架遭到伤害，称其为触电。为了避免触电事故的发生，保证人身安全，除遵守安全操作规程外，同时采取一定的保护措施，通常采用保护接地和保护接零。

6.6.1 过电压与防雷

在供电系统中，过电压有两种：内部过电压和雷电过电压。内部过电压是供电系统中开关操作、负荷骤变或由于故障而引起的过电压，运行经验证明，内部过电压对电力线路和电气设备绝缘的威胁不是很大。雷电引起的过电压，也叫做大气过电压，这种过电压危害相当大，应特别加以防护。

1. 雷电现象及危害

雷电是带有电荷的雷云之间或雷云对大地（或物体）之间产生急剧放电的一种自然现象。大气过电压的根本原因，是雷云放电引起的。大气中的饱和水蒸气在上、下气流的强烈摩擦和碰撞下，形成带正、负不同电荷的雷云。当带电的云块临近大地时，雷云与大地之间形成一个很大的雷电场。由于静电感应，大地感应出与雷云极性相反的电荷。

当云中电荷密集处对地的电场强度达到25～30kV/cm时，就会使周围空气的绝缘击穿，云层对大地便发生先导放电。当先导放电的通路到达大地时，大地上的电荷与雷云中的电荷中和，出现极大的电流，这就是所谓的主放电阶段。主放电存在的时间极短，电流极大，是全部雷电流的主要部分，可能波及到电力系统的雷云放电，使电力系统电压升高，引起大气过电压。

大气过电压有两种基本形式：一种是雷电直接对建筑物或其他物体放电，其过电压引起强大的雷电流通过这些物体入地，从而产生破坏性很大的热效应和机械效应，这叫做直接雷击或直击雷，造成击毁杆塔和建筑物，烧断导线，烧毁设备，引起火灾。另一种是雷电的静电感应或电磁感应所引起的过电压，叫做感应过电压或感应雷。大气过电压可以造成击穿电气绝缘，甚至引起火灾。

雷电具有很大的破坏性，其电压可高达数百万到数千万伏，其电流可高达数十万安。被雷击后会造成人畜死伤、建筑物损毁或线路停电、电力设备损坏等。为了尽可能避免雷电造成的危害，应当采取必要的防雷措施。

2. 防雷装置

（1）避雷针与避雷线。避雷针（线）的作用实质上是引雷作用，是将雷电引到自己身上来，避免了在它所保护范围内其他物体遭受雷击。避雷针（线）保护范围的大小与其高度有关。

避雷针由接闪器、引下线、接地体三部分组成。

接闪器：避雷针的最高部分，专用来接受雷云放电，称为“受雷尖端”。接闪器的金属杆称为避雷针。接闪器的金属线称为避雷线，或称为架空地线。接闪器器的金属带称为避雷带。接闪的金属网称为避雷网。

避雷针一般采用针长为 1 ~ 2m、直径不小于 20mm 的镀锌圆钢，或针长为 1 ~ 2m、内径不小于 25mm 的镀锌钢管制成。它通常安装在电杆或构架、建筑物上。

接地引下线：它是接闪器与接地体之间的连接线，它将接闪器上的雷电流安全地引入接地体，使之尽快地泄入大地。引下线一般采用直径为 8mm 的镀锌圆钢或截面不小于 $25mm^2$ 的镀锌钢绞线。如果避雷针的本体是采用铁管或铁塔的形式，则可以利用其本体作为引下线，而不必另设引下线了。

接地体：是避雷针的地下部分，其作用是将雷电流直接泄入大地。接地体埋设深度不应小于 0.6m，垂直接地体的长度不应小于 2.5m，垂直接地体之间的距离一般不小于 5m。接地体一般采用直径为 19mm 镀锌圆钢。

避雷针（线）是防止直击雷的有效措施。一定高度的避雷针（线）下面有一个安全区域，此区域内的物体基本上不受雷击。我们把这个安全区域叫做避雷针的保护范围。保护范围的大小与避雷针的高度有关。

避雷线主要用来保护架空线路。它由悬挂在空中的接地导线、接地引下线和接地体等组成。避雷线一般采用截面不小于 $35mm^2$ 的镀锌钢绞线，架设在架空线的上面，以保护架空线或其他物体免遭直击雷。

（2）避雷带和避雷网。避雷带和避雷网主要用来保护高层建筑物免遭直击雷和感应雷。避雷带和避雷网宜采用圆钢和扁钢制作，优先采用圆钢。圆钢直径应不小于 8mm，扁钢截面应不小于 $48mm^2$，其厚度应不小于 4mm。

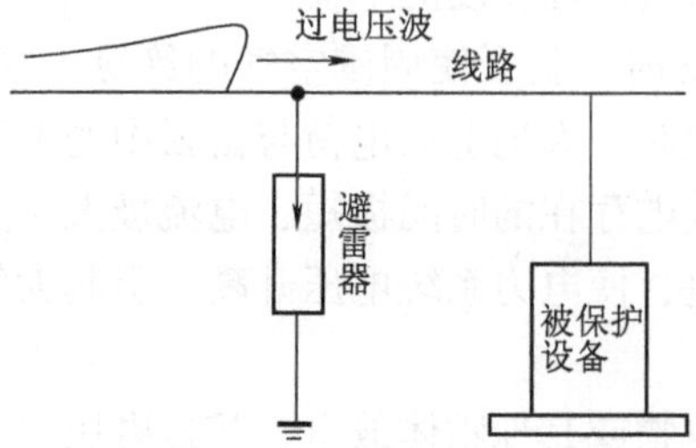

图 6.34 避雷器与被保护设备的连接

（3）避雷器。避雷器是用来防止雷电产生过电压波沿线路侵入变电所或其他设备内，从而使被保护设备的绝缘免受过电压的破坏。它一般接于导线与地之间，与被保护设备并联，装在被保护设备的电源侧，如图 6.34 所示。当线路上出现雷电过电压时，避雷器的火花间隙就被击穿，或由高电阻变为低电阻，使过电压对大地放电，使电力设备绝缘免遭损伤，过电压过去后，避雷器又自动恢复到起始状态。

目前使用的避雷器主要有管型避雷器、阀型避雷器和金属氧化物避雷器。

① 管型避雷器。管型避雷器主要用于室外架空线上。如图 6.35 结构示意图所示，它由内部火花间隙 s_1 和外部火花间隙 s_2 串联而成。内部火花间隙设在纤维管（产气管）1 内，纤维管内有内部电极 2，另一端的外部电极 3 经过外部火花间隙连接于网络导线上，外部电极的端面留有开口。外部间隙的作用是保证正常时使避雷器与网路导线隔离，用以避免纤维管受潮漏电。当线路上遭到雷击或感应雷电时，雷电过电压使管型避雷器的内间隙 s_1、外间隙 s_2 击穿，强大的雷电流通过接地装置入地，将过电压限制在避雷器的放电电压值。由于避雷器放电时内阻接近于零，所以其残压极小，但工频续流极大。雷电流和工频续流使管子内部间隙发生强烈电弧，在电弧高温作用下，使管内壁材料燃烧产生大量灭弧气体，灭弧腔内压力急骤增高，高压气体从喷口喷出，产生强烈的吹弧作用，将电弧熄灭。这时外部间隙的空气恢复绝缘，使避雷器与系统隔离，恢复正常运行状态，电力网正常供电。

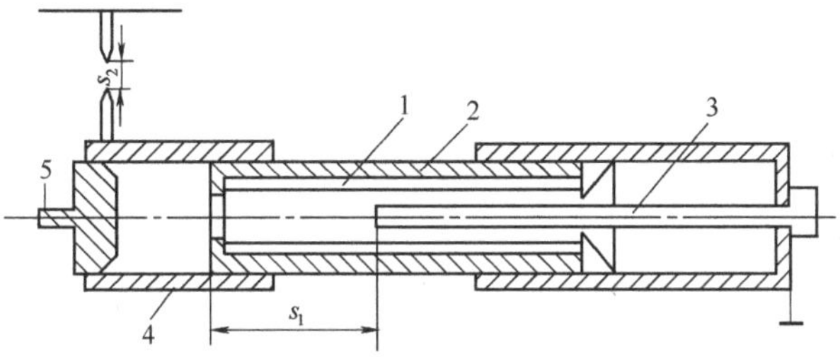

1—产气管；2—胶木管；3—棒形电极；4—环形电极；5—动作指示器；
s_1—内间隙；s_2—外间隙

图 6.35　管型避雷器结构示意图

为了保证避雷器可靠工作，在选择管型避雷器时，开断电流的上限应不小于安装处短路电流的最大有效值（考虑非周期分量）；开断电流的下限应不大于安装处短路电流可能的最小值（不考虑非周期分量）。

管型避雷器主要用于变配电所的进线保护和线路绝缘弱点的保护，保护性能较好的管型避雷器可用于保护配电变压器。

② 阀型避雷器。阀型避雷器主要由火花间隙组和阀片组成，装在密封的磁套管内。阀型避雷器的火花间隙组是由多个单间隙串联组成的。正常运行时，间隙介质处于绝缘状态，仅有极小的泄漏电流通过阀片。当系统出现雷电过电压时，火花间隙很快被击穿，使雷电冲击电流很容易通过阀型电阻盘而引入大地，释放过电压负荷，阀片在大的冲击电流下电阻由高变低，所以冲击电流在其上产生的压降（残压）较低，此时，作用在被保护设备上的电压只是避雷器的残压，从而使电气设备得到了保护。

阀型避雷器有普通型 FS、FD 系列，如 FS4－10 型高压阀型避雷器和 FS－0.38 型低压阀型避雷器。磁吹阀式避雷器有 FCD 型和 FCZ 型。

阀式避雷器广泛用在交直流系统中，保护变配电所设备的绝缘。

③ 保护间隙。又称角型避雷器，是一个较简单的防雷设备，它由两个金属电极构成，其中一个电极固定在绝缘子上，而另一个电极则经绝缘子与第一个电极隔开，并使这一对空气间隙保持适当的距离。如图 6.36（a）所示。固定在绝缘子上的电极一端与带电部分相连，而另一端电极则通过辅助间隙与接地装置相连接。辅助间隙的作用主要是防止主间隙因鸟类、树枝等造成短路时，不致引起线路接地。接线如图 6.36（b）所示。

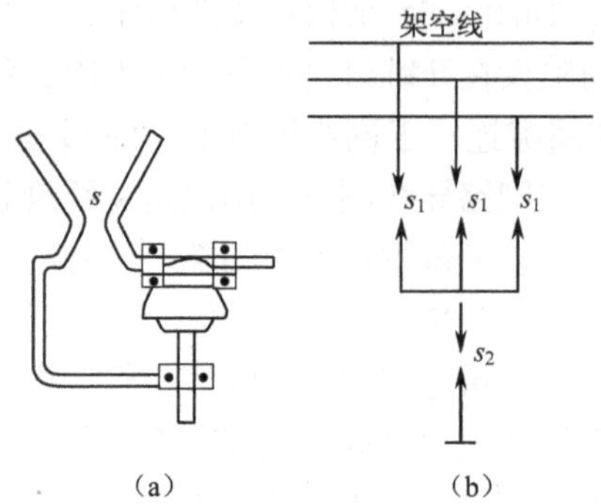

图 6.36　保护间隙和它的连接

保护间隙的工作原理：在正常运行的情况下，间隙对地是绝缘的，而当架空电力线路遭受雷击时，间隙的空气被击穿，将雷电流泄入大地，使线路绝缘子或其他电气设备的绝缘上不致发生闪络，起到了保护作用。

保护间隙的结构十分简单，成本低，维护方便，但保护性能差，因此只用于室外且负荷不重要的线路上。

④ 金属氧化物避雷器。金属氧化物避雷器又称压敏避雷器。它是一种没有火花间隙只有压敏电阻片的阀型避雷器。压敏电阻片有氧化锌等金属氧化物烧结而成的多晶半导体陶瓷元件，具有理想的阀特性。在工频电压下，它具有极大的电阻，能迅速有效地阻断工频电流，因此无需火花间隙来熄灭由工频续流引起的电弧，而且在雷电过电压作用下，其电阻又变得很小，能很好地泄放雷电流。目前氧化物避雷器广泛应用于高低压设备的防雷保护。

3. 防雷措施

(1) 架空线的防雷措施。架设避雷线，这是防雷的有效措施，但造价高，因此只在66kV及以上的架空线路上才装设。35kV的架空线路上，一般只在进出变电所的一段线路上装设。而10kV及以下线路上一般不装设避雷线，除此以外还应采取以下的防雷措施：

① 提高线路本身的绝缘水平。可以采用高一级电压的绝缘子，以提高线路的防雷水平。

② 尽量装设自动重合闸装置。线路发生雷击闪络之所以跳闸，是因为闪络造成了稳定的电弧而形成短路。当线路断开后，电弧即行熄灭，而把线路再接通时，一般电弧不会重燃，因此重合闸后，线路恢复正常状态，能缩短停电时间。

③ 装设避雷器和保护间隙。这是用来保护线路上个别绝缘薄弱地点，包括个别特别高的杆塔，带拉线的杆塔、跨越杆塔、分支杆塔、转角杆塔以及木杆线路中的金属杆塔等处。

对于低压（380/220V）架空线路的保护一般可采取以下措施：

① 在多类雷地区，当变压器采用Y，yn0或Y，y0接线时，宜在低压侧装设阀式避雷器或保护间隙。当变压器低压侧中性点不接地时，应在其中性点装设击穿保险器。

② 对于重要用户，宜在低压线路进入室内前50m处安装低压避雷器，进入室内后再装低压避雷器。

③ 对于一般用户，可在低压进线第一支持物处装设低压避雷器或击穿保险器。

(2) 变配电所的防雷措施。

① 装设避雷针来防止直接雷。

② 装设避雷器。这主要用来保护主变压器，以免雷电冲击波沿高压线路侵入变电所。对于3～10kV的变电所变压器，应在变压器的高压侧装设阀式避雷器，如图6.37所示。避雷器的防雷接地引下线、变压器的金属外壳和变压器低压侧中性点应连接在一起，然后再与接地装置相连接（即所谓“三位一体”接地），这样做的目的是保证当高压侧因雷击避雷器放电时，变压器绝缘上所承受的电压接近于阀式避雷器的残压，从而达到绝缘配合。但是，变压器铁壳电位大为提高，等于雷电流在接地体和接地线上的压降，可能引起铁壳向380/220V低压侧的逆闪络。因此，这样的接法会使高压侧遭受雷击时可能传到低压侧的用户，对低压侧用户引起危险。为了克服这个缺点，在变压器的低压侧装设

FS－0.25 型阀式低压避雷器，这样限制了变压器低压侧绕组上可能出现的过电压，从而保护了变压器高压绕组。

③ 变电所 3～10kV 侧保护。为了防止雷电波侵入变电所的 3～10kV 配电装置，应当在变电所的每组母线和每路进线上装设阀式避雷器，如图 6.38 所示。如果进线是具有一段引入电缆的架空线，则在架空线路终端的电缆头处装设阀式避雷器或管式避雷器，其接地端与电缆头外壳相连后接地。

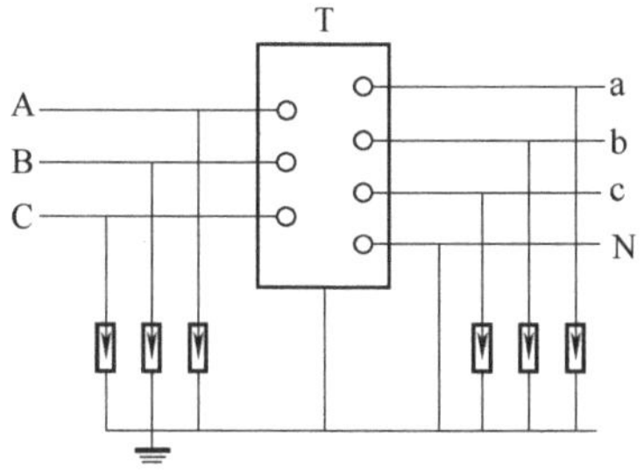

图 6.37　3～10kV 变压器的防雷保护

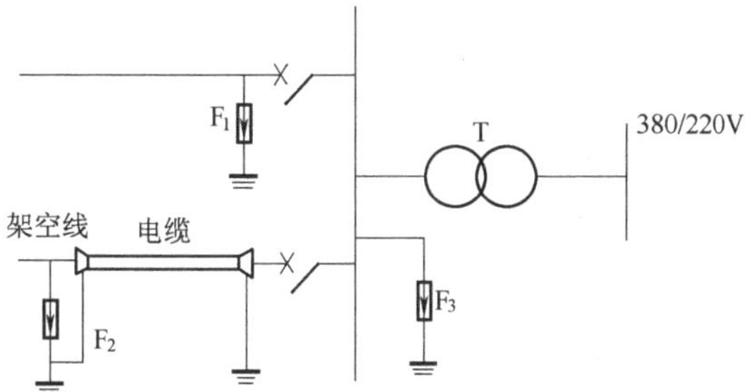

图 6.38　3～10kV 配电装置防止雷电波侵入的保护接线

变电所内所有避雷器应尽量用最短的连接线接到配电装置的总接地网上，同时应在其附近加装集中接地装置，便于雷电流的流散。

（3）高压电动机的防雷措施。工厂企业的高压电动机一般从厂区 6～10kV 高压配电网直接受电，一旦高压配电网遭受雷击，那么与架空线路直接相连的电动机的雷害将就是线路传来的雷电波。由于电动机的绕组是采用固体介质绝缘的，其耐雷击的冲击绝缘水平比变压器的冲击绝缘水平低得多。一般电动机出厂的冲击耐压值只有相同容量变压器出厂值的 1/3。加之在运行中，固体绝缘介质还要受潮、腐蚀和老化，会进一步降低耐压水平。因此高压电动机对雷电波侵入的保护，不能采用普通型的阀式避雷器，应采用 FCD 型磁吹阀式避雷器或氧化锌避雷器。

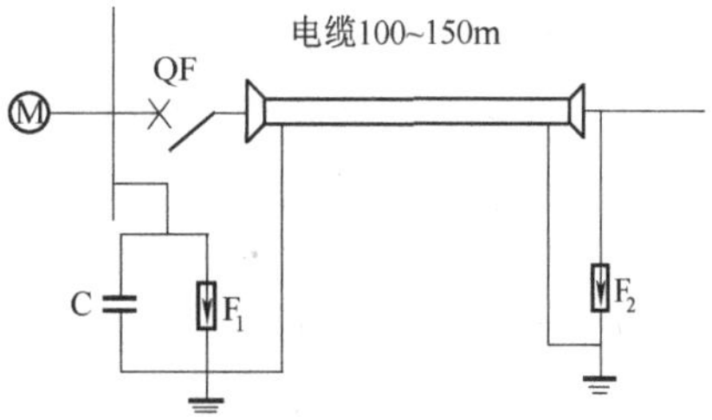

图 6.39　高压电动机的防雷保护接线

具有电缆进线的电动机防雷保护接线如图 6.39 所示。为了降低沿线路侵入的雷波波头陡度，减轻其对电动机绕组绝缘的危害，可在电动机进线前面加一段 100～150m 的引入电缆，并在电缆前的电缆头处安装一组阀式避雷器，而在电动机电源端（母线上）安装一组并联有电容器的磁吹阀式避雷器。这样可以提高防雷效果。

在多雷地区，不属架空直配线的特别重要的电动机，在运行中也应考虑防止变压器高压侧的雷电波通过变压器危及电动机的绝缘，为此，可在电动机出线上装设一组磁吹阀式避雷器保护。

（4）建筑物的防雷措施。根据发生雷电事故的可能性和后果，将建筑物分成三类。第一、二类建筑物是制造、使用或储存爆炸物质，因电火花而会（或不宜）引起爆炸，造成（或不致造成）巨大破坏和人身伤亡；以及在正常情况下（或在不正常情况下）能（或才能）形成爆炸性混合物，因火花而引起爆炸的建筑物。第三类建筑物是除第一、二类建筑物以外的爆炸、火灾危险的场所，按雷击的可能性及其对国民经济的影响，确定需要防雷的建筑物。如年预计雷击次数 $N \geqslant 0.06$ 的一般工业建筑物，或年预计雷击次数 $0.3 \geqslant N \geqslant 0.06$ 的一般性民用建筑物，并结合当地的雷击情况，确定需要防雷的建筑物。历史上雷害事故较多地区的较重要的建筑物。15～20m 以上的孤立的高耸的建筑物（如烟囱、水塔）。

对第一类防雷建筑物和第二类防雷建筑物中有爆炸危险的场所，应有防直击雷、防雷电感应和防雷电波侵入的措施，指定专人看护，发现问题及时处理，并定期检查防雷装置。第二类防雷建筑物除有爆炸危险者外及第三类防雷建筑物，应有防直击雷和防雷波侵入的措施。

对建筑物屋顶的易受雷击的部位，应装设避雷针或避雷带（网）进行直击雷防护。屋顶上装设的避雷带、网，一般应经 2 根引下线与接地装置相连。

为防直击雷或感应雷沿低压架空线侵入建筑物，使人和设备免遭损失，一般应将入户处或进户线电杆的绝缘子铁脚接地，其接地电阻应不大于 30Ω，入户处的接地应和电气设备保护接地装置相连。

在雷电多发的夏季，人们对防雷电应该引起高度重视。当雷电发生时，应尽量避免使用家电设备，以防感应雷和雷电波的侵害。如果人在户外，雷雨时应及时进入有避雷设施的场所，不要在孤立的电杆、大树、烟囱等下躲避。在田间劳动或在游泳的人，应立即离开水中，以防雷通过水的传导而遭雷击。

6.6.2　接地

1. 接地的基本概念

（1）接地和接地装置。电气设备的某部分与大地之间做良好的电气连接称为接地。接地装置由接地体和接地线两部分组成。埋入地中并直接与大地接触的金属导体称为接地体或接地极。专门为接地而人为装设的接地体称为人工接地体。兼作接地体用的直接与大地接触的各种金属构件、建筑物的基础等称为自然接地体。接地体与电气设备的金属外壳之间的连接线称为接地线。接地线在设备正常运行时是不载流的，但在故障情况下通过接地故障电流。接地线又分为接地干线和接地支线。由若干接地体在大地中相互用接地线连接起来的一个整体称为接地网。

（2）接地电流和对地电压。当电气设备发生接地故障时，电流就通过接地体向大地作半球形散开，这一电流称为接地电流。如图 6.40 所示的 I_E。试验表明，在距单根接地体或接地故障点 20 米左右的地方，实际上散流电阻已趋近于零，这电位为零的地方称为电气上的“地”或“大地”。电气设备的接地部分与零电位的“地”（大地）之间的电位差就称为接地部分的对地电压，如图 6.40 所示中的 U_E。

（3）接触电压和跨步电压。接触电压是指设备的绝缘损坏时，在身体可同时触及的两部分之间出现的电位差。如人站在发生接地故障的设备旁边，手触及设备的金属外壳，则人手与脚之间的电位差即为接触电压，如图 6.41 所示中的 U_r。

跨步电压是指在故障点附近行走，两脚之间出现的电位差，如图 6.41 中的 U_s。在带电的断线落地点附近及防雷装置泄放雷电流的接地体附近行走时，同样也有跨步电压。跨步电压的大小与距接地点的远近有关，距离短路接地点愈远，跨步电压愈小，距离 20 米以外时，则跨步电压近似等于零。而接触电压的大小则反之，当距离短路接地点愈远时，接触电压愈大；愈近时，接触电压愈小。因此在敷设变配电所的接地装置时，应尽量使接地网做到电位分布均匀，以降低接触电压和跨步电压。

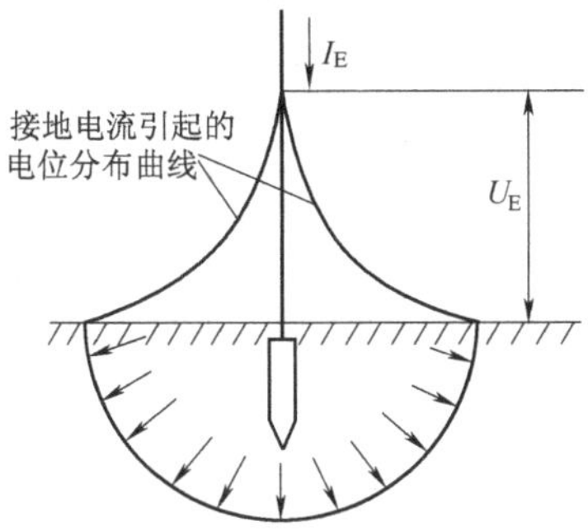

图 6.40　接地电流、对地电压及接地电流电位分布曲线

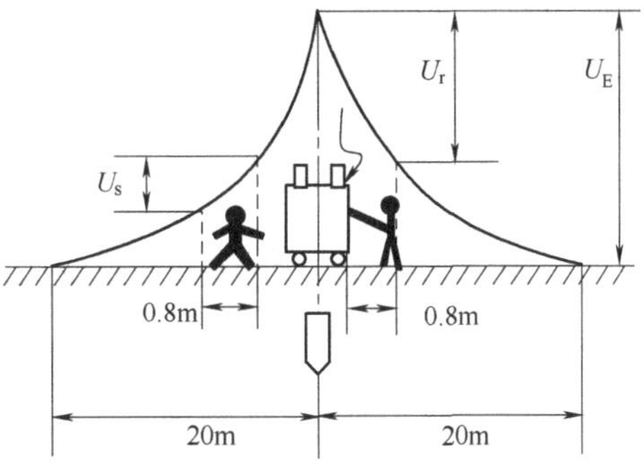

图 6.41　跨步电压和接触电压示意图

2. 接地的种类

（1）工作接地。工作接地是为保证电力系统和电气设备达到正常工作要求而进行的一种接地，例如，电源中性点的接地、防雷装置的接地等。各种工作接地有各自的功能。例如，电源中性点直接接地，能在运行中维持三相系统中相线对地电压不变，而电源中性点经消弧线圈接地，能在单相接地时消除接地点的断续电弧，防止系统出现过电压。至于防雷装置的接地，其功能更是显而易见的，不进行接地就无法对地泄放雷电流，从而无法实现防雷的要求。

（2）保护接地。由于绝缘的损坏，在正常情况下不带电的电力设备外壳有可能带电，为了保障人身安全，将电力设备正常情况不带电的外壳与接地体之间作良好的金属连接，称为保护接地，如图 6.42 所示。

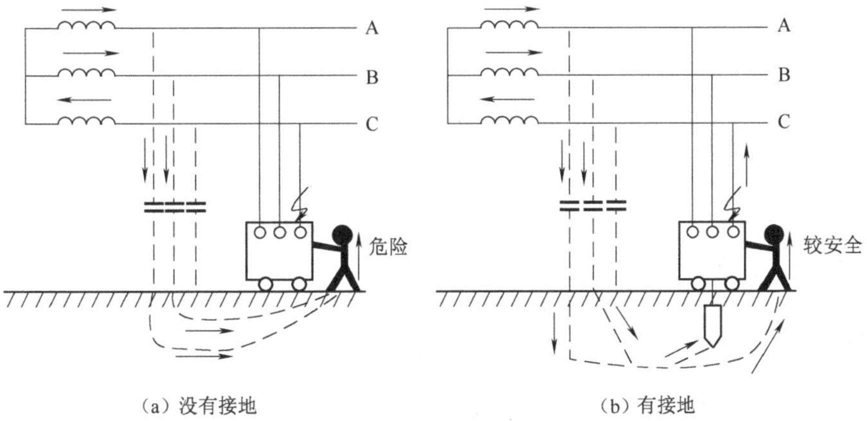

图 6.42　电气设备的保护接地（IT 系统）

保护接地一般应用在高压系统中，在中性点直接接地的低压系统中有时也有应用。

如图 6.42（a）所示，由于电力设备没有接地，当电力设备某处绝缘损坏而使其正常情况下不带电的金属外壳带电时，若人体触及带电的金属外壳，由于线路与大地间存在分布电容，接地短路电流通过人体，这是相当危险的。

但是，当电气设备采用保护接地后，如图 6.42（b）所示，若电力设备某处绝缘损坏而使其正常情况下不带电的金属外壳带电时，人体触及带电的金属外壳，接地短路电流将同时沿着接地体和人体两条通路流过，流过每一条通路的电流值与其电阻成反比。接地装置的接地电阻越小，流经人体的电流就愈小。通常人体的电阻比接地装置的电阻大得多，所以流经人体的电流较小。只要接地电阻符合要求（一般不大于4Ω），就可以大大降低危险，起到保护作用。

保护接地可分为三种不同类型，即TN系统、IT系统和TT系统。

① TN系统。如图6.43所示，工厂的低压配电系统大都采用这种三相四线制的中性点直接接地方式。TN系统又分为以下三种情况：

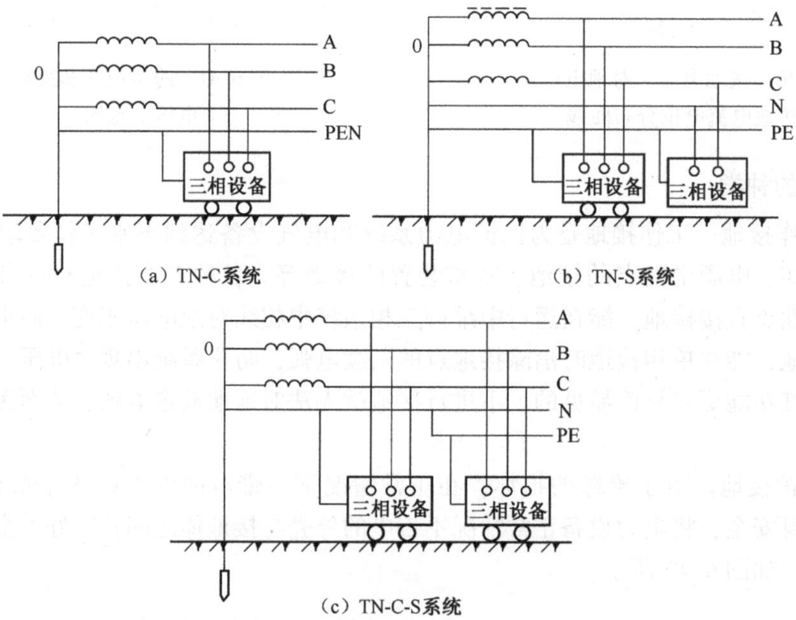

(a) TN-C系统　　(b) TN-S系统

(c) TN-C-S系统

图6.43　TN系统

a. TN－C系统。整个系统的中性线N与保护线PE是合在一起的，电气设备不带电金属部分与之相连，如图6.43（a）所示的PEN线（习惯称“保护接零”）。在这种系统中，当某相相线因绝缘损坏而与电气设备外壳相碰时，形成较大的单相对地短路电流，引起熔断器熔断而切断短路故障，从而起到保护作用。该接线保护方式适用于三相负荷比较平衡且单相负荷不大的场所，在工厂低压设备接地保护中使用相当普遍。

b. TN－S系统。配电线路中性线N与保护线PE分开，电气设备的金属外壳接在保护线PE上，如图6.43（b）所示。在正常情况下，PE线上没有电流流过，不会对接在PE线上的其他设备产生电磁干扰。它适用于环境条件较差、安全可靠要求较高以及设备对电磁干扰要求较严的场所。

c. TN－C－S系统。该系统是TN－C和TN－S系统的综合，电气设备大部分采用TN－C系统接线，在设备有特殊要求场合局部采用专设保护线接成TN－S形式，如图6.43（c）所示。

② IT系统。IT系统是对电源小电流接地系统的保护接地方式，电气设备的不带电金属部分直接经接地体接地，如图6.42所示。当电气设备因故障金属外壳带电时，接地电容电流分别经接地体和人体两条支路通过，只要接地装置的接地电阻在一定范围内，就会使流经

人体的电流被限制在安全范围。

③ TT 系统。TT 系统是针对大电流接地系统的保护接地，如图 6.44 所示。配电系统的中性线 N 引出，但电气设备的不带电金属部分经各自的接地装置直接接地，与系统接线不发生关系。发生绝缘损坏的故障时其保护方式与 IT 系统相似。

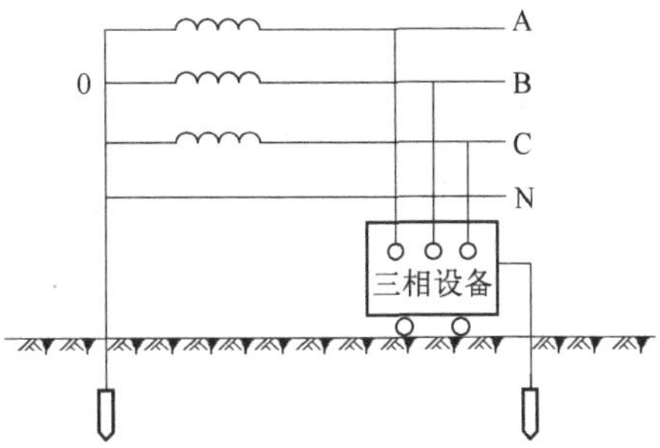

图 6.44 TT 系统

必须注意：同一低压系统中，不能有的采取保护接地，有的又采取保护接零，否则当采取保护接地的设备发生单相接地故障时，采取保护接零的设备外露可导电部分将带上危险的电压。中性点不接地系统中的设备不允许采用保护接零。因为任一设备发生碰壳时都将使所有设备外壳上出现近于相电压的对地电压，这是十分危险的。在中性线上不允许安装熔断器和开关，以防中性线断线，失去保护接零的作用，为安全起见，中性线还必须实行重复接地，以保证接零保护的可靠性。

(3) 重复接地。在中性点直接接地的低压电力网中采用接零时，将零线上的一点或多点再次与大地作金属性连接，称为重复接地。

重复接地的作用是：当系统中发生碰壳短路时，可以降低零线的对地电压，当零线断裂时，或当零线与相线交叉连接时，都可以减轻触电的危险。如图 6.45 (a) 所示，当采用保护接零而零线断裂时，并且断线后的电力设备有一相碰壳，如图 6.45 (b) 所示，接在断裂处后面的所有电气设备外壳上的对地电压为 $U_E << U_\phi$，危险程度大大降低。因此必须防止零线断线现象。

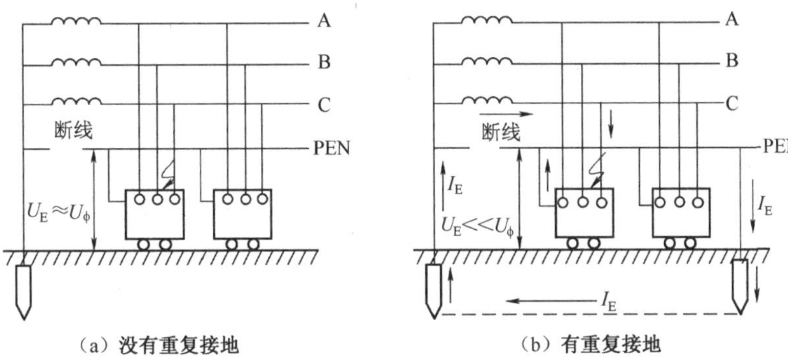

图 6.45 零线断裂时零线对地电压

3. 接地装置的装设

(1) 自然接地体的利用。装设接地装置时，首先利用自然接地体，以节约投资。可作为自然接地体的有：与大地有可靠连接的建筑物的刚结构和钢筋、行车的钢轨、埋地的非可燃可爆的金属管等。对于变配电所来说，可利用其建筑物钢筋混凝土基础作为自然接地体。

利用自然接地体时，一定要保证良好的电气连接。

(2) 人工接地体的埋设。人工接地体的埋设应注意不要埋设在垃圾、炉渣和有强烈腐蚀性土壤处，遇有这些情况应进行换土。

人工接地体垂直或水平布置时，其埋设深度距地面应不小于0.6m。最常用的垂直接地体为直径50mm、长2.5m的钢管。水平接地体的长为5～20m为宜。如图6.46所示。

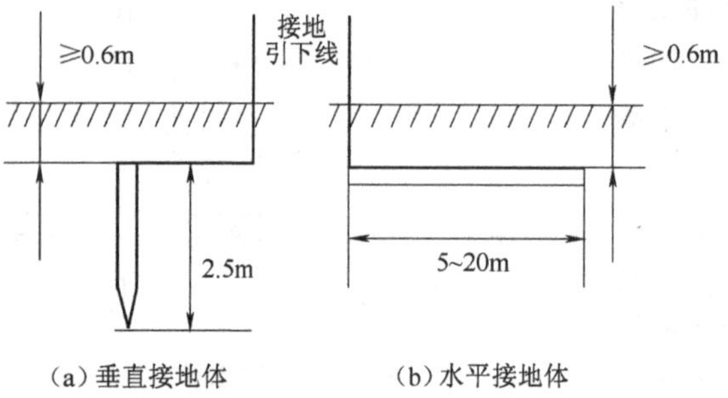

图6.46　人工接地体埋设示意图

垂直接地体的间距一般要求不小于5m。因为当多根接地体相互靠拢时，接地电流的流散将互相受到排挤，这种影响接地电流流散的现象叫做屏蔽作用。为了减少相邻接地体之间的屏蔽作用，垂直接地体的间距不应小于接地体长度的两倍（例如，接地体长2.5m，则间距不小于5m），水平接地体的间距可根据具体情况而定，但也不能小于5m。埋入后的接地体周围要用新土夯实。

（3）接地线。

① 自然接地线。为了节约金属，减少投资，应尽量选择自然导体作为接地线。如建筑物的金属构架、电梯竖井、电缆的金属外皮等都可以作为自然接地线。各种金属管道（可燃液体、可燃或爆炸性气体的金属管道除外）可作为低压电力设备的自然接地线。

② 人工接地线。为了连接可靠并有一定的机械强度，一般采用钢作为人工接地线。对于接地体和接地线的截面积应符合我国电气规定的最小规格。

4. 接地电阻的要求

接地电阻是接地体的流散电阻与接地线和接地体电阻的总和。由于接地体和接地线的电阻相对较小，可略去不计。因此接地电阻可认为就是接地体的流散电阻。对接地电阻的要求，按我国有关规定执行即可。

5. 接地电阻的测量

接地装置在施工完成后，需要测量接地装置的接地电阻是否符合设计规定要求，在日常运行中，也需要定期测量接地电阻，以免由于接地装置的故障而引起事故。

（1）测量接地电阻的一般原理。如图6.47所示，当在两接地体上加一电压U后，就有电流I通过接地体A流入大地后经接地体B构成回路，形成图6.47中所示的电位分布曲线，离接地体A（或B）20m处电位等于零，即在CD区为电压降实际上等于零的零电位区。只要测得接地体A（或B）与大地零电位的电压u_{AC}（或u_{BD}）和电流I，就可以方便地求得接地体的接地电阻。测量接地体接地电阻时都采用交流电。

由上述可知，测量接地体的接地电阻时，为了使电流能从接地体流入大地，除了被测接地体外，还要另外加设一个辅助接地体（称为电流极），才能构成电流回路。而为了测得被测接地体与大地零电位的电压，必须再设一个测量电压用的测量电极（称为电压极）。如图6.47所示，电流极和电压极必须恰当布置，否则测得的接地电阻值误差较大，甚至完全不能反映被测接地体的接地电阻。

为了使测得的接地电阻比较精确，应当使被测接地体与电流极之间的距离足够大，以使得在两极间能出现零电位区CD，电压极也应当位于零电位区CD内。

（2）测量接地电阻的方法。

① 间接法测量电阻。如图6.48所示。用这种方法需制作电流极和电压极。电流极可以

用一根直径为25～50mm、长2～3m的钢管制成；电压极可以用一根长0.7～3 m、直径为25mm的圆钢或直径为25～50m的钢管制成。作为电流极和电压极的圆钢或钢管顶端应焊接线用的夹子。

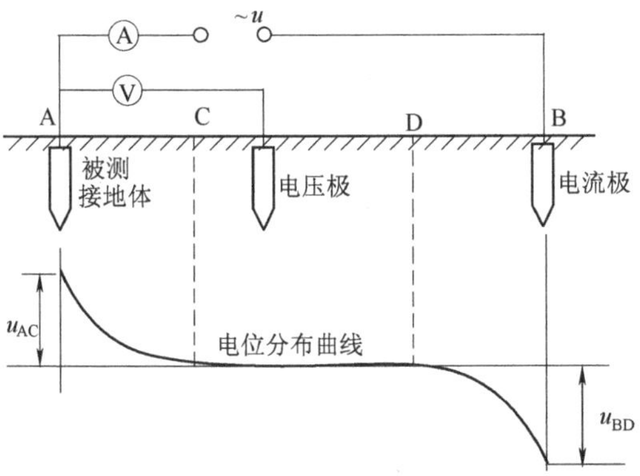

图6.47　电流极、电压极

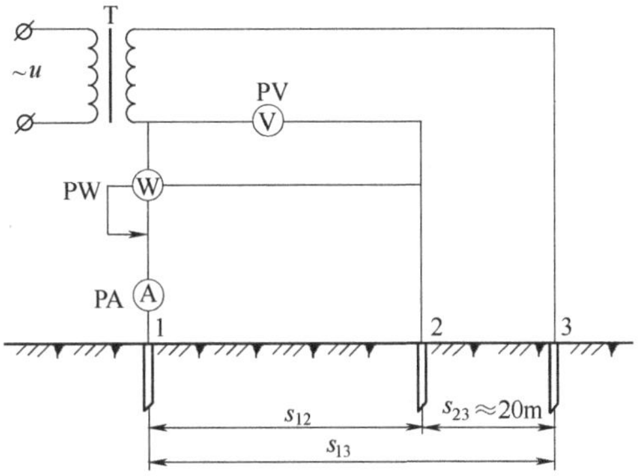

1—被测接地体；2—电压极；3—电流极；
T—试验变压器；PV—电压表；
PA—电流表；PW—功率表

图6.48　间接法测量接地电阻的电路

在测量接地电阻时须先估计电流的大小，选出适当截面的绝缘导线，在预备试验时可利用可变电阻R调整电流，当正式测定时，则将可变电阻短路，由电流表、电压表及功率表所得的数据可以算出接地电阻 R_E。

$$R_E = \frac{U}{I} \tag{6-28}$$

或

$$R_E = \frac{P}{I^2} = \frac{U^2}{P} \tag{6-29}$$

这种方法烦琐、麻烦。所以，一般仅在没有接地电阻测试仪，或者接地电阻不在接地电阻测试仪的范围内时才采用。

② 直接法测量接地电阻。一般测量接地电阻大多采用接地电阻测试仪。采用接地电阻测试仪测量接地电阻时，电流极和电压极应与仪器配套供应。

手摇表接地电阻测试仪如ZC29型，它由手摇发电机、电流互感器、电位器等组成。测量电路如图6.49所示。

摇测时，先将测试仪的“倍率标尺”开关置于较大倍率挡。慢慢转动摇柄，同时调整“测量标度盘”，使指针指零（中线），然后加快转速（约为120r/min），并同时调整“测量标度盘”，使指针指示表盘中线。这时“测量标度”所指示的数值乘以“倍率标尺”的数值，即为接地装置的接地电阻值。

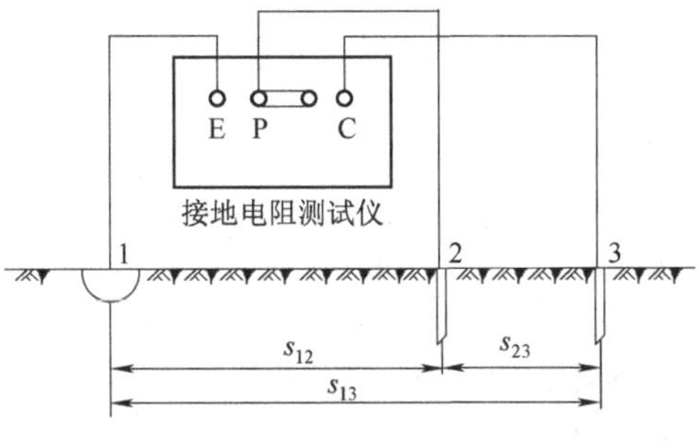

1—被测接地体；2—电压极；3—电流极

图6.49　直接法测量接地电阻的电路

6. 接地装置的运行与维护

运行中的接地装置巡视与检查项目一般为：

（1）检查接地线或接零线与电气设备的金属外壳以及同接地网的连接处连接是否良好，有无松动脱落等现象。

（2）检查接地线有无损伤、碰断及腐蚀等现象。

（3）对于移动式电气设备的接地线，在每次使用前应检查其接地线情况，观察有无断股现象。

（4）定期测量接地装置的接地电阻值，测量接地电阻要在土壤电阻率最大的季节内进行，即夏季土壤干燥时期和冬季土壤冰冻最甚时期。

维护工作：

（1）要经常观察人工接地体周围的环境情况，不应堆放具有强烈腐蚀性的化学物质。

（2）对于接地装置与公路、铁路或管道等交叉的地方，应采用保护措施，以防碰伤损坏接地线。

（3）接地装置在接地线引进建筑物的入口处，最好有明显的标志，以便为运行维护工作提供方便。

（4）明敷的接地线表面所涂的漆应完好。

（5）电气设备在每次大修后，应着重检查其接地线连接是否牢固。

（6）当发现运行中接地装置的接地电阻不符合要求时，可采用降低电阻的措施，如将接地体引至土壤电阻率较低的地方、装设引外接地体、或者在接地坑内填入化学降阻剂。

本章小结

供电系统中常见断线、短路、接地及过载故障，需装设不同类型的保护装置，在发生故障时能迅速、及时地将故障区域从供电系统中切除，当系统处于不正常运行时能发出报警信号。保护装置必须满足选择性、快速性、可靠性和灵敏性。

工厂供配电系统常用保护有继电保护、熔断器保护和低压断路器保护。继电保护适用于要求供电可靠性较高的高压供电系统中。过电流保护和速断保护是保护线路相间短路的简单可靠的继电保护装置。熔断器保护装置简单经济，但断流能力较小，选择性差，熔体熔断后更换不方便，不能迅速恢复供电，在要求供电可靠性较高的场所不宜使用。低压断路器带有多种脱扣器，能够进行过电流、过载、失压和欠压保护等，而且可作为控制开关进行操作，在对供电可靠性要求较高且频繁操作的低压供电系统中广泛应用。

流入继电保护装置中的电流是通过电流互感器与电流继电器的连接来实现。它们之间的接线方式有三相三继电器式完全星形接线、两相两继电器式不完全星形接线、两相三继电器式不完全星形接线和两相一继电器电流差式接线等几种。

过电流保护装置分定时限过电流保护和反时限过电流保护。定时限过电流保护动作时间准确，容易整定，但继电器数目较多，接线比较复杂，在靠近电源处短路时，保护装置的动作时间太长。反时限过电流保护可采用交流操作，接线简单，所用保护设备数量少，但整定、配合较麻烦，继电器动作时限误差较大，当距离保护装置安装处较远的地方发生短路时，其动作时间较长，延长了故障持续时间。

电流速断保护装置可以克服过电流保护的缺陷，但其保护装置不能保护全段线路，会出现一段“死区”。在装设电流速断保护的线路上，必须配备带时限的过电流保护。

电力变压器的继电保护与工厂高压线路的继电保护基本相同。变压器还有其特殊的保护——气体继电保护（瓦斯保护）。瓦斯保护只能反映变压器的内部故障，而不能反映变压器套管和引出线的故障。

变压器的差动保护动作迅速，选择性好，在工厂企业的大、中变电所中应用较广，还可用于线路和高压电动机的保护。

工厂低压供电线路主要采用熔断器保护和低压断路器保护。

防雷电保护分为防直击雷和感应雷（或入侵雷）两大类。相应的保护设备分接闪器和避雷器两大类。接闪器有避雷针、避雷线、避雷网或避雷带等。避雷器有阀型避雷器、管型避雷器、金属氧化物避雷器等。

电气设备的某部分与大地之间做良好的电气连接，称为接地。接地分工作接地、保护接地和重复接地等。接地电阻的测量有间接法和直接法。

习　题　6

一、填空题

6.1　过电流保护装置的基本要求有________、________、________、________。

6.2　画出下列继电器的图形符号（包括线路圈和触头）：电磁式电流继电器__________________，电磁式时间继电器________________________，电磁式信号继电器________________________，感应式电流继电器____________________________。

6.3　线路过电流保护是通过反映被保护线路________，超过设定值而使________跳闸的保护。按动作时限特性分__________和__________保护。

6.4　在中性点不接地或经消弧线圈接地的系统中发生单相接地时，其故障电流不大，仍可继续运行一段时间，但一般不超过________。

6.5　在中性点不接地的系统中，除采用绝缘监测装置以外，也可以在每条线路上装设单独的接地保护，又称________________。

6.6　低压漏电保护一般有三级，第一级漏电保护器安装在____________处，第二级漏电保护器安装于__________________处，第三级漏电保护器用于保护单个或多个用电设备，是直接防止人身触电的保护设备。

6.7　线路速断保护会存在__________，一般与__________________________保护相配合使用。

6.8　对于高压侧为35kV及以上的工厂总降压变电所主变压器来说，也应装设过电流保护装置、电流速断保护装置和________装置；在有可能过负荷时，需装设________装置和温度保护装置。如果单台运行的主变压器容量在10 000kVA及以上和并列运行的主变压器每台容量在6300kVA及以上时，则要求装设__________装置来取代电流速断保护装置。

6.9　瓦斯保护又称________，是保护油浸式变压器________的保护装置，是变压器的________之一。轻瓦斯保护只作用于______________，重瓦斯保护既作用于__________，又作用于__________。

6.10　变压器的差动保护的保护区____。

6.11　低压供电系统的保护装置有__________和__________。

6.12　低压系统中，不允许在__________线和________线上装熔断器。

6.13　在供电系统中，过电压有两种：__________和____________。

6.14　接地的种类有________、________、________。

6.15　选择性是指______________________________。

6.16　接闪器主要有___________、__________、____________几种。

6.17　电流互感器的两相电流和式接线的接线系数为______，两相电流差式接线的接线系数为______。

二、判断题（正确的打√，错误的打×）

6.18　低压照明线路保护大多采用低压断路器进行保护。（　　）

6.19　线路的过电流保护可以保护线路的全长，速断保护也是。（　　）

6.20　三相三线制线路，其两相短路电流的大小是三相短路电流的0.866倍。（　　）

6.21　过电流继电器的返回系数总是小于1。(　　)

6.22　架空线路在线路的各相装设电流互感器可构成零序保护。(　　)

6.23　在工厂企业的35kV的变电所常使用差动保护，10kV变电所一般不用。(　　)

6.24　变压器的差动保护就是变压器一、二次侧的断路器前后动作。(　　)

6.25　避雷针的保护范围完全由避雷针的高度决定。(　　)

6.26　电力系统过电压即指雷电过电压。(　　)

6.27　电气设备与地之间用一根导线连接起来就叫接地。(　　)

6.28　N线上可以安装熔断器或开关。(　　)

6.29　速断保护的死区可以通过带时限的过流保护来弥补。(　　)

6.30　灵敏度的数值越大越好。(　　)

6.31　避雷器与避雷针的保护原理相同。(　　)

6.32　输电线路全长都要架设避雷线。(　　)

6.33　电流互感器不完全星形接线，不能反映所有的接地故障。(　　)

三、选择题

6.34　继电保护装置适用于（　　）。

A. 可靠性要求高的低压供电系统　　B. 可靠性要求高的高压供电系统

C. 可靠性要求不太高的低压供电系统　　D. 可靠性要求不太高的高压供电系统

6.35　选择下列继电器的文字符号填入括号内：电流继电器（　　），电压继电器（　　），中间继电器（　　），时间继电器（　　），信号继电器（　　）。

A. KV　　B. KT　　C. KA　　D. KS　　E. KM

6.36　110kV线路中常采用（　　）接线的继电保护方式，6～10 kV线路中常采用（　　）接线的继电保护方式。

A. 三相式接线　　B. 两相式接线　　C. 两相差式接线　　D. 一相式接线

6.37　三级漏电保护运作电流分别是：一级漏电保护电流（　　），二级漏电保护电流（　　），三级漏电保护电流（　　）。

A. 60～120mA　　B. 30～75mA　　C. 30m以下

6.38　变压器故障分内部故障和外部故障两种。以下故障属于内部故障的有（　　），属于外部故障的有（　　）。

A. 线圈的相间短路　　B. 匝间短路　　C. 引出线接地

D. 引出线的相间短路　　E. 烧坏铁芯

6.39　请选择合适的直击雷保护设备的序号填入括号：保护高层建筑物常采用（　　），保护变电所常采用（　　），保护输电线常采用（　　）。

A. 避雷针　　B. 避雷器　　C. 避雷网或避雷带　　D. 避雷线

四、技能题

6.40　在三相三线制系统中，采用两相差式继电保护线路，其中一个互感器二次侧同名端接反了，会发生什么后果？

6.41　施工现场专用的中性点直接接地的电力线路中，必须采用哪种保护系统？

6.42　在单相接地保护中，电缆头的接地线为什么一定要穿过零序电流互感器后接地？

6.43　保护电压互感器的高压侧熔断器熔断，请分析可能发生了哪些故障？

6.44　试问在住宅小区的电气照明设计中，采用TN－C－S系统和采用TN－C系统各有何特点？你建议选择什么方式？为什么？

6.45　由同一个变压器供电的采用保护接零的配电系统中，能否同时采用保护接零和保护接地？为什么？

6.46　在380/220V同一系统中既采用保护接地又采用保护接零会出现什么问题？

6.47 如有一根 110kV 高压输电线断线坠落地面，而你恰好位于接地点 10m 以内的地方，如何离开危险区？

6.48 请使用接地电阻测试仪测量你所在教学楼的接地电阻值。

五、计算题

6.49 某厂 10kV 供电线路设有瞬时动作的速断保护装置（两相差式接线）和定时限的过电流保护装置（两相和式接线）。每一种保护装置回路中都设有信号继电器以区别断路器跳闸原因。已知数据：线路最大负荷电流为 180A，电流互感器变比为 200：5，在线路首端短路时的三相短路电流有效值为 2800A，线路末端短路时的三相短路电流有效值为 1000A，下一级过电流保护装置动作时限为 1.5s。试画出原理接线图，并对保护装置进行整定计算。

第 7 章　工厂供配电系统二次接线与自动装置

内容提要

本章主要介绍工厂供配电系统中二次回路的功能和不同二次回路的应用。首先讲述了工厂供配电系统的二次接线及二次接线图；其次分析了二次回路中断路器的控制回路和信号回路，并介绍了二次回路中的测量仪表；然后讲述了提高供电可靠性的备用电源自动投入装置（APD）和自动重合闸（ARD）装置；最后简单介绍了计算机在工厂供电系统中的应用。

7.1　二次接线的基本概念和二次回路图

在变电所中通常将电气设备分为一次设备和二次设备两大类。一次设备是指直接生产、输送和分配电能的设备，主电路中的变压器、高压断路器、隔离开关、电抗器、并联补偿电力电容器、电力电缆、送电线路以及母线等设备都属于一次设备。对一次设备的工作状态进行监视、测量、控制和保护的辅助电气设备称为二次设备。图 7.1 所示为供配电系统的二次回路功能示意图。

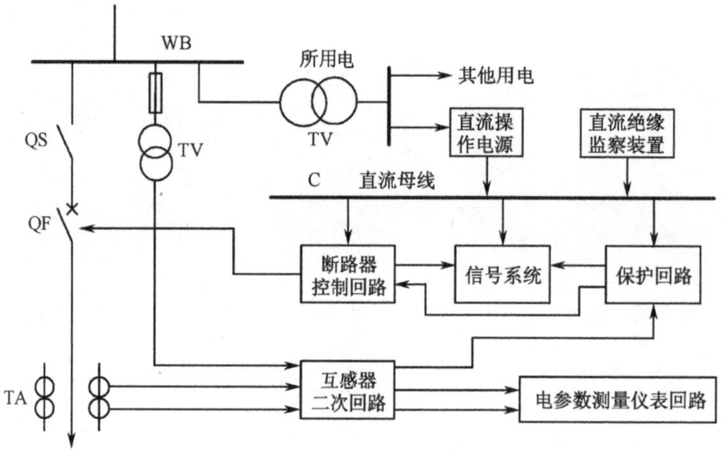

图 7.1　供配电系统的二次回路功能示意图

变电所的二次设备包括测量仪表、控制与信号回路、继电保护装置以及远动装置等。这些设备通常由电流互感器、电压互感器、蓄电池组成，采用低压电源供电，它们相互间所连接的电路称为二次回路或二次接线。二次回路按照功用可分为控制回路、合闸回路、信号回路、测量回路、保护回路以及远动装置回路等；按照电路类别可分为直流回路、交流回路和电压回路。

反映二次接线间关系的图称为二次回路图。二次回路的接线图按用途可分为原理接线图、展开接线图和安装接线图三种形式。

1. 原理接线图

原理接线图用来表示继电保护、监视测量和自动装置等二次设备或系统的工作原理，它以元件的整体形式表示各二次设备间的电气连接关系。通常在二次回路的接线原理图上还将相应的一次设备画出，构成整个回路，便于了解各设备间的相互工作关系和工作原理。图 7.2（a）是 6～10kV 线路的测量回路接线原理图。

从图中可以看出，原理图概括地反映了过电流保护装置、测量仪表的接线原理及相互关系，但不注明设备内部接线和具体的外部接线，对于复杂的回路难以分析和找出问题。因而仅有原理图还不能对二次回路进行检查维修和安装配线。

2. 展开接线图

展开图按二次接线使用的电源分别画出各自的交流电流回路、交流电压回路、操作电源回路中各元件的线圈和触点。所以，属于同一个设备或元件的电流线圈、电压线圈、控制触点应分别画在不同的回路里。为了避免混淆，对同一设备的不同线圈和触点应用相同的文字标号，但各支路需要标上不同的数字回路标号，如图 7.2（b）所示。

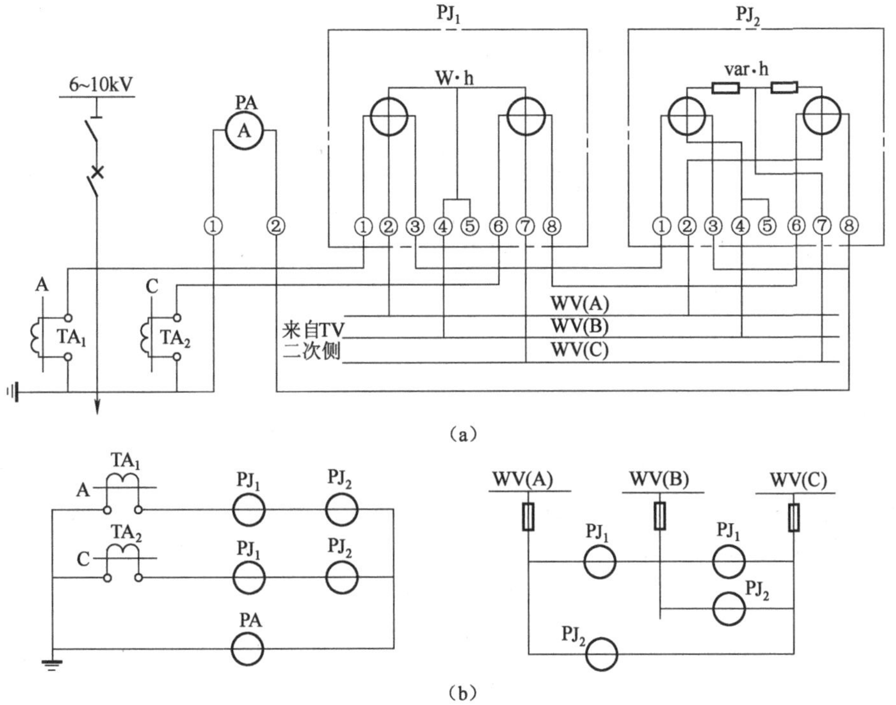

TA_1、TA_2—电流互感器；TV—电压互感器；PA—电流表；

PJ_1—三相有功电度表；PJ_2—三相无功电度表；WV—电压小母线

图 7.2　6～10kV 高压线路电气测量仪表原理接线图和展开接线图

二次接线展开图中所有开关电器和继电器触头都是按开关断开时的位置和继电器线圈中无电流时的状态绘制的。由图 7.2（b）可见，展开图接线清晰，回路次序明显，易于阅读，便于了解整套装置的动作程序和工作原理，对于复杂线路的工作原理的分析更为方便。

3. 安装接线图

安装接线图是进行现场施工不可缺少的图纸，是制作和向厂家加工订货的依据。它反映的是二次回路中各电气元件的安装位置、内部接线及元件间的线路关系。

二次接线安装图包括屏面元件布置图、屏背面接线图和端子板接线图等几个部分。屏面元件布置图是按照一定的比例尺寸将屏面上各个元件和仪表的排列位置及其相互间距离尺寸表示在图样上。而外形尺寸应尽量参照国家标准屏柜尺寸，以便和其他控制屏并列时美观整齐。

4. 二次接线图中的标志方法

为便于安装施工和投入运行后的检修维护，在展开图中应对回路进行编号，在安装图中对设备进行标志。

（1）展开图中回路编号。对展开图进行编号可以方便维修人员进行检查以及正确地连接，根据展开图中回路的不同，如电流、电压、交流、直流等，回路的编号也进行相应的分类。具体进行编号的原则如下：

① 回路的编号由3个或3个以内的数字构成。对交流回路要加注A、B、C、N符号区分相别，对不同用途的回路都规定了编号的数字范围，各回路的编号要在相应数字范围内。

② 二次回路的编号应根据等电位原则进行。即在电气回路中，连接在一起的导线属于同一电位，应采用同一编号。如果回路经继电器线圈或开关触点等隔离开，应视为两端不再是等电位，要进行不同的编号。

③ 展开图中小母线用粗线条表示，并按规定标注文字符号或数字编号。

（2）安装图设备的标志编号。二次回路中的设备都是从属于某些一次设备或一次线路的，为对不同回路的二次设备加以区别，避免混淆，所有的二次设备必须标以规定的项目种类代号。例如，某高压线路的测量仪表，本身的种类代号为P。现有有功功率表、无功功率表和电流表，它们的代号分别为P1、P2、P3 。而这些仪表又从属于某一线路，线路的种类代号为W6，设无功功率表P3是属于线路W6上使用的，由此无功功率表的项目种类代号全称应为“－W6－P3”，这里的“－”是种类的前缀符号。又设这条线路W6又是8号开关柜内的线路，而开关柜的种类代号规定为A，因此该无功功率表的项目种类代号全称为“＝A－W6－P3”。这里的“＝”号是高层的前缀符号，高层是指系统或设备中较高层次的项目。

（3）接线端子的标志方法。端子排是由专门的接线端子板组合而成的，是连接配电柜之间或配电柜与外部设备的。接线端子分为普通端子、连接端子、试验端子和终端端子等形式。

试验端子用来在不断开二次回路的情况下，对仪表、继电器进行试验。终端端子板则用来固定或分隔不同安装项目的端子排。

在接线图中，端子排中各种类型端子板的符号如图7.3所示。端子板的文字代号为X，

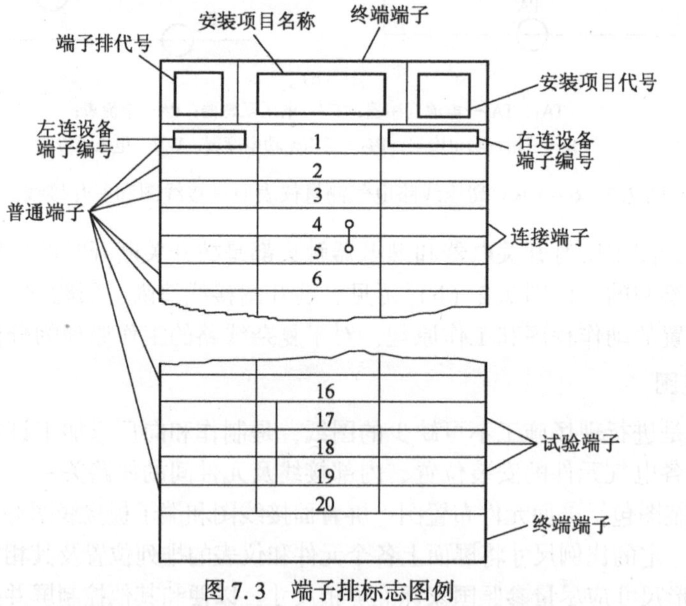

图7.3　端子排标志图例

端子的前缀符号为“:”。按规定，接线图上端子的代号应与设备上端子标记一致。

（4）连接导线的表示方法。安装接线图既要表示各设备的安装位置，又要表示各设备间的连接，如果直接绘出这些连接线，将使图纸上的线条难以辨认，因而一般在安装图上表示导线的连接关系时，只在各设备的端子处标明导线的去向。标志的方法是在两个设备连接的端子出线处互相标以对方的端子号，这种标注方法称为“相对标号法”。如 P_1、P_2两台设备，现 P_1设备的 3 号端子要与 P_2设备的 1 号端子相连，标志方法所图 7.4 所示。

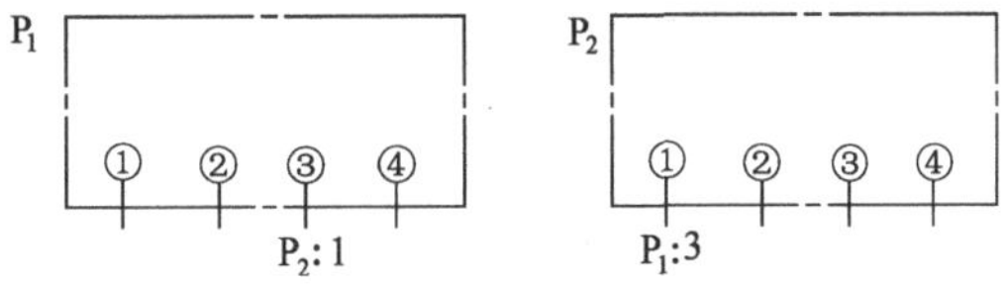

图 7.4　连接导线的表示方法

5. 二次回路图的阅读方法

二次回路图在绘制时遵循着一定的规律，看图时首先应清楚电路图的工作原理、功能以及图纸上所标符号代表的设备名称，然后再看图纸。

（1）看图的基本要领。

① 先交流，后直流。

② 交流看电源，直流找线圈。

③查找继电器的线圈和相应触点，分析其逻辑关系。

④ 先上后下，先左后右，针对端子排图和屏后安装图看图。

（2）阅读展开图基本要领。

① 直流母线或交流电压母线用粗线条表示，以区别于其他回路的联络线。

② 继电器和每一个小的逻辑回路的作用都在展开图的右侧注明。

③ 展开图中各元件用国家统一的标准图形符号和文字符号表示，继电器和各种电气元件的文字符号与相应原理图中的符号应一致。

④ 继电器的触点和电气元件之间的连接线段都有数字编号（回路编号），便于了解该回路的用途和性质，以及根据标号能进行正确连接，以便安装、施工、运行和检修。

⑤ 同一个继电器的文字符号与其本身触点的文字符号相同。

⑥ 各种小母线和辅助小母线都有标号，便于了解该回路的性质。

⑦ 对于展开图中个别继电器，或该继电器的触点在另一张图中表示，或在其他安装单位中有表示，都在图上说明去向，并用虚线将其框起来，对任何引进触点或回路也要说明来处。

⑧ 直流回路正极按奇数顺序标号，负极按偶数顺序标号。回路经过元件时其标号也随之改变。

⑨ 常用的回路都是固定标号，如断路器的跳闸回路是 33，合闸回路是 3 等。

⑩ 交流回路的标号除用三位数外，前面加注文字符号，交流电流回路使用的数字范围是 400 ~ 599，电压回路为 600 ~ 799，其中个位数字表示不同的回路，十位数字表示互感器的组数。回路使用的标号组要与互感器文字符号前的“数字序号”相对应。

7.2　断路器控制回路信号系统与测量仪表

7.2.1　控制回路

变电所在运行时，由于负荷的变化或系统运行方式的改变，经常需要操作切换断路器和隔离开关等设备。断路器的操作是通过它的操作机构来完成的，而控制电路就是用来控制操作机构动作的电气回路。

控制电路按照控制地点的不同，可分为就地控制电路及控制室集中控制电路两种类型。车间变电所和容量较小的总降压变电所的 6 ~ 10kV 断路器的操作，一般多在配电装置旁手动进行，也就是就地控制。总降压变电所的主变压器和电压为 35kV 以上的进出线断路器以及出线回路较多的 6 ~ 10kV 断路器，采用就地控制很不安全，容易引起误操作，故可采用由控制室远方集中控制。

按照对控制电路监视方式的不同，有灯光监视控制及音响监视控制电路之分。由控制室集中控制及就地控制的断路器，一般多采用灯光监视控制电路，只在重要情况下才采用音响监视控制电路。

控制电路要能达到以下的基本要求：

（1）由于断路器操作机构的合闸与跳闸线圈都是按短时通过电流进行设计的，因此控制电路在操作过程中只允许短时通电，操作停止后即自动断电。

（2）能够准确指示断路器的分、合闸位置。

（3）断路器不仅能用控制开关及控制电路进行跳闸及合闸操作，而且能由继电器保护及自动装置实现跳闸及合闸操作。

（4）能够对控制电源及控制电路进行实时监视。

（5）断路器操作机构的控制电路要有机械“防跳”装置或电气“防跳”措施。

上述五点基本要求是设计控制电路的基本依据。

图 7.5 为 LW2 – Z 型控制开关触点表的示例，它有六种操作位置。图 7.6 为常用的断路器的控制回路和信号回路，其动作原理如下：

在“跳闸后”位置的手柄（正面）的样式和触点盒（背面）接线图		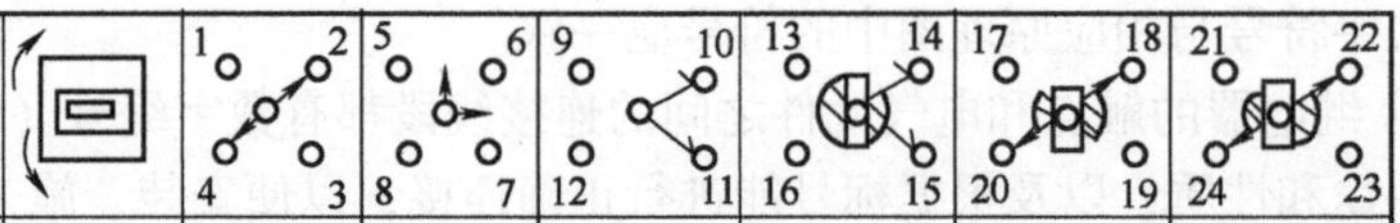																
手柄和触点盒形式		F_8	1a		4		6a			40			20			20		
触点号		—	1–3	2–4	5–8	6–7	9–10	9–12	10–11	13–14	14–15	13–16	17–19	17–18	18–20	21–23	21–22	22–24
位置	跳闸后		—	×	—	—	—	—	×	—	×	—	—	—	×	—	—	×
	预备合闸		×	—	—	—	×	—	—	×	—	—	—	×	—	—	×	—
	合闸		—	—	×	—	—	×	—	—	—	×	×	—	—	×	—	—
	合闸后		×	—	—	—	×	—	—	—	—	×	×	—	—	×	—	—
	预备跳闸		—	×	—	—	—	—	×	×	—	—	—	×	—	—	×	—
	跳闸		—	—	—	×	—	—	×	—	×	—	—	—	×	—	—	×

图 7.5　LW2 – Z 型控制开关触点表

（1）手动合闸。合闸前，断路器处于“跳闸后”的位置，断路器的辅助触点 QF_2 闭合。由图 7.5 的控制开关触点表知 SA10 – 11 闭合，绿灯 GN 回路接通发亮。但由于限流电阻 R_1 限流，不足以使合闸接触器 KO 动作，绿灯亮表示断路器处于跳闸位置，而且控制电源和合闸回路完好。

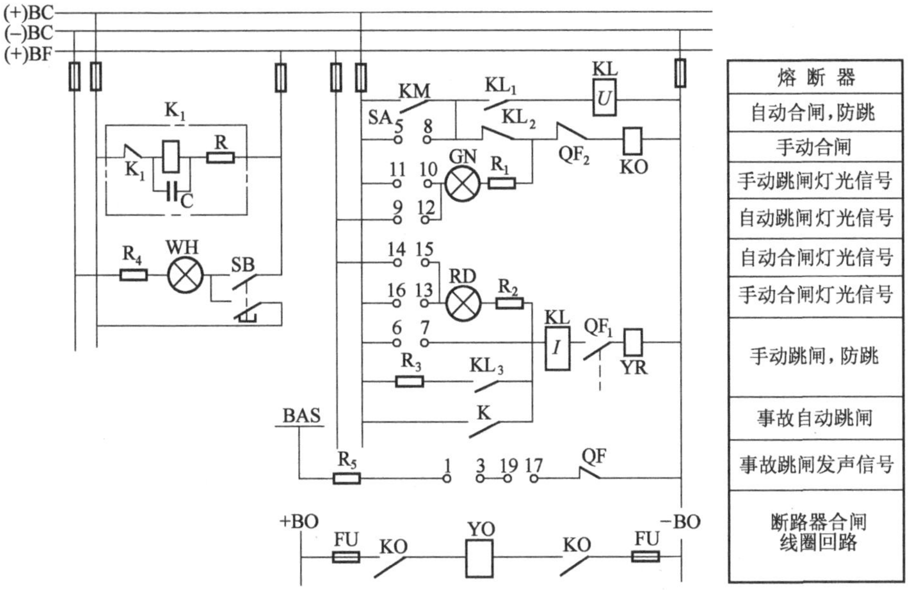

图 7.6　断路器的控制回路和信号回路

当控制开关扳到“预备合闸”位置时，触点 SA9－10 闭合，绿灯 GN 改接在 BF 母线上，发出绿闪光，说明情况正常，可以合闸。当开关再旋至“合闸”位置时，触点 SA5－8 接通，合闸接触器 KO 动作使合闸线圈 YO 通电，断路器合闸。合闸完成后，辅助触点 QF_2 断开，切断合闸电源，同时 QF_1 闭合。

当操作人员将手柄放开后，在弹簧的作用下，开关回到“合闸后”位置，触点 SA13－16 闭合，红灯 RD 电路接通。红灯亮表示断路器在合闸状态。

(2) 自动合闸。控制开关在“跳闸后”位置，若自动装置的中间继电器接点 KM 闭合，将使合闸接触器 KO 动作合闸。自动合闸后，信号回路控制开关中 SA14－15、红灯 RD、辅助触点 QF_1 与闪光母线接通，RD 发出红色闪光，表示断路器是自动合闸的，只有当运行人员将手柄扳到“合闸后”位置，RD 才发出平光。

(3) 手动跳闸。首先将开关扳到“预备跳闸”位置，SA13－14 接通，RD 发出闪光。再将手柄扳到“跳闸”位置。SA6－7 接通，使断路器跳闸。松手后，开关又自动弹回到“跳闸后”位置。跳闸完成后，辅助触点 QF_1 断开，红灯熄灭，QF_2 闭合，通过触点 SA10－11 使绿灯发出闪光。

(4) 自动跳闸。如果由于故障，继电保护装置动作，使触点 K 闭合，引起断路器合闸。由于“合闸后”位置 SA9－10 已接通，于是绿灯发出闪光。

在事故情况下，除用闪光信号显示外，控制电路还备有音响信号。在图 7.6 中，开关触点 SA1－3 和 SA19－17 与触点 QF 串联，接在事故音响母线 BAS 上；当断路器因事故跳闸而出现“不对应”（即手柄处于合闸位置，而断路器处于跳闸位置）关系时，音响信号回路的触点全部接通而发出声响。

(5) 闪光电源装置。闪光电源装置由 DX－3 型闪光继电器 K_1、附加电阻 R 和电容 C 等组成。当断路器发生事故跳闸后，断路器处于跳闸状态，而控制开关仍留在“合闸后”位置，这种情况称为“不对应”关系。在此情况下，触点 SA9－10 与断路器辅助触点 QF_2 仍接通，电容器 C 开始充电，电压升高；当电压升高到闪光继电器 K_1 的动作值时，继电器动作，从而断开通电回路。上述循环不断重复，继电器 K_1 的触点也不断地开闭，闪光母线（+）BF 上便出现断续正电压，使绿灯闪光。

“预备合闸”、“预备跳闸”和自动投入时，也同样能启动闪光继电器，使相应的指示灯发出闪光。

SB 为试验按钮，按下时白信号灯 WH 亮，表示本装置电源正常。

（6）防跳装置。断路器的所谓“跳跃”，是指运行人员在故障时手动合闸断路器，断路器又被继电保护动作跳闸；又由于控制开关位于“合闸”位置，则会引起断路器重新合闸。为了防止这一现象，断路器控制回路设有防止跳跃的电气连锁装置。

图 7.6 中 KL 为防跳闭锁继电器，它具有电流和电压两个线圈。电流线圈接在跳闸线圈 YR 之前，电压线圈则经过其本身的常开触点 KL_1 与合闸接触器线圈 KO 并联。当继电器保护装置动作，即触点 K 闭合使断路器跳闸线圈 YR 接通时，同时也接通了 KL 的电流线圈并使之启动。于是，防跳继电器的常闭触点 KL_2 断开，将 KO 回路断开，避免了断路器再次合闸；同时常开触点 KL_1 闭合，通过 SA5－8 或自动装置触点 KM 使 KL 的电压线圈接通并自锁，从而防止了断路器的“跳跃”。触点 KL_3 与继电器触点 K 并联，用来保护后者，使其不致断开超过其触点容量的跳闸线圈电流。

7.2.2 信号电路

在变电所运行的各种电气设备，随时都可能发生不正常的工作状态。在变电所装设的中央信号装置，主要用来示警和显示电气设备的工作状态，以便运行人员及时了解，采取措施。

中央信号装置按形式分为灯光信号和音响信号。灯光信号表明不正常工作状态的性质和地点，而音响信号在于引起运行人员的注意。灯光信号通过装设在各控制屏上的信号灯和光字牌，表明各种电气设备的情况；音响信号则通过蜂鸣器和警铃的声响来实现，设置在控制室内。由全所共用的音响信号，称为中央音响信号装置。

中央信号装置按用途分为事故信号、预告信号和位置信号。

事故信号表示供电系统在运行中发生了某种故障而使继电保护动作。如高压断路器因线路发生短路而自动跳闸后给出的信号即为事故信号。

预告信号表示供电系统运行中发生了某种异常情况，但并不要求系统中断运行，只要求给出指示信号，通知值班人员及时处理即可。如变压器保护装置发出的变压器过负荷信号即为预告信号。

位置信号用以指示电气设备的工作状态，如断路器的合闸指示灯、跳闸指示灯均为位置信号。

7.2.3 测量仪表

变电所的测量仪表是保证电力系统安全经济运行的重要工具之一，测量仪表的连接回路则是变电所二次接线的重要组成部分。

电气测量与电能计量仪表的配置，要保证运行值班人员能方便地掌握设备运行情况，方便事故及时正确地处理。电气测量与计量仪表应尽量安装在被测量设备的控制平台或控制工具箱柜上，以便操作时易于观察。

图 7.2 即为 6～10kV 高压线路电气测量仪表的原理接线图。线路中除了电流表反映其电流量外，还安装一只三相有功电度表和一只三相无功电度表，用来计量有功及无功电量。

1. 电气测量仪表的配置

常用电气测量仪表有电流表、电压表、无功功率表、有功功率表、相位表及绝缘电阻表等。选择仪表的量程时应尽量使测量仪表的指针达到测量量限的2/3左右。

在6～10kV供电系统中，按照JBJ 6－1996规程的规定，其电气测量仪表的配置见表7.1。

表7.1　6～10kV系统计量仪表配置

线路名称		装设计量仪表的数量						说明
		电流表	电压表	有功功率表	无功功率表	有功电度表	无功电度表	
6～10kV进线		1				1	1	
6～10kV出线		1				1	1	不单独经济核算的出线，不装无功电度表；线路负荷大于5000kW以上，装有功功率表
6～10kV连接线		1		1		2		电度表只装在线路一侧，应有逆变器
双绕组变压器 10（6）/3～6kV	一次侧	1				1	1	5000kVA以上，应装设有功功率表
	二次侧	1						
10（6）/0.4kV	一次侧	1				1		需单独经济核算，应装无功电度表
同步电动机		1		1	1	1	1	另需装设功率因数表
异步电动机		1				1		
静电电容器		3					1	
母线（每段或每条）			4					其中一个通过转换开关检查三个相电压，其余三个用做母线绝缘监察

2. 三相电路功率的测量

（1）三相有功功率的测量。测量三相有功功率时，如果负载为三相四线制不对称负载，则可用三个单相功率表分别测量每相有功功率，如图7.7所示。三相功率为三个功率表读数之和，即

$$P = P_1 + P_2 + P_3 \tag{7-1}$$

如果测量的是三相三线制对称或不对称负载，则可用两个单相功率表测量三相功率，接线如图7.8所示。两个功率表的读数之和为三相有功功率的总和。但要注意，当系统的功率因数小于0.5时，会出现一个功率表的指针反偏而无法读数的情况，这时要立即切断电源，

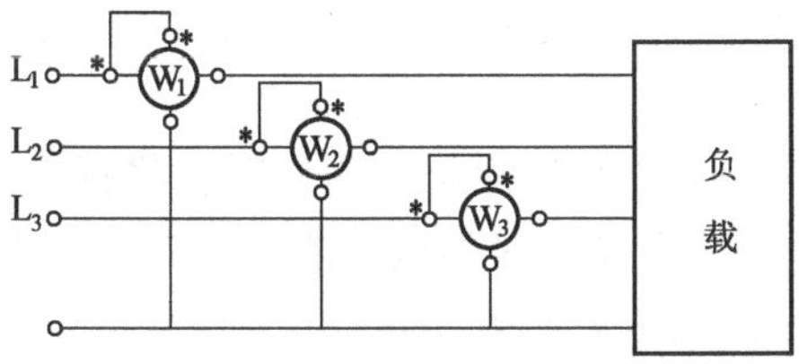

图7.7　用三功率表法测量三相四线制不对称负荷功率接线图

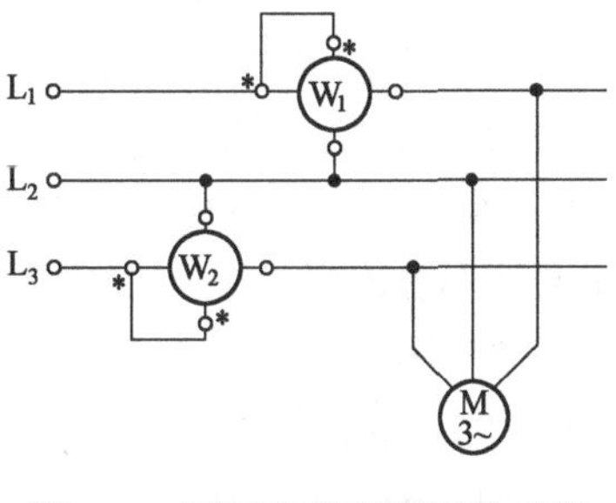

图7.8　用两功率表法测量三相三线制负荷功率接线图

将该表电流线圈的两个接线端反接，使它正转。因为该表读数为负，这时电路的总功率为两表读数之差。注意不能将电压线圈的接线端接反，否则会引起仪表绝缘被击穿而损坏。

当三相负载对称时，无论是接成三相四线制还是三相三线制，都可用一表法进行测量，再将结果乘以3，便得到三相功率，如图7.9所示。由图中可看出，采用这种方法，星形连接负载要能引出中点；三角形连接负载要能断开其中的一相，以便接入功率表的电流线圈。若不满足该条件，则应采用上述的二功率表法。

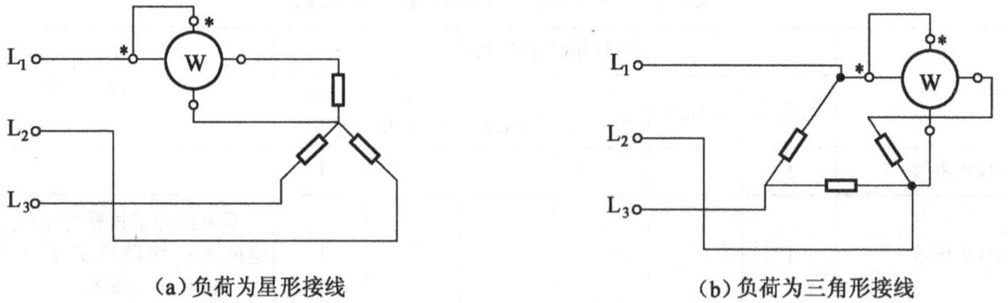

图7.9　用一功率表法测量三相对称负荷功率接线图

三相功率表测量有功功率的原理是基于两表法的原理制造的，用来测量三相三线制对称或不对称负载的有功功率，其接线图如图7.10所示。

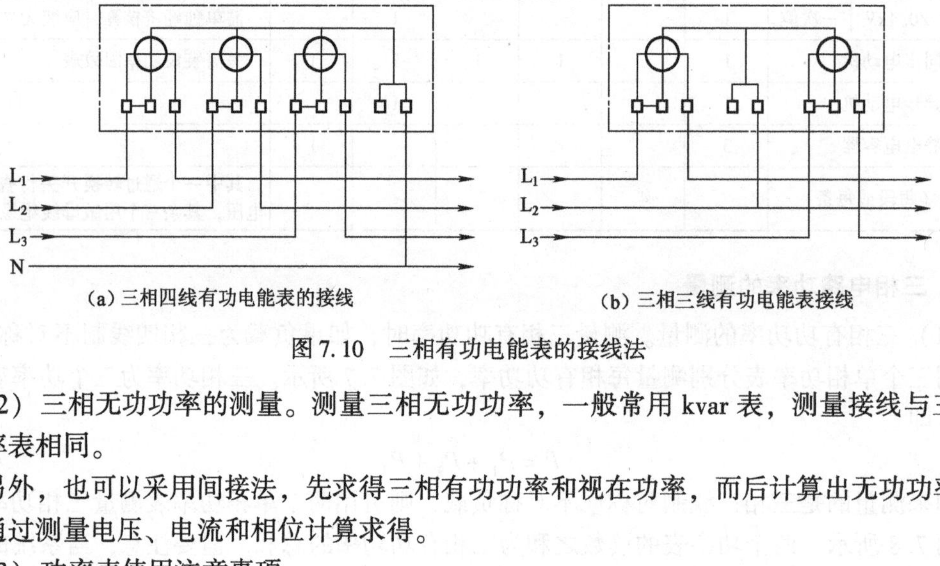

图7.10　三相有功电能表的接线法

(2) 三相无功功率的测量。测量三相无功功率，一般常用kvar表，测量接线与三相有功功率表相同。

另外，也可以采用间接法，先求得三相有功功率和视在功率，而后计算出无功功率；还可以通过测量电压、电流和相位计算求得。

(3) 功率表使用注意事项。

① 测量交、直流电路的电功率，一般采用电动系仪表。仪表的固定绕组（又叫串联绕组或电流绕组）串接入被测电路；活动绕组（又叫并联绕组或电压绕组）并接入电路，不要接错。

② 使用功率表时，不但要注意功率表的功率量程，而且还要注意功率表的电流和电压量程，以免过载烧坏电流和电压绕组。

③ 注意功率表的极性。仪表两个绕组正极都标有“*”标志。测量时，将标有“*”的电流端钮接到电源侧（直流电路则接正极端），另一个端钮接到负载侧；标有“*”的电压端钮可接在电流端钮的任一侧，另一个端钮则跨接到负载的另一侧。

3. 三相电路电能的测量

(1) 三相电路有功电能的测量。三相四线制有功电能表的接线方法如图7.10（a）所示示。在对称三相四线制电路中，可以用一个单相电能表测量任何一相电路所消耗的电能，然后乘以 3 即得三相电路所消耗的有功电能。当三相负载不对称时，就需用三个单相电能表分别测量出各相所消耗的有功电能，然后把它们加起来。这样很不方便，为此，一般采用三相四线制有功电度表，它的结构基本上与单相电能表相同。

三相三线制电路所消耗的有功电能可以用两个单相电能表来测量，三相消耗的有功电能等于两个单相电能表读数之和，其原理和三相三线制电路功率测量的两表法相同。为了方便测量，一般采用三相三线有功电能表，它的接线方法如图 7.10（b）所示。

三相四线有功电能表和三相三线有功电能表的端子接线图分别如图 7.11 和图 7.12 所示。

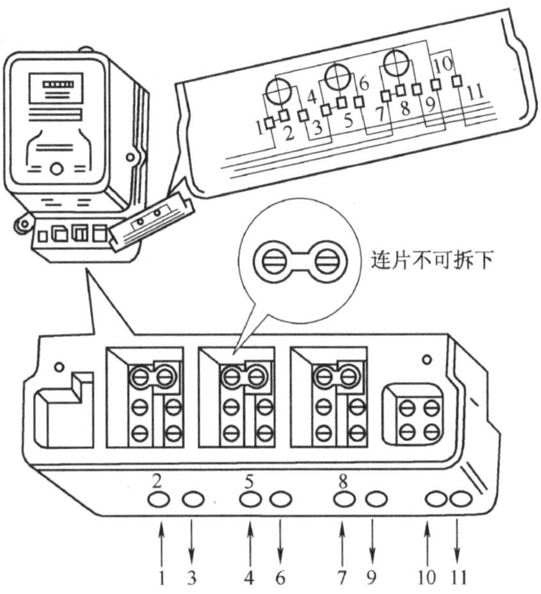

图 7.11　三相四线有功电能表接法

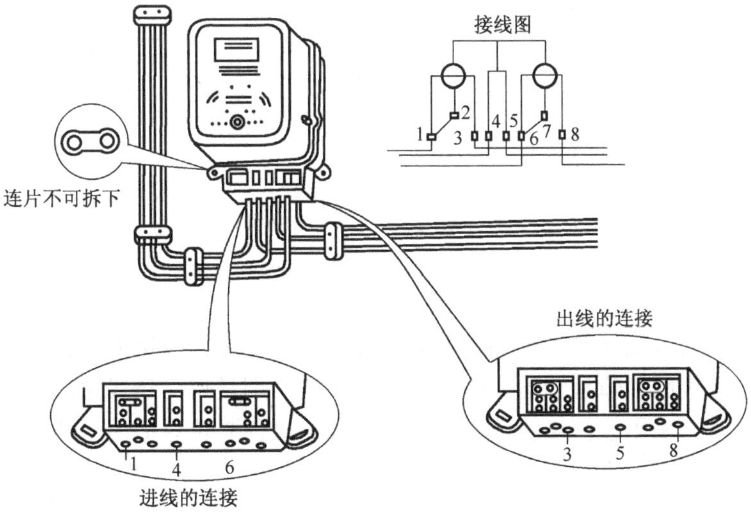

图 7.12　三相三线有功电能表接法

（2）三相电路无功电能的测量。在供电系统中，常用三相无功电能表测量三相电路的无功电能。常用的三相无功电能表有两种结构，无论负载是否对称，只要电源电压对称均可采用。

7.3 绝缘监察装置

绝缘监察装置主要用来监视小接地电流系统相对地的绝缘情况。前面介绍过，这种系统发生一相接地时，线电压不变，因此对系统尚不至于引起危害；但这种情况不允许长期运行，否则当另一点再发生接地时，就会引起严重后果。例如，可能造成继电保护、信号装置和控制回路的误动作，使高压断路器误跳闸或拒绝跳闸。为了防止这种危害，必须装设连续工作的高灵敏度的绝缘监察装置，以便及时发现系统中某点接地或绝缘降低。

如图 7.13 所示，绝缘监察装置可采用一个三相五心柱三线圈电压互感器接成的电路。这类电压互感器二次侧有两组线圈，一组接成星形，在它的引出线上接三只电压表，系统正常运行时，反映各个相电压；在系统发生一相接地时，则对应相的电压表指零，另两只表计数升高到线电压。另一组接成开口三角形，构成零序电压过滤器，在开口处接一个过电压继电器。系统正常运行时，三相电压对称，开口两端电压接近于零，继电器不动作；在系统发生一相接地时，接地相电压为零，另两个相差 120°的相电压叠加，则使开口处出现近 100V 的零序电压，使电压继电器动作，发出报警的灯光和音响信号。

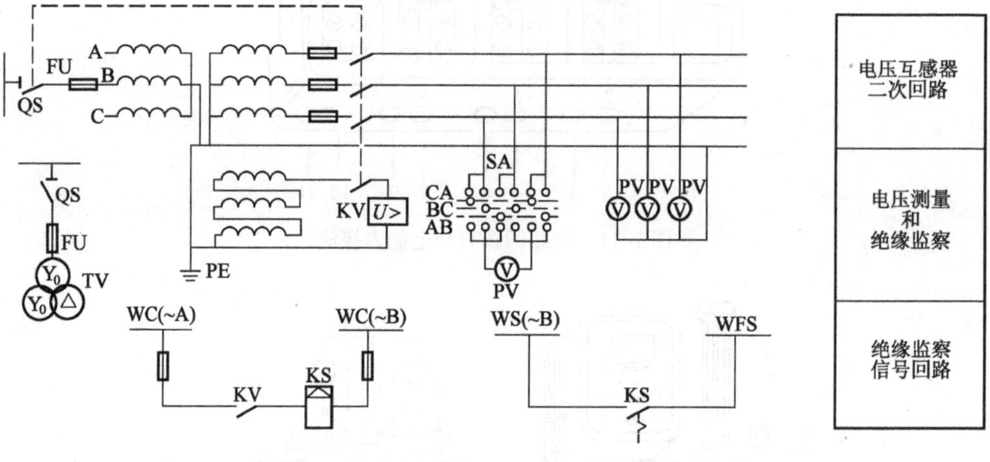

TV—电压互感器（$Y_0/Y_0/\Delta$接线）；QS—高压隔离开关及触点；SA—电压转换开关；PV—电压表；
KV—电压继电器；KS—信号继电器；WC—控制小母线；WS—信号小母线；WFS—预报信号小母线

图 7.13　6～10kV 母线的绝缘监察装置及电压测量电路

上述绝缘监察装置能够监视小接地电流系统的对地绝缘，值班人员根据信号和电压表指示可以知道发生了接地故障且知道故障相别，但不能判别是哪一条线路发生了接地故障。如果高压线路较多时，采用这种绝缘监察装置还不够。这种装置只适用于线路数目不多，并且只允许短时停电的供电系统中。

7.4 备用电源自动投入装置及自动重合闸装置

在工厂供电的二次系统中，继电器保护装置在缩小故障范围、有效切除故障、保证供电系统安全可靠地运行方面发挥了极其有效的作用。为了进一步提高供电的可靠性，缩短故障停电时间，减少经济损失，在二次系统中还常设置备用电源自动投入装置（APD）和自动重合闸（ARD）装置。

7.4.1 备用电源自动投入装置（APD）

在工厂供电系统中，为了保证不间断供电，常采用备用电源的自动投入装置（APD）。当工作电源不论由于何种原因而失去电压时，备用电源自动投入装置能够将失去电压的电源切断，随即将另一备用电源自动投入以恢复供电；因而能保证一级负荷或重要的二级负荷不间断供电，提高供电的可靠性。

APD 装置应用的场所很多，如用于备用线路、备用变压器、备用母线及重要机组等。

图 7.14 所示为备用电源的接线方式。其中明备用是指正常工作时，备用电源不投入工作，只有在工作电源发生故障时才投入工作。暗备用的接线方式是指在正常工作时，两电源都投入工作，互为备用。

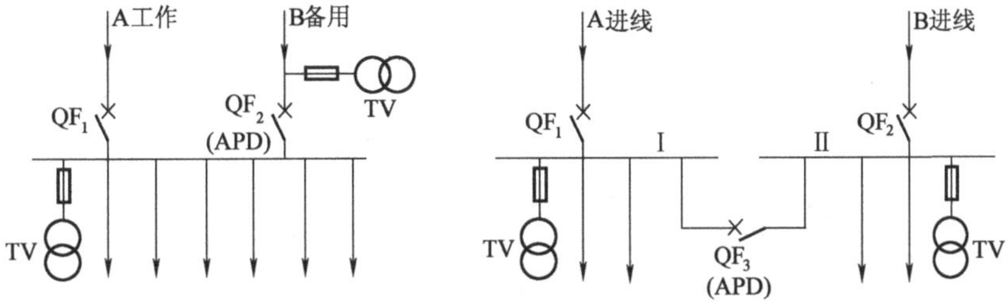

(a) 明备用　　(b) 暗备用

图 7.14　备用电源接线方式示意图

图 7.14（a）是明备用电源的接线方式。正常情况下，由工作电源供电，备用电源由于 QF_2 断开处于备用状态。当工作电源故障时，APD 动作，将断路器 QF_1 断开，切断故障的工作电源；然后合上 QF_2，使备用电源投入工作，恢复供电。

图 7.14（b）是暗备用电源的接线方式。正常工作时，两路电源同时工作，Ⅰ段母线和Ⅱ段母线分别由电源 A 和电源 B 供电，通过断路器互为备用。如电源 A 发生故障，APD 动作，将 QF_1 断开，将分段断路器 QF_3 自动投入，此时母线Ⅰ由电源 B 供电。

1. 对备用电源自动投入装置的基本要求

（1）当常用电源失压或电压降得很低时，APD 应把此路断路器分断。如上级断路器装有自动重合闸装置时，APD 应带时限跳闸，以便躲过上级自动重合闸装置的动作时间。

（2）常用断路器因继电保护动作（负载侧故障）跳闸，或备用电源无电时，APD 均不应动作。

（3）APD 只应动作一次，以免将备用电源合闸到永久性故障上去。

（4）APD 的动作时间应尽量缩短。

（5）电压互感器的熔丝熔断或其刀开关拉开时，APD 不应误动作。

（6）常用电源正常的停电操作时 APD 不能动作，以防止备用电源投入。

2. 低压侧母线联络断路器自投电路示例

图 7.15 为直流操作的母线分段断路器 APD 部分原理图。正常时 QF_1和 QF_2合闸，QF_3处于断开位置，两路电源 G_1和 G_2分别向母线段Ⅰ和Ⅱ供电。QF_1和 QF_2常开触点闭合，闭锁继电器 KL 处于动作状态，其延时断开常开触点 KL1－2、KL3－4 闭合。电压继电器 KV_1～KV_4均处于动作状态，APD 处于准备动作状态。

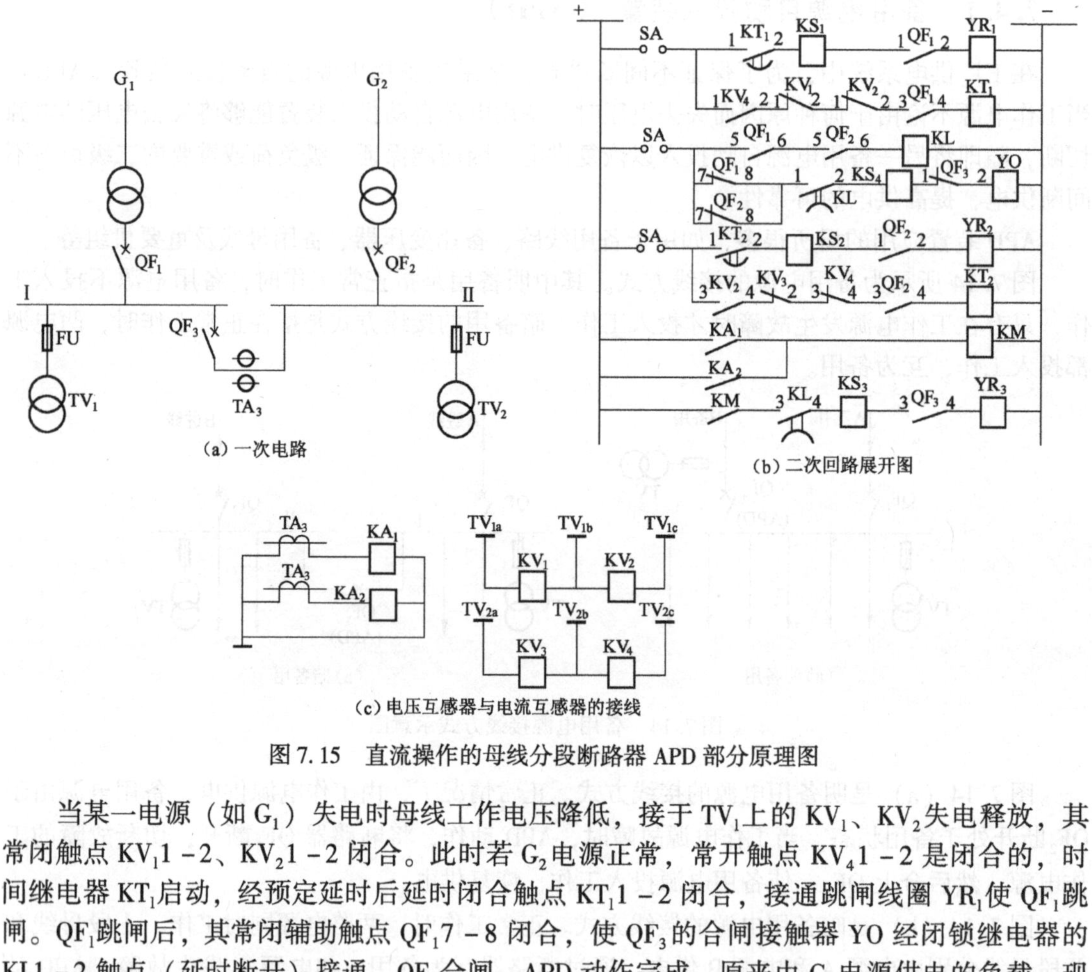

（a）一次电路

（b）二次回路展开图

（c）电压互感器与电流互感器的接线

图 7.15　直流操作的母线分段断路器 APD 部分原理图

当某一电源（如 G_1）失电时母线工作电压降低，接于 TV_1上的 KV_1、KV_2失电释放，其常闭触点 $KV_1$1－2、$KV_2$1－2 闭合。此时若 G_2电源正常，常开触点 $KV_4$1－2 是闭合的，时间继电器 KT_1启动，经预定延时后延时闭合触点 $KT_1$1－2 闭合，接通跳闸线圈 YR_1使 QF_1跳闸。QF_1跳闸后，其常闭辅助触点 $QF_1$7－8 闭合，使 QF_3的合闸接触器 YO 经闭锁继电器的 KL1－2 触点（延时断开）接通，QF_3合闸，APD 动作完成。原来由 G_1电源供电的负载，现在全部切换至 G_2电源继续供电，待 G_1电源恢复正常后，再切换回来。

如果 QF_3合闸到永久性故障上，则在过电流保护作用下 QF_3立即跳闸，QF_3跳闸后其合闸回路中的常闭触点 $QF_3$1－2 又重新闭合，但因闭锁继电器的 KL1－2 触点此时已经断开，保证了 QF_3不会再次重新合闸。

如果是 G_2电源发生事故而失电，则通过 APD 操作将原来由 G_2电源供电的负载，切换至 G_1电源继续供电，操作过程同上。

7.4.2　自动重合闸装置（ARD）

运行经验表明，电力系统的故障大多是暂时性短路的，例如雷击闪络或导线因风吹而接触等。这些故障点导致电网暂时失去绝缘性能，引起断路器跳闸。线路电压消失后，故障点的绝缘便自行恢复。此时若使断路器重新合闸，便可立即恢复供电，从而大大提高供电可靠性，避免因停电给国民经济带来的巨大损失。

断路器因保护动作跳闸后能自动重新合闸的装置称为自动重合闸装置，简称 ARD 或 ZCH。供电系统广泛使用着各种 ARD 装置，来提高供电的可靠性。

ARD 装置本身所需设备少，投资省，可以减少停电损失，带来很大的经济效益，在工厂供电系统中得到了广泛应用。按照规程规定，电路在 1kV 以上的架空线路和电缆线路与架空的混合线路，当具有断路器时，一般均应装设自动重合闸装置；对电力变压器和母线，必要时可以装设自动重合闸装置。

1. 自动重合闸装置的分类

自动重合闸的种类很多，可以按照不同的特征来分，常用的有以下几种：

(1) 按照 ARD 的作用对象可分为线路、变压器和母线的重合闸，其中以线路的自动重合闸应用最广。

(2) 按照 ARD 的动作方法可分为机械式重合闸和电气式重合闸，前者多用在断路器采用弹簧式或重锤式操动机构的变电所中，后者多用在断路器采用电磁式操动机构的变电所中。

(3) 按照 ARD 的使用条件可分为单侧或双侧电源的重合闸，在工厂和农村电网中以前者应用最多。

(4) 按照 ARD 和继电器保护配合的方式可分为 ARD 前加速、ARD 后加速和不加速三种，究竟采用哪一种，应视电网的具体情况而定，但以 ARD 后加速应用较多。

(5) 按照 ARD 的动作次数可分为一次重合闸、二次重合闸或三次重合闸。运行经验表明，ARD 的重合成功率随着重合次数的增加而显著降低。对于架空线路来说，一次重合成功率可达 60% ~90%，而二次重合成功率只有 15% 左右，三次重合成功率仅 3% 左右。而多次重合闸的接线系统较一次重合闸复杂得多。因此工厂供电系统中采用的 ARD，一般都是一次重合式（机械式或电气式）；因为一次重合式 ARD 比较简单，而且基本上能满足供电可靠性的要求。

2. 对自动重合闸装置的基本要求

(1) 当值班人员手动操作或由遥控装置将断路器断开时，ARD 装置不应动作。当手动投入断路器，由于线路上有故障随即由保护装置将其断开后，ARD 装置也不应动作。因为在这种情况下，故障多是永久性的，让断路器再重合一次也不会成功。

(2) 除上述情况外，当断路器因继电保护或其他原因而跳闸时，ARD 均应动作，使断路器重新合闸。

(3) 为了能够满足前两个要求，应优先采用控制开关位置与断路器位置不对应原则来启动重合闸。

(4) 无特殊要求时对架空线路只重合闸一次，当重合于永久性故障而再次跳闸后，就不应再动作。对电缆线路不采用 ARD，因为电缆线路的临时性故障极少发生。

(5) 自动重合闸动作以后，应能自动复归准备好下一次再动作。

(6) 自动重合闸装置应能够在重合闸以前或重合闸以后加速继电保护动作，以便更好地和继电保护相配合，减少故障切除时间。

(7) 自动重合闸装置动作应尽量快，以便减少工厂的停电时间。一般重合闸时间为0.7s 左右。

3. 自动重合闸继电器 KAR 的结构和工作原理

在变电所的二次线路中，广泛采用 DH－2 型重合闸继电器来实现一次线路的自动重合闸功能。下面介绍这种继电器的结构和工作原理。

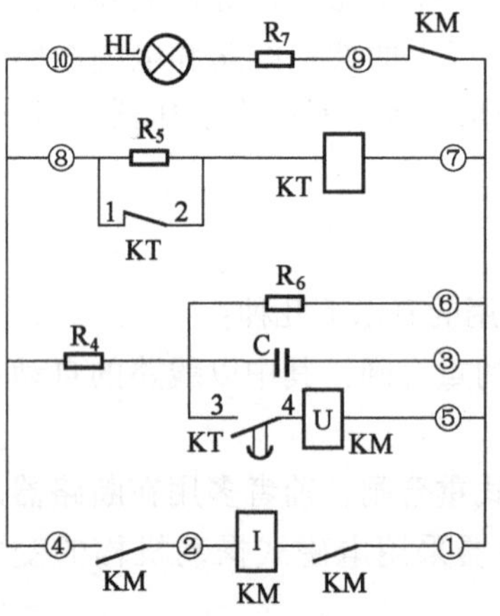

图 7.16 DH－2 型重合闸继电器

DH－2 型自动重合闸继电器由一个时间继电器（时间元件）、一个电码继电器（中间元件）及一些电阻、电容元件组成，其原理接线图如图 7.16 所示。各元件主要作用如下：

(1) 时间元件 KT。该元件由 DS－22 型时间继电器构成，用以调整从装置启动到发出接通断路器合闸线圈回路的脉冲为止的延时，该元件有一对延时且可调整的常开触点和一对延时滑动触点及两对瞬时转换触点。

(2) 中间元件 KM。该元件由电码继电器构成，是装置的出口元件，用以发出接通断路器合闸线圈回路的脉冲。继电器的线圈由两个绕组构成，一是电压绕组（U），用于中间元件的启动；二是电流绕组（I），用于保持中间元件的吸合。

(3) 电容器 C。用于保证 KAR 只动作一次。

(4) 充电电阻 R_4。用于限制电容器的充电电流，从而影响充电速度。

(5) 附加电阻 R_5。时间元件 KT 启动后，即串入其线圈回路内，用于保证 KT 线圈的热稳定性。

(6) 放电电阻 R_6。再保护动作，但重合闸不应动作（禁止重合闸）时，电容器经过它放电。

(7) 信号灯 HL。在装置的接线中，监视中间元件的触点，控制开关的接通位置及控制母线的电压。故障发生时以及控制母线电压中断时，信号灯应熄灭。

(8) 附加电阻 R_7。限制信号灯的电流。输电线路在正常情况下，KAR 中的电容 C 经电阻 R_4 已经充满电，整个装置准备动作。需要重合闸时，启动信号接通时间元件 KT，经过延时后触点 KT3－4 闭合，电容器 C 通过 KT3－4 对 KM（U）放电，KM 吸合工作，出口处输出重合闸信号。电容器的放电电流是衰减的，为了保持 KM 吸合，KM 中还设了一个 KM（I）绕组，将其串接在 KM 的出口回路中，靠其输出电流本身来维持 KM 的吸合，直到外部切断该电流（完成合闸任务后）为止。如果线路上发生的是暂时性故障，则合闸成功，KT 的启动信号随之消失，继电器的触点立即复位。电容器自行充电，经过 15～25s 后，KAR 处于准备动作的状态。如线路上存在永久性故障，此次重合闸不成功，断路器第二次跳闸，但这段时间远小于电容器充电到使 KM（U）启动所必需的时间。因此，尽管再次启动重合闸信号已具备，但终因电容器两端的电压不能满足 KM 的启动要求，而无法发出重合闸信号，从而保证 KAR 只能动作一次。

4. 电气一次自动重合闸装置

图 7.17 是采用 DH－2 型重合闸继电器的电气一次自动重合闸装置展开式原理电路图。

该电路采用图 7.5 所示的 LW2－Z 型控制开关 SA_1，选择开关 SA_2只有合闸（ON）和跳闸（OFF）两个位置，用来投入和解除 KAR。本装置是利用断路器和控制开关的位置不对应原则启动的。这样，除值班人员用控制开关跳开断路器外，断路器不论因何种原因跳闸时都能重新合闸，这就提高了 ARD 启动的可靠性，这是它的最大优点。

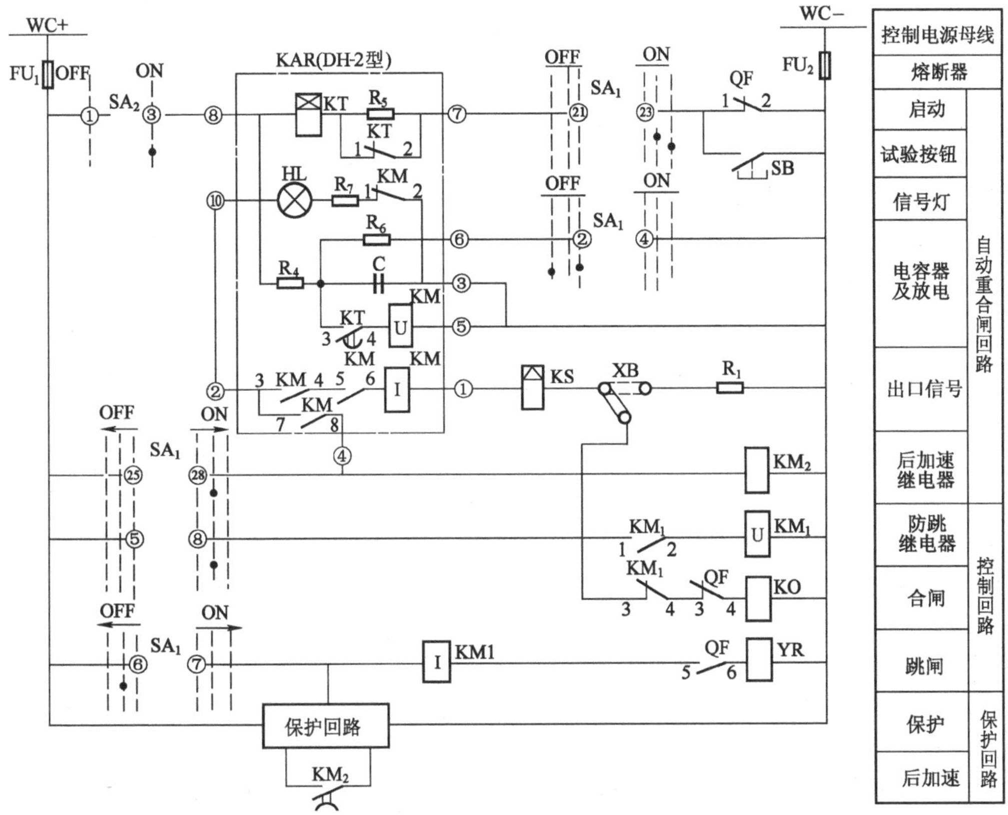

图 7.17　单侧电源供电的自动重合闸装置展开图

（1）基本原理。该装置在线路正常运行时，SA_1和 SA_2都扳到合闸（ON）位置。重合闸继电器 KAR 中的电容器 C 经 R_4充电，指示灯 HL 亮，表示控制母线 WC 的电压正常，C 已在充电状态。当一次线路发生故障时，保护装置（图中未画出）发出跳闸信号，跳闸线圈 YR 得电，断路器跳闸。QF 的辅助触点全部复位，而 SA_1仍在合闸位置。QF1－2 闭合，通过 $SA_1$21－23 触点给 KAR 发出重合闸信号。经 KT 延时（通常整定为 0.8～1s），出口继电器 KM 给出重合闸信号。其常闭触点 KM1－2 断开，使 HL 熄灭，表示 KAR 已经动作，其出口回路已经接通；合闸接触器 KO 由控制母线 WC 经 SA_2、KAR 中的 KM3－4、KM5－6 两对触点及 KM 的电流绕组、KS 线圈、连接片 XB、触点 $KM_1$3－4 和断路器辅助触点 QF3－4 而获得电源，从而使断路器重新合闸。若线路故障是暂时的，则合闸成功，QF1－2 断开，解除重合闸启动信号，QF3－4 断开合闸回路，亦使 KAR 的中间继电器 KM 复位，解除 KM 的自锁。

在 KAR 的出口回路中串联信号继电器 KS，是为了记录 KAR 的动作，并为 KAR 动作发出灯光信号和音响信号。

要使 ARD 退出工作，可将 SA_2扳到断开（OFF）位置，同时将出口断路器的连接片 XB

断开。

（2）线路特点。

① 一次 ARD 只能重合闸一次。若线路存在永久性故障，ARD 首次重合闸后，由于故障仍然存在，保护装置又使断路器跳闸，QF1 - 2 再次给出了重合闸启动信号，但在这段时间内，KAR 中正在充电的电容器两端电压没有上升到 KM 的工作电压，KM 拒动，断路器就不可能被再次合闸，从而保证了一次重合闸。

② 用控制开关断开断路器时，ARD 不会动作。通常在停电操作时，先操作选择开关 SA_2，其触点 $SA_2$1 - 3 断开，使 KAR 退出工作，再操作控制开关 SA_1，完成断路器分闸操作。即使 SA_2没有扳到分闸位置（使 SA_2退出的位置），在用 SA_1操作时，断路器也不会自动重合闸。因为当 SA_1的手柄扳到“预备跳闸”和“跳闸后”位置时，触点 $SA_1$2 - 4 闭合，已将电容 C 通过 R_6放电，中间继电器 KM 失去了动作电源，所以 ARD 不会动作。

③ 线路设置了可靠的防跳措施。为了防止 ARD 的出口中间继电器 KM 的输出触点有粘连现象，设置了 KM 两对触点 3 - 4、5 - 6 串联输出，若有一对触点粘连，另一对也能正常工作。另外在控制线路上利用跳跃闭锁中间继电器 KM_1来克服断路器的跳跃现象。即使 KM 的两对触点都被粘连住或手动合闸于线路故障时，也能有效地防止断路器发生跳跃。

④ 采用了后加速保护装置动作的方案。一般线路都装有带时限过电流保护和电流速断保护。如果故障发生在线路末端的“死区”，则速断保护不会动作，过电流保护将延时动作于断路器跳闸。如果一次重合闸后，故障仍未消除，过电流保护继续延时使断路器跳闸。这将使故障持续时间延长，危害加剧。本电路中，KAR 动作后，一次重合闸的同时，KM7 - 8 闭合，接通加速继电器 KM_2，其延时断开的常开触点 KM_2立即闭合，短接保护装置的延时部分，为后加速保护装置动作做好准备。若一次重合闸后故障仍存在，保护装置将不经延时，由触点 KM_2直接接通保护装置的出口元件，使断路器快速跳闸。ARD 与保护装置的这种配合方式，称为 ARD 后加速。

ARD 与继电保护的配合还有一种前加速的配合方式。不管哪一段线路发生故障，均由装设于首端的保护装置动作，瞬时切断全部供电线路，继而首端的 ARD 动作，使首端断路器立即重合闸。如为永久性故障，再由各级线路按其保护装置整定的动作时间有选择性地动作。

ARD 后加速动作能快速地切除永久性故障，但每段线路都需装设 ARD；前加速保护使用 ARD 设备少，但重合闸不成功会扩大事故范围。

5. 重合器介绍

重合器是一种自动化程度很高的开关设备。重合器在开断性能上与普通断路器相似，但比断路器增加了多次重合闸的功能；在保护控制特性方面，比断路器的“智能”高得多。

（1）配电网中应用重合器的优点。

运行经验证明，在配电网中应用重合器具有下述优点：

① 节省变电所的综合投资。重合器装设在变电所的构架桁和线路杆塔上，无须附加控制和操纵装置，故操作电源、继电保护屏、配电间都可省去，因此减少基建面积，降低费用。

② 提高重合闸成功率。重合器采用的多次重合方案，将会提高重合闸的成功率，减少非故障停电次数。

③ 缩小停电范围。重合器多与分断器、熔断器配合使用，可以有效地隔离发生故障的

线路，缩小停电范围。

④ 提高操作自动化程度。重合器可按预先整定的程序自动操作，而且配有远动附件，可接受遥控信号，适于变电所集中控制和远程控制，这将大大提高变电所自动化程度。

⑤ 维修工作量小。重合器多采用 SF_6和真空作为介质，在其使用期限一般不需保养和检修。

我国在重合器应用方面起步不久，运行和制造经验较少。但它的应用已经给我们展示了今后配电网在自动化方面一个全新的发展前景。

（2）重合器的特点。断路器作为一次开关设备，功能显得比较单一，必须有复杂的继电保护系统与之配合，才能实现自动控制和保护及自动重合闸。重合器则不然，它是将二次回路的继电保护功能与断路器的分合功能融于一体而构成的一种高智能化的开关设备，它具有很强的自动功能、完善的保护和控制功能，无附加操作装置，适合于户外各种安装方式。重合器与断路器相比，具有如下特点：

① 重合器的作用强调短路电流开断、重合闸操作、保护特性的操作顺序、保护系统的复位。而断路器的作用强调可靠的分合操作。重合器具有断路器的全部功能。

② 重合器结构由灭弧室、操动机构、控制系统、合闸线圈等部分组成，而断路器结构则缺少保护控制系统。

③ 重合器是本体控制设备，具有故障检测、操作顺序选择、开断和重合特性调整等功能。这些功能在设计上是统一考虑的，而断路器与其控制系统在设计上是分开考虑的。

④ 由于重合器是一个相对独立的整体，适用于户外柱上安装，既可用在变电所内，又可用在配电线路上。断路器由于操作电源和控制装置的限制，一般只能在变电所使用。

（3）重合器的分类。重合器通常是按灭弧介质和控制方式进行分类的。根据灭弧介质的不同，重合器分为油、真空、SF_6三类。按控制方式分有下面两类：

① 液压控制。重合器的液压控制分为单液压系统和双液压系统。单液压系统的灭弧、绝缘、操作计数、计时采用同一种油；双液压系统的灭弧、绝缘、操作计数采用一般的变压器油，而慢操作系统中的计时采用一种特殊的航空油，其粘滞性较稳定，被密闭于一封闭系统中。前者用于早期的单相重合器和小容量三相重合器；后者多用于较大容量三相多油重合器。

液压控制的主要优点是经济、简单、可靠、耐用。缺点是保护特性无法做到足够稳定、精确和快速，选择范围窄，调整也不方便。整定保护特性时，必须停电打开箱体后才能进行。此外，液压控制重合器采用串联于主回路中的分闸线圈检测线路过电流，受线圈的机械强度限制，这类重合器较难通过热稳定试验的考核。

② 电子控制。电子控制式有分立元件电路和集成电路两种。重合器控制所用微机为单片机。重合器的分闸电流、重合次数、操作顺序、分闸时限、重合间隔、复位时间等特性的整定，都可简单地在控制箱上通过微动开关予以整定。正常运行时，套管 TA 的检测信号经过隔离变压器变换为分别反映各相和中性点电流状态的模拟量信号，再经整流、滤波后进入微处理机。微处理机将模拟量变换为数字量，并在程序控制下，将这些输入量与速断电流、动作时限、接地动作值等整定值逐一比较。当输入的检测值超过整定值时，微机暂停检测，启动线路接通工作电源，进入操作状态，按整定的操作顺序发出分闸信号和重合信号。线路故障消除或重合器进入闭锁状态后，电路又自动切除工作电源，进入正常检测状态。

电子控制方式的优点是灵活，功能多，互换性好，保护特性稳定，选择范围广，使用方便。这对改善保护配合，提高供电可靠性，简化现场人员工作，提高运行的自动化程度意义很大。其缺点是价格略贵，所要求的维修水平较高。

7.5 供配电系统的自动化

近年来，随着计算机及通信技术的发展，电力系统自动化技术发生了深刻的变化，正逐步地从局部的、单一功能的自动化，向整体系统综合自动化发展。配电自动化（简称为DA，Distribution Automation），是利用现代计算机及通信技术，将配电网的实时运行、电网结构、设备、用户等信息进行集成，构成完整的自动化系统，实现配电网运行监控及管理的自动化、信息化。

在工厂供配电系统中，供配电系统的自动化应用范围目前主要包括如下一些方面：工厂供电系统设计和工程计算；工厂供电系统的生产工程控制、数据处理，如监测、监控、远动等；计算机的继电保护和自动装置。

我们常说的四遥功能由远动系统终端 RTU 实现，它包括：

遥测（遥测信息）：远程测量。采集并传送运行参数，包括各种电气量（线路上的电压、电流、功率等量值）和负荷潮流等。

遥信（遥信信息）：远程信号。采集并传送各种保护和开关量信息。

遥控（遥控信息）：远程控制。接受并执行遥控命令，主要是分合闸，对远程的一些开关控制设备进行远程控制。

遥调（遥调信息）：远程调节。接受并执行遥调命令，对远程的控制量设备进行远程调试，如调节发电机输出功率。

7.5.1 配电自动化系统的主要功能

配电自动化功能可分为两方面：把配电网实时监控、自动故障隔离及恢复供电、自动读表等功能，称为配电网运行自动化；把离线的或实时性不强的设备管理、停电管理、用电管理等功能，称为配电网管理自动化。

1. 配电网运行自动化功能

（1）数据采集与监控。称为 SCADA（Supervision Control and Data Acquisition）功能，是远动四遥（遥控、遥调、遥测、遥信）功能的深化与扩展，使得调度人员能够从主站系统计算机界面上，实时监视配电网设备运行状态，并进行远程操作和调节。SCADA 是配电自动化系统的基础功能。

SCADA 系统为值班人员对配电网进行调度管理，提供人机交互界面。在 SCADA 系统平台上运行各种高级应用软件，即可实现各种配电网运行自动化功能。例如，在 SCADA 平台上运行自动化故障定位、隔离及恢复供电软件模块，可以完成馈线自动化功能。此外，它为配电地理信息系统提供反映配电网运行状态的实时数据。SCADA 系统由主站、通信网络、各种现场监控终端组成。如图 7.18 所示。

（2）故障自动隔离及恢复供电。国内外中压配电网广泛采用“手拉手”环网供电方式，并利用分段开关将线路分段。在线路发生永久性故障后，配电自动化系统自动定位线路故障点，跳开两端的分段开关，隔离故障区域，恢复非故障线路的供电，以缩小故障停电范围，加快故障抢修速度，减少停电时间，提高供电可靠性。

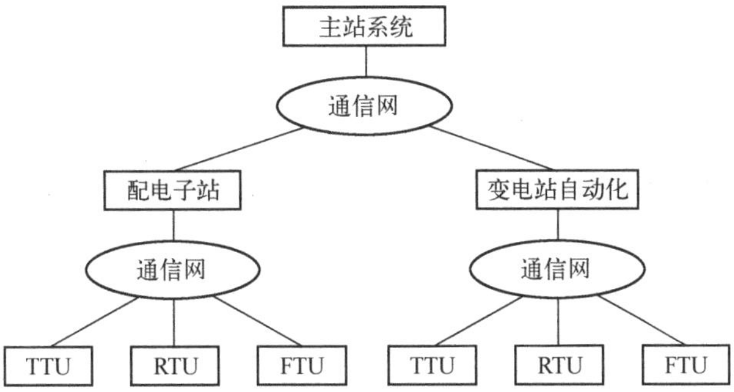

TTU—配电变压器监控终端；RTU—站控终端；FTU—线路配电开关监控终端

图 7.18 SCADA 系统的结构

(3) 电压及无功管理。配电自动化系统通过高级应用软件对配电网的无功分布进行全局优化，自动调整变压器分接头挡位，控制无功补偿设备的投切，以保证供电电压合格、线损最小。由于配电网结构复杂，并且不可能收集到完整的在线及离线数据，实际上很难做到真正意义上的无功分布优化。更多地是采用现场自动装置，以某控制点（通常是补偿设备接入点）的电压及功率因数为控制参数，就地调整变压器分接头挡位、投切无功补偿电容器。

(4) 负荷管理。配电自动化系统监视用户电力负荷状况，并利用降压减载、对用户可控负荷周期性投切、事故情况下拉线路限电三种控制方式，削峰、填谷、错峰，改变系统负荷曲线的形状，以提高电力设备利用率，降低供电成本。

(5) 自动读表。自动读表是通过通信网络，读取远方用户表的有关数据，对数据进行存储、统计及分析，生成所需报表与曲线，支持分时电价的实施，并加强对用户用电的管理和服务。

2. 配电网管理自动化功能

(1) 设备管理。配电网包含大量的设备，遍布于整个供电区域，传统的人工管理已不能满足日常管理工作的需要。设备管理功能在地理信息系统平台上，应用自动绘图工具，以地理图形为背景绘出并可分层显示网络接线、用户位置、配电设备及属性数据等。支持设备档案的计算机检索、调阅，并可查询、统计某区域内设备数、负荷、用电量等。

(2) 检修管理。在设备档案管理的基础上，制定科学的检修计划，对检修工作票、倒闸操作票、检修过程进行计算机管理，提高检修水平与工作效率。

(3) 停电管理。对故障停电、用户电话投诉以及计划停电处理过程进行计算机管理，能够减少停电范围，缩短停电时间，提高用户服务质量。

(4) 规划与设计管理。配电自动化系统对配电网规划所需的地理、经济、负荷等数据进行集中存储、管理，并提供负荷预测、网络拓扑分析、短路电路计算等功能，不仅可以加速配电网设计过程，而且还可使最终得到的设计方案达到经济、高效、低耗的目的。

(5) 用电管理。对用户信息及其用电申请、电费缴纳等进行计算机管理，提高业务处理效率及服务质量。配电自动化技术的内容很多，各种功能之间相互联系、依存，没有十分明确的界限，并且随着技术的进步、用户要求的提高以及电力市场化进程的深入，在不断地发展、完善。

7.5.2　供配电自动化的作用

1. 提高供电的可靠性

配电自动化的首要作用是提高供电可靠性。首先，利用馈线自动化系统的故障隔离及自动恢复供电功能，减少故障停电范围；其次，通过提高电网正常的施工、检修和事故抢修工作效率，减少计划及故障停电时间；再就是通过电网的实时监视，及时发现、处理事故隐患，实施状态检修，提高设备可靠性，避免停电事故的发生。

2. 提高电压质量

配电自动化系统可以通过各种现场终端实时监视供电电压的变化，及时地调整运行方式，调节变压器分接头挡位或投节无功补偿电容器组等措施，保证用户电压在合格的范围内；同时，还能够使配电网无功功率就地平衡，减少网损。

3. 提高用户服务质量

应用配电自动化系统后，可以迅速处理用户申请，立即答复办理；加快用户缴纳与查询业务的处理速度，提高办事效率；在停电故障发生后，能够及时确定故障点位置、故障原因、停电范围及大致恢复供电时间，立即给用户电话投诉一个满意的答复，由计算机制定抢修方案，尽快修复故障，恢复供电，进一步增加用户满意度。

4. 提高管理效率

配电自动化系统对配电网设备运行状态进行远程实时监视及操作控制，在故障发生后，能够及时地确定线路故障点及原因，可节约大量的人工现场巡视及操作劳动力；同时，配电生产及用电管理实现自动化、信息化，可以很方便地录入、获取各种数据，并使用计算机系统提供的软件工具进行分析、决策，制作各种表格、通知单、报告，将人们从繁重的工作中解放出来，提高了工作效率与质量。

5. 推迟基本建设投资

采用配电自动化技术后可有效地调整峰谷负荷，提高设备利用率，压缩备用容量，减少或推迟基本建设投资。

本 章 小 结

对一次设备的工作状态进行监视、测量、控制和保护的辅助电气设备称为二次设备。变电所的二次设备包括测量仪表、控制与信号回路、继电保护装置以及远动装置等。二次回路按照功用可分为控制回路、合闸回路、信号回路、测量回路、保护回路以及远动装置回路等。

二次回路的接线图按用途可分为原理接线图、展开接线图和安装接线图 3 种形式。

原理图能表示出电路测量计能表间的关系，对于复杂的回路看图会比较困难。展开图接线清晰，回路次序明显，易于阅读，便于了解整套装置的动作程序和工作原理，对于复杂线路的工作原理的分析更为方便。安装接线图是进行现场施工不可缺少的图纸，它反映的是二次回路中各电气元件的安装位置、内部接线及元件间的线路关系。

断路器的操作是通过它的操作机构来完成的，而控制回路就是用来控制操作机构动作的电气回路。

变电所装设的中央信号装置，主要用来示警和显示电气设备的工作状态，以便运行人员及时了解、采取措施。

变电所的测量仪表是保证电力系统安全经济运行的重要工具之一，测量仪表的连接回路则是变电所二次接线的重要组成部分。

绝缘监察装置主要用来监视小接地电流系统相对地的绝缘情况。

为了提高供电的可靠性，缩短故障停电时间，减少经济损失，二次系统中设置备用电源自动投入装置（APD）和自动重合闸（ARD）装置。

随着计算机及通信技术的发展，工厂供配电系统的自动化程度越来越高。利用现代计算机及通信技术，将配电网的实时运行、电网结构、设备、用户等信息进行集成，构成完整的自动化系统，实现配电网运行监控及管理的自动化、信息化。

习　题　7

一、填空题

7.1　对一次设备的工作状态进行________、________、________和________的辅助电气设备称为二次设备。变电所的二次设备包括测量仪表、______________回路、________________装置以及__________装置等。

7.2　二次回路按功用可分为控制回路、合闸回路、__________回路、________回路、________回路和________回路。

7.3　二次回路原理图接线用来表示继电保护、______________装置和____________装置等二次设备或系统的工作原理。它以元件整体形式表示各二次设备间的电气连接关系。

7.4　绝缘监察装置主要用来监视______________系统相对地的绝缘情况。

7.5　中央信号装置按用途分为____________、____________和____________。

7.6　在中央信号回路中，事故音响采用_______________发出音响，而预报信号则采用________发出音响。

7.7　位置信号用以指示____。

7.8　三相无功功率一般常采用______表，也可采用间接法，先求得__________________________，然后计算出______________。

7.9　使用电功率表时，不但要注意功率表的功率量程，还要注意功率表的________和__________量程。

二、判断题（正确的打√，错误的打×）

7.10　为了避免混淆，对同一设备的不同线圈和触点应用相同的文字标号。（　　）

7.11　由控制室集中控制的断路器，一般采用音响控制电路。（　　）

7.12　断路器操作机构的控制电路要有机械“防跳”装置或电气“防跳”措施。（　　）

7.13　断路器手动合闸后，显示灯为绿灯发出闪光。（　　）

7.14　两表法测三相功率只适用于三相三线制系统。（　　）

7.15　对称三相电路在任一瞬间三个负载的功率之和都为零。（　　）

7.16　中央信号装置分为事故信号和预告信号。（　　）

7.17　电力电缆线路不安装线路重合闸装置。（　　）

7.18　备用电源自动投入装置（APD）只应动作一次，以免将备用电源合闸到永久性故障上去。（　　）

三、选择题

7.19　对二次线路进行故障查找时，主要使用（　　）。

A. 原理接线图　　B. 展开接线图　　C. 安装接线图

7.20　二次回路经继电器或开关触点等隔离开，要（　　）。

A. 采用同一编号　　B. 进行不同编号

7.21　端子板的文字代号是（　　）。

A. P　　B. W　　C. X　　D. A

7.22　变电所和容量比较小的总降压变电所的 6～10kV 断路器的操作，一般采用（　　）。

A. 就地控制　　B. 集中控制

7.23　使用 LW2－Z 型控制开关，当手动合闸前时，断路器应处于（　　）位置。

A　跳闸　　B. 合闸　　C. 跳闸后　　D. 合闸后

E. 预备合闸　　F. 预备跳闸

7.24　以下（　　）信号属于事故信号，（　　）信号属于位置信号。

A. 断路器合闸指示　　B. 断路器跳闸信号　　C. 断路器过载信号

7.25　按照规程规定，电压在 1kV 以上的架空线路和电缆线路与架空的混合线路，当具有断路器时，一般均应装设（　　），对电力变压器和母线，必要时可以装设（　　）。

A. 备用电源自动投入装置　　B. 自动重合闸装置

四、技能题

7.26　某供电给高压电容器组的线路上装有一只三相无功电度表和一只电流表，如图 7.19（a）所示，试用相对标号法对图 7.19（b）的有关端子进行标注。

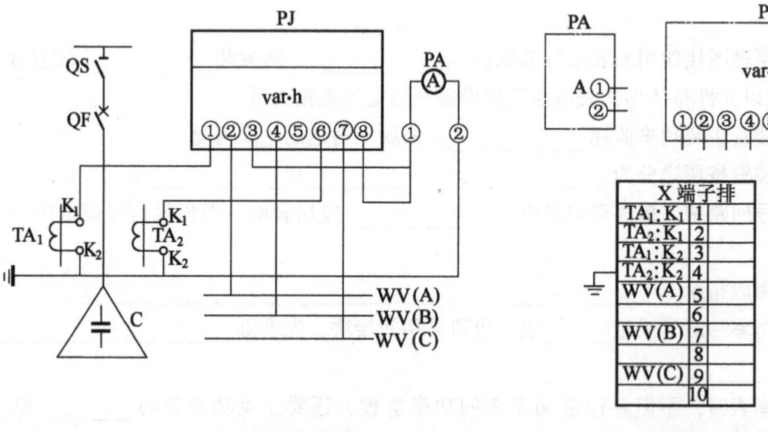

（a）原理电路图　　（b）接线图（待标注）

图 7.19

7.27　在使用两个单相功率表测量三相三线制不对称负载时，会出现一个功率反偏无法读数的情况，此时该如何处理？

第 8 章 工厂电气照明

内容提要

本章主要介绍工厂照明系统的光源、灯具及其布置方式。首先介绍照明技术的基本知识，其次介绍常用灯具的类型及选择与布置，介绍工厂的电气照明负荷的供电方式和计算方法及相关线路导线的选择。

工厂的电气照明分自然照明和人工照明。自然照明就是利用天然采光。这里主要介绍人工照明。电气照明是人工照明中应用范围最广的一种照明方式，实践证明，安全生产、保证产品质量、提高劳动生产率、保证职工视力健康与照明有密切的关系。因此工厂电气照明的设计是工厂供电系统设计的组成部分。

8.1 电光源

能发光的物体称为光源，靠外部供给电能而发光的光源称为电光源，为理解电光源的性能，先介绍光源的一些光学特性。

8.1.1 概述

1. 光通量

光源在单位时间内向周围空间辐射出的使人眼产生光感的能量，称为光源的光通量，用符号 Φ 表示。其单位为流明（lm）。电光源所发出的光通量（Φ ）与该电光源所消耗的电功率（P）之比，称为电光源的发光效率。发光效率是电光源的重要的技术参数。电光源的单位用电所发出的光通量越大，光效率越高。

2. 光强

电光源在某一方向单位立体角内辐射的光通量，即发光的强弱程度，称为电光源在该方向上的光强度。符号为 I，单位是坎德拉（cd）。用公式表示为：

$$I = \Phi/\Omega \tag{8-1}$$

式中，Ω——空间立体角。$\Omega = A/r^2$（见图 8.1 所示），其中 r 为球的半径，A 是与 Ω 相对应的球表面积。

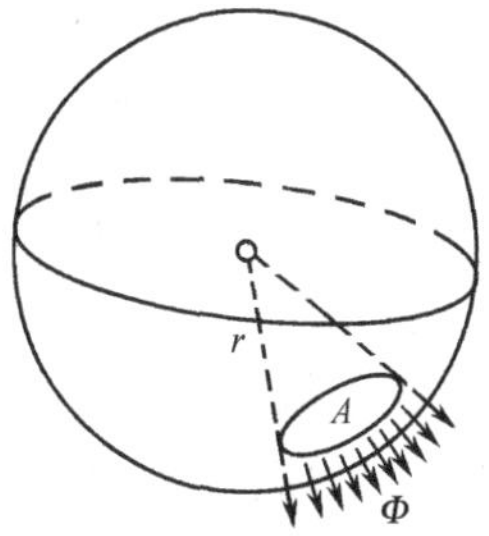

图 8.1 立体角 Ω 的示意图

3. 照度

受照物体表面单位面积（A）上接受的光通量称为照度。符号为 E，单位是 lx（勒克斯）。用公式表示为：

$$E = \Phi/A \tag{8-2}$$

在照明设计中，照度是一个很重要的物理量。

4. 亮度

人眼从不同角度观察同一发光表面常有明亮程度不同的感觉，这是因为在不同的角度人眼视网膜上形成的照度不同而引起的。因此，我们把发光体在视线方向单位投影面上的发光强度称为亮度。符号为 L，单位为 cd/m^2。

如图 8.2 所示，设发光体表面法线方向的光强为 I，而人眼视线与发光体表面法线成 α 角，因此视线方向的光强为 $I_\alpha = I\cos\alpha$，而视线方向的投影面积为 $A_\alpha = A\cos\alpha$，则发光体在视线方向的亮度表达式为：

$$L = I_\alpha / A_\alpha = I\cos\alpha / A\cos\alpha = I/A \tag{8-3}$$

从上式看出，发光体的亮度与视线方向无关。当发光体表面的亮度相当高时，对视觉会引起不舒适的感觉或降低观察物体的能力，所产生的视觉现象称为眩光。它是人的视觉特性，是由人眼的生理特点所决定的。眩光的程度决定于眼睛距离发光体的远近和方向。照明设计中，应尽量限制直射或反射光，可采用保护角较大的灯具或磨砂玻璃的灯具，也可提高灯具的悬挂高度来解决。

5. 物体的光照性能

光投射到物体上时，将光通量分成三部分，一部分从物体表面反射出去，一部分被物体本身吸收，而剩余部分则透过物体，如图 8.3 所示。

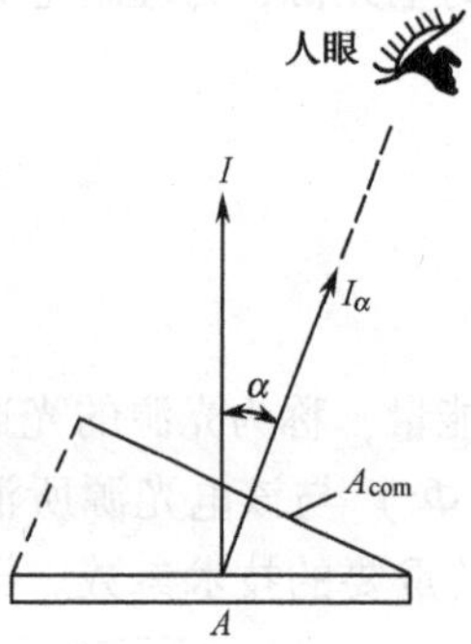

图 8.2　说明亮度的示意图

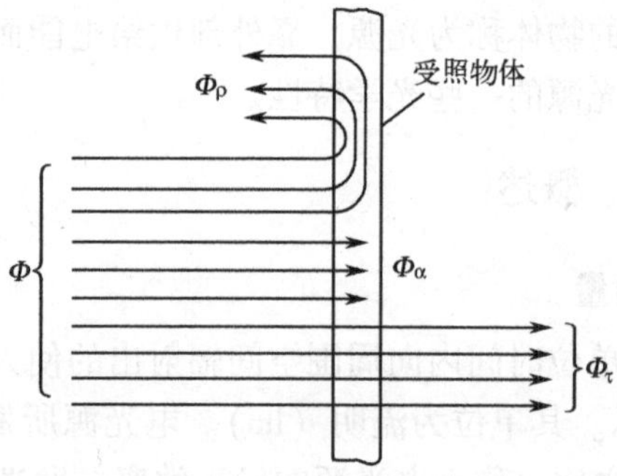

Φ_ρ—反射光通量；Φ_α—吸收光通量；Φ_τ—透射光通量

图 8.3　光通量投射到物体上的情形

物体的光照性能可用下面的三个系数来表明

反射系数：$$\rho = \Phi_\rho / \Phi \tag{8-4}$$

吸收系数：$$\alpha = \Phi_\alpha / \Phi \tag{8-5}$$

透射系数：$$\tau = \Phi_\tau / \Phi \tag{8-6}$$

以上三个系数应满足：$$\rho + \alpha + \tau = 1 \tag{8-7}$$

反射系数是照明技术中重要的参数，它直接影响工作面的照度。

6. 光源的颜色

光源的颜色用色温和显色指数来衡量。

（1）光源的色温。光源的色温是指光源的发光颜色与黑体（能全部吸收光能的物体）所辐射的光的颜色相同（或相近）时黑体的温度。单位为 K（开尔文）。

色温是灯光颜色给人直观感觉的度量，不同的色温给人不同的冷暖感觉，色温越高感觉越凉，色温越低感觉越温暖。白炽灯的色温为 2400K（10W）～2920K（1000W），日光色荧光灯的色温为6500K。

在不同的照度下，光源的色调给人的感受也不同，见表8.1。

表8.1 不同照度、不同色温下光源色调的感受

照度（lx）	光源的色调感觉		
	暖色（<3300K）	中间色（3300~5300K）	冷色（>5300K）
≤500	愉快的	中间的	阴冷的
500~1000	刺激的	愉快的	中间的
1000~2000			
2000~3000			
≥3000	不自然的	中间的	愉快的

（2）光源的显色性能。光源对被照物体颜色显现的性质称为光源的显色性。用显色指数 R_a 作为表示光源显色性能和视觉上失真程度好坏的指标。物体的颜色以日光的参考光源照射下的颜色为准，被测光源的显色指数越高，说明该光源的显色性能越好，物体在该光源的照射下的失真度越小。

8.1.2 工厂常用的电光源

电光源按其发光原理分为两种：一种是热辐射光源，如白炽灯、卤钨灯等；另一种是气体放电光源，如高压汞灯、高压钠灯、荧光灯等。下面简介其各自的工作原理。

1. 白炽灯

白炽灯是靠电能将灯丝（钨丝）加热到白炽状态而发光的，如图8.4所示。白炽灯的灯丝通常用钨制成，这是由于它的熔点高蒸发率小的原因。白炽灯结构简单，价格低廉，使用方便，而且显色性好，应用最广泛。但它发光率低，使用寿命短，且不耐震。现在利用新的技术和材料，努力改善白炽灯的性能。例如，采用新的硬质玻璃或石英玻璃作为外壳，缩小灯的体积，增加灯内气压，可进一步抑制灯丝的蒸发，延长灯的寿命。

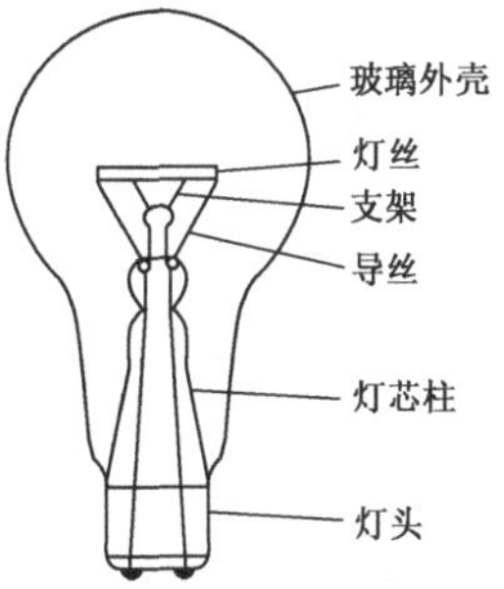

图8.4 白炽灯结构

白炽灯适用于无剧烈震动的工业和民用建筑物的照明。

2. 卤钨灯

卤钨灯在白炽灯的基础上改进而得，是在灯泡内充入一定比例卤素或卤化物的气体，它的发光原理与白炽灯相同，在通电后灯丝被加热至白炽状态而发光。普通白炽灯在使用过程中，由于从灯丝蒸发出来的钨沉积在灯泡内壁上导致玻璃壳体发黑，降低了透光性，使发光效率降低，从而减少钨丝的使用寿命。卤钨灯的性能改进，主要是卤钨循环原理的作用。当卤钨灯起燃后，灯丝温度较高，被蒸发的钨和卤素在靠近灯管壁附近合成卤化钨，使钨不致沉积在管壁上，防止了灯管发黑。卤化钨又在高温灯丝附近被分解，其中有些钨沉积回灯丝上去，这就是卤钨循环。卤钨灯的外形如图8.5所示。

卤钨灯广泛应用于一些拍摄现场、舞台、展厅、广场、工业厂房建筑等照明。

3. 荧光灯

荧光灯也称日光灯，是利用管内汞蒸气在外加电压作用下放电产生的紫外线，去激发涂在管壁内的荧光粉而发光。荧光灯同白炽灯相比使用寿命较长，发光效率较高，照明柔和，

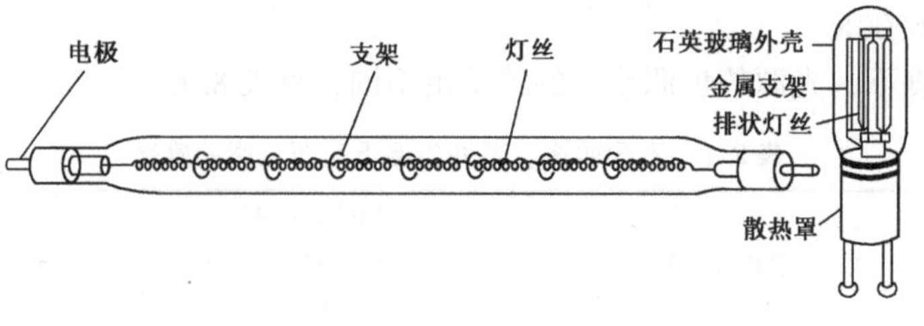

（a）双端引出　　（b）单端引出

图 8.5　卤钨灯外形

眩光影响小，色温接近白天的自然光，显色性能好。荧光灯常用于办公场所、教学场所、商场、住宅照明等，在电气照明中广泛应用。

直管形荧光灯的外形结构及接线如图 8.6 所示。图中的 S 是起辉器，它有两个电极，其中一个弯成 U 形的电极是双金属片。当电源开关闭合后，电源电压加在起辉器的两个电极间，引起辉光放电，致使双金属片加热伸开。造成两极短接，从而使电流通过灯丝使荧光灯的钨丝电极加热，使管内少量的汞气化。灯丝加热后起辉器辉光放电停止，双金属片冷却收缩，突然断开灯丝加热回路，使镇流器（L）两端感生很高的电动势，连同电源加在灯管两端，使充满汞蒸气的灯管击穿，产生弧光放电。辐射出紫外线，紫外线投射到荧光粉上，激发荧光粉而使整个灯管发出像日光的光线。在电源的两端并联一电容器，可将功率因数提高到 0.95 以上。

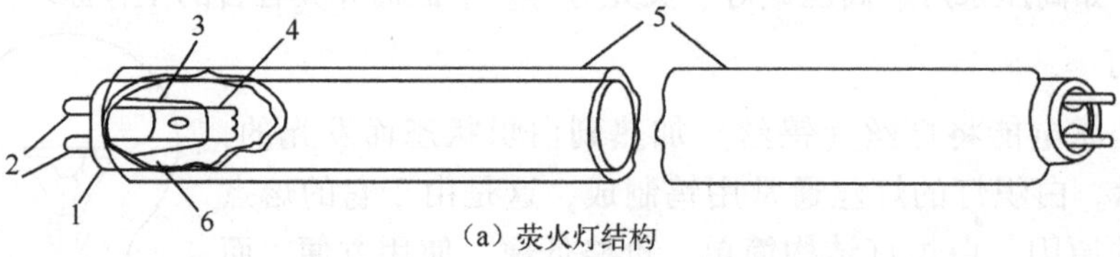

（a）荧火灯结构

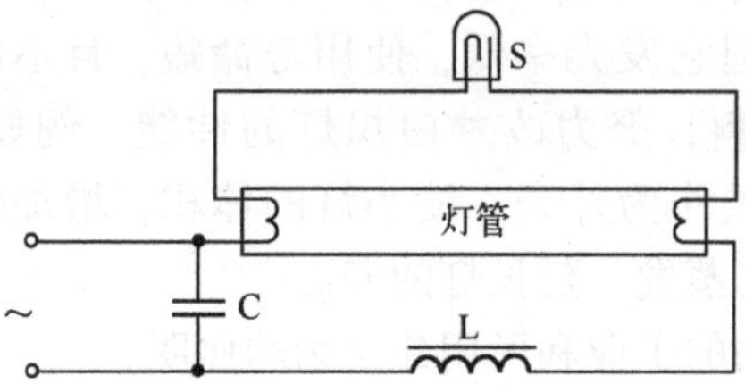

（b）荧火灯等效电路

1—灯头；2—灯脚；3—玻璃芯柱；4—灯丝（钨丝，电极）；5—玻管（内壁涂荧光粉，充惰性气体）；6—汞（少量）

图 8.6　直管形荧光灯外形结构及接线

荧光灯工作时，灯光会随着加在灯管两端电压的周期变化而发生频繁闪烁，称为频闪效应。这种现象可通过双灯互补法来消除，即在一个灯具内安装两根灯管，各灯管分别接在不同相的线路上。

除直管形荧光灯外还有环形荧光灯和紧凑型荧光灯，如图 8.7 所示。

环形荧光灯的玻璃外壳制成环形，它是直管型荧光灯的改进型。通常采用插脚式灯头，属于单端荧光灯。由于具有造型美观，容易和各种灯具相配合，在居住环境应用较多。

紧凑型荧光灯是将灯管弯曲或拼接成一定的形状，以缩短灯管的长度。其管径细，大多采用新型稀土荧光粉和集成式的电子镇流器，也可配电感镇流器。常把配有电子镇流器的紧凑型荧光灯称为节能灯（自镇流紧凑型荧光灯），它的发光效率、色温、寿命都很好，改善

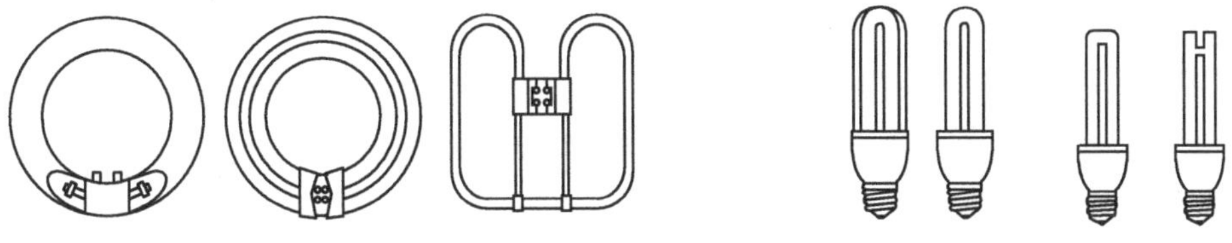

（a）环形荧光灯　　（b）自镇流紧凑型荧光灯

图 8.7　其他荧光灯外形结构

了频闪效应；同时由于使用了与白炽灯一样的螺口灯头和插口灯头，使用方便，所以广泛地应用于照明。

4. 高压汞灯

高压汞灯又称高压水银荧光灯，是荧光灯的改进产品，它是利用汞放电时产生的高气压获得可见光的电光源。它不需要起辉器来预热灯丝，但必须与相应功率的镇流器串联使用，结构如图 8.8 所示。工作时，第一主电极与辅助电极间首先击穿放电，使管内的汞蒸发，导致第一主电极与第二主电极间击穿，发生弧光放电，使管壁的荧光粉受激，产生大量的可见光。高压汞灯发光效率高，省电，使用寿命较长，但有明显的频闪，显色性较差，启动时间较长。常用于道路、广场、车站、码头、企业厂房内外照明。

5. 高压钠灯

高压钠灯是利用高压钠蒸气放电发光的电光源，结构如图 8.9 所示。它的发光效率比高压汞灯高，寿命较长，但显色性也较差。常用于商业区、公共聚集场所照明。

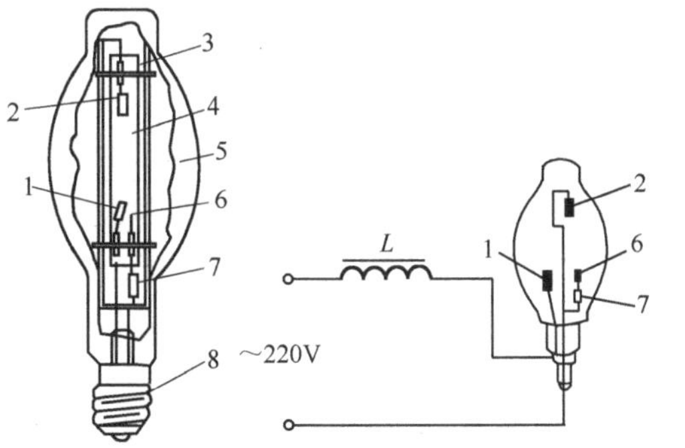

1—第一主电极；2—第二主电极；3—金属支架；
4—内层石英玻壳（内充适量汞和氩）；
5—外层石英玻壳（内涂荧光粉，内外玻壳间充氮）；
6—辅助电极（触发极）；7—限流电阻；8—灯头

图 8.8　高压汞灯

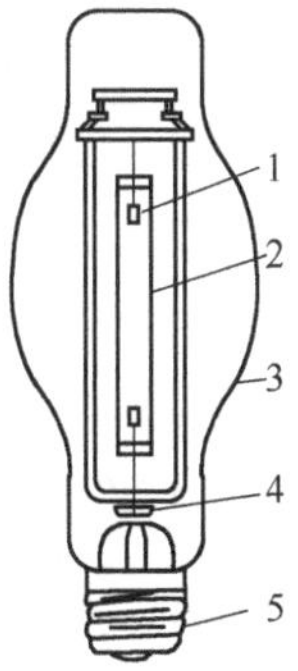

1—主电极；2—放电管；3—外玻壳；4—消气剂；5—灯头

图 8.9　高压钠灯

6. 金属卤化物灯

金属卤化物灯是在高压汞灯的基础上为改善光色而发展起来的新型电光源，不仅光色好，且光效高，但寿命低于高压汞灯。它适合于显色性要求高的照明场所。彩色金属卤化物灯是新发展起来的，广泛用于夜晚城市建筑物的投射照明，绚丽夺目。

7. 管形氙灯

管形氙灯是利用高压氙气放电发光，和太阳光相近，适合于广场等大面积场所。管形氙灯在点燃前管内已具有很高的气压，因此点燃电压高，需配专用触发器来产生脉冲高频高压，价格较高。

常用照明电光源的主要特性见表 8.2，常用电光源适用场所见表 8.3。

表 8.2　常用照明电光源的主要特性

光源名称	白炽灯	卤钨灯	荧光灯	高压汞灯	管形氙灯	高压钠灯	金属卤化物灯
额定功率范围（W）	10 ~ 1000	500 ~ 2000	6 ~ 125	50 ~ 1000	1500 ~ 100000	25 ~ 400	400 ~ 1000
光效	6.5 ~ 19	19.5 ~ 21	25 ~ 67	30 ~ 50	20 ~ 37	90 ~ 100	60 ~ 80
平均寿命（h）	1000	1500	2000 ~ 3000	2500 ~ 5000	500 ~ 1000	3000	2000
显色指数	95 ~ 99	95 ~ 99	70 ~ 80	30 ~ 40	90 ~ 94	20 ~ 25	65 ~ 85
启动稳定时间	瞬时	瞬时	1 ~ 3s	4 ~ 8min	1 ~ 2s	4 ~ 8min	4 ~ 8min
再启动时间	瞬时	瞬时	瞬时	5 ~ 10min	瞬时	10 ~ 20min	10 ~ 15min
功率因数	1	1	0.33 ~ 0.7	0.44 ~ 0.67	0.4 ~ 0.9	0.44	0.4 ~ 0.61
频闪效应	不明显	明显	明显	明显	明显	明显	明显
表面亮度	大	大	小	较大	大	较大	大
电压变化对光通量影响	大	大	较大	较大	较大	大	较大
环境温度对光通量影响	小	小	大	较小	小	较小	较小
耐震性能	较差	差	较好	好	好	较好	好
所需附件	无	无	镇流器 启辉器	镇流器	镇流器 触发器	镇流器	镇流器 触发器

表 8.3　常用电光源的适用场合

光源名称	适用场所
白炽灯	1. 局部照明场所、应急照明 2. 频闪小的场所 3. 开、关频繁，需要调光的场所 4. 照度要求不高，照明时间短的场所 5. 防止电磁波干扰的场所
卤钨灯	1. 需要调光的场所 2. 频闪要求小的场所
荧光灯	1. 需要长时间使用的场所 2. 需要舒适的自然光照的地方 3. 悬挂高度较低而照度要求较高的场所 4. 应急照明
高压汞灯	高大的厂房，光色要求不高的场所
高压钠灯	1. 道路照明、室外照明 2. 多烟尘的车间
金属卤化物灯	厂房高、照度要求高、光色好的场所
管形氙灯	1. 适合于广场等大面积场所，在短时间需要强光的场所 2. 悬挂高度不低于 20m

8.1.3　工厂常用灯具的选择与布置

灯具起固定光源和保护光源的作用，是光源与照明配件的总称。照明灯具应根据环境条件、房间用途、光强分布等因素来选择。

1. 照明灯具的特性

（1）配光曲线。电光源发出的光线是射向四周的，为了充分利用光能，给光源加装灯罩，使光线重新分配，其发光强度曲线就改变了，这种改变后的发光强度曲线称为灯具的配光曲线，它是在通过光源对称轴的一个平面上给出的灯具发光强度与对称轴之间角度为 α 的函数曲线。对一般照明灯具，配光曲线绘在极坐标上，如图 8.10 所示，其光源通常采用 1000lm 光通量的假想光源。而对于聚光很强的投光灯，由于其光强分布在一个很小的空间角内，因此配光曲线一般绘在直角坐标上，如图 8.11 所示。

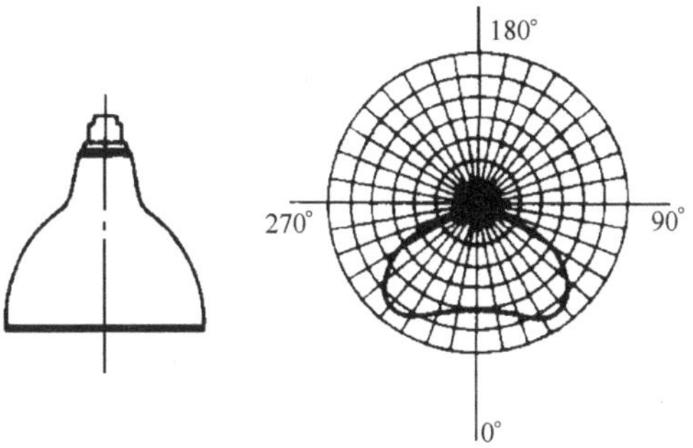

图 8.10　旋转对称轴灯具的配光曲线

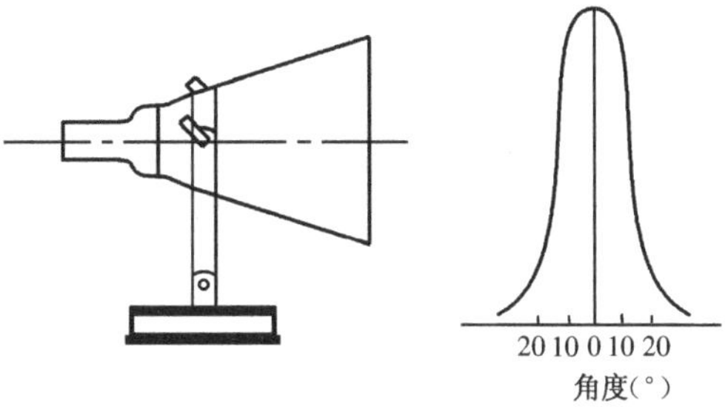

图 8.11　直角坐标配光曲线

如果是非旋转轴对称，如管型荧光灯、投光灯、探照灯等，一般用直角坐标配光曲线来表达分布特性会更清楚。

（2）效率。光源加装了灯罩，重新分配光源发出的光通量，一部分光通量被灯罩吸收，引起光通量的减少，灯具的光通量与光源辐射的全部光通量的比值称为灯具的效率，一般为 0.5～0.6。

（3）保护角。保护角是指灯丝的水平线与灯丝最外点至灯罩对边边缘连线的夹角，如图 8.12 所示。灯具的保护角是保护人眼不受光源直射刺激的一个技术指标。各种灯具的悬挂高度不同，要求的保护角有所不同。一般为 10°～30°。

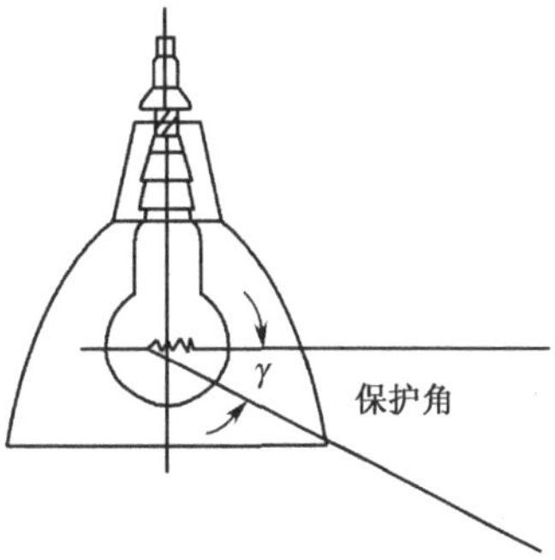

图 8.12　保护角

2. 灯具的种类

工厂灯具通常根据配光特性（光通量在空间分布的特性）与结构特点进行分类。

（1）根据灯具向上和向下投射光通量的百分比分类。

① 直接照明型（向下投射的光通量为 90%～100%，向上投射的光通量极少）。该灯具光通量的利用率很高，灯罩一般用反光性能好的不透明材料制成。

② 半直接照明型（向下投射的光通量为 60%～90%，向上投射的光通量为 10%～40%）。该灯具光通量的利用率较高，灯具一般采用半透明材料制成或灯具上方留有透光间隙。

③ 均匀照明型（向下投射的和向上投射的光通量差不多相等，为 40%～60%）。这种灯具光通量的利用率较低，但它向周围均匀散发光线，照明柔和。

④ 半间接照明型（向上投射的光通量为 60%～90%，向下投射的光通量为 10%～40%）。该灯具大部分光线照在顶棚和墙面上部，把它们变成了二次发光体。

⑤ 间接照明型（向上投射的光通量为 90%～100%，向下投射的光通量极少）。该灯具绝大部分光线照在顶棚和墙面上部，形成房间照明，整个房间光线均匀柔和，无明显阴影。

各种灯具类型如图 8.13 所示。

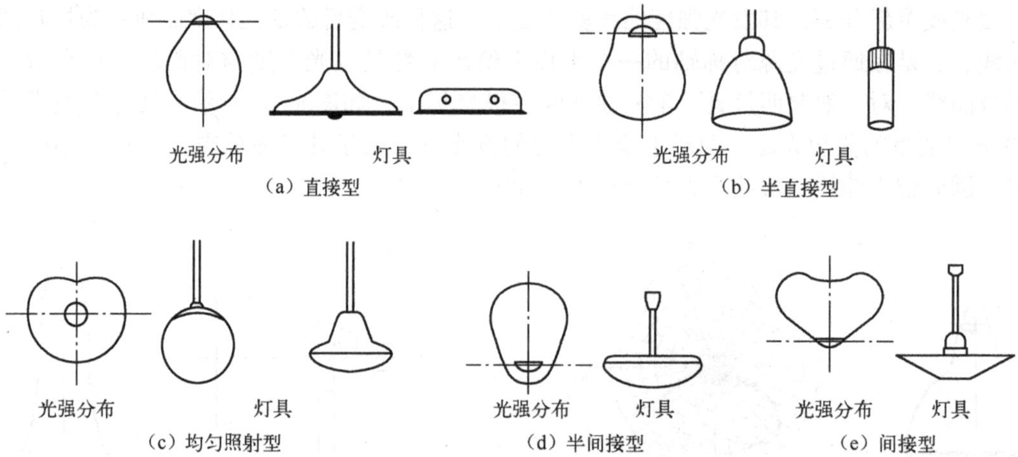

图 8.13　灯具的光通量分类

(2) 根据灯具的配光曲线形状分类。

① 配照型。光强是光与物体表面法线的夹角 α 的余弦函数，在 $\alpha=0°$ 处光强最大。

② 广照型。最大光强分布在较大角度上，可在较广的面积上形成均匀的照度。

③ 深照型。最大光强在 0°～40°的立体角内。

④ 漫射型。各个角度的发光强度基本相同。

⑤ 正弦配光型。光强随角度 α 按正弦规律变化，在 $\alpha=90°$ 处光强最大。

(3) 按灯具的结构分类。按灯具的结构分类有开启型，闭合型，封闭型，密闭型，防爆型。

工厂常用的灯具如图 8.14 所示。

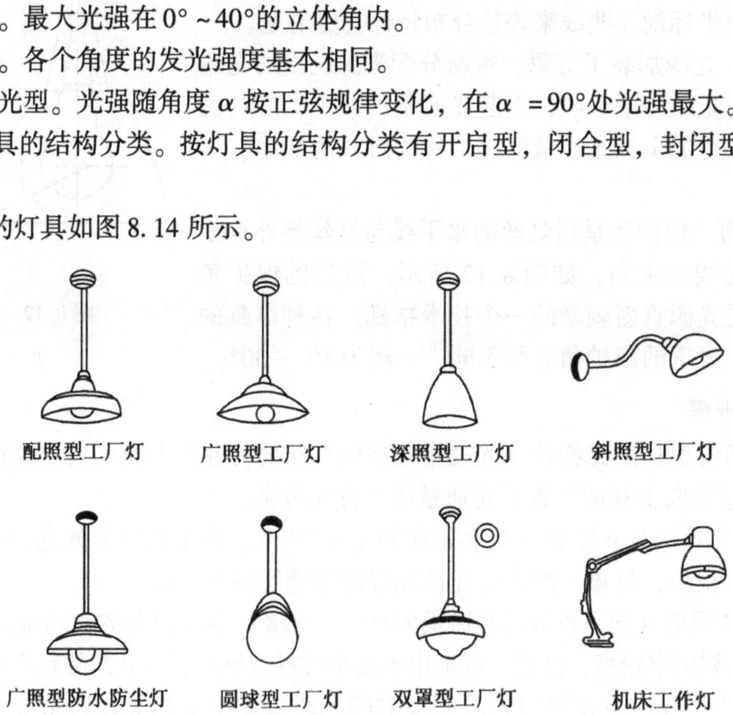

图 8.14　工厂常用的几种灯具

(4) 按安装方式分类。按安装方式分类有悬吊式，嵌入式，吸顶式，壁式，落地式和台式，如图 8.15 所示。

3. 灯具的选择

灯具的选择应以效率高、利用系数高，以及维护检修方便为原则。

根据使用环境条件应采用下列各种灯具：

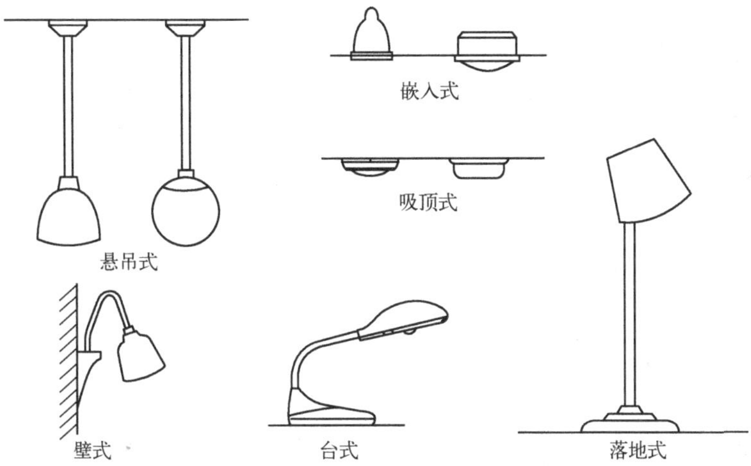

图 8.15　灯具的安装方式

（1）在正常温度下，一般选用开启式灯具。

（2）在潮湿的场所，应选用密闭的防潮灯具或带有防水灯头的开启式灯具。

（3）在灰尘多的场所，应选用防尘型灯具。

（4）在有爆炸和火灾危险的场所，应按国家标准和规范分等级选择相应的灯具。

（5）在高温场所，应选用带散热孔的开启式灯具。

（6）在震动或晃动较大的场所，灯具应有保护网和采取减震措施。

（7）在可能受到机械损伤的场所，灯具应有保护网。

（8）在有腐蚀性气体和蒸气的场所，应采用耐腐蚀材料制成的密闭式灯具。

4. 灯具的布置

灯具的布置应满足被照射工作面上能得到均匀的照度，应减少眩光和阴影的影响，尽量减少投资。为了满足照度的要求，维修的方便，灯具的悬挂高度不能过高，但也不能过低，如过低，人容易碰着，不安全，会产生眩光，对人眼不利。室内一般灯具的最低悬挂高度不要低于2.5m，具体按规定选取。

灯具的布置有均匀布置和选择布置。

（1）均匀布置。不考虑生产设备的位置，灯具均匀地分布在整个车间。

（2）选择布置。灯具的布置与生产设备的位置有关，按工作面布置，使工作面照度最强。

对于车间既有一般照明又有局部照明的情况下，一般选择均匀布置。均匀布置的灯具可以排列成直线形、长方形、正方形或菱形，如图8.16所示。

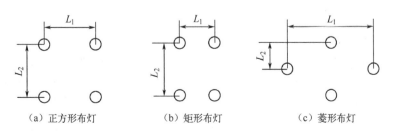

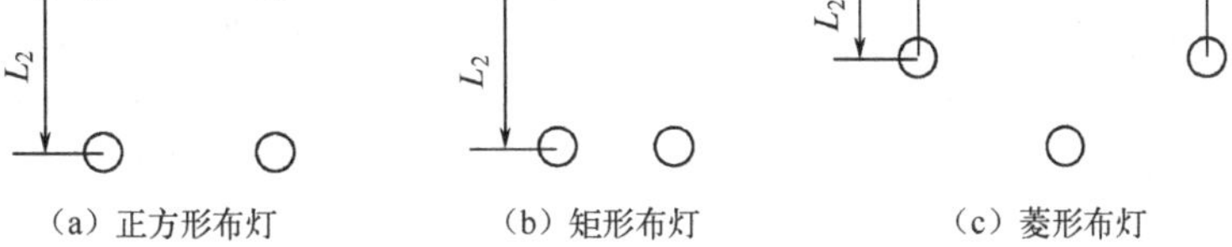

图 8.16　均匀布置几种形式

8.1.4 照度标准

为了保护视力，提高工作效率，保证产品质量，工作场所要有良好的照明，必须规定工作场所的最低照度值，见表8.4。

表8.4 主要生产车间工作面的照度最低标准（参考值）

车间名称及工作场所	工作面上的最低照度（lx）		
	混 合 照 明	混合照明中的一般照明	单独使用一般照明
金属加工车间			
一般	500	30	
精度	1000	75	
机电装配车间			
大件装配	500	50	
精密小件装配	1000	75	
机电设备试车			
地面			20
试车台	500	50	
电修车间			
一般	300	30	50
精密	500	50	
喷漆车间			
油漆、喷漆			50
调漆配置			30
焊接车间			
弧焊、接触焊			50
精密画线	500	50	75
锻工车间			30
钣金车间			50
冲压剪切车间	300	30	
热处理车间			30
木工车间			
机床区	300	30	
木模工作台	300	30	

8.2 照明的供电方式及线路控制

工厂照明按用途分为工作照明和事故照明（应急照明）。工作照明指的是在正常生产和工作的情况下而设置的照明。工作照明根据装设的方式分一般照明、局部照明和混合照明。在整个场所照度均匀的照明称为一般照明，满足在某个部位的照明称为局部照明，混合照明由一般照明和局部照明共同组成。事故照明指的是在工作照明发生事故而中断时，供暂时工作或疏散人员用的照明。供继续工作用的事故照明通常设在可能引起事故或引起生产混乱及生产大量减产的场所。供疏散人员用的事故照明设在有大量人员聚集的场所或有大量人员出入的通道和出入口，并有明显的标志。

工厂的工作照明一般由动力变压器供电，有特殊需要时可考虑专用变压器供电。

事故照明一般与工作照明同时投入，以提高照明的利用率。但事故照明装置的电源必须保持独立性，最好与正常工作照明的供电干线接自不同的变压器，如图 8.17 所示。仅供疏散用的事故照明可以由与工作照明分开的回路供电，如图 8.18 所示。

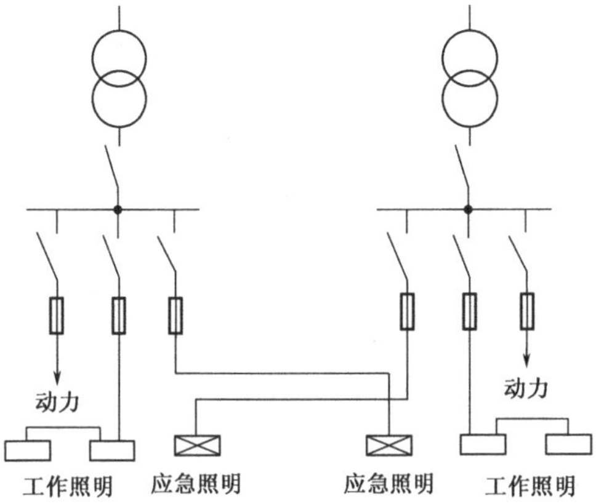

图 8.17　两台变压器交叉供电的照明供电系统

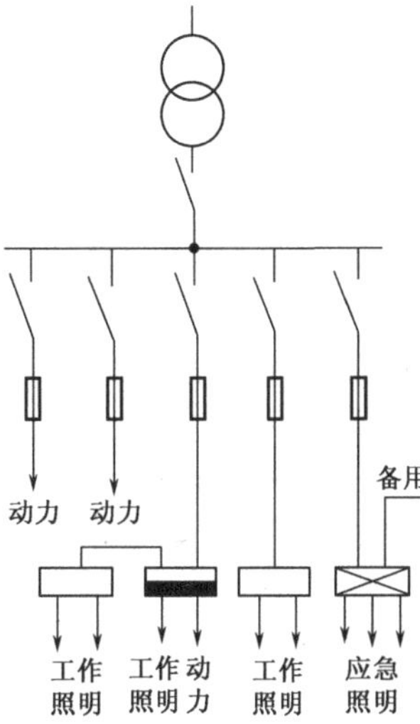

图 8.18　一台变压器供电的照明供电系统

事故照明还可以采用其他的供电方式：独立与正常电源的发电机组；蓄电池供电网络中独立与正常电源的馈电线路；事故照明灯自带直流逆变器等。

本章小结

工厂的电气照明分自然照明和人工照明。自然照明就是利用天然采光。电气照明是人工照明中应用范围最广的一种照明方式。

能发光的物体称为光源，靠外部供给电能而发光的光源称为电光源。光源在单位时间内向周围空间辐射出的使人眼产生光感的能量称为光源的光通量。光通量越大，光效越高。电光源在某一方向单位立体角内辐射的光通量，即发光的强弱程度，称为电光源在该方向上的光强度。受照物体表面单位面积（A）上接受的光通量称为照度。发光体在视线方向单位投影面上的发光强度称为亮度。光源的颜色用色温和显色指数来衡量。色温越高感觉越凉，色温越低感觉越温暖。显色指数越高，显色性能就越好，物体在该光源的照射下的失真度越小。

工厂常用的电光源有：白炽灯、卤钨灯、高压汞灯、高压钠灯、荧光灯、金属卤化物灯、管形氙灯。

灯具的分类：根据灯具向上和向下投射光通量的百分比分类有：直接照明型、半直接照明型、均匀照明型、半间接照明型、间接照明型。根据灯具的配光曲线形状分类有：配照型、广照型、深照型、漫射型、正弦配光型。按灯具的结构分类有：开启型、闭合型、封闭型、密闭型、防爆型。按安装方式分类有：悬吊式、嵌入式、吸顶式、壁式、落地式、台式。

灯具的布置有均匀布置和选择布置。

习　题　8

一、填空题

8.1　工厂的电气照明分为________和________。

8.2　光源的颜色用色温和显色指数两个指标来衡量。色温越高感觉越________，色温越低感觉越

________。显色指数越高，说明该光源的显色性能________，物体在该光源的照射下的失真度________。

8.3 电光源按其发光原理分为两种：一种是________，如________、________等，另一种是________，如________、________等。

8.4 白炽灯结构简单，价格低廉，使用方便，显色性________，发光率________，使用寿命________，耐震性能________。

8.5 室内灯具的平面布置方式有________________、________。

8.6 室内一般灯具的最低悬挂高度不应低于________。

8.7 工厂照明按用途分为________和________。

二、判断题（正确的打√，错误的打×）

8.8 光源的显色性能越好，物体在该光源的照射下的失真度越小。（　　）

8.9 工厂车间内经常使用荧光灯作为照明光源。（　　）

8.10 夜晚城市建筑物的投射照明使用的是管形氙灯。（　　）

8.11 高压汞灯的使用寿命一般比高压钠灯长。（　　）

8.12 在可能受到机械损伤的场所，灯具应具有保护网。（　　）

第 9 章　工厂节约用电

内容提要

本章讲述工厂电能节约的问题。首先介绍电能节约的意义、方法和节能的一般措施，然后着重讲述工厂提高功率因数的方法。

9.1　节约用电的意义、方法和途径

9.1.1　节约用电的意义

电力是我国现代化建设的重要动力资源，是国民经济的命脉，是工农业生产的重要物质基础。电力紧张是我国面临的一个严重问题，供需矛盾较为突出。要解决这个矛盾，就要开源截流。一方面，政府部门要将电力建设作为国民经济建设战略重点之一，千方百计地挖掘开发供电能力和加速电力工业的基本建设；另一方面，电力用户要实行计划用电和节约用电，使有限的电能发挥更大的作用。

从我国电能消耗的情况来看，70% 以上消耗在工业部门，所以工厂节能是重点。节约电能，不只是减少工厂的电费开支，降低工业产品的生产成本，可以为工厂积累更多的资金，更重要的是，由于电能能创造更多、更大的工业产值，因此多节约一度电，就能为国家创造若干财富，有力地促进国民经济的发展。所以节约电能具有十分重要的意义。

9.1.2　节约用电的科学管理方法

（1）加强电能管理，建立和健全合理的管理机构和制度，实行能耗定额管理，对工厂节电具有很大的作用。

（2）实行统筹兼顾，适当安排，确保重点，兼顾一般，择优供应的原则，做好电力供需平衡，对用电单位进行合理的电力分配。

（3）实行计划供用电，提高电能利用率。工厂用电应按与地方电业部门达成的供用电协议，实行计划用电，电业部门可以对工厂采取必要的限电措施。工厂内部对各个部门也要下达指标实行计划用电。可以装表计来考核。

（4）实行“削峰填谷”的负荷调整。供电部门根据用户的不同用电规律，合理地、有计划地安排各用户的用电时间，以降低负荷高峰，填补负荷低谷（即“削峰填谷”）。可采取各工厂错开双休日，工厂里各车间错开工作时间等措施，提高供电能力，节约用电。

（5）加强电力设备的运行维护和管理。

9.1.3　节约用电的一般措施

1. 降低供电系统中的电能损耗

供电系统中损耗电能的主要设备元件是变压器和线路。为了减小变压器和线路中的电能损耗，必须正确选择变压器的型号、容量、数量，采取合理的运行方式以及正确地确定变配

电所的位置，必须合理选择电压等级，正确选择导线截面。

例如，电力变压器型号选择，采用冷轧钢片的新型低损耗 SL7 型变压器，其空载损耗比采用热轧钢片的老型号 SJL 变压器要低 1 倍左右。合理地选择变压器容量，使之接近经济运行状态。如果变压器的负荷率长期偏低，应更换小容量的变压器。

对不合理的供电系统进行技术改造，合理地选择变配电所所址，使变配电所尽量靠近负荷中心，减少线路电能损耗。合理地布线、选择导线截面，有效地降低线路损耗。

提高线路运行电压是降低线路中电能损耗的有效措施。如在相同截面下的导线，运行电压从 6kV 提高到 10kV，若输送相同容量的负荷，则电流可减小到原来电流的 $1/\sqrt{3}$，从而使线路中的电能损耗降低到原来电能损耗的 1/3。

2. 合理选择和使用用电设备

合理选择设备容量和使用设备，合理使用电动机和变压器，发挥设备潜力，提高设备的负荷率和使用效率，提高自然功率因数等均可以达到节能效果。如电动机，轻载运行时很不经济，可换较小容量的电动机。

3. 采用人工补偿装置，提高功率因数

提高功率因数，有利于节能。对发电厂来说，当用电设备消耗的有功功率一定时，功率因数愈低，则发电厂供给的视在功率就愈大，所需发电机的容量就愈大，变压器及其配电装置和线路的容量也必须加大，因而发输配电设施都不能充分利用，使发电设备的效率降低，提高了发电成本。对线路而言，当输送相同有功功率时，功率因数愈低，则所需无功功率愈大，从而线路中的电压损失也愈大，会使用电设备的正常运行受到影响。功率因数过低，不仅影响用电设备的正常运行，而且还会影响整个电力系统的经济运行。因此，提高功率因数是十分重要的。

9.2 提高功率因数的方法

在工厂企业中主要的用电设备是异步电动机和变压器。供电系统除了供给这些用电设备有功功率外，还要供给这些用电设备无功功率，使工厂企业的功率因数降低。

9.2.1 提高自然功率因数

为了提高工厂企业的功率因数，首先应当提高自然功率因数，其次采用人工补偿装置提高功率因数。提高工厂企业的自然功率因数，是从根本上降低电气设备需要的无功功率，不需要新的投资，所以是首先应当采取的积极办法。

1. 正确选择异步电动机的容量

工厂企业的运行经验表明，异步电动机的最高效率一般在负荷达到额定负荷时，功率因数最高，而空载时功率因数最低。因此，异步电动机的额定功率应当尽量接近于所拖动的机械负荷。将运行中的轻负荷电动机予以更换，选用合适的电动机代替，选择合适的电动机容量，使其平均负荷率接近其最佳值。

2. 将轻负荷电动机改变接线

在实际运行中，当异步电动机在轻负荷运行时，可以调换较小容量的电动机。但当由于各种原因而无法用小容量异步电动机调换时，可采用降低异步电动机电压的方法来减少其取用的无功功率。降低异步电动机电压的方法一般都采用改变电动机的内部接线，使异步电动机各绕组所承受的电压降低，从而减少异步电动机所取用的无功功率。

将异步电动机绕组三角形接法改接为星形接法，按此接法后，绕组工作电压降低到原来电压的 $1/\sqrt{3}$，因而功率和转矩都减少到原来的 1/3。因此，电动机的铁损相应减少。

异步电动机绕组的分组改接，当既不能调换较小容量的电动机，又不能将异步电动机绕组三角形接法改接为星形接法时，可以采用异步电动机绕组的分组改接方法，以降低异步电动机各段线圈上的工作电压。例如，可以将异步电动机绕组原为双路并联接法改为单路串联接法，使每段线圈上的工作电压降低 1/2，从而使铁损降低。

3. 限制异步电动机的空载

工厂企业异步电动机在工作中都可能有较长的空载运行时间。异步电动机空载运行电流较大，而且功率因数很低，因此若能够将空载运行的异步电动机从供电线路上切除，就可以减小无功功率，提高功率因数。

4. 提高异步电动机的检修质量

在工厂企业中，异步电动机检修质量的好坏，对其效率和功率因数有很大的影响，因此，检修时一定要保证质量，防止空气间隙增加，以免增大励磁电流，降低功率因数和效率。防止重绕电动机线圈时使匝数减少，否则其他条件不变也会使磁通量增加，从而使电动机需要的无功功率和空载电流增加，功率因数下降。

5. 变压器的合理使用

更换轻负荷的变压器，提高功率因数。工业企业在低负荷时间内，尽量将负荷集中，由一台或数台变压器供电，使每台变压器在最佳负荷率下运行，停运多余的变压器，以便减少无功功率和降低有功功率损耗。

当工厂企业中有多台车间变压器时，可以用低压联络线将变压器二次侧连接起来，以便在轻负荷时将部分轻载变压器切除，减少有功损耗和无功损耗，提高功率因数。

当工厂企业中变电所有多台变压器并联运行时，可以考虑变压器的经济运行，根据负荷的大小，决定投入运行的变压器台数。负荷较大时，投入运行的变压器台数多些，负荷较小时，投入运行的变压器台数少些，以使变压器的损耗最少。当然，在不影响供电可靠性的前提下，才能考虑变压器的经济运行。

9.2.2 采用人工补偿装置提高功率因数

采用降低各用电设备所需无功功率可以有效地提高工厂企业的自然功率因数，但还不能完全达到要求值，所以需要采用人工补偿装置，主要有同步补偿机和移相电容器。同步补偿机是一种专门用来改善功率因数的同步电动机，通过调节其励磁电流，可以起到补偿无功功率的作用。移相电容器是一种专门用来改善功率因数的电力电容器。由于移相电容器是一种静电电容器，消耗容性无功功率，当它与电网并联时，可以减少电网供给的无功功率，提高功率因数。移相电容器与同步补偿机相比，由于它无旋转部分，且具有安装简单，运行维护方便及有功损耗小等优点，所以移相电容器在工厂供电系统中得到广泛应用。下面重点进行介绍。

1. 移相电容器并联补偿的工作原理及补偿容量的计算

工作原理：在交流电路中，纯电阻负荷中的电流与电压同相；纯电感负荷中的电流滞后于电压 90°；而纯电容负荷的电流则超前于电压 90°；可见，电容中的电流与电感中的电流相差 180°，它们能够互相抵消。

电力系统的负荷大部分是电感性和电阻性的，因此总电流将滞后于电压一个角度 φ（功率因数角）。如果将移相电容器与负荷并联，则移相电容器的电流将抵消一部分电感电流，这样使电感电流减小，总电流也减小，功率因数将得到提高。

补偿容量的计算在第 2 章已介绍，在此略。

2. 移相电容器的接线

并联补偿的电力电容器大多采用 Δ 形接线。而低压并联电容器多数是做成三相的，内部已接成 Δ 形。

接成 Δ 形的优点是：三个电容器接成 Δ 形的容量是接成 Y 形容量的 3 倍。电容器采用 Δ 形接线时，任一电容器断线，三相线路仍可得到无功补偿，而采用 Y 形接线时，一相电容器断线时，断线相则将失去无功补偿。

其缺点是：电容器采用 Δ 形接线时，任一电容器击穿短路时，将造成三相线路的两相短路，短路电流非常大，有可能引起电容器爆炸。这对高压电容器特别危险。如果采用 Y 形接线，情况就不一样，短路电流就小多了，仅为正常工作电流的 3 倍，运行安全多了。因此高压电容器组宜接成中性点不接地 Y 形，容量较小时（450kvar 及以下）宜接成 Δ 形。低压电容器组一般都接成 Δ 形。电容器组一般装在成套的电容器柜内。

电容器从电网切除时，由于极板上仍然存有电荷，所以电容器两端有一定的残余电压，最高可达到电网电压的峰值，这对人是非常危险的。而且，由于电容器极间绝缘电阻很高，自行放电的速度很慢，为了尽快消除电容器极板上的电荷，所以并联电容器组必须装设与之并联的放电设备。

500V 及以下电容器组与其放电设备的连接方式，可以采用直接固接方式，也可采用电容器与电源断开后自动或手动投入放电设备的方式。低压电容器组用的放电设备一般采用白炽灯，如图 9.1 所示。

1000V 及以上电容器组与其放电设备的连接应采用直接固接方式。高压电容器组放电是利用电压互感器的一次绕组来放电，在电压互感器的二次绕组接白炽灯，如图 9.2 所示。

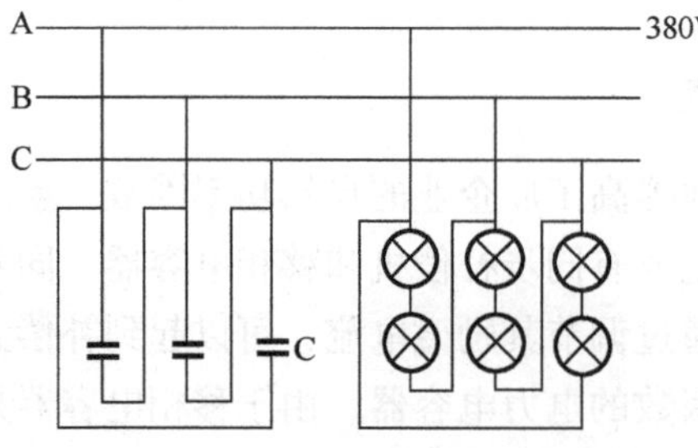

图 9.1　低压电容器组的接线

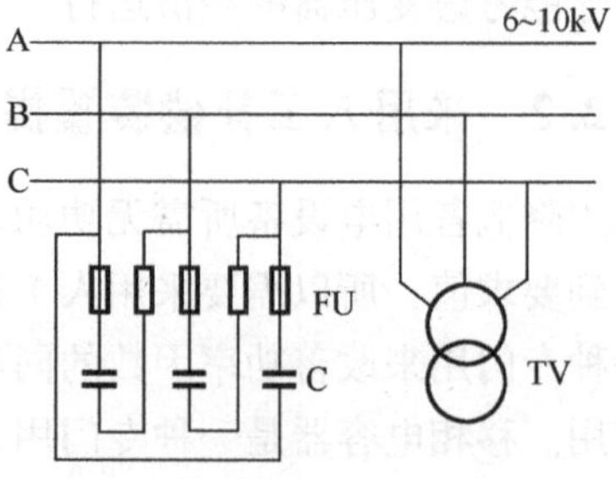

图 9.2　高压电容器组的接线

为了确保可靠放电，电容器组的放电回路中不得装设熔断器或开关，以免危及人身安全。

3. 移相电容器的装设地点

工厂企业内部移相电容器的补偿方式分高压侧和低压侧补偿，如图 9.3 所示。

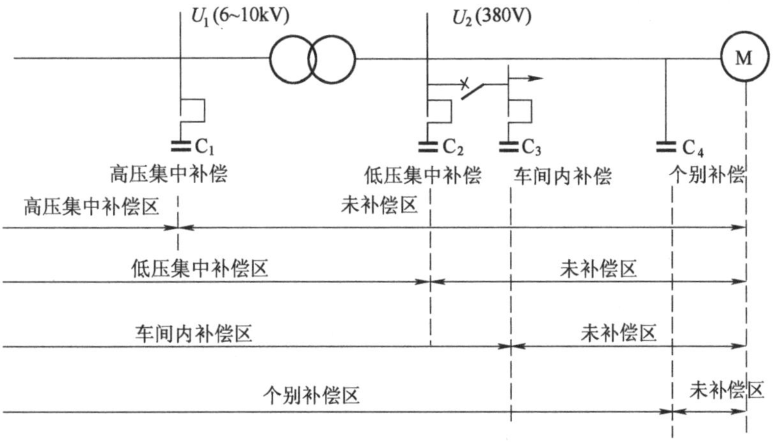

图 9.3　移相电容安装地点及补偿区域

(1) 高压侧补偿。高压侧补偿多采用集中补偿，将移相电容器组接在变电所的 6 ~ 10kV 母线上，一般根据电容器组容量的大小选配开关，对集中补偿的高压电容器利用高压断路器进行手动投切。电容器组的安装方式可根据台数多少设置在高压配电室或专用电容器室。

高压集中补偿的特点是电容器的利用率高，能减少供电系统及线路中输送的无功负荷，这种补偿方式的初投资较少，便于集中运行维护。但不能减少用户变压器和低压配电网络中的无功负荷。这种补偿可以满足工厂总功率因数的要求，所以在大中型工厂中广泛应用。

(2) 低压侧补偿。

① 变电所低压母线上的集中补偿。低压集中补偿是将低压电容器集中装设在车间变电所的低压母线上。这种补偿方式能补偿变电所低压母线前的变压器、高压线路及电力系统的无功功率，有较大的补偿区。这种补偿能减少变压器的无功功率，因而可使变压器容量选得较小，比较经济，运行维护方便，这种补偿方式在工厂中广泛应用。

对集中补偿的低压电容器组，可按补偿容量分组投切。可利用接触器进行分组投切或利用低压断路器进行分组投切。电容器组的安装一般设置在高低压配电室或低压配电室内。

② 电气设备的个别补偿。个别补偿是按照某一用电设备的需要来装设电容器，电容器直接接在用电设备的附近。通常电容器与用电设备共用一组开关，与电气设备同时投入或退出运行，如图 9.4 所示。这种电容器组通常利用用电设备本身的绕组电阻来放电。

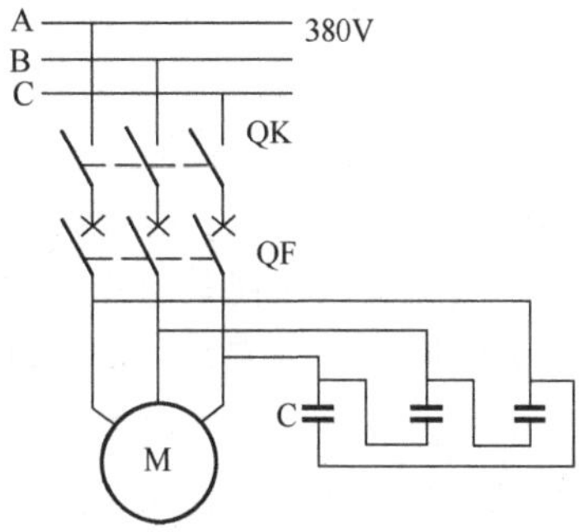

图 9.4　电动机旁个别补偿的接线

对个别补偿的电容器组，利用控制用电设备的断路器或接触器进行手动投切。

个别补偿的特点是使无功功率能做到就地补偿，从而减少了企业内部的配电线路、变压器、高压线路中的无功功率。个别补偿的补偿范围最大，补偿效果最好，但这种补偿投资大，且电容器只有在电气设备运行时才能投入，因此其利用率低，而且电容器安装在用电设备附近，往往受到剧烈的震动。个别补偿适合于负荷平稳、经常运转的大容量电动机，也适于容量小但数量多且是长期稳定运行的设备。对于高低压侧的无功功率补偿，仍宜采用高压集中补偿和低压集中补偿。

③ 车间内补偿。车间内补偿的电容器组接于车间配电盘的母线上，所以利用率比个别补偿大，同时能减少低压配电线路及变压器中的无功功率。

在工厂供电系统中，多是综合采用以上几种补偿方式，以求达到总的无功补偿要求，使工厂的电源进线处的功率因数不低于规定值。

4. 移相电容器的保护

移相电容器的主要故障是短路故障，一般为电容器组与断路器之间的连线上发生短路和电容器内部发生短路，它可造成相间短路。对于低压移相电容器和容量较小的（450kvar 及以下）高压移相电容器，可装设熔断器作为相间短路保护，对于容量较大的高压移相电容器，则需用高压断路器控制，装设过电流保护作为相间短路保护。

对于接成Δ形接线的高压电容器组，为防止电容器击穿时引起相间短路，所以Δ形接线的各边均接有高压熔断器保护。

当6～10kV 电容器组装在有可能出现过电压的场所时，需装设过电压保护。

当电容器组所接电网的单相接地电流大于 10A 时，应装设单独的单相接地保护装置。电容器组的单相接地保护与6～10kV 线路接地保护相似。当接地电流小于 10A 以及电容器与支架绝缘时，可以不装设接地保护。

5. 移相电容器的运行与维护

（1）电容器组的操作。为了保证电容器组的安全运行，电容器组的操作应遵守以下各项：

① 正常情况下全站停电操作时，应先拉开电容器开关，后拉开各路出线开关。恢复送电时，应先合上各路出线开关，后合上电容器组的开关。事故情况下，全站无电后必须将电容器开关拉开。

这是因为变电所母线无负荷时，母线电压可能较高，有可能超过电容器的允许电压，对电容器的绝缘不利。另外，电容器组可能与空载变压器产生共振而使过电流保护动作。因此应尽量避免无负荷空投电容器。

② 电容器组开关跳闸后不应抢送。保护熔丝熔断后，在未查明原因之前不准更换熔丝送电。

③ 电容器组禁止带电荷合闸，电容器组切除三分钟后才能进行再次合闸。

（2）运行中电容器组的巡视和检查。日常的巡视一般由变配电所的运行值班员进行。夏季的巡视在室温最高时进行，其他的巡视可在系统电压最高时进行。巡视时要注意观察电容器的外壳有无膨胀；有无漏油、喷油等现象；有无异常的声响及火花；示温蜡片的熔化情况等。值班员应检视其电压、电流和室温等，有无放电响声和放电痕迹，接头有无发热现象，放电回路是否完好，指示灯是否正常。

电容器组要定期停电检查。其检查内容是检查各部螺丝接点的松紧和接触情况，检查放电回路的完整性，检查风道的灰尘并清扫电容器的外壳、绝缘子及支架等处的灰尘，检查电容器的开关、馈线，检查电容器外壳的保护接地线，检查保护装置。

移相电容器在工厂供电系统正常运行时是否投入，视系统的功率因数和电压而定，如功率因数或电压过低，应投入。移相电容器是否切除，也视功率因数和电压而定，如电压偏高，应立即切除电容器。

当发生下列情况时，应立即切除电容器：

① 电容器爆炸。当电容器内部发生极间或极对外壳击穿时，与之并联运行的电容器组将对它放电，此时由于能量极大可能造成电容器爆炸。

② 接头严重过热。

③ 套管闪络放电。

④ 电容器喷油或燃烧。

⑤ 环境温度超过40℃。

如果变配电所停电，电容器也应切除，以免突然来电时母线电压过高，击穿电容器。

在切除电容器时，须从外观（如指示灯）检查其放电回路是否完好。电容器从电网切除后，应立即通过放电回路放电。高压电容器放电时间不短于5分钟，低压电容器的放电时间不短于1分钟。但对于故障电容器本身还应特别注意，其两极间还可能有残余电荷。这是因为故障电容器可能是内部断线或熔丝熔断，也可能是引线接触不良，这样在自动放电或人工放电时，它的残余电荷是不会被放掉的。所以，为确保人身安全，运行或检修人员在接触故障电容器前，应戴上绝缘手套，用短接导线将所有电容器两端直接短接放电。

本章小结

从我国电能消耗的情况来看，70%以上消耗在工业部门，所以工厂节能是个重点。通过科学的管理方法，采用降低系统电能损耗，合理选择和使用用电设备，提高功率因数等有效措施能够完善电能节约手段。

提高功率因数对电能的正常使用及电能质量很有帮助。

通过正确选择异步电动机的容量，改变轻负荷电动机的接线，限制异步电动机的空载，提高异步电动机的检修质量，合理使用变压器等措施来提高工厂企业的自然功率因数。采用同步补偿机和移相电容器可以进行人工补偿。

工厂企业内部移相电容器的补偿方式分高压侧补偿和低压侧补偿。

高压集中补偿方式初投资较少，运行维护方便，利用率较高，可以满足工厂总功率因数的要求，所以在大中型工厂中广泛应用。低压集中补偿能补偿变电所低压母线前的变压器、高压线路及电力系统的无功功率，有较大的补偿区。个别补偿的特点是使无功功率能做到就地补偿，补偿范围最大，补偿效果最好，但利用率低。适合于负荷平稳、经常运转的大容量电动机，也适于容量小但数量多且长期稳定运行的设备。

习　题　9

一、填空题

9.1　从我国电能消耗的情况来看，________以上消耗在工业部门。

9.2　实行“削峰填谷”的负荷调整，就是供电部门根据不同的用电规律，合理地、有计划安排各用户的用电时间，以降低________，填补________。

9.3　供电系统中损耗电能的主要设备元件是________和________。

9.4　节约用电的一般措施主要有____________________、__________________和__________________。

9.5　提高工厂的功率因数可采用人工补偿装置，主要有________和________。

9.6　电容器采用Δ形接线，当任一电容器击穿短路，将造成________________，有可能引起电容爆炸。

9.7　高压电容器组宜接成________________形，低压电容器组宜接成________形。

9.8　并联电容器组必须装设与之并联的________。

9.9　工厂企业内部移相电容器高压侧补偿多采用________，对集中补偿的高压电容器利用________进行手动投切。

9.10　高压电容器放电时间不低于________，低压电容器放电时间不低于________。

9.11　运行或检修人员在接触电容器前，应戴上________，用________将所有电容器两端直接短接放电。

二、判断题（正确的打√，错误的打×）

9.12　并联补偿的电力电容器大多采用接成Y形接线。(　　)

9.13　三个电容器接成Δ形，其电容量是接成Y形电容量的3倍。(　　)

9.14　低压电容器组的放电设备一般采用白炽灯。(　　)

9.15　电容器组的放电回路中不得装设熔断器或开关。(　　)

9.16　使用高压电容器组集中补偿的方式能够减少用户变压器和低压配电网的无功功率。(　　)

9.17　个别补偿使无功功率做到就地补偿，从而减少无功功率。(　　)

9.18　移相电容器的主要故障是击穿故障。(　　)

9.19　Δ形接线的高压电容器组各边均接有高压熔断器保护。(　　)

9.20　电容器组可以带电合闸。(　　)

9.21　如果变电所停电，电容器组也应切除。(　　)

三、技能题

9.22　变电所停电时如何操作电容器组？恢复送电时如何操作电容器组？

第10章　工厂供配电安全技术措施及检修仪表

内容提要

本章概述工厂供配电故障检修的安全技术措施，了解故障检验的仪器仪表，分析主变压器、断路器、电压互感器、避雷器、电容器、电气线路等主要设备的故障诊断方法和检修方法，并提供部分主要电气设备的故障检修实例。

10.1　电气维护及检修的安全技术措施

电气维护及检修的安全技术措施是保证检修人员人身安全、防止发生触电事故的重要措施。在全部停电或部分停电的电气线路或设备上进行工作，必须完成下列安全技术措施，同时也是操作步骤，即停电→验电→装设接地线→悬挂标示牌→装设遮栏。

10.1.1　停电

1. 工作地点必须停电的线路或设备

（1）需要进行检修的设备、线路。

（2）与工作人员在进行工作中正常活动范围小于表10.1所示的安全距离的设备。

（3）在44kV以下的设备上进行工作，上述安全距离大于表10.1的规定，但小于表10.2的规定，同时又无安全遮栏措施的设备。

（4）带电部分在工作人员后面或两侧无可靠安全措施的设备。

表10.1　工作人员正常活动范围与带电设备的安全距离

电压等级（kV）	安全距离（m）	电压等级（kV）	安全距离（m）
10以下	0.35	154	2.00
20~35	0.60	220	3.00
44	0.90	330	4.00
60~110	1.50		

表10.2　设备不停电的安全距离

电压等级（kV）	无遮栏时（m）	有遮栏时（m）	电压等级（kV）	无遮栏时（m）	有遮栏时（m）
0.4	0.1	0.1	110	1.50	1.00
6~10	0.7	0.35	220	3.00	2.00
20~35	1.00	0.60			

2. 停电要求

（1）停电操作时，要先停负荷侧开关，后停电源侧开关；先停高压侧开关，后停低压侧开关；先断开断路器，后拉开隔离开关；断开断路器时，要先拉开各支路，后拉开主进线断路器。

（2）有电容设备时，先断开电容器组开关，后断开各出线开关。

（3）设备要断电检修时，必须将各方面的电源都断开，且各方面至少有一个明显的断开点（如通过隔离开关分断）。为了防止反送电的可能，应将与断电检修设备有关的变压器和电压互感器从高低压两侧均断开。对于柱上变压器等，应将高压熔断器的熔丝管取下。

（4）断开的隔离开关手柄必须锁住，根据需要取下开关控制回路的熔丝管和电压互感器二次侧的熔丝管，放掉空气开关的气体，关闭其进气阀闭锁液压控制系统。

3. 线路作业应停电的范围

（1）需要检修线路的出线开关及联络开关。

（2）可能将电源反送至检修线路的所有开关（如自备发电机的联络开关）。

（3）在检修工作范围内的其他带电线路。

10.1.2 验电

已经停电的设备或线路可能由于误操作、反送电等原因，会有带电的可能，为确保停电的设备或线路确已停电，防止带电挂地线或作业人员接触带电部位，必须对其进行验电。验电的要求如下：

（1）待检修的电气设备或电气线路，在悬挂接地线之前，必须用验电器检验有无电压。

（2）验电工作应两人进行，一人工作，一人监护。要使用辅助安全用具，如戴绝缘手套，穿绝缘靴。作业人员与带电体要保持规定的安全距离。

（3）验电时，必须使用电压等级合适、经检验合格、在试验期限有效期内的验电器。

（4）高压验电必须穿绝缘靴、戴绝缘手套。35kV 及以上电压等级的电气设备，可使用绝缘验电杆验电，根据绝缘验电杆顶部有无火花和放电声音来判断有无电压。6～10kV 线路要用高压验电器验电，0.5kV 以下线路可用低压验电笔验电。

（5）线路的验电应逐项进行。联络开关或隔离开关检修时，要在开关两侧均验电。同杆架设的多层电力线路验电时，要先验低压线路，后验高压线路；先验下层线路，后验上层线路。

（6）表示设备断开的常设信号或标志，表示允许进入间隔的闭锁装置信号，以及接入的电压表和其他无信号指示，只能作为参考，不能作为设备无电的根据。

10.1.3 装设接地线

在工作的电力线路或设备上完成停电、验电工作以后，为了防止已停电检修的设备和线路上突然来电或产生感应电压造成人身触电，在检修的设备和线路上应装设临时接地线。

装设接地线的要求如下：

（1）验电之前，应先准备好接地线，并将接地端与接地网接好。当确定验电设备或线路上无电压后，应立即将检修的设备或线路接地并三相短路。这是防止突然来电或产生感应电压造成工作人员触电的可靠安全技术措施。

（2）对于可能送电至停电检修的设备或检修线路的各方面（包括线路的各支线）及可能产生感应电压的线路都要装设接地线，接地线应装设在工作地点可以看到的地方。工作人员应在接地线的保护范围以内工作。接地线与带电部分的距离应符合安全距离的规定。

（3）如整个检修作业线路能分为电气上不连接的几个部分（如分段母线以开关隔成几段），则各部分要分别装设接地线。接地线与检修作业线路之间不得经过隔离开关、熔断器、断路器等电气设备。

（4）室内配电装置检修时，接地线应装在该装置导电部分规定的地点，这些接地点不应有油漆。所有配电装置的接地点均应设有接地网的接线端子，接地电阻大小必须合格。

（5）临时接地线导线应使用多股软裸铜绞线，其截面应符合短路电流的要求，但不得小于25mm^2。接地线必须使用专用线卡固定在导体上，严禁使用缠绕的方法进行接地或短路。

（6）在高压回路上作业，需要拆除部分或全部接地线后才能工作的情况（如测量母线和电缆的绝缘电阻，检查开关触头是否同步开断和接通），需要经特别许可，如：

① 拆除一组接地线。

② 拆除接地线，保留短路线。

③ 拆除全部接地线或拉开全部接地刀闸等。

上述工作必须得到值班员或调度员许可后方可进行，工作完毕后立即将接地线恢复。

（7）每组接地线均应编号，并存放在固定地点。存放位置也应编号，接地线号码与存放位置的号码必须一致。每次装设接地线均应做好记录，交接班时要交待清楚。

（8）接地线必须定期进行检查、试验，合格后方可使用。

10.1.4 悬挂标示牌及装设遮栏

在可能送电至工作地点的电气开关上及作业现场等均应悬挂标示牌或装设遮栏。标示牌共有七种，其名称、悬挂处及式样如表10.3所示。标示牌的颜色要醒目，其作用是提醒警示作业人员及其他人员不得接近带电体，不得向正在工作的设备或线路送电，指明工作地点，指明接地位置等。严禁工作人员或其他人员在工作中随意移动标示牌，拆除遮栏和接地线。

表10.3 标示牌名称、悬挂处所与式样

序号	名称	悬挂处所	式样	
			尺寸（mm）	颜色
1	禁止合闸，有人工作！	一经合闸即可送电到施工设备的开关和隔离开关操作手柄上	200×100或80×50	白底红字
2	禁止合闸，线路有人工作！	线路开关和隔离开关手柄上	200×100或80×50	红底白字
3	在此工作！	室外和室内工作地点或施工设备	250×250	绿底白圆圈中黑字
4	止步，高压危险！	施工地点临近带电设备的遮栏上，室外工作地点的围栏上，禁止通行的过道上，高压试验地点，室外架构上，工作地点临近带电设备的横梁上	250×200	白底红边黑字有红色危险标志
5	从此上下	工作人员上下的铁架或梯子上	250×250	绿底白圆圈中黑字
6	禁止攀登，高压危险！	工作人员上下的铁架附近，可能上下的其他铁架上，运行中的变压器梯子上	250×200	白底红边黑字
7	已接地！	悬挂在已接地的隔离开关操作手柄上	240×130	绿底黑字

10.2 检修仪表

10.2.1 常用检修仪表

1. 电流电压的测量

（1）电流表。电流表用来测量电路中的电流大小，为了使电流表的接入不影响电路的原始状态，电流表本身的内阻抗要尽量小。电流表按其量程的不同，又可分为安培表、毫安表和微安表等。还有一种电流表，不是用来测量电流的大小，是专门检测电流的有无，称为检流计。在比较法测量中，检流计作为指零仪而得到广泛的应用。

（2）钳形电流表。通常在测量电流时需将被测电路断开，才能利用电流表测量电路的电流。为了在不断开电路的情况下测量电流，可使用钳形电流表。

用来测量交流电流的钳形电流表是由电流互感器和电流表组成的，如 T301、MG24 等。其外形如图 10.1 所示。

当握紧扳手时，电流互感器的铁芯可以张开（如图 10.1 中虚线位置所示），然后将被测电流的导线卡入钳口作为电流互感器的原边线圈。放松扳手，使铁芯的钳口闭合后，接在副边线圈上的电流表便指示出被测电流的大小。表的量程由图中转换开关 K 进行切换。

还有一种交、直流两用的钳形表，它是用电磁系测量机构做成，例如 MG20、MG21 等，结构示意图如图 10.2 所示。卡在铁芯钳口中的被测电流导线相当于电磁系机构中的线圈，在铁芯中产生磁场。位于铁芯缺口中间的可动铁片受此磁场的作用而偏转，从而带动指针指示出被测电流的数值。

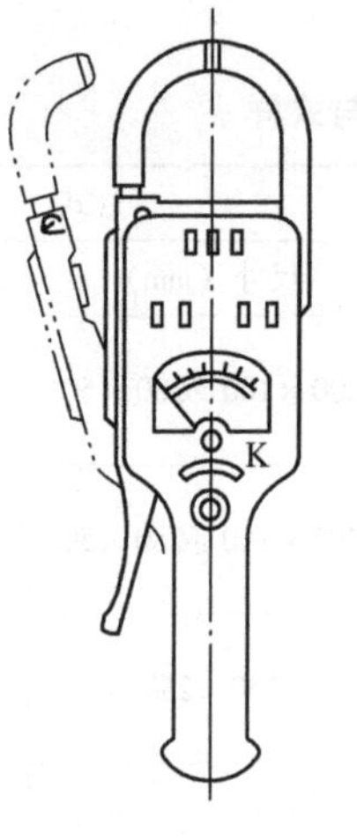

图 10.1 交流钳形表的外形

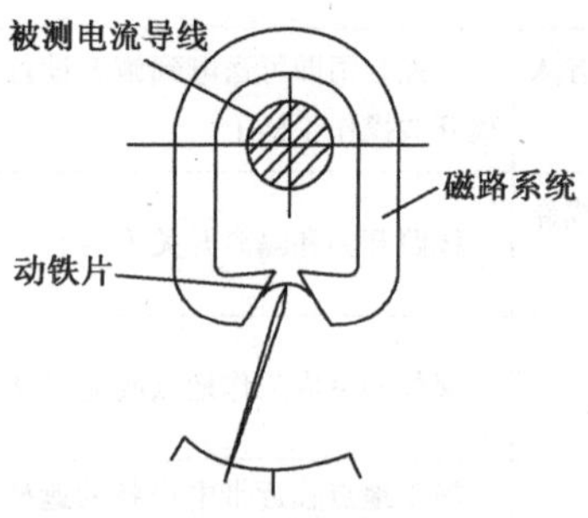

图 10.2 交直流钳形表结构示意图

（3）电压表。电压表用来测量电路中电压的大小。为了不影响电路的工作状态，电压表本身的内阻抗要尽量大，或者说与负载的阻抗相比要足够大，以免由于电压表的接入而使被测电路的电压发生变化，形成不能允许的误差。按电压表的量程可分为伏特表、毫伏表等。

（4）万用表。万用表是一种多功能的便携式电工仪表，用以测量交、直流电压、电流、直流电阻以及其他各种物理量。

万用表主要由磁电系仪表的测量机构与整流器构成，测量电阻时，使用内部电池做电源，采用电压、电流法的原理测量；测量电流用并联电阻分流以扩大量程，测量电压时，采用串联电阻分压的方法以扩大电压量程。目前，万用表正逐步向数字式方向发展。

2. 电阻的测量

（1）直流单臂电桥。直流单臂电桥又称为慧斯登电桥。其原理电路如图 10.3 所示。电阻 R_x、R_2、R_3、R_4 接成四边形，在四边形的一个对角线 ab 上经按钮开关 B 接入直流电源 E，在另一个对角线 cd 上接入检流计 G 作为指零仪表。接通按钮开关 B 后，调节标准电阻 R_2、R_3、R_4，使检流计的指示为零，即使电桥平衡，则被测电阻 R_x 的数值即可根据已知的标准电阻 R_2、R_3、R_4 算出。

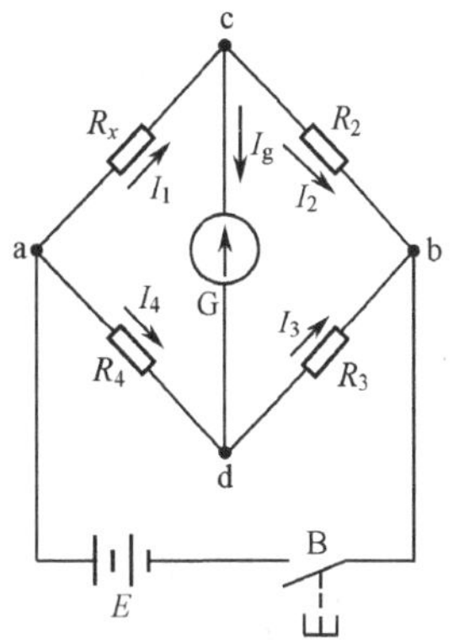

图 10.3　直流单臂电桥原理图

图 10.3 中当电桥平衡时，$I_g=0$，即检流计两端 c 和 d 点的电位相等，因此有：

$U_{ac}=U_{bd}$　　即 $I_1R_x=I_4R_4$

$U_{cb}=U_{db}$　　即 $I_2R_2=I_3R_3$

两式相比，$I_1=I_2$，$I_3=I_4$，可得：

$$R_x=\frac{R_2}{R_3}R_4$$

电阻 R_2 和 R_3 的比值 R_2/R_3 常配成固定的比值，称为电桥的比率臂，而电阻 R_4 称为比较臂。在测量时可根据对被测电阻的粗略估计选取一定的比率臂，然后调节比较臂使电桥平衡，则比较臂的数值乘上比率臂的倍数就是被测电阻的数值。图 10.4 所示为 QJ23 型直流单臂电桥面板设置图。

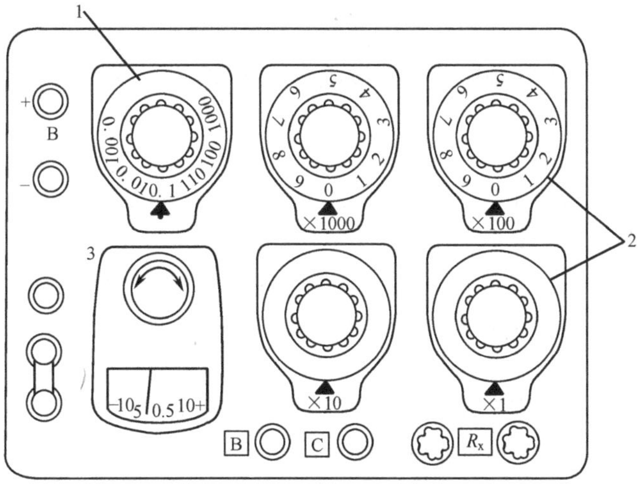

1—倍率旋钮；2—比较臂读数盘；3—检流计

图 10.4　QJ23 型直流单臂电桥面板设置图

（2）直流双臂电桥。直流双臂电桥又称凯尔文电桥，它可以消除接线电阻和接触电阻的影响，是一种专门用来测量小电阻的电桥。

图 10.5 为直流双臂电桥面板设置图。

为减小测量小电阻时的误差，被测电阻的电流端钮与电位端钮应和双臂电桥的对应端钮

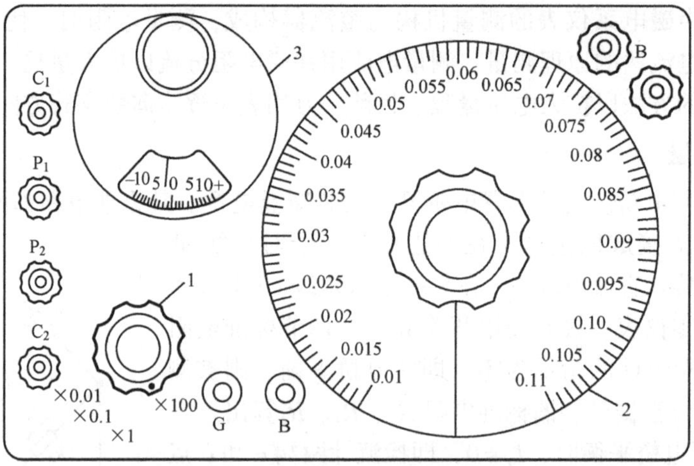

1—倍率旋钮；2—标准电阻读数盘；3—检流计

图 10.5　直流双臂电桥面板设置图

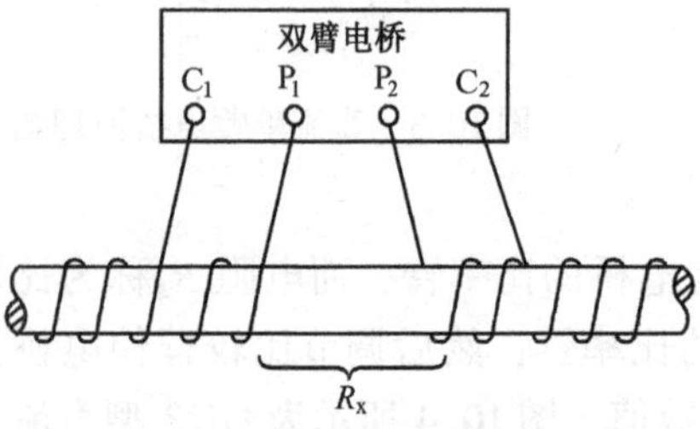

图 10.6　被测电阻的连接方法

正确连接。当被测电阻没有专门的电位端钮和电流端钮时，也要设法引出四根线和双臂电桥相连接，并用靠近被测电阻的一对导线接到电桥的电位端钮 P_1、P_2上，外侧端子接到电流端钮 C_1、C_2上，如图 10.6 所示。连接导线应尽量用短线和粗线，接头要接牢。由于双臂电桥的工作电流较大，所以测量要迅速，以避免电池的无谓消耗。

（3）兆欧表。兆欧表是一种专门用来测量绝缘电阻的可携式仪表，在电气安装、检修和试验中应用十分广泛。兆欧表和其他仪表不同的地方是它本身带有高压电源，这对测量高压电气设备的绝缘电阻是十分必要的。因为在低压下测量出来的绝缘电阻值并不能反映在高压工作条件下真正的绝缘电阻值。

① 兆欧表的选择。兆欧表的额定电压应根据被测电气设备的额定电压来选择。一般来说，额定电压为500V 以下的设备，选用500V 或1000V 的兆欧表；额定电压在500V 以上的设备，则选用 1000V 或 2500V 的兆欧表。

② 使用前的检查。使用前应检查兆欧表是否完好。首先，将兆欧表的端钮开路，摇动手柄达到发电机的额定转速，观察指针是否指示“∞”；然后，将“地”（E）和“线”（L）端钮短接，摇动手柄，观察指针是否指示“0”。如果指针指示不对，应修理后再使用。

③ 安全事项。不可在设备带电的情况下测量其绝缘电阻，对具有电容的高压设备在停电后还必须进行充分的放电，然后才可测量。

④ 测量接线方法。测量时，将被测电阻接在端钮“线”（L）和“地”（E）之间。在相对湿度大于 80% 的潮湿天气时，电气设备引出线瓷套表面会凝结一层极薄的水膜，造成表面泄漏通道，使绝缘电阻值明显降低，此时应在引出线瓷套上装设保护环线接到兆欧表屏蔽端子（G）。正确的接线如图 10.7 所示，护环线应接在靠近兆欧表火线所接的瓷套端子，远离接地部分，以免造成兆欧表过载，使端电压急剧降低，影响测量结果。

⑤ 手摇发电机的操作。在测量开始时，手柄的摇动应该慢些，以防止被测绝缘损坏或有短路现象时损坏兆欧表。测量时，手柄的转速应尽量接近发电机的额定转速（约

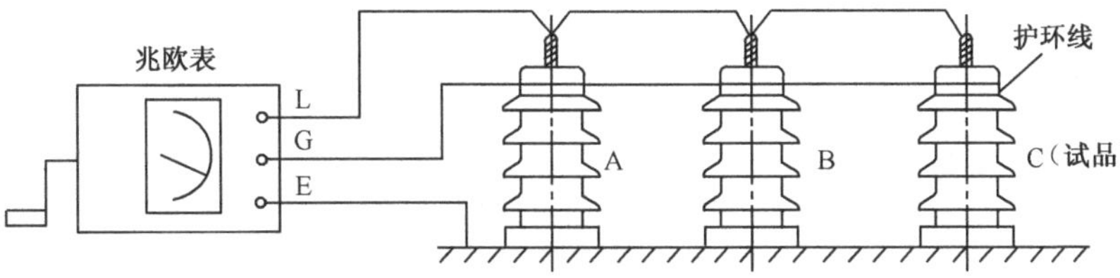

图 10.7　测量绝缘电阻时护环位置的接线

120r/min)。如果转速太慢，则发电机的电压过低，兆欧表的转矩很小，给测量结果带来额外的误差。

(4) 接地电阻测量仪。接地电阻测量仪是专门用于直接测量接地电阻的指示仪表。使用接地电阻测量仪时要注意以下几点：

① 测量前将仪表放平，然后调零，使指针指在红线上。

② 三端钮式测量仪的接线如图 10.8（a）所示，即将被测接地体 E′和端钮 E 连接，电位探针 P′和电流探针 C′分别与端钮 P、C 连接后，沿直线相距 20m 插入地中。四端钮测量仪接线如图 10.8（b）所示。

③ 将“倍率”开关放在最大倍数上，缓慢摇动发电机的手柄，同时转动“测量标度盘”以调节内阻 R_S，直至指针停在红线处。当检流计接近平衡时，即加快发电机的转速至额定转速（120r/min），调节“测量”标度盘，使指针稳定地指在红线位置，即可读数。

④ 如测量刻度盘的读数小于 1，应将“倍率”开关放在较小的一挡，重新测量。

⑤ 被测接地电阻小于 1Ω 时，为了消除接线电阻和接触电阻的影响，宜采用四端钮测量仪，测量接线如图 10.8（c）所示。

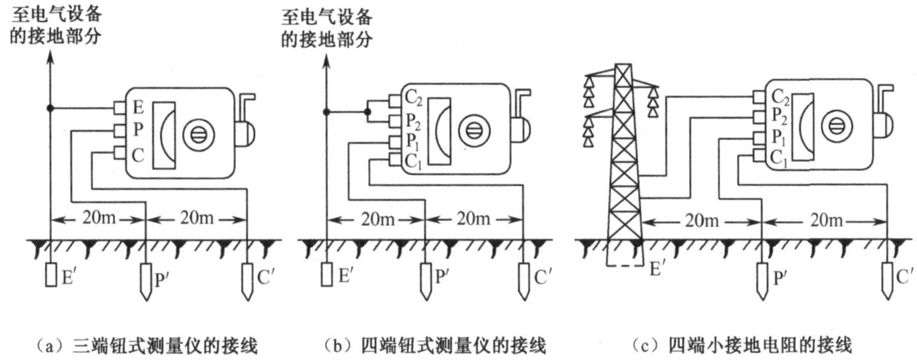

图 10.8　接地电阻测量仪的接线

10.2.2　特殊检修仪表

有些场合的故障，用一般的仪表无法检测，如电力电缆的故障，特殊电力设备的故障等，这种场合应使用特殊仪表进行检修。下面介绍部分常用的特殊检修仪表，其他的特殊仪表请参看相关的资料。

1. 数字频率计

数字频率计是测量周期变化的电压、电流信号频率或周期的测量仪器。

2. 电缆故障测试仪

(1) 闪测仪。寻测电缆故障时，先在电缆一端对故障相加高压，用闪测仪进行粗测，故障点一旦被击穿，屏幕上即显示电缆故障点到测试端的距离波形。

① 直流高压闪络测量法。适用于闪络性故障和电阻值极高的故障测量，接线如图 10.9 所示。

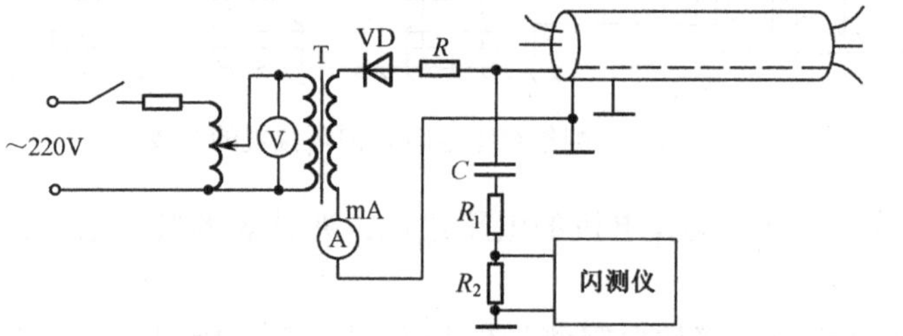

图 10.9　直流高压闪络测量法接线

② 电感冲击高压闪络测量法。适用于高阻泄漏故障和一般高阻故障的测量，接线如图 10.10 所示。

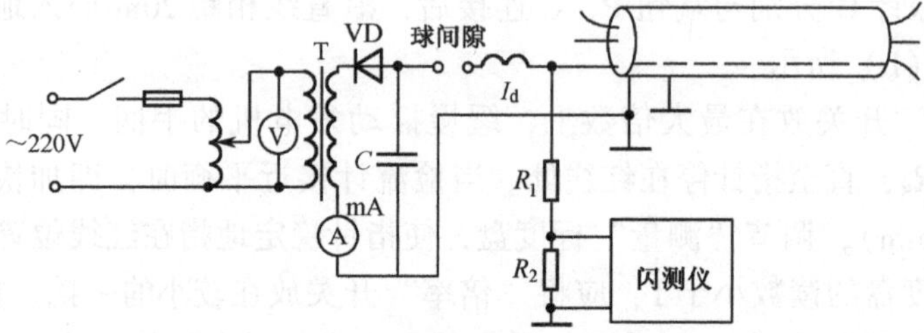

图 10.10　电感冲击高压闪络测量法接线

③ 电阻冲击高压闪络测量法。适用于在电感冲击闪络测量时波形不好的场合，接线如图 10.11 所示。

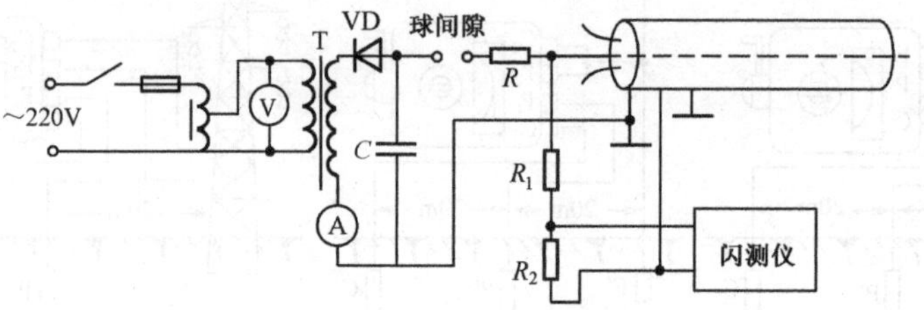

图 10.11　电阻冲击高压闪络测量法接线

（2）路径仪。路径仪是闪测仪的配套设备，主要用于测量埋地电缆的走向和深度。它是根据感应法（音频法）定点的原理制成的。

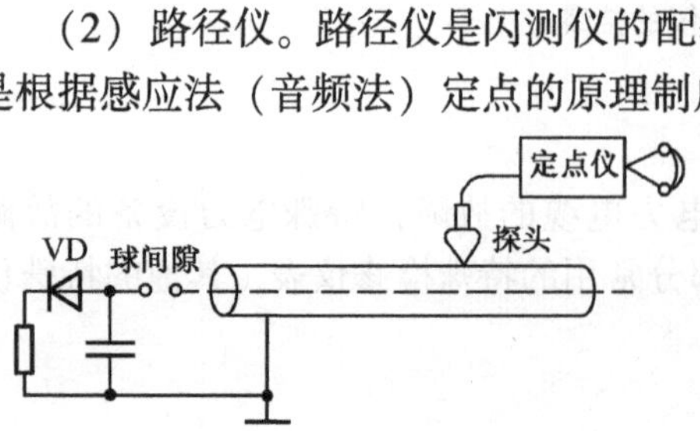

图 10.12　定点仪测量方法

（3）定点仪。沿已知埋设电缆的走向，在粗测距离范围内，可用定点仪进行准确定点。定点仪采用冲击放电声测法的原理制成，测量方法如图 10.12 所示。

在故障电缆一端的故障相上加直流高压或冲击高压，使故障点放电，定点仪的压电晶体探头接收故障点的放电声波并把它变成电信号，经放大后，再用耳机还原成声音。找出声音最响的位置，即为故障点的准确位置。

3. 示波器

示波器能直接观测电压随时间变化的波形；还能测量频率、相位等；利用换能器还能将应变、加速度、压力等其他非电量转换成电压进行测量。

10.3 电力设备的红外诊断

10.3.1 电力设备故障红外诊断的原理和特点

电力系统的各种设备中，往往由于出现故障而导致设备运行的温度状态发生异常，因此通过监视电力设备的这种温度状态的变化，可以对设备故障做出诊断。

1. 电力设备状态红外监测

在电力系统的各种电气设备中，导流回路部分存在大量接头、触头或连接件，如果由于某种原因引起导流回路连接故障，就会引起接触电阻增大，当负荷电流通过时，必然导致局部过热。如果电气设备的绝缘部分出现性能劣化或绝缘故障，将会引起绝缘介质损耗增大，在运行电压作用下也会出现过热；具有磁回路的电气设备，由于磁回路漏磁、磁饱和或铁芯片间绝缘局部短路造成铁损增大，会引起局部环流或涡流发热；如避雷器和交流输电线路绝缘瓷瓶，因故障而改变电压分布状况或增大泄漏电流，同样会导致设备运行中出现温度分布异常。许多电力设备故障往往都以设备相关部位的温度或热状态变化为征兆表现出来。

使用适当的红外仪器检测电力设备运行中发射的红外辐射能量，并转换成相应的电信号，再经过专门的电信号处理系统处理，就可以获得电力设备表面的温度分布状态及其包含的设备运行状态信息。这就是电力设备运行状态红外监测的基本原理。由于电力设备不同性质、不同部位和严重程度不同的故障，在设备表面不仅会产生不同的温升值，而且会有不同的空间分布特征，所以，分析处理红外监测到的上述设备运行状态信息，就能够对设备中潜伏的故障或事故隐患属性、具体位置和严重程度做出定量的判定。

2. 电力设备故障红外诊断的技术特点

与传统的预防性试验和离线诊断相比，红外诊断方法具有以下的技术特点。

（1）不接触，不停运，不解体。由于电力设备故障的红外诊断是在运行状态下，通过监测设备故障引起的异常红外辐射和异常温度来实现的，也就是通过红外辐射测温来获取设备运行状态和故障信息的，所以，红外诊断方法是一种遥感诊断方法。在监测过程中，始终不需要与运行设备直接接触，而是在与设备相隔一定距离（通常在5m以外）的条件下监测。所以，红外监测时可以做到不停电、不改变系统的运行状态，从而可以监测到设备在运行状态下的真实状态信息，并可保障操作安全，大大提高了设备的运行效率。

（2）可实现大面积快速扫描成像，状态显示快捷、灵敏、形象、直观。当使用成像式红外仪器检测时，能够以图像的形式，直观地显示运行设备的技术状态和故障位置。只要在适当位置用红外热像仪扫描一周，则可初步找出有故障的设备。如果进一步对初步扫描中发现的异常状态设备进行详细检测与分析，则能够在现场得到与设备故障相应的特征性红外热像图、温度分布情况及温度量值。

另外，由于红外检测的响应速度快，红外诊断器普遍有很高的数据采集速度，一台先进的红外热像仪每秒可采集和存储百万个温度点。因此，红外检测方法不仅能够进行温度的瞬态变化研究和大范围设备温度变化的快速实时检测，而且当被测设备与监测仪器做高速相对运动时，仍能完成检测任务。与以往检测高压输电线路接头连接故障及劣化绝缘子的传统的人工徒步观测和登杆塔检测方法相比，不仅大大提高了检测效率，而且降低了劳动强度，同时又可以不受地理环境条件的限制。例如，当红外热像仪装在直升机上进行检测时，能够以(50～70)km/h 的速度检测高压输电线路上所有接头、连接件和线路绝缘子串瓷瓶出现的故障。

（3）红外诊断适用面广，效益、投资比高。原则上，红外成像监测几乎能够适用于高压电气设备中大多数故障的监测。由于红外监测是设备运行状态的在线监测，不影响设备正常运行，不停电，增加了设备的可使用时间和运行有效性，延长了设备的使用寿命和无故障工作时间。因此普遍认为，红外诊断的效益、投资比之高是它的一个突出特点。因为任何一台关键性电力设备因突发事故毁坏所带来的设备损失和停电造成的电力用户间接经济损失，都会远远超过红外诊断仪器投资的许多倍。

（4）易于进行计算机分析，促进智能化诊断发展。目前的红外成像诊断仪器普遍配备微型电子计算机图像分析系统和各种处理软件，不仅可以对监测到的设备运行状态进行分析处理，并可根据对设备红外热图像有关参数进行计算和分析处理，迅速给出设备故障属性、故障部位及严重程度的定量诊断。而且可以把历次检测得到的设备运行状态参数或图像资料存储起来，建立设备运行状态档案数据库，供管理人员随时调用，便于对设备进行科学化管理和剩余使用寿命的预测，也有利于最终实现电力设备故障诊断的智能化。

由于红外检测到的是设备在运行中的真实技术状态，它通过每一台设备在运行中的温度场分布信息给出各设备整体或局部的技术状态。因此，当把所有设备在运行中的温度场分布信息存入电子计算机后，设备管理人员就可以对管辖的所有设备运行状态实施温度管理，并根据每台设备的状态演变情况有目的地进行维修。而且，通过红外诊断还可以评价设备的维修质量。

（5）存在问题。就目前发展水平而言，红外诊断的主要不足在于：

① 标定较困难。尽管红外诊断仪器的测温灵敏度很高，但因辐射测温准确度受被检测设备表面反射率及环境条件（气象条件等）的影响较大，所以，当需要对设备温度状态做绝对测量时，必须认真解决测温结果的标定问题。

② 对于一些复杂的大型热能动力设备和高压电器设备内部的某些故障诊断，目前尚存在若干困难，甚至还难以完成运行状态的在线监测，需要在退出运行的情况下进行检测，或者需要配合其他常规方法做出综合诊断。

10.3.2 红外诊断的仪器及选用

1. 红外测温仪

红外测温仪是一种非成像的红外温度检测与诊断仪器，它只能测量设备表面上某点周围确定面积的平均温度，因此，又称红外点温计。在要求精度测量设备表面二维温度分布的情况下，与其他红外诊断仪器相比，具有结构简单、价格便宜、使用方便等优点。其缺点是检测效率低，容易出现较大测量误差。

2. 红外行扫描器

红外行扫描器要比用红外测温仪做二维扫描更加合理，并可在电力设备故障红外诊断或零部件内部缺陷红外无损检验中得到应用。

3. 红外热像仪

红外热像仪是利用光学精密机械的适当运动，完成对目标的二维扫描并摄取目标红外辐射而成像的装置。这种成像系统大体上可分为两类：一类用于军事目标成像的红外前视系统，只要求对目标清晰成像，不需要定量测量温度；另一类是工业、医疗、交通和科研等民用领域使用的红外热像仪，它在很多场合不仅要求对物体表面的热场分布进行清晰成像，而且还要给出温度分布的精确测量。

4. 红外热电视

红外热电视是用电子束扫描成像的一类标准电视制式红外成像装置，具有与光机扫描红外热像仪类似的功能。

由于红外热电视采用电子束扫描，无高速运动的精密光机扫描装置，制造和维修相对较容易，适合批量生产，加上热释电摄像管可在室温下工作，不需制冷。所以红外热电视不仅结构轻巧，使用方便，而且设备投资少，使用费用低。尽管它的某些性能指标还不能与红外热像仪相媲美，但作为一种简易红外成像检测仪器，在电力设备故障的普查或在对温度分辨率及测温精度要求不太高的应用场合，红外热电视仍有较广泛的使用价值。

本章小结

电气维护及检修的安全技术措施是保证检修人员人身安全、防止发生触电事故的重要措施。在全部停电或部分停电的电气线路或设备上进行工作，必须完成下列安全技术措施，同时也是操作步骤，即停电→验电→装设接地线→悬挂标示牌→装设遮栏。

常用的故障检修仪表有电压表、电流表、万用表、钳表、单双臂电桥、兆欧表等，特殊检修仪表有数字频率计、闪测仪、路径仪、定点仪、示波器等。电力设备故障红外诊断的技术与传统的预防性试验和离线诊断相比，不接触、不停运、不解体；可实现大面积快速扫描成像，状态显示快捷、灵敏、形象、直观；适用面广，效益、投资比高；易于进行计算机分析，促进向智能化诊断发展。常用红外诊断的仪器有红外测温仪、红外行扫描器、红外热像仪和红外热电视等。

习　题　10

一、填空题

10.1　检修的安全技术步骤是________→________→________→________→________。

10.2　设备停电，必须将各方面的电源断开，且各方面至少有一个明显的________。

10.3　验电工作应两人进行，一人____________，一人____________，使用辅助安全用具，如____________，____________，人与带电体保持规定的安全距离。

10.4　验电之前，应先准备好____________，并将____________与____________接好。

10.5　同杆架设的多层电力线路验电时，先验________，后验________；先验________，后验________。

10.6　在工作的电力线路或设备上完成停电、验电工作以后，为了防止已停电检修的设备和线路上突然来电或感应电压造成人身触电，在检修的设备和线路上，应装设____________。

10.7　在一经合闸即可送电到施工设备的开关和隔离开关操作手柄上应悬挂________________标示牌。

10.8　35kV 及以上电压等级的电气设备，使用________________验电；6～10kV 要用________验电；0.5kV 以下线路可用________验电。

10.9　直流双臂电桥是一种专门用来测量________的电桥。

二、判断题（正确的打√，错误的打×）

10.10 验电时，必须使用电压等级合适、经检验合格、在试验期限有效期内的验电器。（ ）

10.11 接地线与检修作业线路之间不得经过隔离开关、熔断器、断路器等设备。（ ）

10.12 一般来说，额定电压在500V以上的设备，应选用1000V或2500V的兆欧表。（ ）

10.13 表示设备断开的常设信号或标志，表示允许进入间隔的闭锁装置信号等，能够作为设备无电的根据。（ ）

10.14 直流单臂电桥又称为凯尔文电桥。（ ）

10.15 临时接地线导线其截面应符合短路电流的要求，但不得小于$25mm^2$。（ ）

10.16 6～10kV电压等级要用高压验电杆验电。（ ）

10.17 在已接地的隔离开关操作手柄上应悬挂“已接地”的标示牌。（ ）

三、技能题

10.18 停电时如何操作各级开关？

10.19 画出使用接地电阻测试仪测试接地电阻的流程图。

第11章　实训指导

内容提要

本章主要介绍工厂供配电系统的相关实践技能训练，从实训的一般要求、实训步骤到综合实训方法均给以详细介绍。

11.1　实训须知

1. 实训目的

实训是教学过程中的一个重要环节，对培养工厂供配电操作规程、操作技能和故障检修能力具有极大的铺垫作用。

进行实训的目的是：

（1）配合理论教学，使学生增加供电方面的感性知识，巩固和加深供电方面的理性知识，提高课程教学质量。

（2）培养学生学习使用各种常用仪器仪表，熟练掌握供电电器结构和功能，掌握供电电路连接、故障分析和修理的技能，并培养其分析处理实训数据和编写报告的能力。

（3）培养严肃认真，细致踏实，重视安全的工作作风和团结协作，注意节约，爱护公物，讲究卫生的优良品质。

2. 实训要求

（1）每次实训前，必须认真预习实训指导书有关实训内容，明确实训规范、任务、要求和步骤，复习与本次实训有关理论知识，分析实训线路，明确实训注意事项，以免在实训中出现差错或发生事故。

（2）每次实训时，首先要检查设备仪表是否齐备、完好、适用，了解其型号、规格和使用方法，并按要求抄录有关铭牌数据。然后按实训要求和实训内容合理安排设备仪表位置，接好线路。实训者自己先行检查无误后，再请指导教师检查。只有指导教师检查认可后方可合上电源。

（3）实训中，要做好对实训现象、实训数据的观测和记录，要注意仪表指示不宜太大和太小。如果指示太大，超过了满刻度，可能损坏仪表；如果仪表指示太小，读数又有困难，且误差太大。仪表的指示以在满刻度的1/3至3/4之间为宜。因此实训时要正确选择仪表的量程，并在实训过程中根据指示情况及时调整量程，调整量程时应切断电源。由于实训中要操作、读数和记录，所以同组同学要适当分工，互相配合，以保证实训顺利进行。

（4）在实训过程中，要注意有无异常现象发生。如发现异常现象，应立即切断电源，分析原因，待故障排除后再继续进行实训。实训中，特别要注意人身安全，防止发生触电事故。

（5）实训内容全部完成后，要认真检查实验数据是否合理和有无遗漏。实验数据需经指导教师检查认可后，方可拆除实训线路。拆除实训线路前，必须先切断电源。实训结束后，应将设备、仪表复归原位，并清理好导线和实训桌面，做好周围环境的清洁卫生。

3. 实训报告

每次实训之后，都要进行实训总结，撰写实训报告，以巩固实训效果。

实训报告应包括下列内容：

（1）实训名称，实训日期，班级，实训者姓名，同组者姓名。

（2）实训任务和要求。

（3）实训设备。

（4）实训线路。

（5）实训数据、图表。实训数据均取 3 位有效数数字，按 GB8170 – 87《数值修约规则》的规定进行数字修约。绘制曲线必须用坐标纸，坐标轴必须标明物理量和单位，曲线必须连接平滑。

（6）对实训结果进行分析并回答实训指导书所提出的思考题。

11.2 高压电器认识实训

1. 实训目的

（1）通过对各种常用的高压电器解体进行观察，了解它们的基本结构、动作原理、使用方法及主要技术性能等。

（2）通过对有关高压开关柜结构及内部设备的观察，了解其基本结构、柜内主接线方案、主要设备的布置及开关的操作方法等。

（3）通过拆装高压少油断路器，进一步了解其内部结构和工作原理，着重了解其灭弧结构和灭弧工作原理。

2. 实训设备

有供实训观察和拆装的各种常用的高压电器（包括 RN_1、RN_2型高压熔断器，RW 型跌开式熔断器，10kV 电压等级高压隔离开关、高压负荷开关、高压断路器及各型操动机构）和高压开关柜（固定式或手车式），并有供拆装的未装油的高压少油断路器。

如限于实训设备条件无法开设本实训时，可通过录像教学或现场参观等方式予以弥补。

3. 高压电器的观察研究

（1）观察各种高压熔断器（包括跌开式熔断器），了解其结构，分析相关工作原理，掌握其保护性能和使用方法。

（2）观察各种 10kV 电压等级高压开关（包括隔离开关、负荷开关和断路器）及其操动机构的结构，了解相关电器工作原理、性能和使用操作要求、操作方法。

（3）观察各种高压电流互感器和电压互感器，了解其结构、工作原理和使用注意事项。

（4）观察高压开关柜，了解其结构、主接线方案和主要设备布置，并通过实际操作，掌握其运行操作方法。对“防误型”开关柜，了解其如何实现“五防”要求。

4. 高压少油断路器的拆装和整定

（1）观察高压少油断路器的外形结构，记录其铭牌型号和规格。

（2）拆开断路器的油筒，拆出其中的导电杆（动触头）、固定插座（静触头）和灭弧室等，了解它们的结构和装配关系，着重了解其灭弧工作原理。

（3）根据工艺要求组装复原断路器，确认无误后进行三相合闸同时性的检查，并根据检查结果调整触头位置。通过该项实验检验组装效果，掌握高压少油断路器通电合闸的实训要求和实训步骤。

5. 思考题

（1）高压隔离开关、高压负荷开关和高压断路器在结构、性能和操作要求方面各有何特点？

（2）电流互感器的外壳上为什么要标上“副线圈工作时不许开路”等字样？

（3）为什么要进行高压断路器三相合闸同时性的检查和整定？

11.3 低压电器认识实训

有供实训观察和拆装的各种常用低压电器（包括各型低压熔断器、刀开关、刀熔开关、负荷开关、低压断路器）和低压配电屏（固定式或抽屉式）。

低压断路器（即自动开关、空气自动开关）是工厂供配电系统低压系统中主要控制设备，它担负着接通和断开正常低压电路及在短路或过负荷故障条件下迅速自动切断故障电路的任务，所以低压断路器性能的好坏，脱扣器的选择、整定是否合适，将直接影响低压供电系统的安全性和可靠性。

低压断路器的类型很多，工厂供配电系统中常用的有两种，即框架式（DW 型）和塑壳（DZ 型）式，即使同一种类型也有许多不同规格，限于实验室条件，以下主要对 DZ10－100 型低压断路器内部结构和脱扣器的整定进行分析及通电实训。

1. 实训目的

（1）了解塑壳式 DZ10－100 型低压断路器的主要结构及各组成部分。

（2）了解低压断路器各种脱扣器的动作原理及其整定实训方法。

2. 实训设备

DZ10－100/311，DZ10－100/320	各 1 台
三相调压器	1 台
升流器（单相）	1 台
电流互感器	1 台
交流电流表	1 块
连接导线和工具	若干

3. 实训内容及方法

（1）低压断路器内部结构剖析。

① 剖析要点。

a. 低压断路器的导电部分，包括动、静触头。

b. 低压断路器的灭弧装置。

c. 各种脱扣器的结构、工作原理，整定部位和整定方法。

d. 低压断路器的操作机构及其操作要求。

② 方法。卸下外盖，进行细致观察。

（2）脱扣器实验。DZ10－100G 型低压断路器有三种类型脱扣器：电磁式（过流）脱扣器，热脱扣器，分励脱扣器。

① 电磁式（过流）脱扣器的内容和方法。

a. 实训内容。

- 脱扣原理（根据断路器结构和脱扣器动作过程自行分析）。
- 脱扣电流的测定。
- 整定脱扣电流的方法（根据断路器结构和脱扣器动作确定整定部位，分析判断整定方法并进行整定）。

b. 脱扣电流测定方法。

- 实训接线如图 11.1 所示。

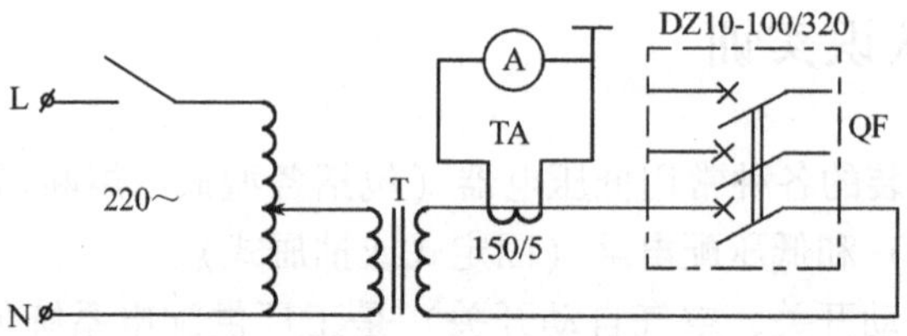

图 11.1　低压断路器脱扣电流测试实训接线图

- 接线注意事项。

升流器副边（二次侧）电流较大，要采用 YC－35 电焊把线，并保证接线牢固。

电流互感器的变比要采用 150∶5。

实训前应将调压器的输出调至零位。

- 实训步骤。

按图 11.1 接线，经老师检查无误后进行实训。

合上被测低压断路器 QF。

合上电源开关 QK，接通调压器电源。

操作调压器缓慢升高输出电压，则升流器输出电流上升，观察电流表读数，直到低压断路器跳闸（整定至 70A 左右），记下电流表读数。

将调压器输出降至 0。

重复以上实训步骤顺序 3～顺序 5 两次。

断开电源开关 QK。

计算出三次实验中测定电流的平均值。

- 测量脱扣电流的注意事项：

因实训电流很大，升流器二次侧电流由 0 上升至脱扣电流的时间控制在 1 分钟左右。

记录实训数据时要注意电流表读数的换算。

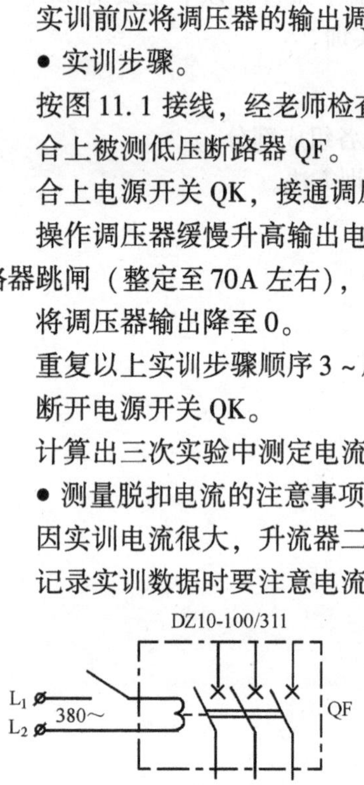

图 11.2　分励脱扣实训电路图

② 分励脱扣实训。

a. 实训电路如图 11.2 所示。

b. 实训步骤

- 按图 11.2 接线并检查无误后方可进行下一步。
- 合上断路器 QF。
- 合上电源开关 QK，则 QF 瞬间跳闸。

● 断开 QK。

e. 重复以上实训步骤顺序 b ~ d 一次。

③ 热脱扣器实训。按 DZ10 – 100 型低压断路器技术条件，热脱扣器脱扣时间较长，暂不进行电气实验，但是可以进行模拟实验。方法是：根据双金属片受热弯曲原理，人为弯曲断路器内该金属片，低压断路器自动跳闸。

步骤：合上 DZ10 – 100/311 低压断路器，用螺丝起子碰触某相金属片，缓缓用力，使其弯曲，直至断路器跳闸，重复 2 ~ 3 次，观察脱扣动作过程，从而领会整定热脱扣器动作电流的方法。

4. 实训结果

（1）分析电磁脱扣、热脱扣、分励脱扣动作原理。

（2）观察并确定电磁脱扣、热脱扣的动作电流整定部位，自行整定，归纳整定方法。

（3）进行电磁脱扣器动作电流的测量。

表 11.1　实训数据记录

低压断路器型号：　　　　　　　　电流互感器变比：

测量次数	1	2	3
电流表读数			
脱扣电流值			
平均值			

5. 思考题

（1）电磁脱扣器、热脱扣器、分励脱扣器动作原理分析。

（2）总结电磁脱扣器和热脱扣器动作电流的整定方法。

（3）电磁脱扣器、热脱扣器、分励脱扣器的结构有何相似部分。

11.4　低压漏电保护实训

1. 实训目的

（1）通过实训熟练掌握三相四极漏电开关的工作原理。

（2）观察了解三相四极漏电保护器的内部结构，掌握漏电保护器的正确接线。

2. 实训设备

漏电断路器（型号与负载相匹配）　　　　1 个

三相滑动变阻器（17Ω /10A）　　　　1 个

3. 实训内容及方法

（1）漏电断路器工作原理。漏电断路器主要包括电流检测元件（零序电流互感器）、中间环节（M54123L、脱扣器等）、执行元件（主开关）以及试验（实训）元件等几个部分。

三相四线制供电系统的漏电断路器工作原理如图 11.3 所示。T 为零序电流互感器，K 为主开关，F 为主开关的分励脱扣器线圈。

在被保护电路工作正常，没有发生漏电或触电的情况下，由克希荷夫定律可知，通过 T 一次侧的电流向量和等于零，这样 T 的二次侧不产生感应电动势，漏电保护器不动作，系

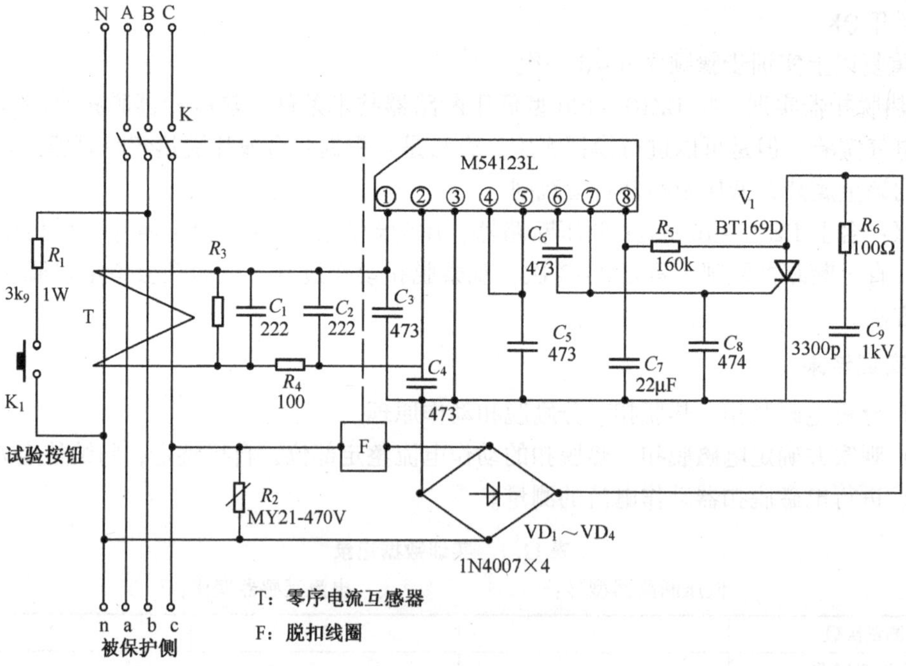

图 11.3　漏电断路器原理图

统保持正常供电。

当被保护电路发生漏电或有人触电时，由于漏电电流的存在，通过 T 一次侧各相电流的向量和不再等于零，产生了漏电电流 I_k，则在铁芯中出现交变磁通。在交变磁通作用下，T 二次侧线圈就有感应电动势产生，此漏电信号经中间环节 M54123L 进行处理和比较，当达到预定值时，使主开关分励脱扣器线圈 F 通电，驱动主开关 K 自动跳闸，切断故障电路，从而实现了保护。

（2）实训内容。

① 将漏电断路器接三相滑动变阻器的某一相，分别如图 11.4（a）和图 11.4（b）接线，调节变阻器的阻值，观察记录两种接线下的现象。

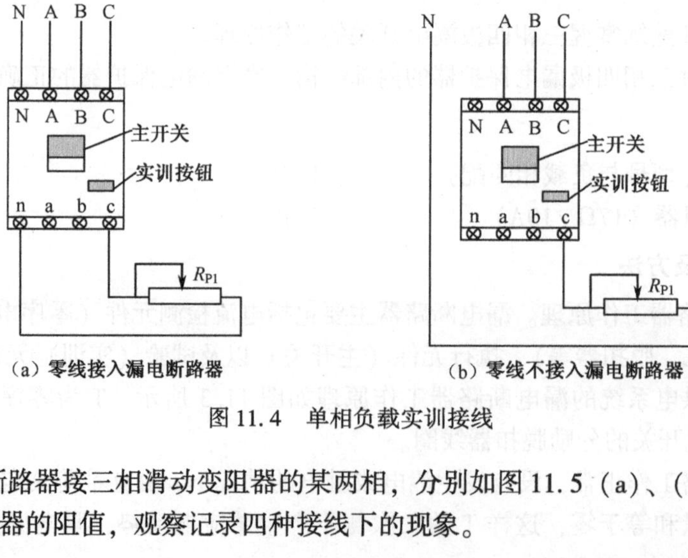

（a）零线接入漏电断路器　　（b）零线不接入漏电断路器

图 11.4　单相负载实训接线

② 将漏电断路器接三相滑动变阻器的某两相，分别如图 11.5（a）、（b）、（c）和（d）接线，调节变阻器的阻值，观察记录四种接线下的现象。

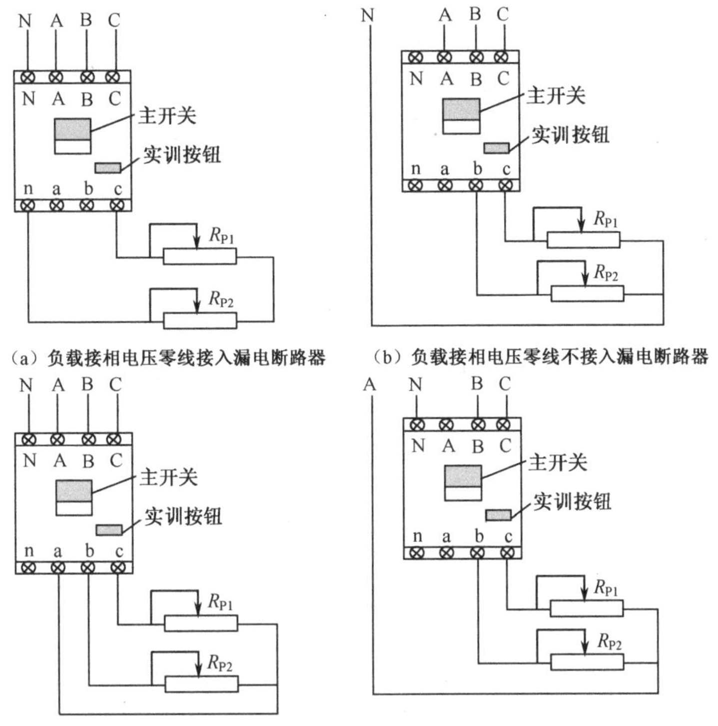

（a）负载接相电压零线接入漏电断路器　（b）负载接相电压零线不接入漏电断路器

（c）负载接线电压零线接入漏电断路器　（d）负载接线电压零线不接入漏电断路器

图 11.5　两相负载实训接线

③ 将漏电断路器接三相滑动变阻器的三相，分别如图 11.6（a）、（b）和（c）接线，调节变阻器的阻值，观察记录三种接线下的现象。

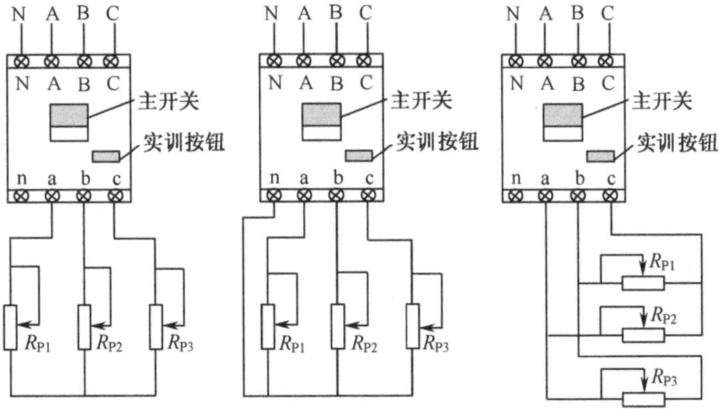

（a）Y接法　（b）Y_0接法　（c）Δ接法

图 11.6　三相负载实训接线

（3）实训注意事项。

① 实训前，按动实验按钮，检测漏电断路器是否工作正常。

② 实训进行时，一定先把滑动变阻器的阻值放到最大位置上。

③ 调节滑动变阻器阻值时不能调到最小位，大约在 1/2 左右的位置即可。

4. 思考题

（1）以上各种接法中，哪些接法会使漏电断路器动作？试分析其原因？

（2）以上各种接法中，哪些接法不能使漏电断路器动作？如实际运行中这些接法的某一相发生漏电事故，其漏电断路器是否动作？分析其原因。

（3）在三相负载实训接法中，如果三相滑动变阻器的阻值不相同，是否会发生漏电断路器动作？分析其原因。

11.5 电磁式继电器整定实训

1. 实训目的

（1）了解供配电系统中常用的过电流继电器和时间继电器的结构、工作原理和基本特性。

（2）掌握调试各种继电器（DL 型电流继电器、DS 型时间继电器）的基本技能。

2. 实训设备

调压器	1 台
电流表 2.5/5A	1 块
DL 型电流继电器	1 个
DS 型时间继电器	1 个
白炽灯	1 支
交流接触器（220V）	1 个

3. 实训内容和方法

（1）DL 型电流继电器的结构及特性调试。

① 实训内容。

a. 熟悉铭牌，了解继电器的型号、额定电流和启动电流的整定范围。

b. 观察继电器外观、结构，了解继电器的主要组成部分——铁芯、线圈、可活动舌片、活动触点和固定触头、弹簧及接线端子的实际位置。

c. 掌握在整定值刻度盘上调整继电器动作参数的方法。

d. 测量 DL 型继电器的启动电流、返回电流，计算返回系数。

② 实训接线如图 11.7 所示。

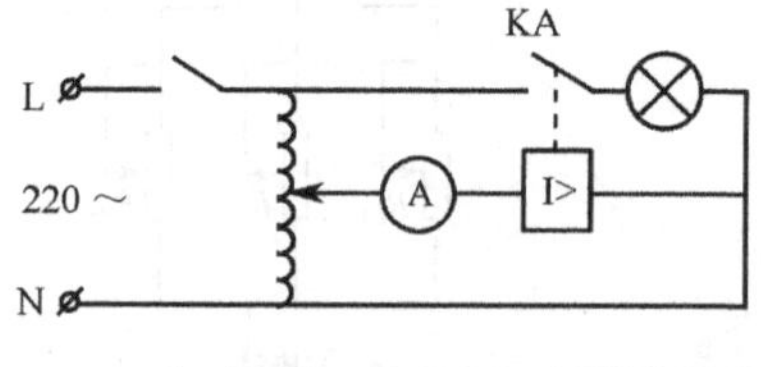

图 11.7 启动电流、返回电流测量接线图

③ 测量启动电流、返回电流的方法。

a. 在整定值刻度盘上调整拨针指示位置，先进行继电器两线圈并联实验，后进行两个线圈串联实验。

b. 将调压器调回零位。

c. 合上交流电源开关 QK。

d. 调节调压器旋转手柄，使输出电压由零慢慢上升，同时观察电流表 A 读数的变化，直至 DL 型电流继电器动作常开触头闭合，显示灯亮，记录此时电流值，即为启动电流 I_{OP}。

e. 调节调压器手柄，将电压稍稍上升，然后再反向旋动手柄，使继电器线圈中的电流缓缓下降，至 DL 继电器返回，常开接点断开释放，显示灯灭，记录此时电流值，即返回电流 I_{re}。

f. 重复 b ~ e 步骤共三次，记录有关数据，取其平均值。

电流继电器实训结果记录在表 11.2 中。

表 11.2　电流继电器实训结果记录表　　　　　　**整定电流：　　A**

测量参数	测量次数（1）	测量次数（2）	测量次数（3）	平均值
启动电流（A）				
返回电流（A）				

$$\text{返回系数}\ K_{re}=\frac{\text{返回电流}}{\text{启动电流}}$$

（2）S 型时间继电器结构及特性实训。

① 实训内容。

a. 了解继电器的型号、额定电压、动作时间的整定范围等铭牌数据。

b. 观察继电器外观和结构，了解继电器主要组成部分——线圈、磁路、可动铁芯、时间机构、触点和接线端子的实际位置。

c. 时间继电器动作时间的整定。

② 实训方法。

a. 认真观察 DS 型时间继电器外观和结构，了解继电器主要组成部分的结构和实际位置。

b. 实训接线如图 11.8 所示。

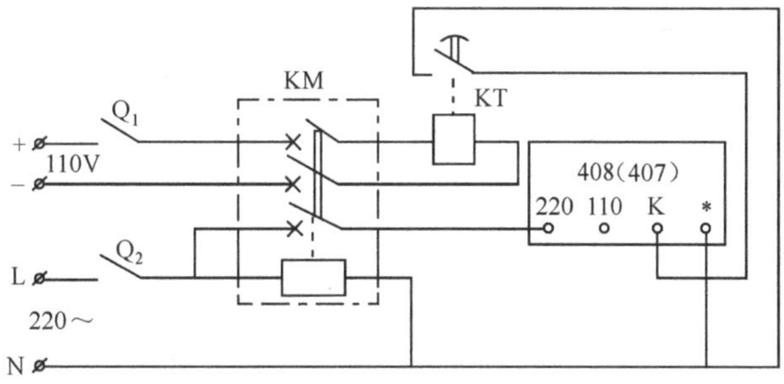

图 11.8　继电器动作时间整定方法实训接线图

③ 接线注意事项。

a. 本实训需两组电源，即直流 110V 和交流 220V 电源，不能接错，也不能混接。

b. 408（407）电秒表的四个接线端子的性质与表背面电路图对照，由 DS 型时间继电器延时常开接点所短接的部分，应是电秒表的线圈。

④ 实训步骤。

a. 按图 11.8 接线，经检查无误后方可进行以下各步。

b. 调整 DS 型时间继电器动作时间，如 5s。

c. 将电秒表的指针复位，若指针不能复位为 0，则记下相应误差时间。注意秒表长针旋转一周时间为 1 秒，则每小格为 0.01 秒，短针每旋转一周为 10 秒，则每格为 1 秒。

d. 合上直流电源开关 Q_1。

e. 合上交流电源开关 Q_2，交流接触器合闸，则 DS 型时间继电器和电秒表同时得电启动，经整定时间后，DS 型时间继电器的延时常开触点闭合，电秒表线圈被短路，计时停止，则电秒表长短针共同提示的时间就是 DS 型时间继电器的实际延时时间，记录该时间数据。

f. 断开 Q_2。

g. 重复 c ~ f 共三次，取平均值，记录在表 11.3 中。

表 11.3　整定时间记录表

整定时间值 $t =$　秒

测 量 参 数	测量次数（1）	测量次数（2）	测量次数（3）	平　均　值
时间（s）				

4. 思考题

（1）DL 型电流继电器是利用什么原理来改变其动作电流的大小？

（2）DL 型电流继电器两个线圈采用不同的连接方式，实际动作电流为什么不同？

（3）DS 型时间继电器是利用什么原理来获取不同延时时间的？

11.6　定时限过电流保护实训

1. 实训目的

（1）掌握由 DL 型电流继电器、DS 型时间继电器、DZ 型中间继电器、DX 型信号继电器组成的过流保护装置的定时限过流保护系统电路。

（2）掌握定时限过流保护电路如何在模拟短路条件下实现短路保护的方法。了解各继电器的动作情况和低压断路器何时自动跳闸。

（3）掌握设计定时限过流保护的继电保护线路的设计方法、实现步骤、切除故障的过程。

2. 实训设备

三相调压器	1 台
升流器	2 台
电流互感器	2 台
DL 型电流继电器	2 台
DS 型时间继电器	1 块
DZ 型中间继电器	1 块
DX 信号继电器	1 块
Z10 - 100/311 低压继电器	1 个
（15W/220V 显示灯，红色）	1 个
（5W/220V 显示灯，绿色）	1 个
（15W/220V 显示灯，白炽灯）	1 个

3. 实训内容

（1）实训线路图。

① 模拟一次回路（主电路）接线图如图 11.9 所示。

② 模拟二次回路（控制回路）接线图如图 11.10 所示。

（2）接线注意事项。

① 本实训线路复杂，既有交流电源又有直流电源，一次回路接交流电源，二次回路接

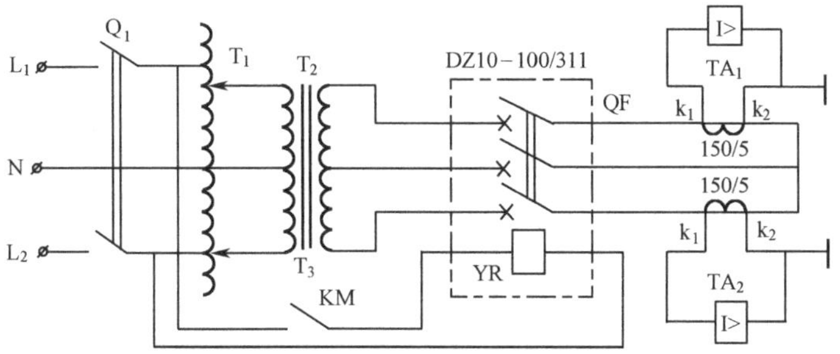

图 11.9　一次回路接线图

直流电源。有的继电器线圈接交流电路，而触头接直流电路。因此必须注意不能混接。

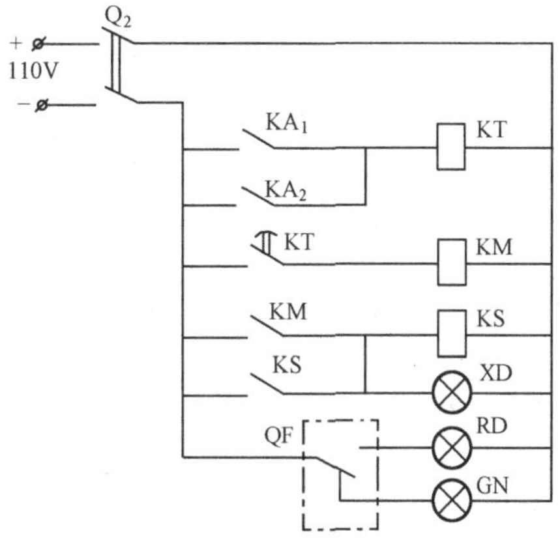

图 11.10　二次回路接线图

② DL 型电流继电器 KA_1、KA_2 的线圈，接 TA_1、TA_2的二次回路。继电器触头 KA_1、KA_2 并联后与 DS 型时间继电器 KT 的线圈串接在直流回路作为启动元件。执行元件 DZ 型中间继电器 KM 的一对触点与低压断路器 QF 的跳闸线圈（即分励线圈）YR 串联后接 220V 交流电源，KM 的另一对触头与信号继电器 KS 的线圈串接。

③ DL 型电流继电器与互感器的接线采用一相式接线。

④ DZ10－100 低压断路器的脱扣器线圈采用分励脱扣线圈作为跳闸线圈。

⑤ 电流互感器 TA_1、TA_2采用 150/5 的变比。

⑥ 升流器 T_2的二次侧连接导线要采用 YC－35 电焊线，注意接线牢固，以减小接触电阻。

⑦ 电流互感器的二次侧要良好接地或接零。

（3）实训步骤。

① 按图 11.9 和图 11.10 接线，经检查无误后方可进行以下步骤。

② 将 DL 型电流继电器的动作值调整把手调至 1.5A，DS 型时间继电器的延时动作时限调整为 5s。

③ 合上 DZ10－100 型低压断路器。

④ 合上开关 Q_1。

⑤ 缓慢旋动调压器旋柄，使输出电压逐渐上升，升流器二次侧电流也同步上升，直到 DL 型电流继电器启动，记下调压器旋柄位置。

⑥ 断开 Q_1后，将调压器旋柄调至进行上一步骤时所记下位置电压的 1.5～2 倍（例如，所记下的位置为 100V，则旋至 150～200V），则在这一位置下的升流器二次电流相应为启动电流的 1.5～2 倍。

⑦ 合上开关 Q_2。

⑧ 合上开关 Q_1，这时 DL 型电流继电器可靠启动，接通 DS 型时间继电器的电源，经一定时限（5s），其常开触点闭合，接通 DZ 型中间继电器的电源，使 DZ 型中间继电器常开触点闭合，接通 DZ10－100 低压断路器跳闸线圈，低压断路器跳闸切除电路。同时 DS 型时间

继电器触头接通 DX 型信号继电器电源，指示灯亮，通过其常开触点自保持。

⑨ 断开 Q_1、Q_2，结束实训，拆线复位，整理好实训台。

4. 实训结果

过电流保护装置系统实训元件动作顺序记录在表 11.4 中。

表 11.4 过电流保护装置系统实训元件动作顺序

动作顺序号 \ 元件名称	KA	KM	KS	KT	QF	RD	GN	XD
1								
2								
3								
4								
5								
6								
7								
8								

5. 思考题

（1）本模拟实训电路中，电流互感器与电流继电器的连接属什么接线方式？它与两相电流互感器“V”形接法在原理上有什么不同？

（2）定时限过电流保护动作电流的整定原则是什么？如何整定？

11.7 感应式继电器动作特征实训

1. 实训目的

（1）了解 GL 型反时限过流继电器的内部结构和动作原理。

（2）掌握 GL 型反时限过流继电器动作电流、动作时限的整定试验（实训）方法。

2. 实训设备

三相调压器	1 台
电流互感器	2 个
交流电流表（2.5～5A）	1 块
GL 型反时限过流继电器	2 个
电秒表（408 或 407）	1 块
低压断路器	1 个
升流器	2 台
滑线电阻（10A）	1 个

3. 实训内容和方法

（1）GL 型反时限过流继电器的内部结构和动作原理剖析。

① 实训内容。

a. 观察继电器的铭牌，了解继电器型号、额定电流、启动电流和动作时限等数据。

b. 观察继电器的结构，了解其主要组成部分——铁芯、线圈、可偏框架、蜗轮（扇形）、蜗杆衔铁、触头、接线端子等的结构位置。

② 实训方法。

a. 认真领会型号中各字母、数字的涵义，掌握整定装置的调整原理。

b. 仔细观察继电器内部各部件彼此之间的机械或电磁联系。

c. 观察带有常闭触点的 GL 型反时限电流继电器与带常开触点的 GL 型反时限电流继电器在结构上的差异，以及触头动作情况。

（2）GL 型反时限电流继电器动作电流的整定实训。

① 具有常开接点的 GL 型电流继电器实训线路和具有常闭接点的 GL 型电流继电器实训线路分别如图 11. 11、图 11. 12 所示。

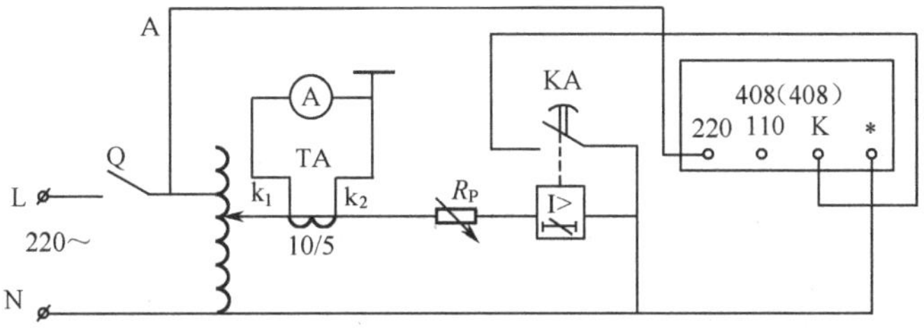

图 11. 11　具有常开接点的 GL 型电流继电器实训线路

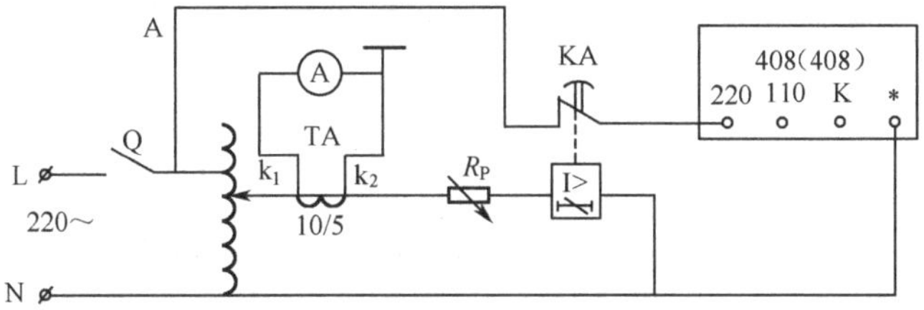

图 11. 12　具有常闭接点的 GL 型电流继电器实训线路

② 接线注意事项。

a. 做本项实训时图中 A 线可暂时不接。

b. 要采用额定电流大于 10A 的滑线电阻 R_P。

③ 实训方法步骤。

a. 根据各学校所具有的 GL 型反时限电流继电器的类型选择按图 11. 11 或图 11. 12 接线，检查无误后方可进行以下步骤。

b. 本实训采用的 GL 型过流继电器动作电流值可在 2A、2. 5A、3A、3. 5A、4A、4. 5A、5A 几种电流值中选择整定。因此，可从上述这几种电流值选数（例如，2A，3A，4A）进行实验，如第一次选定 2A，即将动作电流调整插销插在 2A 处。

c. 合上开关 Q。

d. 调整调压器的旋柄缓慢升压，观察电流表读数，注意 GL 型继电器铝盘的转速会随电流的增加而增快，但铝盘转动并不等于启动，直到铝盘转速到达整定值，可偏转框架才偏转，使继电器扇形蜗轮与蜗杆啮合，此时才算启动。记下这一瞬间的电流值，即为启动电流 I_{OP}。

e. 降低调压器输出电压，后再升压，每一整定电流数值实验三次，取平均值。

GL 型实测动作电流记录值如表 11. 5 所示。

表 11.5　GL 型实测动作电流记录值

整　定　值	第一次实测值	第二次实测值	第三次实测值	平　均　值
2A				
3A				
4A				
5A				

f. 断开 Q 后，调整继电器的动作电流数值，如调整为 3A，再按步骤④、⑤进行实验。

g. 具有常闭触点的 GL 型电流继电器的实训步骤与上述相同。

（3）GL 型电流继电器动作时限的整定实训

① 实训接线和继电器动作电流接线相同，此时必须将图中“A”线接上。

② 实训方法和步骤。

a. 检查接线无误后方可进行以下步骤。

b. 调节继电器动作时间调整螺栓在要求位置。本实训中采用 GL 型继电器 10 倍动作电流的时限可在 0.5 ~4s 任意整定，因此分别调节至 0.5s、1s、1.5s，第一次调整为 0.5s。

c. 将动作电流调节插销插于 2A 处。

d. 合上开关 Q。

e. 用手控制继电器的可偏转框架使其不动，调节调压器输出电压使流经继电器线圈的电流达到 2A（即达到动作电流 I_{OP}），维持调压器旋柄位置不变，并断开开关 Q，撤除对可偏转框架的控制。

f. 将电秒表复位。

g. 合上 Q，则 GL 型电流继电器动作，经一定延时后，常开接点闭合（或常闭接点断开），电秒表计时停止，则电秒表记录的时间即为 GL 型电流继电器在 2 倍动作电流情况下的延时时间，记下该数据。

h. 断开 Q。

i. 分别调节流经继电器线圈的电流为 4A（2 倍）、6A（3 倍）、8A（4 倍）、10A（5 倍），测量继电器的动作延时时间，步骤同 d ~ h。并将测得的时间记录在表 11.6 中。

表 11.6　GL 型电流继电器实际延时动作时间记录表

继电器型号：

10 倍动作电流整定动作时间 / 动作电流	0.5s	1s	3s	5s
2A				
4A				
6A				
8A				
10A				

（4）实训注意事项。

① 测量 GL 型电流继电器延时时限前，要预先调好流经继电器线圈电流的大小（如调整插销在 2A 处，流经继电器线圈的电流调为动作电流的 2 倍、3 倍、4 倍等，即调为 4A、6A、8A 等），调整过程中先保证可偏转框架不偏转，以减少误差。同时要求整定一般在 10s

内完成。

② 电秒表复位时，可能不会是完全0位，可能有 $\pm\Delta t$ 的偏差，应记录此原始读数，这种情况下，实测的延时时间要按下式计算：

$$实测延时时间 = 电秒表指示时间 \pm \Delta t$$

4. 思考题

（1）GL 型电流继电器的动作电流改变要调整什么部位？延时动作时间改变要调整什么部位？

（2）10 倍动作电流的动作时限是什么含义？

（3）GL 型电流继电器的速断电流改变要调整什么部位？速断电流倍数是什么含义？

11.8 反时限过电流保护实训

1. 实训目的

（1）掌握根据一次线路的过电流保护要求设计反时限过电流保护线路的方法。

（2）掌握反时限过电流保护线路的工作原理。

2. 实训设备

三相调压器	1 台
电流互感器	2 个
交流电流表（2.5 ~5A）	1 块
GL 型过流继电器	2 个
电秒表（408 或 407 型）	1 块
低压断路器 DZ10 -100/320	1 个
升流器	2 台
（15W/220V 显示灯，红色）	1 个
（15W/220V 显示灯，绿色）	1 个
（15W/220V 显示灯，白炽灯）	1 个

3. 实训内容与方法

（1）实训接线。

① 实训主回路接线如图 11.13 所示。

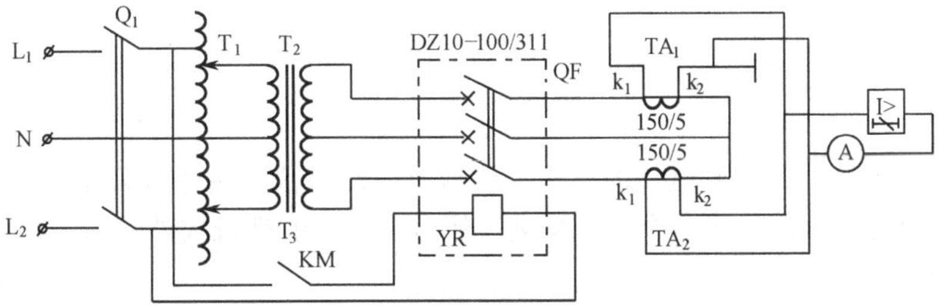

图 11.13　主回路接线图

接线注意：两电流互感器一次侧绕线方式相同，同时注意二次侧极性，应采用两相电流差的接线方式。

② 反时限过流保护线路（二次回路）如图 11.14 所示。

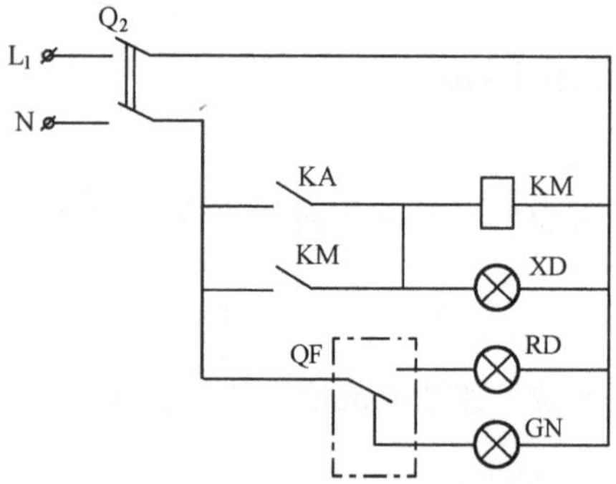

图 11.14　反时限过流保护二次回路图

要求：断路器 QF 闭合后红灯 RD 亮，QF 断开后 RD 灭；断路器 QF 闭合后绿灯 GN 灭，QF 断开后 GN 亮。

（2）方法和步骤。

① 按图 11.13 和图 11.14 接线，检查无误后方可进行以下步骤。

② 预先调整好继电器的启动电流值和 10 倍动作电流时间。$I_{OP}=2A$，$t=1s$。

③ 调压器旋转手轮调回零位。

④ 合上 DZ 型低压断路器 QF。

⑤ 合上 Q_1，控制可偏转框架不动，调节调压器缓慢升压，使电流表指示为 4A 左右，固定调压器旋柄位置不变，断开 Q_1。

⑥ 合上 Q_1、Q_2，GL 型电流继电器动作，经一定时限继电器常开触点闭合，接通 DZ 型断路器 QF 的分励脱扣器 YR 的电源，断路器跳闸保护。相应的显示灯显示断路器的位置状态。

⑦ 断开 Q_1、Q_2，拆线复位，整理实训台位。

4. 思考题

（1）反时限过流保护系统电路中，如何保证短路电流特大时迅速切断电路故障？

（2）过流保护线路中如何保证合闸红灯亮？分闸绿灯亮？

11.9　接地电阻测量实训

1. 实训目的

（1）掌握采用接地电阻测试仪测量一般建筑接地网接地电阻的方法。

（2）通过接地电阻的实测数据，判断接地电阻是否满足规程要求。

2. 实训地点及内容

（1）因实训在户外进行，两位同学为一组。

（2）采用接地电阻测试仪，分组测量学院的不同建筑，如教学楼、实验楼等处接地网的接地电阻。

3. 实训设备：ZC－8 型接地电阻测试仪

ZC－8 型接地电阻测试仪介绍如下。

（1）ZC－8 型接地电阻测试仪的结构。接地电阻测试仪系由手摇发电机、电流互感器、滑线电阻及检流计等部件组成，全部机构装于铝合金铸造的携带式外壳内，附件有接地探测针及连接导线等。

（2）接地电阻测试仪的工作原理。见第 6 章 6.6.2 节。

4. 实训步骤和方法

（1）接地测量电路如图 11.15 所示。

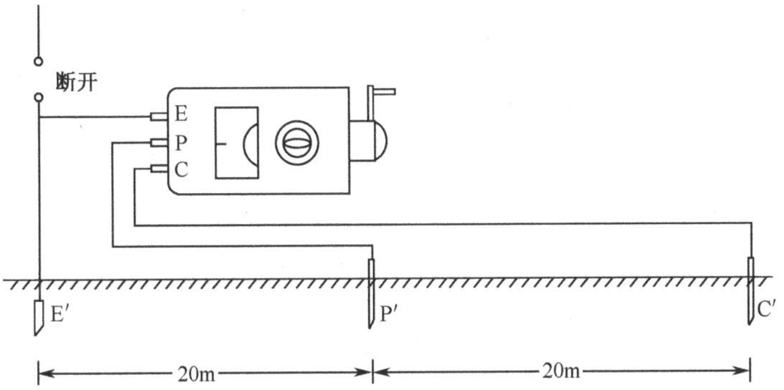

图 11.15　接地测量电路

（2）实训步骤和方法。

① 将被测接地极 E′、电位探针 P′和电流探针 C′依直线彼此相距 20 米，且电位探针 P 要插在接地极 E′和电流探针 C′之间。

② 用导线将 E′、P′和 C′连接于仪表相应端钮 E、P、C。

③ 将仪表放置水平位置，检查检流计的指针是否处于中心线上，否则用零位调整器将其调整指于中心线。

④ 将“倍率标度”置于最大倍数，慢慢转动发电机摇把，同时旋动“测量标度盘”使检流计指针指于中心线。

⑤ 当检流计指针接近于平衡量时，加快发电机摇把的转速使其达到 120 转/分以上，整定“测量标度盘”使指针于中心线。

⑥ 如“测量标度盘”的读数小于 1 时，应将“倍率标度”置于较小的倍数，再重新调整“测量标度盘”，使指针指于中心线，以便得到正确的读数。

⑦ 用“测量标度盘”的读数乘以“倍率标度”的倍数，即为所测的接地电阻值。

⑧ 反复测量三次，取平均值。

（3）实训注意事项。

① 当检流计灵敏度过高时，可将电位探针 P′插入土壤中浅一些；当检流计灵敏不够时，可适当在电位探针 P′和电流探针 C′的位置处注水，使其湿润，以减小其接地电阻。

② 当接地极 E′和电流探针 C′之间直线距离大于 20 米时，电位探针 P′偏离 E′C′直线几米，可不计及误差，但 E′、C′之间线距离小于 20 米时，则必须将电位探针 P′插在 E′C′直线上，否则将影响测量结果。

③ 不允许在接线过程中摇动发电机手把，以防触电。

5. 实训结果

实训数据记录如表 11.7 所示。

表 11.7　实训数据记录

建筑物接地网名称	规程规定值	实　测　值			倍率标度数
		1	2	3	测量标度盘读数

6. 分析与体会

（1）接地电阻实测结果大小是多少？是否满足一般建筑物的接地电阻规程要求？

（2）为满足接地电阻要求，可采取什么改善措施？

11.10 高压变电所现场调查

1. 实训目的

（1）掌握高压变电所的结构、布局。

（2）掌握高压变电所高压电气设备的安装位置、连接方式、操作方式。

（3）掌握主变压器的结构、各部分功能、调压方式。

（4）掌握高压配电室、低压配电室、电容器室的功能，掌握其内部屏柜位置、连接方式。

（5）掌握变电所主接线图中各实际电气设备的外形，能够绘制现场主接线图。

（6）了解现场各类绝缘用具的使用方法。

2. 实训时间及内容

（1）选择110kV进线的带10kV配电的高压变电所，3个同学为一组。

（2）现场技术人员与教师引导讲解。

（3）用相机等记录现场实际设备的外观，绘制现场主接线图。

3. 实训步骤和方法

（1）明确规范着装，开展高压变电所的安全教育，特别强调高压变电所的安全纪律要求。

（2）老师提供现场的主接线图2份，学生分组开展研讨，分析主变电所的布局、进线方式、高压开关设备、结线方式等，明确现场教学过程中的分工。分工要求如下：

① 所有同学均需安排调查任务，并作相应文字及照片记录。

② 现场学习调查结束后，组长需组织小组研讨调查结论，并组织撰写调查报告。

③ 分工建议如下：

a. 变电所整体布局的调查与布局图的绘制。

b. 变电所高压进线电压等级、进线方式及主变压器高压侧电气设备的连接方式，绘制接线图。

c. 主变压器的连接方式，各类保护的连接及布置，变压器备用方式的调查，配照片等图片。

d. 变电所10kV或6kV高压配电室的布局调查，配电室的电气屏柜功能及连接方式，布局图的绘制。

e. 变电所380/220V低压配电室的布局调查，配电室的电气屏柜功能及连接方式，布局图的绘制。

f. 变电所值班室的结构、位置、功能、值班要求调查，了解倒闸操作的流程，了解值班室的设备功能及布局。

g. 变电所电容器室、蓄电池室的功能及设备容量调查。

（3）现场技术人员与教师带领学生共同开展引导性讲解，学生通过讲解和观察及时记录相应调查信息。

（4）学生用相机等记录现场高低压设备、主变压器、屏柜的照片。

（5）观察供电系统连接方式，分组绘制主接线图。

（6）参观高压配电室、低压配电室、电容器室、蓄电池室、值班室等，绘制主变电所的布局图。

（7）了解主断路器等设备的信号控制。

（8）学习主变电所的调度值班要求。

4. 实训结果

（1）分组撰写现场学习调查报告，含主变电所的布局图、主接线图，以及各高低压电气设备的真实图片。

（2）分小组面对面答辩，测试学生对现场真实设备与工作方式的掌握情况。

5. 分析与体会

（1）主断路器的操作方式有什么特点？

（2）变电所的安全规范有哪些要求？

附　　表

附表1　各用电设备组的需要系数 K_d、二项式系数及功率因数

用电设备组名称	需要系数 K_d	二项式系数		最大容量设备台数	功率因数 cosφ	tanφ
		b	c			
小批量生产金属冷加工机床	0.16～0.2	0.14	0.4	5	0.5	1.73
大批量生产金属冷加工机床	0.18～0.25	0.14	0.5	5	0.5	1.73
小批量生产金属热加工机床	0.25～0.3	0.24	0.4	5	0.6	1.33
大批量生产金属热加工机床	0.3～0.35	0.26	0.5	5	0.65	1.17
通风机、水泵、空压机	0.7～0.8	0.65	0.25	5	0.8	0.75
非连锁的连续运输机械	0.5～0.6	0.4	0.2	5	0.75	0.88
连锁的连续运输机械	0.65～0.7	0.6	0.2	5	0.75	0.88
锅炉房和机加、机修、装配车间的吊车	0.1～0.15	0.06	0.2	3	0.5	1.73
铸造车间吊车	0.15～0.25	0.09	0.3	3	0.5	1.73
自动装料电阻炉	0.75～0.8	0.7	0.3	2	0.95	0.33
非自动装料电阻炉	0.65～0.75	0.7	0.3	2	0.95	0.33
小型电阻炉、干燥箱	0.7	0.7	—	—	1.0	0
高频感应电炉（不带补偿）	0.8	—	—	—	0.6	1.33
工频感应电炉（不带补偿）	0.8	—	—	—	0.35	2.68
电弧熔炉	0.9	—	—	—	0.87	0.57
点焊机、缝焊机	0.35	—	—	—	0.6	1.33
对焊机、铆钉加热机	0.35	—	—	—	0.7	1.02
自动弧焊变压器	0.5	—	—	—	0.4	2.29
单头手动弧焊变压器	0.35	—	—	—	0.35	2.68
多头手动弧焊变压器	0.4	—	—	—	0.35	2.68
生产厂房、办公室、实验室照明	0.8～1	—	—	—	1.0	0
变配电室、仓库照明	0.5～0.7	—	—	—	1.0	0
生活照明	0.6～0.8	—	—	—	1.0	0
室外照明	1	—	—	—	1.0	0

注：表中照明以白炽灯为例。

附表2　S9系列6～10kV级铜绕组低损耗电力变压器的技术数据

额定容量（kVA）	额定电压（kV）		连接组标号	空载损耗（W）	负载损耗（W）	阻抗电压（%）	空载电流（%）
	一次	二次					
30	10.5，6.3	0.4	Yyn0	130	600	4	2.1
50	10.5，6.3	0.4	Yyn0	170	870	4	2.0
63	10.5，6.3	0.4	Yyn0	200	1040	4	1.9
80	10.5，6.3	0.4	Yyn0	240	1250	4	1.8
100	10.5，6.3	0.4	Yyn0	290	1500	4	1.6
		0.4	Dyn11	300	1470	4	4
125	10.5，6.3	0.4	Yyn0	340	1800	4	1.5
		0.4	Dyn11	360	1720	4	4
160	10.5，6.3	0.4	Yyn0	400	2200	4	1.4
		0.4	Dyn11	430	2100	4	3.5

续表

额定容量（kVA）	额定电压（kV） 一次	额定电压（kV） 二次	连接组标号	空载损耗（W）	负载损耗（W）	阻抗电压（%）	空载电流（%）
200	10.5，6.3	0.4	Yyn0	480	2600	4	1.3
		0.4	Dyn11	500	2500	4	3.5
250	10.5，6.3	0.4	Yyn0	560	3050	4	1.2
		0.4	Dyn11	600	2900	4	3
315	10.5，6.3	0.4	Yyn0	670	2650	4	1.1
		0.4	Dyn11	720	3450	4	1.0
400	10.5，6.3	0.4	Yyn0	800	4300	4	3
		0.4	Dyn11	870	4200	4	1.0
500	10.5，6.3	0.4	Yyn0	960	5100	4	3
		0.4	Dyn11	1030	4950	4	1.0
630	10.5，6.3	0.4	Yyn0	1200	6200	4.5	0.9
		0.4	Dyn11	1300	5800	5	1.0
800	10.5，6.3	0.4	Yyn0	1400	7500	4.5	0.8
		0.4	Dyn11	1400	7500	5	2.5
1000	10.5，6.3	0.4	Yyn0	1700	10300	4.5	0.7
		0.4	Dyn11	1700	9200	5	1.7
1250	10.5，6.3	0.4	Yyn0	1950	12000	4.5	0.6
		0.4	Dyn11	2000	11000	5	2.5
1600	10.5，6.3	0.4	Yyn0	2400	14500	4.5	0.6
		0.4	Dyn11	2400	14000	6	2.5

附表 3　常用高压断路器的技术数据

类　别	型　　号	额定电压（kV）	额定电流（A）	开断电流（kA）	断流容量（MVA）	动稳定电流峰值（kA）	热稳定电流（kA）	固有分闸时间（s）	合闸时间（s）	配用操动机构型号
少油户外	SW2－35/1000	35	1000	16.5	1000	45	16.5（4s）	≤0.06	≤0.4	CT2－XG
	SW2－35/1500		1500	24.8	1500	63.5	24.8（4s）			
少油户内	SN10－35 Ⅰ	35	1000	16	1000	45	16（4s）	≤0.06	≤0.2	CT10
	SN10－35 Ⅱ		1250	20	1000	50	20（4s）		≤0.25	CT101V
	SN10－10 Ⅰ	10	630	16	300	40	16（4s）	≤0.06	≤0.15	CT8
			1000	16	300	40	16（4s）		≤0.2	CD10 Ⅰ
	SN10－10 Ⅱ		1000	31.5	500	80	31.5（2s）	0.06	0.2	CT10Ⅰ、Ⅱ
	SN10－10 Ⅲ		1250	40	750	125	40（2s）	0.07	0.2	CD10 Ⅲ
			2000	40	750	125	40（4s）			
			3000	40	750	125	40（4s）			
真空户内	ZN23－35	35	1600	25		63	25（4s）	0.06	0.075	CT12
	ZN3－10 Ⅰ	10	630	8		20	8（4s）	0.07	0.15	CD10 等
	ZN3－10 Ⅱ		1000	20		50	20（20s）	0.05	0.10	
	ZN4－10/1000		1000	17.3		44	17.3（4s）	0.05	0.2	CD10 等
	ZN4－10/1250		1250	20		50	20（4s）			
	ZN5－10/630		630	20		50	20（2s）	0.05	0.1	专用 CD 型
	ZN5－10/1000		1000	20		50	20（2s）			
	ZN5－10/1250		1250	25		63	25（2s）			

续表

类别	型号	额定电压(kV)	额定电流(A)	开断电流(kA)	断流容量(MVA)	动稳定电流峰值(kA)	热稳定电流(kA)	固有分闸时间(s)	合闸时间(s)	配用操动机构型号
真空 户内真空 户内	ZN12-10/1250	10	1250	25		63	25(4s)	0.06	0.1	CD8 等
	ZN12-10/2000		2000							
	ZN12-10/1250		1250	315		80	31.5(4s)			
	ZN12-10/2000		2000							
	ZN12-10/2500		2500	40		100	40(4s)			
	ZN12-10/3150		3150							
	ZN24-10/1250-20		1250	20		50	20(4s)	0.06	0.1	CD8 等
	ZN24-10/1250		1250	31.5		80	31.5(4s)			
	ZN24-10/2000		2000							
六氟化硫(SF_6)户内	LN-35 Ⅰ	35	1250	16		40	16(4s)	0.06	0.15	CT12 Ⅱ
	LN-35 Ⅱ		1250	25		63	25(4s)			
	LN-35 Ⅲ		1600	25		63	25(4s)			
	LN2-10	10	1250	25		63	25(4s)	0.06	0.15	CT12 Ⅰ CT8 Ⅰ

附表 4　油浸纸绝缘电力电缆的允许载流量

电缆型号	ZLQ、ZLL			ZLQ20、ZLQ30、ZLQ12、ZLL30			ZLQ_2、ZLQ_3、ZLQ_5、ZLL_{12}、ZLL_{13}		
电缆额定电压(kV)	1~3	6	10	1~3	6	10	1~3	6	10
最高允许温度(℃)	80	65	60	60	65	60	80	65	60
允许载流量(A) 敷设方式 芯数×截面(mm^2)	敷设于25℃空气中						敷设于15℃土壤中		
3×2.5	22	—	—	24	—	—	30	—	—
3×4	28	—	—	32	—	—	39	—	—
3×6	35	—	—	40	—	—	50	—	—
3×10	48	43	—	55	48	—	67	61	—
3×16	65	55	55	70	65	60	88	78	73
3×25	85	75	70	95	85	80	114	104	100
3×35	105	90	85	115	100	95	141	123	118
3×50	130	115	105	145	125	120	174	151	147
3×70	160	135	130	180	155	145	212	186	170
3×95	195	170	160	220	190	180	256	230	209
3×120	225	195	185	255	220	206	289	257	243
3×150	265	225	210	300	255	235	332	291	277
3×180	305	260	245	345	295	270	376	330	310
3×240	365	310	290	410	345	325	440	386	367

附表 5　聚氯乙烯绝缘及护套电力电缆允许载流量

电缆额定电压(kV)	1				6			
最高允许温度(℃)	+65							
允许载流量(A) 敷设方式	15℃地中直埋		25℃空气中敷设		15℃地中直埋		25℃空气中敷设	
芯数×截面(mm^2)	铝	铜	铝	铜	铝	铜	铝	铜
3×2.5	25	32	16	20	—	—	—	—
3×4	33	42	22	28	—	—	—	—
3×6	42	54	29	37	—	—	—	—
3×10	57	73	40	51	54	69	42	54

续表

电缆额定电压(kV)	1				6			
最高允许温度(℃)	+65							
允许载流量(A) 敷设方式 / 芯数×截面(mm^2)	15℃地中直埋		25℃空气中敷设		15℃地中直埋		25℃空气中敷设	
	铝	铜	铝	铜	铝	铜	铝	铜
3×16	75	97	53	68	71	91	56	72
3×25	99	127	72	92	92	119	74	95
3×35	120	155	87	112	116	149	90	116
3×50	147	189	108	139	143	184	112	144
3×70	181	233	135	174	171	220	136	175
3×95	215	277	165	212	208	268	167	215
3×120	244	314	191	246	238	307	194	250
3×150	280	261	225	290	272	350	224	288
3×180	316	407	257	331	308	397	257	331
3×240	261	465	306	394	353	455	301	388

附表 6　交联聚乙烯绝缘氯乙烯护套电力电缆允许载流量

电缆额定电压(kV)	1(3~4 芯)				10(3 芯)			
最高允许温度(℃)	90							
允许载流量(A) 敷设方式 / 芯数×截面(mm^2)	15℃地中直埋		25℃空气中敷设		15℃地中直埋		25℃空气中敷设	
	铝	铜	铝	铜	铝	铜	铝	铜
3×16	99	128	77	105	102	131	94	121
3×25	128	167	105	140	130	168	123	158
3×35	150	200	125	170	155	200	147	190
3×50	183	239	155	205	188	241	180	231
3×70	222	299	195	260	224	289	218	280
3×95	266	350	235	320	266	341	261	335
3×120	305	400	280	370	302	386	303	388
3×150	344	450	320	430	342	437	347	445
3×180	389	511	370	490	382	490	394	504
3×240	455	588	440	580	440	559	461	587

附表 7　LJ 型铝绞线的电阻、电抗和允许载流量

额定截面（mm^2）	16	25	35	50	70	95	120	150	185	240
50℃时电阻 R_0（Ω/km）	2.07	1.33	0.96	0.66	0.48	0.36	0.28	0.23	0.18	0.14
线间几何均距（mm^2）	线路电抗 X_0（Ω/km）									
600	0.36	0.35	0.34	0.33	0.32	0.31	0.30	0.29	0.28	0.28
800	0.38	0.37	0.36	0.35	0.34	0.33	0.32	0.31	0.30	0.30
1000	0.40	0.38	0.37	0.36	0.35	0.34	0.33	0.32	0.31	0.31
1250	0.41	0.40	0.39	0.37	0.36	0.35	0.34	0.34	0.33	0.33
1500	0.42	0.41	0.40	0.38	0.37	0.36	0.35	0.35	0.34	0.33
2000	0.44	0.43	0.41	0.40	0.40	0.39	0.37	0.37	0.36	0.35
室外气温 25℃、导线最高允许温度 70℃时的允许载流量（A）	105	135	170	215	265	325	375	440	500	610

注：1. TJ 型铜绞线的允许载流量约为同截面的 LJ 型铝绞线允许载流量的 1.3 倍。
2. 表中允许载流量所对应的环境温度为 25℃。如环境温度不是 25℃，则允许载流量应乘下表的修正系数。

实际环境温度（℃）	5	10	15	20	25	30	35	40	45
允许载流量修正系数	1.20	1.15	1.11	1.06	1.00	0.94	0.89	0.82	0.75

附表8　BLX型和BLV型铝芯绝缘导线明敷时的允许载流量

允许载流量（A）＼环境温度（℃） 线芯截面（mm^2）	BLX型铝芯橡皮线				BLV型铝芯塑料线			
	25	30	35	40	25	30	35	40
2.5	27	25	23	21	25	23	21	19
4	35	32	30	27	32	29	27	25
6	45	42	38	35	42	39	36	33
10	65	60	56	51	59	55	51	46
16	85	79	73	67	80	74	69	63
25	110	102	95	87	105	98	90	83
35	138	129	119	109	130	121	112	102
50	175	163	151	138	165	154	142	130
70	220	206	190	174	205	191	177	162
95	265	247	229	209	250	233	216	197
120	310	280	268	245	283	266	246	225
150	360	336	311	284	325	303	281	257
185	420	392	363	332	380	355	328	300
240	510	476	441	403	—	—	—	—

注：BX型和BV型铜芯绝缘导线的允许载流量约为同截面的BLX型和BLV型铝芯绝缘导线允许载流量的1.3倍。

附表9　BLX型和BLV型铝心绝缘导线穿钢管时的允许载流量（A）

导线型号	线芯截面（mm）	2根单芯线 环境温度（℃）				2根穿管管径（mm）		3根单芯线 环境温度（℃）				3根穿管管径（mm）		4~5根单民芯线 环境温度（℃）				4根穿管管径（mm）		5根穿管管径（mm）	
		25	30	35	40	G	DG	25	30	35	40	G	DG	25	30	35	40	G	DG	G	DG
BLX	2.5	21	19	18	16	15		19	17	16	15	15		16	14	13	12	20		20	
	4	28	26	24	22	20		25	23	21	19	20		23	21	19	18	20		20	
	6	37	34	32	29	20		34	31	29	26	20		30	28	25	23	20		25	
	10	52	48	44	41	25	20	46	43	39	36	25	20	40	37	34	31	25	25	32	
	16	66	61	57	52	25	25	59	55	51	46	32	25	52	48	44	41	32	25	40	25
	25	86	80	74	68	32		76	71	65	60	32	25	68	63	58	53	40		40	25
	35	106	99	91	89	32	25	94	87	81	74	32	32	83	77	71	65	40	25	50	32
	50	133	124	115	105	40	32	118	110	102	93	50	32	105	98	90	83	50	32	70	40
	70	164	154	142	130	50	32	150	140	129	118	50	40	133	124	115	105	70	40	70	(50)
	95	200	187	173	158	70	40	180	168	155	142	70	(50)	160	149	138	126	70	(50)	80	
	120	230	215	198	181	70	40	210	196	181	166	70	(50)	190	177	164	150	70	(50)	80	
	150	260	243	224	205	70	(50)	240	224	207	189	70		220	205	190	174	80		100	
	185	295	275	255	233	80		270	252	233	213	80		250	233	216	197	80		100	
BLV	2.5	20	18	17	15	15		18	16	15	14	15		15	14	12	11	15		15	
	4	27	25	23	21	15	15	24	22	20	18	15		22	20	19	17	15		20	
	6	35	32	30	27	15	15	32	29	27	25	15	15	28	26	24	22	20	15	25	20
	10	49	45	42	38	20	20	44	41	38	34	20	15	38	35	32	30	25	20	25	20
	16	63	58	54	49	25	25	56	52	48	44	25	20	50	46	43	39	25	25	32	25
	25	80	74	69	63	25	25	70	65	60	55	32	25	65	60	56	51	32	25	32	32
	35	100	93	86	79	32	32	90	84	77	71	32	32	80	74	69	63	40	32	40	40
	50	125	116	108	98	40	40	110	102	95	87	40	32	100	93	86	79	50	40	50	(50)
	70	155	144	134	122	50	50	143	133	123	113	40	40	127	118	109	100	50	(50)	70	
	95	190	177	164	150	50	50	170	158	147	134	50	(50)	152	142	131	120	70	(50)	70	
	120	220	205	190	174	50	(50)	195	182	168	154	50	(50)	172	160	148	136	70		80	
	150	250	233	216	197	70	(50)	225	210	194	177	70		200	187	173	158	70		80	
	185	285	266	246	225	70		255	238	220	201	70		230	215	198	181	80		100	

注：① 表中的穿线管G为焊接钢管，管径按内径计；DG为电线管，管径按外径计。

② 附表9和附表10中4~5根单芯线穿管的载流量，是指TN－C系统、TN－S系统及TN－C－S系统中的相线载流量，而其N线或PEN线中可有不平衡电流通过。如果是供电给三相平衡负荷，而另一导线为单纯的PE线，则此线路虽有4根线穿管，但其载流量应该只按3根线穿管的载流量考虑，而管径则仍按4根线穿管来选择。

附表 10　BLX 型和 BLV 型铝芯绝缘导线穿硬塑料管时的允许载流量（A）

导线型号	线芯截面（mm^2）	2 根单芯线				2 根穿管管径（mm）	3 根单芯线				3 根穿管管径（mm）	4～5 根单芯线				4 根穿管管径（mm）	5 根穿管管径（mm）
		环境温度（℃）					环境温度（℃）					环境温度（℃）					
		25	30	35	40		25	30	35	40		25	30	35	40		
BLX	2.5	19	17	16	15	15	17	15	14	13	15	15	14	12	11	20	25
	4	25	23	21	19	20	23	21	19	18	20	20	18	17	15	20	25
	6	33	30	28	26	20	29	27	25	22	20	26	24	22	20	25	32
	10	44	41	38	34	25	40	37	34	31	25	35	32	30	27	32	32
	16	58	54	50	45	32	52	48	44	41	32	46	43	39	36	32	40
	25	77	71	66	60	32	68	63	58	53	32	60	56	51	47	40	40
	35	95	88	82	75	40	84	78	72	66	40	74	69	64	58	40	50
	50	120	112	103	94	40	108	100	93	85	50	95	88	82	75	50	50
	70	153	143	132	121	50	135	126	116	106	50	120	112	103	94	50	65
	95	184	172	159	145	50	165	154	142	130	65	150	140	129	118	65	80
	120	210	196	181	166	65	190	177	164	150	65	170	158	147	134	80	80
	150	250	233	216	197	65	227	212	196	179	75	205	191	177	162	80	90
	185	282	263	243	223	80	255	238	220	201	80	232	216	200	183	100	100
BLV	2.5	18	16	15	14	15	16	14	13	12	15	14	13	12	11	20	25
	4	24	22	20	18	20	22	20	19	17	20	19	17	16	15	20	25
	6	31	28	26	24	20	27	25	23	21	20	25	23	21	19	25	32
	10	42	39	36	33	25	38	35	32	30	25	33	30	28	26	32	32
	16	55	51	47	43	32	49	45	42	38	32	44	41	38	34	32	40
	25	73	68	63	57	32	65	60	56	51	40	57	53	49	45	40	50
	35	90	84	77	71	40	80	74	69	63	40	70	65	60	55	50	65
	50	114	106	98	90	50	102	95	88	80	50	90	84	77	71	65	65
	70	145	135	125	114	50	130	121	112	102	50	115	107	99	90	65	75
	95	175	163	151	138	65	158	147	136	124	65	140	130	121	110	75	75
	120	206	187	173	158	65	180	168	155	142	65	160	149	138	126	75	80
	150	230	215	198	181	75	207	193	179	163	75	185	172	160	146	80	90
	185	265	247	229	209	75	235	219	203	185	75	212	198	183	167	90	100

附表 11　矩形母线允许载流量（竖放）（环境温度 +25℃，最高允许温度 +70℃）

母线尺寸（mm）（宽×厚）	铜母线（TMY）载流量（A）			铝母线（LMY）载流量（A）		
	每相的铜排数			每相的铝排数		
	1	2	3	1	2	3
15×3	210	—	—	165	—	—
20×3	275	—	—	215	—	—
25×3	340	—	—	265	—	—
30×4	475	—	—	365	—	—
40×4	625	—	—	480	—	—
50×4	700	—	—	540	—	—
50×5	860	—	—	665	—	—
50×6	955	—	—	740	—	—
60×6	1125	1740	2240	870	1355	1720
80×6	1480	2110	2720	1150	1630	2100
100×6	1810	2470	3170	1425	1935	2500
60×8	1320	2160	2790	1245	1680	2180
80×8	1690	2620	3370	1320	2040	2620
100×8	2080	3060	3930	1625	2390	3050
120×8	2400	3400	4340	1900	2650	3380
60×10	1475	2560	3300	1155	2010	2650
80×10	1900	3100	3990	1480	2410	3100
100×10	2310	3610	4650	1820	2860	3650
120×10	1650	4100	5200	2070	3200	4100

注：母线平放时，宽为 60mm 以下时，载流量减少 5%，当宽为 60mm 以上时，应减少 8%。

附表 12　室内明敷及穿管的铝芯、铜芯绝缘导线的单位长度每相电阻和电抗值

芯线截面（mm^2）	单位长度每相铝（Ω/km^{-1}）			单位长度每相铜（Ω/km^{-1}）		
	电阻 R_0（65℃）	电抗 X_0 明线间距 100mm	电抗 X_0 穿管	电阻 R_0（65℃）	电抗 X_0 明线间距 100mm	电抗 X_0 穿管
1.5	24.39	0.342	0.14	14.48	0.342	0.14
2.5	14.63	0.327	0.13	8.69	0.327	0.13
4	9.15	0.312	0.12	5.43	0.312	0.12
6	6.10	0.300	0.11	3.62	0.300	0.11
10	3.66	0.280	0.11	2.19	0.280	0.11
16	2.29	0.256	0.10	1.37	0.256	0.10
25	1.48	0.251	0.10	0.88	0.251	0.10
35	1.06	0.241	0.10	0.63	0.241	0.10
50	0.75	0.229	0.09	0.44	0.229	0.09
70	0.53	0.219	0.09	0.32	0.219	0.09
95	0.39	0.206	0.09	0.23	0.206	0.09
120	0.31	0.199	0.08	0.19	0.199	0.08
150	0.25	0.191	0.08	0.15	0.191	0.08
185	0.20	0.184	0.07	0.13	0.184	0.07

参考文献

1 焦留成，芮静康．实用供配电设计手册．北京：机械工业出版社，2001

2 刘介才．供配电技术．北京：机械工业出版社，2000

3 许建安．电气设备检修技术．北京：中国水利水电出版社，2000

4 刘介才．实用供配电技术手册．北京：中国水利水电出版社，2002

5 机械工业技师考评培训教材编审委员会．电工技师培训教材．北京：机械工业出版社，2002

6 陈家斌．电气设备故障检测诊断方法及实例．北京：中国水利水电出版社，2003

7 陈家斌．电气设备运行维护及故障处理．北京：中国水利水电出版社，2003

8 段大鹏．变配电原理、运行与检修．北京：化学工业出版社，2004

9 江文，许慧中．供配电技术．北京：机械工业出版社，2005

10 柳春生．实用供配电技术．北京：机械工业出版社，2006

11 张希泰，陈康龙．二次回路识图及故障查找与处理指南．北京：中国水利水电出版社，2005

12 芮静康．供配电系统图集．北京：中国电力出版社，2005

13 陈小虎．工厂供电技术．北京：高等教育出版社，2001

14 汪永华．建筑电气．北京：机械工业出版社，2004

反侵权盗版声明

《工厂供配电技术》读者意见反馈表

尊敬的读者：

感谢您购买本书。为了能为您提供更优秀的教材，请您抽出宝贵的时间，将您的意见以下表的方式（可从 http://www.huaxin.edu.cn 下载本调查表）及时告知我们，以改进我们的服务。对采用您的意见进行修订的教材，我们将在该书的前言中进行说明并赠送您样书。

姓名：________________ 电话：________________________

职业：________________ E-mail：________________________

邮编：________________ 通信地址：______________________

1. 您对本书的总体看法是：

□很满意　□比较满意　□尚可　□不太满意　□不满意

2. 您对本书的结构（章节）：□满意　□不满意　改进意见________________

____

____

3. 您对本书的例题：　□满意　□不满意　改进意见________________

____

____

4. 您对本书的习题：　□满意　□不满意　改进意见________________

____

____

5. 您对本书的实训：　□满意　□不满意　改进意见________________

____

____

6. 您对本书其他的改进意见：

____

____

____

____

7. 您感兴趣或希望增加的教材选题是：

____

____

____

请寄：100036　北京市海淀区万寿路 173 信箱职业教育分社　陈晓明　收

电话：010－88254575　　**E-mail：**chxm@phei.com.cn